国家林业和草原局普通高等教育"十三五"规划教材

兽医药理学

（第 2 版）

李继昌　哈斯苏荣　主编

U0199387

中国林业出版社

内 容 简 介

《兽医药理学》（第2版）是国家林业和草原局普通高等教育"十三五"规划教材。全书共分15章，从动物各系统发病的临床用药角度构建内容体系，将药理学基本知识和用药实践紧密结合，使之更加体现"桥梁课"的特点。每章起始处有概述和导语，每章正文后设有本章小结、思考题等内容，并在附录中增加了知识点速记歌诀，更便于读者对药理学知识的记忆和理解。

本书适用于高等农业院校动物医学和动物药学专业，内容全面而系统，信息量大、资料丰富、适用性强、通俗易懂、应用范围广，可供高等农业院校的师生及从事动物养殖、兽药经营、药事管理等的专业技术人员参考使用。

图书在版编目（CIP）数据

兽医药理学/李继昌，哈斯苏荣主编 . —2 版 . —
北京：中国林业出版社，2021.8
国家林业和草原局普通高等教育"十三五"规划教材
ISBN 978-7-5219-1241-8

Ⅰ. ①兽… Ⅱ. ①李… ②哈… Ⅲ. ①兽医学–药理学–
高等学校–教材 Ⅳ. ①S859.7

中国版本图书馆 CIP 数据核字（2021）第 124891 号

中国林业出版社 · 教育分社

策划编辑： 高红岩　　**责任编辑：** 高红岩　李树梅　　　　**责任校对：** 苏　梅
电话：（010）83143554　　**传真：**（010）83143516

出版发行　中国林业出版社（100009　北京市西城区德内大街刘海胡同 7 号）
　　　　　　　E-mail: jiaocaipublic@ 163. com　电话:（010）83143500
　　　　　　　http://www. forestry. gov. cn/lycb. html
印　　刷　北京中科印刷有限公司
版　　次　2014 年 4 月第 1 版（共印 3 次）
　　　　　　　2021 年 8 月第 2 版
印　　次　2021 年 8 月第 1 次印刷
开　　本　787mm×1092mm　1/16
印　　张　19.5
字　　数　490 千字
定　　价　49.00 元

《兽医药理学》（第2版）编写人员

主　编　李继昌　哈斯苏荣

副主编　刘芳萍　李引乾　刘明春　张雪梅

编　者（按姓氏笔画排序）

丁良君（东北农业大学）

王　剑（山西农业大学）

王　新（黑龙江八一农垦大学）

田二杰（河南科技大学）

刘芳萍（东北农业大学）

刘明春（沈阳农业大学）

杨雨辉（海南大学）

李引乾（西北农林科技大学）

李继昌（东北农业大学）

吴志勇（东北农业大学）

吴俊伟（西南大学）

何秀玲（内蒙古农业大学）

张荣民（华南农业大学）

张雪梅（延边大学）

张德显（沈阳农业大学）

陈春丽（东北农业大学）

周变华（河南科技大学）

哈斯苏荣（内蒙古农业大学）

主　审　邓旭明（吉林大学）

胡功政（河南农业大学）

第2版前言

《兽医药理学》第1版自2014年4月出版至今已7年，其间被多所院校作为教材使用，得到了师生和行业读者的肯定和好评。第2版教材的修订原则继续贯彻以全国高等教育思想为指导，根据教育部培养目标的要求和兽医行业人才需求，遵循兽医执业教育规律，从动物临床用药的实际角度构建内容体系，注重动物用药的实用性和可操作性，在普及基础上兼顾提高。本书是在深入调研的基础上，总结和汲取第1版的编写经验，对一些不足之处进行了修改和完善，以"适度、够用、实用"为原则，充分体现科学性、适用性和时代性。修订内容主要是删除被我国农业农村部废止的药物品种，增加近年来经注册批准和使用的新兽药或新制剂品种、已确定的药物作用新机制，并增加宠物、水产动物等用药的药理学内容，力求满足教学和兽医资格培训的需要。

同第1版相比，本书删除了药物品种24个及多个品种的促生长用途药，主要为抗微生物药和促生长药物添加剂品种。这是因为为了保障动物产品质量安全，维护公共卫生安全和生态安全，我国农业农村部将可能对养殖业、人体健康造成危害或者存在潜在风险（如药物残留、耐药性等）的兽药进行了撤销。2015年农业部发文（第2292号公告）停用洛美沙星、氧氟沙星、培氟沙星、诺氟沙星4种喹诺酮类人畜共用品种；2018年农业部发文（第2628号公告）停用喹乙醇、氨苯砷酸、洛克沙肿等3种兽药；2019年农业农村部发文（第194号公告）退出除中药外的所有促生长类药物添加剂品种；2020年农业农村部发文（第250号公告）修订了食品动物中禁止使用的药品及其他化合物清单。

本书增加新药品种60个，主要为抗微生物药、抗寄生虫药、解热镇痛抗炎药和生殖系统药物，如新型动物专用抗生素泰万菌素、加米霉素、泰地罗新等；抗寄生虫药，如沙咪珠利、多杀霉素、氟雷拉纳等；选择性COX-2抑制剂类的解热镇痛抗炎药，如美洛昔康、维他昔布、卡洛芬、西米考昔；生殖系统药物，如卡贝缩宫素、戈那瑞林、地洛瑞林等。在新增的药物中宠物用药品种有所增加，主要是近些年我国宠物药行业的市场规模快速增长，同时农业农村部制定了《人用化学药品转宠物用化学药品注册资料要求》，加快推进了宠物用兽药等注册工作，所以注册批准的新兽药品种逐年增多。

本书由李继昌、哈斯苏荣主编，刘芳萍、李引乾、刘明春、张雪梅副主编。编写分工如下：李继昌、王剑负责第1章；张雪梅负责第2章；吴志勇负责第3章；杨雨辉负责第4章及附录；李引乾负责第5章；陈春丽负责第6章；刘明春负责第7章；周变华负责第8章；张德显负责第9章；吴俊伟负责第10章；王新、张荣民负责第11章；刘芳萍负责第12章；哈斯苏荣、何秀玲负责第13章；丁良君负责第14章；田二杰负责第15章。由李继昌负责全书统稿工作。

　　本书由邓旭明、胡功政教授主审，从编写、修改到定稿提出了许多指导性的意见。在此表示诚挚的谢意。

　　由于编者水平和能力有限，本书还可能存在不少缺点和错误，恳请广大师生和读者给予批评和指正。

李继昌

2021 年 2 月

第1版前言

本书是以全国高等教育思想为指导，根据普通高等教育人才培养目标的要求和教学改革特点进行编写的。从动物临床用药的实际角度构建内容体系，注重动物用药的实用性和可操作性，在普及基础上兼顾提高。贯彻理论联系实践原则，加强药物理论知识与实际操作技能的有机结合，培养学生独立思考和创造能力，充分体现教材的科学性、适用性和时代性，为培养适应于 21 世纪兽医药理学发展人才的需要服务。学生通过《兽医药理学》学习，具备必需的药理学基本知识和兽医临床用药的基本技能，为学习专业课及从事兽医临床医疗工作打下坚实的基础。全书突出前瞻性、创新性和适用性，注意内容的深度和广度，并增加临床实践中确有疗效、经农业部批准生产使用的新药及已公认的新理论、新知识，并适当增加伴侣动物、经济动物、野生动物的药理学内容，力求满足教学和兽医资格培训的需要。注意学科间的衔接，对本学科大量的理论知识，重新梳理调整，并注重学科间的衔接，突出重点，以"适度、够用、实用"为原则，内容安排注重少而精，但又保证基本理论和基本知识的阐述。在各论部分，参照 2010 年版《中国兽药典》，按系统用药顺序编排，并根据专业特点，对重点药物及常用药物，单列出药物相互作用和应用注意，增加合理用药知识。在阐述药物作用机制方面力求深入浅出以满足不同层次的教学需要；同时，为了便于记忆，本书在附录中增加了兽医药理学知识点速记歌诀。

本书由李继昌、哈斯苏荣主编，刘芳萍、李引乾、刘明春副主编。编写人员分工如下：李继昌、梁立负责第 1 章；俞道进、王立明负责第 2 章；刘芳萍负责第 3 章；哈斯苏荣负责第 4 章；张雪梅负责第 5 章、第 6 章；李引乾负责第 8 章、第 9 章；刘明春、张德显负责第 11 章、第 12 章；丁良君负责第 14 章；米克热木·沙衣布扎提负责第 7 章、第 15 章；邹明、张启迪负责第 13 章；杨雨辉负责第 7 章、第 10 章及附录部分。由李继昌负责全书统稿工作。

本书由邓旭明、胡功政教授主审，从编写、修改到定稿提出了许多指导性的意见。在此谨对上述专家表示诚挚的谢意。

由于编者水平和能力有限，本书还可能存在缺点和错误，恳请广大师生和读者给予批评和指正。

李继昌

2013 年 8 月

目　录

总　论

　　兽医药理学(veterinary pharmacology)是研究药物与动物机体(包括病原体)之间相互作用规律的一门科学，它是为兽医临床合理用药、防治疾病提供基本理论的基础学科。主要研究药效动力学(简称药效学)和药物代谢动力学(简称药动学)两个方面，还包括药物的理化性质、应用、药物间相互作用、应用注意及用法与用量等。

　　兽医药理学是一门桥梁学科，既是动物药学与兽医学的桥梁，也是基础兽医学与临床兽医学的桥梁。本学科的主要任务是培养未来的兽医师学会正确选药、合理用药、提高疗效、减少不良反应与兽药残留，并为进行兽药临床前药理实验研究及研制开发新药和新制剂创造条件。

1.1　概述

1.1.1　兽药概述及动物用药特点

1.1.1.1　兽药概述

　　兽药(veterinary drug)是指用于预防、治疗、诊断动物疾病，或者有目的地调节动物生理机能的物质，包括化学药品、抗生素、中药材、兽用中成药、生化药品、血清制品、疫苗、诊断制品、微生态制剂、放射性药品、外用杀虫剂和消毒剂等。兽药的使用对象为家畜、家禽、宠物、野生动物、水产动物、蜂和蚕等。中兽药(traditional Chinese veterinary drug)是指在中兽医基础理论指导下用以防治动物疾病的药物，也称传统兽药，包括中药材、中药饮片、中成药等。毒物(poison)是指对动物机体产生损害作用的物质。一般来说，药物和毒物之间并没有明显的界限，二者的作用是相对的，几乎所有的药物如果用量过大或用法不当，都会对机体产生毒害作用，甚至导致动物死亡。所以，一般的药物和毒物通常只是剂量的差异。在临床用药时应严格掌握给药剂量、给药间隔时间以及给药途径，以免发生药物中毒。

　　兽药按其来源可分成 3 类：①天然药物。是指经现代(兽)医药体系证明的在自然界中存在的具有药理活性的动物药、植物药、矿物药和微生物发酵产生的抗生素等。其中，植物药是指利用植物的根、茎、叶、花、果实和种子经过加工而制成的药物，如苦味健胃药龙胆粉是用龙胆的根茎或根加工制成。植物药的化学成分分为有效成分和无效成分两类。有效成分是指具有医疗效用或生物活性的物质，如咖啡碱、毛果芸香碱等。无效成分是指与有效成分共同存在的其他化学成分，如糖类、酶、油脂、蛋白质、树脂、色素、无机盐等。②合成药物。是指应用分解、结合、取代、合成等化学方法制成的药物，如磺胺及喹诺酮类抗菌药、维生素、激素等。③生物技术药物。是指通过细胞工程、基因工程等生物技术生产的药物，如干扰素、细胞因子等。

　　任何药物在供临床使用之前，都必须进行加工，制成安全、稳定和适于应用的形式，称为药物剂型(dosage form)。一般指药物制剂的类别，如散剂、颗粒剂、注射剂、气雾剂、栓剂、丸剂、酊剂等。根据《中华人民共和国兽药典》要求，将药物制成一定规格的剂型称为制剂(preparation)，具有一定的浓度和规格，如阿司匹林片、葡萄糖注射液等。药物制剂与剂型是根据临床治疗作用和使用需要设计的，其作用如下：①有利于药效的发挥。在进行剂型设计时，应考虑到药物在该剂型中的作用强弱、持续时间及作用快慢等。按照药效的快慢与强弱进行排序，通常为注射剂>酊剂>水剂>固体制剂。青霉素 G 内服在胃肠道内遇胃酸和消化酶易被分解破坏，故需制成粉针剂进行注射使用才能发挥药效。②改变药物的治疗作用。如硫酸镁制成口服液时大剂量给药可产生下泻作用，小剂量给药可产生健胃作用；将其制成静脉注射液则为抗惊厥药。③降低药物的不良反应。如将对胃有刺激作用及副作用的解热镇痛药阿司匹林制成肠溶性片剂，可减轻其对胃的刺激性。④利于生产、贮存、运输、服用等。对集约化、工厂化饲养的畜禽采用拌料或混饮投服的药物预混剂和添加剂越来越受欢迎。

1.1.1.2　动物用药特点

随着畜牧业的发展、饲养环境的变化及流通的便利，动物疾病呈现越来越复杂和多样化的新特点，如猪病流行多为病原的多重感染或混合感染，新的疾病不断出现，平时应加强饲养管理，做好消杀防控等生物安全工作。对非洲猪瘟、蓝耳病、猪流感等重要传染病应尽早切断病毒传播途径，对未感染猪群进行疫苗接种。由于抗生素的滥用，细菌耐药性越来越强，以前单一病原菌感染的病例和靠 1~2 种药物就能治愈的细菌性疾病越来越少。治疗时应采用免疫增强剂、中药与化学治疗药合并使用，配合对症治疗的方案是解决当前猪病难治的有效方法。既要针对个体，还要兼顾全场，做好预防工作。常用的给药方法有内服(如拌料、混饮、灌服等)、肌内注射等。

现代养禽业具有集约化程度高、生长速度快、生产周期短的共同特点，"防重于治"的原则在禽病防治中尤为重要。提倡通过饲料或饮水添加及呼吸系统吸入(如滴鼻和喷雾法)药物的群体给药方式。

反刍动物因具有复杂的多室胃消化器官，在用药的品种、途经、剂量和剂型上均与单胃动物有很大不同。临床上大多数抗生素属酸性药物，可直接影响纤毛虫的活力，进而影响瘤胃的消化功能；且化学治疗药的用量少，在瘤胃的发酵过程中，大多起化学反应使药效降解。故化学治疗药内服效果差，适于肌内或静脉注射。但中药灌服疗效较好，且操作方便。包括一部分传染病在内，尤其是反刍动物的普通病(内科、外科、产科、消化道疾病)，使用中药可收到良好效果。

犬、猫、鸽等作为观赏动物和伴侣动物，可使用的药物制剂和剂型多种多样，并有如下特点：①使用药剂品种不像其他动物那样需要计较经济成本。②经驯化的犬、猫，听人调教，投药比较方便，除使用内服或外用制剂外，注射剂及输液剂等也都便于应用。③某些制剂(如舔剂)可在临用前配制。④内服剂型(舔剂、液体剂型)。犬常添加甜味剂(糖、蜂蜜)，犬、猫都可加入肉质腥味物料。另外，宠物除与其他动物共用的剂型(如粉剂、颗粒剂、片剂、丸剂、胶囊剂、液体制剂、注射剂、气雾剂)外，还有一些特制的品种，如释药(灭蚤)颈圈含有缓释杀虫药剂，专供犬、猫佩戴使用，可增进人与动物卫生保健；舔剂是将药物与赋形剂或调味剂制成的一种黏稠或面团状半固体剂型，适用于犬、猫自由舔食或以调药匙送达动物口腔舌根部让其咽下；还有将药物裹入肉中制成"肉囊剂"，便于投喂。

药物防治是我国水产动物病害防治中最直接、最有效和最经济的方法，其主要特点有：①养殖品种多样化，不同养殖动物的生理特性差异大，对药物的耐受性有显著差异。②养殖动物生存于水环境中，不同的养殖水域、养殖方式与养殖类型会影响药物在水产动物体内的效应。③水产养殖动物有变温特性，用药需随着水温的变化在药物剂量、休药期等方面做适当调整。④水产养殖动物群体用药，对施药方法的安全(指养殖动物安全、水产品安全和环境安全)、有效、成本等方面提出了更高的要求。目前，所使用的水产药主要有消毒剂、驱杀虫剂、水质(底质)改良剂、抗菌药、代谢调节剂、微生态制剂、中草药等。常采用挂篓(袋)法、药浴法(用于苗种转池、网箱、消毒，用药少，对水质危害小。但对水体病原无作用，操作稍繁)、全池泼洒法(将药物兑成一定浓度后全池泼洒，对病原杀灭彻底，但用药量大，危害水生生物，污染环境)、浸沤法、内服法(将药物拌饵投喂，操作方便，可杀体内病原，但对水体病原无效)、涂抹法(将药物涂于伤口，药效好，但操作难)、注射法(包括肌内注射和腹腔注射，药效好，但操作难，易伤鱼，幼苗无法使用)。

1.1.2 兽药管理法规和标准

兽药管理是指各级兽医行政管理部门及相关机构，依据相关法律、法规，对兽药的研制、开发、生产、经营、流通、使用和宣传等各个环节进行管理和监督，以达到安全、有效和质量可控的目的。

(1)《兽药管理条例》

我国最早由国务院发布的《兽药管理条例》始于1987年，标志着兽药的管理步入法制化。现行的该条例于2004年3月24日经国务院第45次常务会议通过，以国务院第404号令发布，并于2004年11月1日起实施，2020年3月27日第三次修订。这对于加强兽药质量监督管理，保证畜牧业发展和维护人体健康起着重要作用。与《兽药管理条例》相配套的规章有《兽药注册管理办法》《兽用处方药和非处方药管理办法》《兽用生物制品经营管理办法》《兽药进口管理办法》《兽药标签和说明书管理办法》《兽药广告审查发布标准》《兽药生产质量管理规范》《兽药非临床研究质量管理规范》《兽药经营质量管理规范》和《兽药临床试验质量管理规范》等。

(2)《中华人民共和国兽药典》

《中华人民共和国兽药典》是国家为保证兽药产品质量而制定的具有强制约束力的技术法规，是兽药生产、经营、进出口、使用、检验和监督管理部门共同遵守的法定依据，为兽药国家标准。先后有1990年版、2000年版、2005年版、2010年版、2015年版和2020年版，其颁布和实施对规范我国兽药的生产、检验及临床应用起到了显著效果。为我国兽药生产的标准化、管理规范化，提高兽药产品质量，保障动物用药的安全、有效，防治畜禽疾病诸方面都起到了积极作用，也促进了我国新兽药研制水平的提高，为发展畜牧养殖业提供了有力的保障。

1.1.3 《兽用处方药和非处方药管理办法》

为加强兽药监督管理，促进兽医临床合理用药，保障动物安全，根据《兽药管理条例》，制定了《兽用处方药和非处方药管理办法》，自2014年3月1日起施行。国家对兽药实行处方药与非处方药分类管理，兽用处方药是指凭执业兽医处方才能购买和使用的兽药，未经兽医师开具处方，任何人不得销售、购买和使用处方药；兽用非处方药是指由农业农村部公布的，不需要凭执业兽医处方就可以自行购买并按照说明书使用的兽药。对兽药实施处方管理可以防止出现滥用人用药品、产生细菌耐药性、动物性食品中兽药残留等问题，达到保障动物用药规范、安全有效的目的。

《兽用处方药和非处方药管理办法》规定：①对兽用处方药的标签或者说明书的印制提出特殊要求，规定兽用处方药的标签或者说明书还应印有国务院兽医行政管理部门规定的警示内容，其中兽用麻醉药、精神药品、毒性药品和放射性药品还应印有国务院兽医行政管理部门规定的特殊标志；兽用非处方药的标签或者说明书还应印有国务院兽医行政管理部门规定的非处方药标志。②兽药经营企业销售兽用处方药的，应遵守兽用处方药管理办法。③禁止未经兽医开具处方销售、购买和使用国务院兽医行政管理部门规定实行处方管理的兽药。④开具处方的兽医人员发现可能与兽药使用有关的严重不良反应，有义务立即向所在地人民政府兽医行政管理部门报告。⑤兽药生产企业不得以任何方式直接向动物饲养场推荐、销售兽用处方药。

1.2　药物对机体的作用——药效动力学

药效动力学(pharmacodynamics)简称药效学，是研究药物对机体的作用规律，阐明药物防治疾病的原理的一门学科。

1.2.1　药物的基本作用

1.2.1.1　药物作用的基本表现

药物作用(drug action)是指药物小分子与机体细胞大分子之间的初始反应。药理效应(pharmacological effect)是药物作用的结果，主要表现为机体生理、生化功能的改变，基本表现为兴奋作用和抑制作用。药物的兴奋作用(stimulation)是指机体在药物的作用下，使机体器官、组织的生理、生化功能增强。如咖啡因和麻黄碱能兴奋中枢神经系统而提高机体的机能活性，使动物表现为兴奋，属兴奋药。药物的抑制作用(depression)是指使机体器官、组织的生理、生化功能减弱的作用。如赛拉嗪能引起强大的中枢抑制，产生镇静、镇痛和肌肉松弛作用，属抑制药。就动物整体而言，药物的兴奋和抑制作用常常不是单独存在的，可能同时存在于不同的组织、器官。如咖啡因对心脏呈现直接兴奋作用，加强心肌收缩力；而对血管却呈现扩张和松弛作用，表现为抑制作用。麻黄碱可使心脏收缩力加强、血管收缩、血压升高，表现为兴奋作用；但对支气管平滑肌却使之弛缓，表现为抑制作用。药物之所以能治疗疾病，正是通过其兴奋或抑制作用而调节和恢复机体被病理因素破坏的平衡。

药物对机体作用的表现是多种多样的，除了功能性药物表现为兴奋和抑制作用外，有些药物(如化疗药)则主要作用于病原体，可杀灭或驱除入侵的微生物或寄生虫，使机体的生理、生化功能免受损害或恢复平衡而呈现其药理作用。

1.2.1.2　药物作用的方式

（1）直接作用和间接作用

从药物作用发生的顺序看，药物被机体吸收进入血液后，主要分布并直接作用于某些组织或器官而产生的作用称为直接作用(direct action)，又称为原发作用(primary action)。由药物直接作用所引起其他组织、器官的效应称为间接作用(indirect effect)，又称为继发作用(secondary action)。如强心苷类药物洋地黄被吸收后直接作用于心脏而加强心肌收缩力，使心率减慢，改善心脏功能和血液循环，此为直接作用；由此作用而增加到肾脏的血流量，产生利尿作用，使心衰性水肿减轻或消除，此即洋地黄的间接作用。

（2）局部作用和吸收作用

从药物的作用部位看，药物在吸收进入血液前对用药部位产生的作用称为局部作用（local action），如普鲁卡因在其浸润的局部使神经末梢失去感觉功能，发挥局麻作用。药物经吸收进入全身血液循环后分布到作用部位产生的作用称为吸收作用（absorptive action），又称为全身作用（general action），如解热镇痛药吸收进入血液后选择性地作用于体温调节中枢，降低其兴奋性，经排汗、血管扩张等途径增加散热，起到解热、镇痛的作用。

1.2.1.3 药物作用的选择性

药物被吸收后对所有组织并不产生同等强度的作用。大多数药物在使用适当剂量时，只对机体某些组织或器官产生明显的作用，而对其他组织或器官作用极弱，甚至对相邻的细胞也不产生影响，此即药物作用的选择性（selectivity），如洋地黄对心肌的作用，肾上腺素拟似药对肾上腺素受体的作用等。药物选择性产生的机制大致与下列因素有关：①药物的化学结构与机体靶位结构的差异，使药物对不同组织的亲和力不同。②药物在靶位的浓度和靶位的数量不同。③受体分布不均一。药物作用的选择性是药物治疗作用的基础，选择性高，针对性强，能产生很好的治疗效果，很少或没有不良反应；反之选择性低，针对性不强，副作用较多。当然，有的药物选择性低，但应用范围较广，使用时也有其方便之处。

1.2.1.4 药物的治疗作用与不良反应

药物在临床使用时可能产生多种药理效应，对动物防治疾病和恢复健康有利的效应称为药物的治疗作用（therapeutic action）；其他与治疗目的无关或对动物有害的作用统称为不良反应（adverse reaction）。大多数药物在发挥治疗作用的同时，都存在不同程度的不良反应，此即药物作用的两重性。药物的治疗作用和不良反应一般是可以预期的，要分析使用药物治疗的利弊，在发挥药物治疗作用的同时，应该采取措施把不良反应尽量减少或消除。如反刍动物使用赛拉嗪时会分泌大量的唾液，可用阿托品抑制唾液分泌。当然，有些不良反应如变态反应、特异性反应等是不可预期的，可根据动物反应的具体情况采取相应的防治措施。

（1）治疗作用

临床对疾病的治疗可分为对因治疗和对症治疗。①对因治疗（etiological treatment），是指针对疾病发生的原因进行的治疗，即药物的作用在于消除原发致病因子。如抗生素和磺胺类药物杀灭入侵体内的病原微生物；解毒药促进体内毒物的消除；补充体内营养或代谢物质不足的补充治疗或替代疗法也属此。②对症治疗（symptomatic treatment），是指针对疾病表现的症状进行的治疗，即药物的作用在于改善疾病的临床症状。如休克时血压骤降应用升压药；剧烈性疼痛时用镇痛药；严重高烧时用退热药等。对因治疗和对症治疗各有其特点，相辅相成。通常情况下首先考虑进行对因治疗，但在休克、心力衰竭、惊厥等危急症状出现时，必须首先采取有效的对症治疗解除病畜的危重症状，配合护理，积极帮助病畜发挥其机体的抗病能力，特别是辅助对因治疗对促进病畜健康恢复起着重要的作用。

（2）不良反应

临床对疾病治疗时可能出现副作用、毒性作用、过敏反应、继发性反应及后遗效应等不良反应。

①副作用(side effect)　是指药物在治疗剂量时所出现的与治疗目的无关并且危害不大的不良反应，一般较轻微而易恢复。有些药物药理作用广泛、复杂，利用其中一个作用作为治疗目的时，其他作用即成为副作用。例如，阿托品用作平滑肌的松弛药和解痉药时，抑制腺体分泌引起口干即为副作用。用氯胺酮麻醉前给予阿托品就可抑制因其对支气管腺的刺激而引起腺体分泌增加，防止异物性肺炎的发生，此为治疗作用；同时又产生松弛胃肠道和膀胱平滑肌的作用，常导致术后肠臌气和尿潴留，此即为副作用。副作用是药物本身所固有的，一般是可预见的，往往很难避免，临床用药时应设法纠正。如为了解除麻黄碱对大脑皮层的兴奋作用，常与催眠药巴比妥配合，可克服过度兴奋的副作用。

②毒性作用(toxic action)　绝大多数药物都有一定的毒性，其作用的性质因药而异，但其严重程度常随剂量增加而加强。所谓毒性即药物引起机体各组织或器官生理、生化机能结构的病理变化，主要由于剂量过大、给药间隔时间过短或疗程过长而引起的。许多抗微生物药、抗寄生虫药在治疗剂量时对机体就有一定的毒性，这时出现的与治疗目的无关的作用往往不称为副作用，习惯上称作毒性作用。如应用治疗剂量的氯霉素常抑制骨髓的造血功能，甚至导致再生障碍性贫血。用药后立即发生的毒性作用称为急性毒性(acute toxicity)，常由剂量过大引起，表现为对心血管、呼吸功能的损害，严重者危及生命；长期蓄积逐渐产生的毒性作用称为慢性毒性(chronic toxicity)，表现为对肝、肾、骨髓的损害；有些药物会产生致畸、致癌、致突变(即"三致"作用)的特殊毒性作用。为避免毒性作用，应按药物的剂量和疗程给药，并根据患畜体况调整给药方案，必要时停药或改用其他药物。

③过敏反应(hypersensitive reaction)　又称变态反应(allergic reaction)，属免疫反应。药物作用常有个体差异，某些个体对某种药物的敏感性很高，所用剂量小于常用量就能发生与药物作用性质完全不同的反应，且不同的药物可能出现相似的反应。它不是药物固有作用的组成部分，用药理拮抗解救无效。过敏反应与剂量无关，不易预知。致敏原可能是药物本身，或药物在体内的代谢产物，也可能是药物制剂中的杂质。对一般轻微者可给予苯海拉明等抗过敏药物治疗；对过敏性休克则应及时使用肾上腺素或糖皮质激素等抢救。

④继发性反应(secondary action)　药物治疗作用引起的不良后果即为继发性反应，也称"治疗矛盾"。如长期使用广谱抗菌药时，对药物敏感的菌株受到抑制，菌群间相对平衡遭到破坏，引起不敏感细菌或真菌的大量繁殖，可导致中毒性肠炎或全身感染，也称为"二重感染"。

⑤后遗效应(residual effect)　是指停药后血药浓度已降至阈值以下时的残存药理效应。可能是药物与受体结合牢固，靶器官药物尚未清除，或由于药物造成的不可逆的组织损害所致。如长期应用肾上腺皮质激素停药后肾上腺皮质功能低下，数月内难以恢复，也称为药源性疾病。后遗效应也能产生对机体的有利作用，如抗生素后效应(post antibiotic effect，PAE)、抗生素后白细胞促进效应，可提高吞噬细胞的吞噬能力，使抗生素的给药间隔时间延长。

⑥特异质反应(idiosyncratic reaction)　少数特异质病畜对某些药物特别敏感，导致产生不同的损害性反应。其反应与药物的固有药理作用基本一致，严重程度与剂量成正比。特异质反应多由先天性遗传异常所致。

1.2.2 药物的构效关系和量效关系

1.2.2.1 药物的构效关系

药物的化学结构与药理效应或活性有着密切的关系。药理作用的特异性取决于药物的特定化学结构，此即药物的构效关系（structure-activity relationship，SAR）。具有相同或相似基本结构的化合物一般能与同一受体或酶结合，产生相似（拟似药）或相反的作用（拮抗药）。如氨甲酰胆碱的结构与神经递质乙酰胆碱相似，因此有拟乙酰胆碱的作用，称为拟胆碱药。

基本结构的相似只能决定药物作用的性质，其作用的相对强度则是由基本结构上各个取代基团的性质决定的。磺胺类药物都有对位氨基的结构，但由于其他取代基团的不同，该类药物的作用强弱有明显的差异。另外，许多化学结构完全相同的药物还存在光学异构体和不同的晶型，其药理作用强度有很大差异，多数左旋体药物作用较强。研究药物的构效关系有助于理解药物作用的性质及机制，并且有助于寻找和合成新药。

1.2.2.2 药物的量效关系

对机体产生一定反应的药量称为剂量（dose）。在一定范围内，药物的药理效应与剂量或血液中的药物浓度呈正相关，这种剂量（或浓度）与效应之间的变化规律称为量效关系（dose-response relationship）。药物剂量从小到大的增加引起机体药物效应强度或性质的变化。药物剂量过小，不产生任何效应，称为无效量（ineffective dose）；药物在体内浓度达到一定阈值时开始出现效应的剂量称为阈剂量（threshold dose）或最小有效量（minimal effective dose）；随着剂量增加，效应也逐渐增强，其中对50%个体有效的剂量称为半数有效量（median effective dose，ED_{50}）；临床上用于预防和治疗疾病的剂量称为常用量或治疗量（therapeutic dose）；直至达到最大效应的剂量称为极量（maximal dose）；此时若再增加剂量，效应不再增强，反而机体开始出现中毒的征象。出现中毒的最低剂量称为最小中毒量（minimal toxic dose）；超过最小中毒量引起动物死亡的剂量称为致死量（lethal dose）或中毒量（toxic dose）；引起半数动物死亡的剂量称为半数致死量（median lethal dose，LD_{50}）。上述量效关系如图1-1所示，纵坐标表示效应强度，横坐标表示剂量；若以剂量对数作为横坐标，效应强度作为纵坐标，所得到的对称的S形曲线即为典型的量效关系曲线（图1-2）。其中，近似直线部分的坡度用斜率表示，中间段的斜率最大，显示剂量稍有增减，效应便会明显加强或减弱。

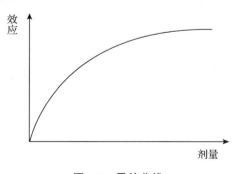

图 1-1 量效曲线

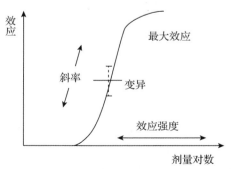

图 1-2 量效半对数曲线

药理效应的强弱可用数字或量分级表示者称为量反应（graded response），如心率、血压、体温、血细胞数等。药物效应以阳性或阴性、全或无出现频数的百分率表示的反应称为质反应(qualitative response),也称全或无反应(all or none response),如死亡、睡眠、惊厥等。以药物剂量为横坐标,以阳性反应频数为纵坐标作图可得质反应量效曲线(qualitative dose-response curve),其斜率表示群体中的药效学差异,并不表示个体患畜从阈值到最大效应的剂量范围。

评价药物的有效性和安全性,一般用治疗指数(therapeutic index)或化疗指数(chemo-therapeutic index,CI)表示,常以动物的半数致死量与治疗感染动物的半数有效量之比来表示(即 LD_{50}/ED_{50}),或者用 5% 致死量(LD_5)与 95% 有效量(ED_{95})之比来表示(即 LD_5/ED_{95})。CI 越大,表明该药物的毒性越小,临床应用价值越高。当其大于 3 时才有临床试用意义,大于 7 时临床才能应用。化疗指数大只能说明药物毒性低,并不代表药物绝对安全。如青霉素 CI 为 1 000 以上,但可能发生过敏性休克导致死亡。但有些化疗药(如抗血吸虫药)很难达到 3,因此针对不同病原的药物应有不同要求。

1.2.3 药物作用机制

药物作用机制(mechanism of action)是揭示药物作用的本质,即研究药物是如何选择性地作用于组织细胞而产生药效的。药物的性质不同,作用机制也是多种多样的,大体上分为受体机制和非受体机制两种。

1.2.3.1 药物作用的受体机制

(1)受体的概念

对特定的生物活性物质具有识别能力并可选择性与之结合的生物大分子称为受体(receptor),其组成可能是蛋白质或脂蛋白,也可能是核酸或酶的一部分,常存在于细胞膜、细胞质、细胞核内。而对受体具有选择性结合能力的生物活性物质称为配体(ligand),包括机体内固有的内源性物质(如神经递质、激素、活性肽、抗原、抗体等)和来自体外的外源性物质(指药物、毒物等)。受体一般具有 3 个特性:①饱和性。每个细胞的受体数量是一定的,可与受体结合的配体数量也是有限的。②特异性。配体与受体的结合是特异性的结合,配体在结构上与受体应是互补的。有效的药物对应受体具有高亲和力。③可逆性。药物与受体结合后,以非代谢方式解离,得到的是配体原形,而非其代谢产物。

(2)受体的分类及调节

根据受体在细胞中的定位,将其分为细胞膜受体和细胞核受体。根据受体蛋白的结构、位置、信息传导方式和效应性质等特点,将细胞膜受体分为四大类型:①鸟苷酸结合调节蛋白(G 蛋白)偶联受体。如神经递质受体、自体活性物质受体、神经肽受体和趋化因子受体等,由单一的肽链形成,并与 G 蛋白偶联,其效应特点是作用缓慢而复杂。②离子通道受体。如乙酰胆碱受体、γ-氨基丁酸(GABA)受体、甘氨酸受体、谷氨酸/门冬氨酸受体等,属配体门控离子通道(ligand-gated ion channel)受体,由 4~5 个肽链组成,跨膜离子通道介导可使兴奋性信号快速传递。③酪氨酸激酶活性受体。如生长因子受体、胰岛素受体等,由单一的肽链组成,细胞外有识别部位,细胞内含酶活性或偶联蛋白激酶,能激发细胞内级联蛋白磷酸化反应,调节细胞内信号转导和基因转录。④细胞因子受体。如促红细胞生成素、白细胞介素、粒细胞集落刺激因子、催乳素、生长激素的受体等,细胞因子与受体结合后,通过第二信使(cAMP、GTP、Ca^{2+}、磷脂和蛋白激酶)将信号转导至细胞核,激发或抑制一些基因的转录,从而改变细胞蛋白合成的模式而导致细胞行为的变化。

细胞核受体有 6 个结构区（即 A~F 区），如糖皮质激素等甾体激素受体、甲状腺素受体和维生素 D_3 受体等，位于细胞核内，有配体识别区域，能调节信号转导和基因转录过程。

受体虽然是细胞在生物进化过程中形成并遗传下来，在机体有其特定的分布和功能，但其数量、亲和力及效应不是固定不变的，而是经常代谢转换，处于动态平衡状态，同时也会受到各种生理及药理因素的调节。受体调节是维持机体内环境稳定的一个重要因素，其调节方式有脱敏和增敏两种类型：①受体脱敏。是指在长期使用一种激动剂期间或之后，组织或细胞对激动剂的敏感性和反应性下降的现象。②受体增敏。是与受体脱敏相反的一种现象，可因受体激动剂水平降低或长期应用拮抗剂造成的。若受体脱敏和增敏只涉及受体密度的变化，则分别称之为下调和上调。

（3）受体的功能与作用方式

受体在介导药物效应中主要起传递信息的作用。药物作为配体，首先通过氢键、疏水键、静电键和范德华键与相应的受体结合，诱导受体蛋白的构型改变并引发有关蛋白的功能变化，如 G 蛋白激活、受体细胞内部分酶活性或偶联的蛋白激酶活性被激活、离子通道开放等。受体被激活后，配体与受体分离，受体恢复至失活状态。第一信使使配体与受体结合，受体被激活产生第二信使，如环腺苷酸（cAMP）、环鸟苷酸（cGMP）、二酰甘油（DG）、三磷酸肌醇（IP_3）、Ca^{2+}，传递和放大信号，作用于效应器并产生生理效应。

（4）受体学说

目前，受体学说主要为一些假说和模型，如占领学说、速率学说、诱导契合学说、二态模型等。

①占领学说（occupation theory）　1926 年由 Clark 提出，认为受体只有与药物结合才能被激活并产生效应，而效应的强度与被占领的受体数量成正比，全部受体被占领时出现最大效应。Arien（1954）和 Stephenson（1956）对占领学说修正后认为，药物与受体结合不仅需要亲和力，而且还需要有内在活性（intrinsic activity）才能激动受体而产生效应，这样的药物称为激动剂（agonist）。药物只占领小部分受体即可产生最大效应，未经占领的受体称为储备受体（spare receptor）。因此，当因不可逆性结合或其他原因而丧失一部分受体时，并不会立即影响最大效应。进一步研究发现，内在活性不同的同类药物产生同等强度效应时，所占领受体的数目并不相等。激动剂与受体结合后能产生一定强度效应的药物，占领的受体必须达到一定阈值后才开始出现效应。当达到阈值后被占领的受体数目增多时，激动效应随之增强。如果一个药物虽有与受体相结合的亲和力，但无内在活性，非但不能产生明显效应，而且由于该药占据或遮蔽了受体，从而阻碍激动剂或介质产生效应，这样的药物称为拮抗剂（antagonist）。

②速率学说（rate theory）　1964 年由 Paton 提出，该学说认为药物作用最重要的因素是药物分子与受体结合或解离的速率，即药物分子与受体碰撞的频率。药物作用的效应与其占领受体的速率成正比，效应的产生是一个药物分子和受点相碰撞时产生一定量的刺激，并传递到效应器的结果，而与其占领受体的数量无关。此学说难以解释许多现象，故现已很少使用。

③诱导契合学说（induced fit theory）　1958 年由 D. E. Koshland 提出，该学说认为当底物与酶相遇时，可诱导酶活性中心发生相应的构象变化，有关的各个基团达到正确的排列和定向，因而使酶和底物契合而结合成中间络合物，并引起底物发生反应，产生生物效

应。待反应结束，产物从酶上脱落下来后，酶的活性中心又恢复原来的构象。

④二态模型(two-state model)　又称变构学说(allosteric theory)，由 Monod 首先提出，此学说认为受体的构象分活化状态(R^*)和失活状态(R)。R^* 与 R 处于动态平衡，可相互转变。在无药物作用时，受体系统无自发激活。加入药物时则药物均可与 R^* 和 R 两态受体结合，其选择性决定于亲和力。激动药与 R^* 状态的受体亲和力大，结合后可产生效应；而拮抗药与 R 状态的受体亲和力大，结合后不产生效应。当激动药与拮抗药同时存在时，二者竞争受体，其效应取决于 R^*-激动药复合物与 R-拮抗药复合物的比例。如后者较多时，则激动药的作用被减弱或阻断。部分激动药对 R^* 与 R 均有不同程度的亲和力，因此它既可引起较弱的效应，也可阻断激动药的部分效应。

1.2.3.2　药物作用的非受体机制

药物对机体作用的机制是十分复杂的生理、生化过程，除上述受体机制外，还存在以下各种非受体机制：①对酶的作用。药物可通过受体对酶产生诱导、抑制、激活、复活而发挥作用，如苯巴比妥诱导肝微粒体酶；咖啡因抑制磷酸二酯酶；肾上腺素激活腺苷酸环化酶；碘解磷定使磷酰化胆碱酯酶复活等。②理化条件的改变。有些药物通过改变细胞周围环境的理化条件而产生药理作用，如高渗的甘露醇大量快注入血，由于高渗压吸水作用可清除脑水肿及利尿。③影响离子通道。有些药物可直接作用于细胞膜上的 Na^+、K^+、Ca^{2+} 通道而产生药理效应，如普鲁卡因可阻断 Na^+ 通道而产生局麻作用。④对核酸的作用。许多药物对核酸代谢的某一环节产生作用而发挥药效，如许多抗菌药和抗癌药能影响细胞的核酸代谢。⑤参与或干扰细胞代谢。如一些维生素、微量元素可直接参与细胞正常生理、生化过程，使缺乏症得到纠正；磺胺药由于阻断细菌的叶酸代谢而抑制其生长繁殖。⑥影响免疫机能。有些药物通过影响免疫机能而起作用，如左旋咪唑有免疫增强作用。⑦影响神经递质或自体活性物质。如麻黄碱可促进去甲肾上腺素释放而发挥拟肾上腺素作用；解热镇痛药通过抑制前列腺素合成而发挥作用。

1.3　机体对药物的作用——药物代谢动力学

药物代谢动力学(pharmacokinetics)简称药代动力学或药动学，是研究药物体内浓度随时间发生定量变化规律的一门学科。主要应用高等数学的知识，将所测定的生物样本中不同时间的药物含量进行数学分析与运算，并根据药物浓度与时间变化函数关系的特征确定模型，求出理论值，计算出系列动力学参数，从而阐明药物在体内的吸收、分布、生物转化与排泄的规律，为临床制定科学合理的给药方案及研究和寻找新药提供定量的依据与标准，也是临床药理学、药剂学及毒理学研究的重要工具。

1.3.1　药物的跨膜转运

生物膜(即细胞膜和细胞器膜的统称)的重要功能之一是参与膜内外的物质交换，对维持生命的正常活动十分重要。药物从给药部位进入全身血液循环，分布到各种器官、组织，经过生物转化后由体内排出都要经过一系列的生物膜，此过程称为跨膜转运(transmembrane transport)，主要有以下 5 种方式。

(1)被动转运(passive transport)

被动转运又称顺流转运，是指药物通过生物膜从浓度高的一侧向对侧扩散渗透的过程。转运不需要能量，其转运速度与膜两侧药物浓度差的大小成正比。浓度梯度越大，扩散越容易。当膜两侧药物浓度达到平衡状态时就停止转运。一般包括简单扩散和滤过。

①简单扩散（simple diffusion）　又称被动扩散（passive diffusion）。大部分药物均通过这种方式转运，其特点是顺浓度梯度转运，不受饱和度与竞争性抑制的影响。扩散速率主要取决于膜两侧的浓度梯度和药物的脂溶性。浓度越高，脂溶性越大，扩散就越快。简单扩散还可受药物解离度的影响，大多数药物是弱酸或弱碱，在溶液中以解离型和非解离型混合存在，非解离部分脂溶性大，易透过生物膜。解离与非解离部分的多少，取决于 pK_a 和溶媒 pH 值的大小。当转运达到平衡时，在解离度较高的一侧将有较高的药物总浓度，此现象称为"离子陷阱"机制。酸性药物（如青霉素、磺胺类）在酸性较强的环境中解离少，脂溶性大，易被吸收；碱性药物（如红霉素、土霉素）在酸性较强的环境中解离多，脂溶度低，不易被吸收，故在治疗奶牛乳腺炎时应选择碱性药物。酸、强碱及极性强的季铵盐均不易穿透生物膜。

②滤过（filtration）　通过水通道滤过是许多小分子（相对分子质量 150~200）、水溶性、极性和非极性物质转运的常见方式。各种生物膜水通道的直径有所不同，如毛细血管内皮细胞的膜孔较大，直径 4~8 nm，而肠道上皮和多数细胞膜仅为 0.4 nm。药物通过水通道转运，对经肾排泄、经脑脊髓液排除药物和穿过肝窦膜转运都是很重要的方式。

（2）易化扩散（facilitated diffusion）

易化扩散又称协助扩散。与简单扩散相似，它属于被动转运过程，药物也是通过生物膜从高浓度向低浓度处转运，不消耗能量。不同的是此扩散需要膜上载体蛋白介导，有饱和性和竞争性的特征，也会受代谢抑制物的影响。如葡萄糖进入红细胞或维生素 B_{12} 从肠道吸收均为易化扩散方式。

（3）主动转运（active transport）

主动转运又称逆流转运，是一种载体介导的逆浓度（或电位）梯度转运的方式。细胞膜为转运提供载体，也有酶的参与并消耗能量，代谢抑制物能阻断此过程。载体对药物具有特异的亲和力并发生可逆性结合，生成复合物，由膜的一侧通过另一侧，再将药物释放出来，载体重新回到原位，再继续新的转运。以同一载体转运两种类似化合物时发生竞争性抑制。主动转运对药物的不均匀分布和经肾排泄具有重要意义，如强酸、强碱或大多数药物的代谢产物迅速转运至尿液和胆汁均属于该转运机制；多数无机离子（如 Na^+、K^+、Cl^-）的转运和青霉素、头孢菌素、丙磺舒等经肾排泄也是主动转运方式。

（4）胞饮/吞噬作用（pinocytosis/phagocytosis）

生物膜具有一定的流动性和可塑性，可主动变形将某些物质摄入细胞内或从细胞内释放到细胞外，此过程称为胞饮或内吞（endocytosis），摄取固体颗粒时称为吞噬作用。大分子（相对分子质量大于 900）药物进入细胞或穿过组织屏障一般为胞饮或吞噬作用，如蛋白质、脂溶性维生素、抗原、破伤风毒素、肉毒梭菌毒素等。胞饮并不是治疗药物跨膜转运的主要机制，但会影响到药物在食品动物体内组织残留。

（5）离子对转运（ion pair transport）

高度亲水性药物在胃肠道内与某些内源性化合物结合，如与有机阴离子黏蛋白结合形成中性离子对复合物，既有亲脂性，又具亲水性，可通过被动扩散穿过脂质膜，此方式称为离子对转运。

1.3.2　药物的体内过程

药物从进入动物机体至排出体外的过程称为药物的体内过程，分为吸收、分布、生物转化与排泄。在药代动力学中把药物在体内的分布、生物转化及排泄称为机体对药物的处置(disposition)，而将生物转化和排泄称为消除(elimination)。

1.3.2.1　吸收

药物的吸收(absorption)是指药物从用药部位进入血液循环的过程。除静脉注射外，其他给药途径均有吸收过程。给药途径、药物剂型、pH 值、溶解度、胃排空状况等很多因素可影响药物吸收，在此重点讨论不同给药途径的吸收过程。

（1）内服给药

内服给药多以被动转运方式经胃肠黏膜吸收，主要吸收部位在小肠。小肠吸收面积大且毛细血管丰富，故弱酸、弱碱或中性化合物均可在小肠吸收。弱酸性药物在犬、猫胃中呈非解离状态，也能通过胃黏膜吸收。内服药物多为固体剂型（如片剂），药物在吸收前需从剂型中释放，故内服给药吸收较慢。此外，还受以下因素的影响：①排空率。排空率影响药物进入小肠的快慢。不同动物的排空率不同，如马胃容积小，不停进食，排空时间很短；牛则没有排空。②pH 值。胃肠液的 pH 值能明显影响药物的解离度。不同动物的胃液 pH 值差异较大，猪、犬 3~4，马 5.5，牛前胃 5.5~6.5，鸡嗉囊 3.2。一般酸性药物在胃液中多不解离容易被吸收，碱性药物在胃液中解离不易被吸收，要在进入小肠后才能被吸收。③首过效应(first-pass metabolism)。又称为第一关卡效应或首过消除。内服药物从胃肠道吸收经门静脉系统进入肝内，在肝药酶、胃肠道酶和微生物的联合作用下进行首次代谢，导致进入全身循环的药量减少。首过效应强的药物若用于治疗全身性疾病，则不宜内服给药。④胃肠内容物充盈度。大量食物可稀释药物，使其浓度降低，影响吸收，其影响程度取决于药物本身的理化性质，也与动物种属有关。⑤药物的相互作用。有些金属或矿物质元素（如钙、镁、铁、锌等离子）可与四环素类、氟喹诺酮类药物在胃肠道发生螯合作用，阻碍药物吸收或使药物失活。

（2）注射给药

①静脉注射或静脉滴注。将药物直接输入静脉，不需吸收过程，药效出现迅速。②肌内注射。药物的吸收和出现作用稳定。不同剂型的药物吸收速度有些差异，其中水溶液在局部扩散迅速、吸收快；油溶液形成球粒状逐渐散布，吸收慢。③皮下注射。将药液注入皮下疏松结缔组织中，经毛细血管或淋巴管缓慢持续吸收，作用持续时间较久。④腹腔注射。吸收面积大、速度快。

（3）皮肤给药

浇淋剂是经皮吸收的一种剂型，哺乳动物的皮肤对外界环境中物质的吸收具有屏障作用，有一定的选择性。首先药物必须从制剂基质中溶解出来，才能穿过角质层和上皮细胞。其次药物必须是脂溶性的才容易通过被动扩散吸收。水溶性药物和大部分离子型化合物不易经皮吸收，可以通过调节动物经皮吸收的外在因素达到理想的治疗效果，如用药前使用促进皮肤吸收的肥皂和去污剂擦拭用药部位；氮酮、二甲基亚砜等基质可以促进药物吸收；通过调整制剂的配方与工艺技术可以改变透皮剂（如膜片、微囊）的释放速率，使药物在皮肤的释放呈现匀速的零级动力学过程；应用兽医学中离子电渗疗法和超声渗入疗法，可使药物克服皮肤屏障，使药物透过皮肤吸收。目前，浇淋剂的生物利用度不足

20%，故用于治疗皮肤深层感染时建议采用全身疗法。

（4）呼吸道给药

被覆在肺泡表面的细胞结构非常薄，而且分布有丰富的毛细血管。气体、挥发性药物及气雾剂容易通过呼吸道吸收进入体内，吸收快，较少进入肝内发生首过效应，尤其适合于呼吸道感染。缺点是难于掌握剂量，给药方法比较复杂。

（5）其他途径给药

某些药物是通过直肠、关节、阴道和乳腺等途径给药，产生局部治疗作用，并不要求药物达到有效血药浓度。如直肠给药可用肥皂水灌肠治疗便秘，还可给不便于内服或静脉注射的患病动物补充营养。由于存在长期缓慢的吸收过程，可能导致药物在食品动物组织中长时间缓慢的药物残留。

1.3.2.2 分布

药物的分布（distribution）是指药物被吸收后，通过血液循环转运到各组织、器官的过程。药物要产生生物学作用，必须在作用部位达到充足的浓度并维持充足的时间。药物在各组织中的浓度并不均匀，常处于动态平衡。影响药物分布的主要因素如下：①药物的理化性质。如脂溶性、pK_a 和相对分子质量等。脂溶性或水溶性小分子药物易透过生物膜；非脂溶性的大分子或解离型药物难以透过生物膜，从而影响其分布。②组织血流量。肝、肾、心、脑等组织血流量大，药物容易通过血管壁而迅速达到较高浓度。③血液和组织间的浓度梯度。因为药物主要以被动扩散的方式进行组织分布。④药物对组织的亲和力。有些药物对某些组织有特殊的亲和力，使药物在其中分布较多。这种选择性分布对某些药物具有重要的临床意义，如碘可选择性分布于甲状腺，其浓度高于其他组织约 10 000 倍，故可用于治疗甲状腺机能亢进。药物的选择性分布器官不一定是其作用器官，如洋地黄选择性作用于心脏，表现为强心作用，但它主要分布于肝和骨骼肌中。

（1）与血浆蛋白结合

药物进入血液后，与血浆蛋白结合，以游离型和结合型两种形式存在，二者常处于动态平衡。结合型药物不易穿透血管壁，暂无药理活性，也不易经肾排泄而使作用时间延长。当游离型药物被分布、代谢或排泄而使血药浓度降低时，结合型药物可释放出游离药物，从而延缓了药物从血浆中消失的速度，使半衰期延长。因此，药物与血浆蛋白结合实际上是一种贮存功能，是可逆性的及非特异性的结合。药物与血浆蛋白结合率的高低主要取决于化学结构，但同类药物中也有很大差异，如磺胺对甲氧嘧啶在犬的血浆蛋白结合率为 81%，而磺胺嘧啶只有 17%。另外，药物与血浆蛋白的结合能力是有限的，药物剂量过大超过饱和时，会使游离型药物大量增加，有时可引起中毒。

（2）组织屏障

①血脑屏障（blood brain barrier） 许多相对分子质量较大、极性较高的药物不能穿透血脑屏障进入脑内，与血浆蛋白结合的药物也不能进入。如治疗脑膜炎时，磺胺嘧啶为磺胺类药物中的首选药物，因为它与血浆蛋白的结合力低的缘故。初生动物血脑屏障发育不全或患脑膜炎的动物，其血脑屏障的通透性增加，药物进入脑脊液增多。如青霉素在正常情况下即使大剂量也很难进入脑脊液，但动物脑炎时则较易进入。

②胎儿屏障（placental barrier） 脂溶性药物如全身麻醉药，可从母体血液进入胎儿血中，尤其要注意某些药物能通过胎盘屏障引起胎儿药物中毒或畸形的危害，故对妊娠动物用药要谨慎。

1.3.2.3 生物转化

药物在体内经化学变化生成代谢产物的过程称为生物转化(biotransformation)或代谢(metabolism),涉及Ⅰ相反应(Phase Ⅰ biotransformation)和Ⅱ相反应(Phase Ⅱ biotransformation)。Ⅰ相反应包括氧化、还原和水解反应。多数药物经此反应后产生一些极性基团(如—OH、—COOH、—SH、—NH$_2$等),生成药理活性降低或消失的代谢产物,但也有部分药物经此阶段转化后的产物才具有活性(如百浪多息)或作用加强(如非那西丁的代谢产物扑热息痛的解热镇痛作用)。Ⅱ相反应为结合反应,是药物经Ⅰ相反应后,生成的极性代谢物或未经代谢的原形药物(如磺胺类)能与内源性化合物(如葡萄糖醛酸、醋酸、硫酸和氨基酸等)结合,形成极性更大、水溶性更高、更有利于经尿液或胆汁迅速排出的代谢产物,药理活性完全消失,称为解毒作用(detoxification)。

药物生物转化主要在肝内进行。此外,血浆、肾、肺、脑、皮肤、胃肠黏膜和胃肠道微生物也能进行部分药物的生物转化。肝细胞滑面内质网内存在肝微粒体药物代谢酶系(也称为混合功能氧化酶系或加单氧酶系,简称药酶),主要催化药物等外源性物质的代谢。其中,最重要的是细胞色素P-450混合功能氧化酶系(CYP450),又称单加氧酶。细胞色素P-450的多态性是产生药物作用种属和个体差异的最重要原因之一。除微粒体酶系催化药物的生物转化外,少数药物由非微粒体药酶系统(包括细胞质、线粒体、血浆中酶系)代谢,凡属结构类似体内正常物质、脂溶性小、水溶性大的药物均由此组酶系代谢,如血浆中假性胆碱酯酶能水解琥珀胆碱和普鲁卡因;线粒体中单胺氧化酶(monoamine oxidase,MAO)可使儿茶酚胺类、5-羟色胺等体内活性物质和外源性胺类氧化成醛。胃肠道内微生物也能介导水解和还原反应,如强心苷可在瘤胃中水解失效,反刍动物不宜内服。

当肝功能不全时,药酶活性降低,可使有些药物的转化减慢而易发生毒性反应。药酶的活性还可受药物的影响,有些药物能提高药酶的活性或加速其合成,使其他一些药物的转化加快,称为酶的诱导(enzyme induction),常见药物有苯巴比妥、保泰松、苯海拉明等;相反,某些药物可使药酶的合成减少或酶的活性降低,称为酶的抑制(enzyme inhibition),常见的药物有有机磷杀虫剂、乙酰苯胺、对氨基水杨酸、异烟肼等。酶的诱导和抑制均可影响药物代谢的速率,使药物的效应减弱或增强。临床同时使用两种以上药物时,应注意药物对酶的影响。

1.3.2.4 排泄

药物的排泄(excretion)是指药物的代谢产物或原形通过各种途径排出的过程。多数药物经过生物转化和排泄两个过程从体内消除,但极性药物和低脂溶性化合物主要是由排泄消除,少数药物以原形排泄(如青霉素、二氟沙星)。肾是重要的排泄器官,有些药物也可经胆汁、唾液、粪便、乳汁及呼气排出。

(1)肾排泄(renal excretion)

肾排泄是极性高的代谢产物或原形药物的重要排泄途径,排泄方式包括肾小球滤过、肾小管分泌和肾小管重吸收。肾小球毛细血管通透性大,在血浆中的游离型和非结合型药物均可从肾小球基底膜滤过。肾小管也能主动转运药物,当两种药物通过同一载体转运时,彼此间产生竞争现象而延缓排泄。如青霉素自近曲小管分泌进入肾小管,几乎无重吸收,故排泄速度极快。如同时内服丙磺舒时,两药竞争同一载体,使青霉素的排泄减慢,作用时间延长。

从肾排泄的原形药物或代谢产物由于肾小管水分的重吸收,生成尿液时可达到很高的浓度,有的产生治疗作用,如青霉素、链霉素大部分以原形经尿液排出,可用于治疗泌尿道感染;但有的可能产生毒副作用,如磺胺产生的乙酰磺胺因浓度高可析出结晶,引起结晶尿或血尿,尤其犬、猫尿液呈酸性更易出现,故应同时内服碳酸氢钠。

(2)胆汁排泄(biliary excretion)

胆汁排泄是相对分子质量 350 以上并有极性基团的药物的重要消除途径,药物经肝进入胆汁,随其至胆囊和小肠。某些脂溶性药物(如四环素)可在肠腔内又被重吸收,或葡萄糖醛酸结合物被肠道微生物的 β - 葡萄糖苷酸酶水解并释放出原形药物,然后被重吸收,形成"肝肠循环"(enterohepatic recycling),使药物作用时间延长,如红霉素等。

(3)乳腺排泄(mammary gland excretion)

多数药物可经乳汁排泄,关系到消费者的健康,尤其是抗菌药、抗寄生虫药和毒性作用强的药物在使用时要遵守弃奶期的规定。由于乳汁的 pH 值(6.5~6.8)较血浆低,故碱性药物(如红霉素、甲氧苄啶等)在乳中的浓度高于血浆,易经乳腺排泄;酸性药物(如青霉素、磺胺二甲嘧啶等)较难经乳腺排泄。

1.3.3 药物代谢动力学的基本概念

1.3.3.1 血药浓度与药时曲线

血药浓度(blood concentration)一般指血浆中的药物浓度,是体内药物浓度的重要指标,虽然它不等于作用部位(靶组织或靶受体)的浓度,但作用部位的浓度与血药浓度以及药理效应一般呈正相关。血药浓度随时间发生的变化,不仅能反映作用部位的浓度变化,而且也能反映药物在体内吸收、分布、生物转化和排泄过程总的变化规律。另外,由于血液的采集比较容易,对机体损伤小,所以常用血药浓度来研究药物在体内的变化规律。当然,在某些情况下也利用尿液、乳汁、唾液或某种组织作为样本研究药物体内的浓度变化。一种药物要产生特征性的效应,必须在它的作用部位达到有效的浓度。不同种属动物对药物在体内的处置过程存在差异,当一种药物以相同的剂量给予不同的家畜时,常可观察到药效的强度和维持时间有很大的差别。

药物在动物体内的吸收、分布、生物转化和排泄是一种连续变化的动态过程。在药动学研究中,给药后不同时间采集血样,测定其药物浓度,常以时间作为横坐标,以血药浓度作为纵坐标,绘出曲线,称之为血药浓度-时间曲线,简称药时曲线(concentration-time curve),从中可定量分析药物在体内的动态变化与药物效应的关系(图 1-3)。曲线升段反映药物吸收和分布过程,曲线的峰值反映给药后达到的最高血药浓度,曲线的降段反映药物的消除。

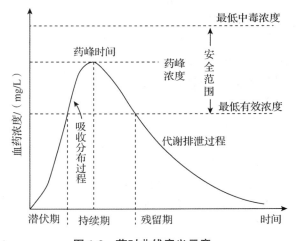

图 1-3 药时曲线意义示意

一般把非静脉给药分为潜伏期、持续期和残留期。潜伏期(latent period)是指给药后到开始出现药效的一段时间,快速静脉注射一般无潜伏期;持续期(persistent period)是指药物维持有效浓度的时间;残留期(residual period)是指体内药物已降到有效浓度以下，但尚未完全从体内消除。持续期和残留期的长短与消除速率有关，应注意多次反复用药可能引起蓄积作用甚至中毒，也要注意在食品动物要确定较长的休药期。

1.3.3.2　速率过程

速率是指血药浓度或体内药量随时间推移的瞬时变化率，它影响药物作用的发生、作用的持续时间及药理效应强度。在药动学研究中，通常有一级速率过程、零级速率过程和非线性动力学过程。

（1）一级速率过程（first order rate process）

一级速率过程又称一级动力学过程，是指药物在体内的转运或消除速率与药量（或浓度）的一次方成正比，即单位时间内按恒定的比例转运或消除。

（2）零级速率过程（zero order rate process）

零级速率过程又称零级动力学过程，是指体内药物浓度变化速率与其体内药物浓度无关，而是一恒定量，药物的转运或消除速率与浓度的零次方成正比。当药物剂量过大而出现饱和限速时则成为零级速率过程，此为载体转运的特点。

（3）非线性动力学过程（nonlinear dynamical process）

在线性动力学过程中，药动学参数如半衰期与剂量无关。而在非线性动力学中，药动学参数随剂量而变化，如半衰期则与剂量有关，此类过程称为非线性动力学过程。因为给药剂量大小或速率可引起一个或多个药动学参数发生变化，所以也称之为剂量依赖性动力学。其特点是不遵循一级动力学过程的规律，药物消除半衰期随剂量增加而延长，药时曲线下面积与剂量不成正比。非线性动力学在过量使用药物时常发生，分布容积、总消除率或两者均可在过量使用时发生改变。

1.3.3.3　房室模型

为定量分析药物在动物机体内的动力学变化，需采用适当的模型和数学公式来描述此过程。房室模型（compartment model）就是将机体作为一个系统，系统内部根据药物转运和分布的动力学特点分为若干房室。将具有相同或相似速率过程且药物浓度的改变与时间呈函数关系的部位视为一个房室，通常分为一室、二室或三室模型。药动学参数的可靠性依赖于所假设的模型的准确性，通常在获得不同时间测定的血药浓度数据后，可用计算机程序自动选择房室模型。需指出，房室是便于数学分析的抽象概念，与机体的解剖部位和生理功能没有直接联系，但与器官组织的血流量、生物膜通透性、药物与组织的亲和力等有一定关系。

（1）一室模型（one compartment model）

一室模型也称单室模型，是将整个机体描述为动力学上一个"均一"的房室，假定给药后药物可立即均匀地分布到全身各组织器官，迅速达到动态平衡。如单次静脉注射的血药浓度（lg$C$）与时间（t）数据在半对数坐标纸上作图，可得到一条直线，药时曲线下呈单指数衰减，此即一室模型（图 1-4）。

（2）二室模型（two compartment model）

该模型假定给药后药物不是立即均匀地分布到全身各组织器官，它在体内的分布有不同的速率，因此把机体分为两个房室。其中，药物以较快速率分布的称为中央室，以较慢速率分布的称为周边室。通常认为，血液丰富的组织（如肝、肾、肺）、血液和细胞外液属中央室，而血液灌注较少的肌肉、皮肤、脂肪等组织属周边室。中央室和周边室并不是固定不变的，通常与药物的理化性质有关，如脂溶性高的药物容易透过生物膜进入大脑，此时大脑属于中央室，但对极性高的药物由于血脑屏障不易进入大脑，此时大脑则成为周边室。如单次静脉注射的血药浓度（$\lg C$）与时间（t）数据在半对数坐标纸上作图，得到的不是一条直线，而是一条双指数衰减曲线，此即二室模型（图 1-5）。可见，静脉注射后血药浓度迅速下降，即药物随血液进入中央室，然后再分布周边室，此段曲线称为分布相（α相）。分布达到平衡后，血药浓度的下降主要是药物从中央室消除的结果，周边室的药物也按动态平衡规律转运至中央室消除，故血药浓度下降较慢。此段曲线反映的是药物从中央室的消除过程，称为消除相（β 相），通过消除相可以计算药动学参数半衰期。

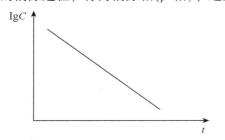

图 1-4　一室模型单次静脉注射的血药浓度

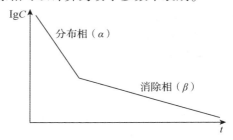

图 1-5　二室模型单次静脉注射的血药浓度

　　大多数药物在体内的转运和分布的动力学特征比较符合二室模型，少数药物可能以更缓慢的速率从中央室分布到骨或脂肪等组织，或者与某些组织牢固结合，这时药时曲线呈三相指数衰减，称为三室模型（three compartment model）。

　　在药动学分析中，除应用房室模型外，目前还有非房室模型（non-compartment model）、生理药动学（PB/PK）模型、群体药动学模型（population pharmacokinetic model）和药动-药效学（PK/PD）同步模型等。

1.3.3.4　药动学基本参数及其意义

　　在药动学研究中，表征药物在体内处置过程最重要的参数有半衰期（$t_{1/2}$）、表观分布容积（V_d）、体清除率（Cl_B）等。估测这些参数需要给动物使用一定剂量的药物进行试验，获得药物浓度与时间数据，计算出消除速率常数（K_e），然后通过（K_e）、剂量（D）和模型参数（C_{po}）估测 $t_{1/2}$ 和 V_d。

　　（1）半衰期（half life，$t_{1/2}$）

　　半衰期是指体内药物浓度或药量下降一半所需的时间（图 1-6），通常是指消除半衰期，即生物半衰期或血浆半衰期，常用 $t_{1/2\beta}$ 或 $t_{1/2K_e}$ 表示，它反映药物在体内消除的速度。在一级速率过程中，$t_{1/2}$ 是一个常数，表达式为：$t_{1/2} = 0.693/K_e$，K_e 为消除速率常数，代表体内药物总的消除情况。一级消除速率常指在单位时间内药物消除的分数，其单位是时间的倒数，即/min或/h。多数药物在体内的消除遵循一级速率过程，即药物在单位时间内按恒定的比例转运或消除。半衰期与剂量无关，当药物从胃肠道或注射部位迅速吸收时也与给药途径无关。但有少数药物在剂量过大时可能以零级速率过程消除，即体内药物浓度变化速率与其

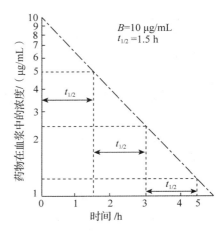

图 1-6　药物半衰期

体内药物浓度无关，而是一恒定量，药物转运或消除速率与浓度的零次方成正比，如保泰松在给予犬和马大剂量时以零级速率过程消除。

为了保持血中的有效药物浓度，半衰期是制定给药间隔时间的重要依据，也是预测连续多次给药时体内药物达到稳态浓度和停药后从体内消除时间的主要参数。如按半衰期间隔给药 4~5 次即可达稳态浓度，停药后经 5 个半衰期则体内药物消除约达 95%。

(2)药时曲线下面积(area under the concentration-time curve，AUC)

药时曲线下面积是指以血药浓度为纵坐标，时间为横坐标作图所得的曲线下面积，反映到达全身循环的药物总量，即药物的吸收状态。其计算公式为：$AUC = X_0/K_e \cdot V_d$(静脉注射)；$AUC = F \cdot X/K_e \cdot V_d$(非血管给药)。式中，$F$ 为生物利用度；X_0、X 为给药量；V_d 为表观分布容积；K_e 为消除速率常数。

大多数药物的 AUC 与剂量成正比，此常数常作为计算生物利用度和其他参数的基础。

(3)表观分布容积(apparent volume of distribution，V_d)

表观分布容积是指药物在体内的分布达到动态平衡时，药物总量按血浆药物浓度分布所需的总容积，为体内药量与血浆药物浓度的一个比例常数，即 $V_d = X/C$。V_d 是一个重要的动力学参数，通过它可以将血浆药物浓度与体内药物总量联系起来。V_d 值越大，药物穿透组织越多，分布越广，血中药物浓度越低。一般来说，如果药物在体内均匀分布，则 $V_d < 1.0$ L/kg；当 $V_d > 1.0$ L/kg 时，药物的组织浓度高于血浆浓度，药物在体内分布广泛，或者组织蛋白对药物有高度亲合性，如利多卡因、喹诺酮类等脂溶性的有机碱等；当 $V_d < 1.0$ L/kg 时，药物的组织浓度低于血浆浓度，如水杨酸、保泰松、青霉素等有机酸类药物。

(4)峰浓度(peak concentration，C_{max})和峰时间(peak time，t_{max})

给药后达到的最高血药浓度称为血药峰浓度，简称峰浓度，与给药剂量、途径、次数及达到时间有关。达到峰浓度时所需的时间称为达峰时间，简称峰时，取决于吸收速率和消除速率。峰浓度、峰时间和药时曲线下面积是决定生物利用度和生物等效性的重要参数。

(5)体清除率(body clearance rate，Cl_B)

体清除率简称清除率，是指在单位时间内机体通过各种消除过程消除药物的血浆容积，单位以 mL/(min·kg)表示，其计算公式为：$Cl_B = F \cdot X /AUC$。式中，F 为进入全身循环的药物分数；X 为给药量。

Cl_B 与 $t_{1/2}$ 不同，它可以不依赖药物处置动力学的方式表达药物的消除速率。氨苄西林和地高辛对犬有相同的体清除率，即 3.9 mL/(min·kg)，前者的 $t_{1/2}$ 为 48 min，后者为 1 680 min。体清除率包括肾清除率(Cl_r)、肝清除率(Cl_h)和其他(如肺、乳汁、皮肤)清除率等。

(6)生物利用度(bioavailability)

生物利用度是指药物以一定剂型从给药部位吸收进入全身循环的速率和程度，是决定药物量效关系的首要因素。另外，可根据生物利用度寻找促进吸收或延缓消除的药剂。

在相同动物、相同剂量条件下，内服或其他非血管给药途径所得的 AUC_{po} 与静脉注射 AUC_{iv} 的比值即为绝对生物利用度(absolute bioavailability)。在不同剂量条件下，内服或其他非血管给药途径的生物利用度通过以下公式进行校正：$F = (D_{iv} \cdot AUC_{po})/(D_{po} \cdot AUC_{iv})$。式中，$F$ 为生物利用度；D_{iv} 和 D_{po} 分别为静脉注射和内服的剂量；AUC_{po} 和 AUC_{iv} 分别为内服和静脉注射的药时曲线下面积。

静脉注射所得的 AUC_{iv} 代表完全吸收和全身生物利用度，如果药物的制剂不能进行静脉注射给药，则采用参照标准的 AUC 做比较，即为相对生物利用度（relative bioavailability）。

当药物的生物利用度小于 100% 时，可能和药物的理化性质和/或生理因素有关，如药物制剂在胃肠液中解离不好，在胃肠内容物中不稳定或有效成分被灭活，不易透过黏膜上皮屏障，在进入全身循环前在肠壁或肝内发生首过效应。如果药物的生物利用度超过 100%，该药物可能存在肝肠循环现象。

1.3.3.5 多次给药剂量方案

药动学研究主要用于确定临床安全有效的给药剂量方案。确定的剂量能保证在一定的时间内血浆药物浓度维持在有效浓度以上。通过多剂量给药血浆药时曲线（图 1-7）可直接显示剂量方案的确定原理，其中剂量（dose，D）和给药间隔时间（interval time，τ）是其两个重要指标。给药剂量又分为首次剂量（负荷剂量，D_1）和维持剂量（D_m）。使用 D_1 的目的是使药物尽快地达到有效血药浓度，D_m 是维持血浆药物浓度在有效范围内的剂量。多剂量给药达到稳态水平时，反映血浆药时曲线特征的两个参数是最大血药浓度 C_{max} 和最小血药浓度 C_{min}。

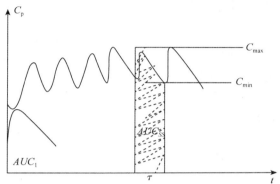

图 1-7 多剂量血管外途径给药药时曲线

$t_{1/2}$ 和 τ 是决定多次给药后血浆药时曲线形状特点的主要参数。图 1-7 中左边第一个曲线为单剂量血管外途径给药（即第一次给药）的血浆药时曲线，其 AUC_1 反映的是药物从体内消除的相对量，与达到稳态时在 τ 内的 AUC_{ss} 相等。在第一次给药后，再给第二次剂量，药物在体内基本消除大约需要 5 个 $t_{1/2}$。当 $\tau \geqslant 5t_{1/2}$ 时，药物在体内基本没有蓄积作用，此时多剂量给药血浆药物浓度峰形，在 τ 内与单次给药后血浆药时曲线基本一致。

1.3.3.6 病理状态下剂量方案的调整

由疾病引起肾功能降低是导致药物在动物体内处置发生变化的最重要和最常见原因。肾功能不全时，药物的肾清除率降低，导致药物在体内蓄积或中毒，还可能影响药物与血浆蛋白的结合率、药物在体内的分布和肝的生物转化。此时需要对剂量方案进行调整，主要改变 D 或 τ，使给药后所形成的血浆药时曲线与正常状态时的基本相同。由于 $\tau/t_{1/2}$ 决定多剂量给药后血药浓度的振幅大小，D/τ 决定平均稳态血药浓度（$C_{平均}$）的高低，药物在肾功能不全动物体内的 $t_{1/2}$ 延长，如果不调整，$C_{平均}$ 将会大大增高。因此，应该通过降低 D 或延长 τ 来调整给药方案。

1.3.3.7 药物的有效性与安全性评价

血浆药时曲线特征主要取决于 D 和 τ 及药物在体内的处置过程，其效能及其毒性主要取决于药物的药理学和毒理学特性。多数情况下，药物的生物学效应与血浆药物浓度相关。临床用药时应保证血浆药物浓度在最低有效浓度之上，且药物产生毒性作用的阈值浓度较高，此即血浆药时曲线的最佳剂量方案，即稳态血药浓度处于低效应阈值与高效应阈值之间的治疗窗内。

1.4　影响药物作用的因素及合理用药

1.4.1　影响药物作用的因素

药物的作用是药物与机体相互作用过程的综合表现，许多因素可能干扰或影响此过程，使药物的效应发生变化。这些因素包括药物方面、动物方面、饲养管理与环境方面的因素。

1.4.1.1　药物方面的因素

（1）剂量

药物的作用或效应在一定剂量范围内随剂量增加而增强，如巴比妥类药物小剂量产生催眠作用，中剂量产生镇静作用，大剂量产生麻醉作用。但有些药物随着剂量或浓度的不同，作用性质会发生变化，如碘酊低浓度（2%）时杀菌（作消毒药），高浓度（10%）时表现为刺激作用（作刺激药）。药物的剂量是决定药效的重要因素，由于动物方面的差异，使相同药量产生不同程度的的药理效应或毒性。因此，在临床用药时，不能机械套用某种剂量。除根据《中华人民共和国兽药典》规定用药量外，还应根据药物的理化性质、毒副作用和病情发展的需要适当调整剂量。

（2）剂型

剂型是影响体内过程特别是药物吸收的一个重要因素。一般来说，气体剂型和注射剂吸收快，固体剂型（如散剂、片剂、胶囊剂）吸收最慢。动物临床常用注射剂，要求配合易吸收的速效制剂，选用长效制剂以延长药效，减少给药次数，维持药物在体内的有效浓度。

（3）给药途径

不同的给药途径可影响药物的吸收量、吸收速度以及体内药物浓度与药物作用的持续时间。选择合适的给药途径不仅给临床带来很大方便，还可以达到速效或缓效的目的。临床上根据药物的特性和动物的生理、病理状况选择适宜的给药途径。

①内服给药　药物可经口投入或拌料及混饮给予。此法给药方便，适合于大多数药物，特别是能发挥药物在胃肠道内的作用。但胃肠内容物较多，吸收不规则、不完全，且易受消化道中消化酶、pH值等影响和制约，所以药物吸收慢。有些易被消化道破坏的药物（如青霉素）或对胃肠道有强烈刺激的药物不宜内服给药。

②注射给药　静脉注射或静脉滴注药效出现迅速、剂量准确、有效浓度确实，常用于对药量要求准确和能迅速出现药效的急性病例，但不宜连续、频繁、多次静脉给药。肌内注射时药物吸收和出现作用稳定，操作方法也较静脉注射简单。刺激性极强的药物不适于肌内注射，刺激性较轻的药物可采用深部肌内注射。皮下注射药物作用持续时间较久，具有较强刺激性的药物、油类混悬剂及具有收缩血管作用的药物，不宜皮下注射。腹腔注射对不能内服或静脉注射，但又必须补充大量液体时可选用，对补充必要的营养物质或大量补液可用此法，但刺激性药物不能腹腔注射。

③直肠给药　将药物灌注于直肠深部的方法（治疗便秘），发挥局部作用和吸收作用（如补充营养、解热镇痛）。

④皮肤、黏膜给药　将药物涂抹、喷洒、滴加于皮肤、黏膜局部，发挥局部作用（如治疗体外寄生虫病）。

⑤吸入给药　气体、挥发性药物及气雾剂经过吸入进入体内，发挥局部作用（如治疗呼吸道疾病）和吸收作用（如吸入麻醉）。此法方便易行，浓度易于掌握。

（4）给药方案

给药方案（drug regimen）包括给药的剂型、剂量、间隔时间、途径（administration route）和疗程（course period of treatment）。给药间隔时间是由药物的药动学、药效学决定的，每种药物或制剂有其特定的作用持续时间。如地塞米松的抗炎作用时间比氢化可的松长很多，所以前者的给药间隔较长。药物的给药途径主要受制剂的限制，如片剂、胶囊供内服，注射用混悬剂只能皮下、肌内注射，不能静脉注射。但选择给药途径还应考虑疾病类型和用药目的，如利多卡因在非静脉注射给药时对控制室性心律不齐是无效的。制定给药方案的最后一步就是确定疗程，有的疾病经单次给药或短期治疗便可恢复或治愈，但许多疾病必须反复多次给药一定时间（数日、数周甚至更长时间）才能达到治疗效果。对于细菌感染性疾病，一定要有足够的疗程，如抗生素一般需用 2~3 d 为一疗程，磺胺类则要求 3~5 d 为一疗程。不能在动物体温下降或病情稍有好转时就停止给药，否则会导致疾病复发或诱导细菌产生耐药性，给后续治疗带来更大的困难。

制定一个良好的给药方案是合理用药的保证，兽医师要综合运用疾病和药物方面的知识，严格按照治疗方案用药，才能保证达到最好的疗效，并把不良反应减少到最低限度。

（5）药物相互作用

临床上能用一种药物治好某种疾病就不要用两种以上的药物，尤其不要使用两种以上的抗菌药。两种或两种以上药物联合使用，可能产生有利的相互作用，也可能出现有害的相互作用。根据药物相互作用的性质和部位，可分为体外相互作用和体内相互作用。体外相互作用主要表现为配伍禁忌，体内相互作用又分为药动学相互作用和药效学相互作用。

①配伍禁忌（incompatibility） 两种或两种以上药物混合使用时，可能产生药物中和、水解、破坏失效等理化反应，出现浑浊、沉淀、产生气体及变色等异常现象，称为配伍禁忌。如将磺胺嘧啶钠与葡萄糖注射液混合，便可见液体中有微细的结晶析出，这是因为强碱性的磺胺嘧啶钠在 pH 值较低的溶液中析出的结果；又如外科手术时，如果将肌松药琥珀胆碱与麻醉药硫喷妥钠混合使用，虽然看不到外观变化，但琥珀胆碱在碱性溶液中可水解失效。所以，临床混合使用两种以上药物时应十分慎重，避免配伍禁忌。

②药动学的相互作用 两种或两种以上药物同时使用时，一种药物可能改变另一种药物在体内的吸收、分布、生物转化或排泄过程，而使药物的半衰期、峰浓度和生物利用度等发生改变。

吸收：内服药物时常在胃肠道出现吸收过程的相互作用，具体表现为如下几个方面：一是物理化学相互作用。如四环素类、恩诺沙星等可与钙、铁、镁等金属离子发生螯合，影响吸收或使药物失活。二是胃肠道运动功能的改变。如拟胆碱药可加快胃排空和肠蠕动，使药物迅速排出，致吸收不完全。抗胆碱药（如阿托品等）则减少胃排空速率和减慢肠蠕动，使吸收速率减慢，峰浓度较低，同时也使药物在胃肠道停留时间延长，增加药物的吸收量。三是肠道菌群的构成或功能的改变。胃肠道菌群可参与某些药物的代谢，广谱抗菌药能改变或杀灭胃肠道内菌群而影响药物的代谢和吸收，如用抗生素治疗可使洋地黄在胃肠道的生物转化减少，使吸收增加。四是改变生物膜的完整性。有些药物可能损害胃肠道黏膜，使生物膜的完整性及功能受到破坏，影响吸收或阻断主动转运过程。

分布：药物在分布上的相互作用主要是由药物竞争血浆蛋白的结合部位而产生的。药物与血浆蛋白的结合是可逆的，具有较高蛋白亲和力的药物可以置换亲和力较弱的药物。如果高度蛋白结合（大于 80%）的药物被其他高亲和力的药物置换，则可使其在血中的非结合药的浓度显著提高，从而增加了中毒的危险。如非甾体类抗炎药(阿司匹林等)的蛋白结合率超过90%，只要一小部分结合的药物被置换，就可能产生毒性的浓度。另外，能影响器官血流量的药物也可影响药物在器官组织的分布，因为药物在器官的摄取率与清除率取决于器官的血流量。如抗肾上腺素药心得安可使心输出量明显减少，从而减少肝的血流量，使强首过效应的药物(如利多卡因)的肝清除率降低，导致药物在血中的浓度升高。

生物转化：药物在生物转化过程中的相互作用主要表现为对药酶的诱导和抑制。许多中枢抑制药包括镇静药、抗惊厥药等均有酶诱导作用，如苯巴比妥能显著地诱导肝微粒体酶的合成，提高其活性，从而加速自身或其他药物的生物转化，降低药效。相反，如糖皮质激素等一些药物能使药酶抑制，使药物的代谢减慢，提高血中药物浓度，使药效增强。药物代谢的酶抑制作用可能被用于治疗，如醋氨酚对猫有较强的毒性，可用西咪替丁来减少毒性代谢物的生成。

排泄：药物在排泄过程中的相互影响主要有两种表现。一是由于改变肾小球的滤过和竞争肾小管的主动分泌(或两者)，从而改变药物在尿液的排泄。如同时使用丙磺舒与青霉素，由于丙磺舒竞争近曲小管的主动分泌，可使青霉素的排泄减慢，提高血浆浓度，延长半衰期。二是能影响尿液 pH 值的药物可使另一药物的解离度发生改变，从而影响其在肾小管的重吸收。如用碳酸氢钠碱化尿液可加速水杨酸盐的排泄；用氯化铵酸化尿液则可加速碱性药物的排泄。

③药效学的相互作用　同时使用两种或两种以上药物，由于药物效应或作用机制的不同，可使总效应发生改变，称为药效学的相互作用。两药合用的效应大于单药效应的代数和，称为协同作用(synergism)，如青霉素与链霉素合用可产生协同作用。两药合用的效应等于它们分别作用的代数和，称为相加作用(additive action)，如四环素类和磺胺类合用产生相加作用。两药合用的效应小于它们分别作用的总和，称为拮抗作用(antagonism)，如 β-内酰胺类抗生素与快速抑菌剂四环素类等合用可能产生拮抗作用。临床上常利用协同作用以加强药效，如磺胺类与抗菌增效剂甲氧苄啶的合用；而利用拮抗作用以减少或消除不良反应，如用阿托品对抗有机磷杀虫剂的副交感神经兴奋症状。另外，不良反应也能出现协同作用，如头孢菌素的肾毒性可因合用庆大霉素而增强。一般来说，用药种类越多，不良反应发生率也越高。所以，临床上应避免同时使用多种药物，尤其要避免使用固定剂量的联合用药，因为这样使兽医师失去根据动物病情需要去调整药物剂量的机会。

1.4.1.2　动物方面的因素

(1)种属差异

不同种属动物的解剖结构、生理功能、生化与代谢特点不同，对药物的敏感性也不同。如猫因体内缺乏葡萄糖醛酸酶而对水杨酸盐特别敏感，作用时间较长。有些药物对不同种属动物的作用表现出一定的差异，如东莨菪碱小剂量对犬、猫产生中枢抑制作用，但对马属动物均表现为中枢兴奋作用。

(2)生理因素

不同年龄、性别、妊娠或哺乳期动物对同一药物的反应往往有一定差异。幼龄、老龄和雌性动物的药酶活性低，对药物敏感性较高，临床用药剂量应适当减少。妊娠动物对拟胆碱药、泻药或能引起子宫收缩加强的药物比较敏感，可能引起流产，临床用药应谨慎。哺乳期动物因多数药物可经乳腺排泄而易造成乳中的药物残留，故用药后要严格执行弃奶期的规定。

（3）机体的机能状态与病理因素

一般来说，当机体处于病理状态时药物作用明显；而机体本能正常时药物的作用不明显或无效。如解热镇痛药在治疗剂量时不能降低正常体温，却能明显地降低发热动物的体温；呼吸中枢兴奋药对被抑制的呼吸中枢的兴奋作用比对正常呼吸中枢的兴奋作用强。肝、肾是药物的主要转化、排泄器官，严重的肝、肾功能障碍都可导致药物或毒物的作用时间延长，效应增强。严重的寄生虫病、失血性疾病及营养不良的患病动物，由于血浆蛋白减少而使血浆蛋白结合率高的药物在血中的游离药物浓度增加，使药物作用增强，生物转化和排泄增加，消除半衰期缩短。

（4）个体差异

在年龄、性别和体重等因素基本相同的情况下，同种动物中有少数个体对药物特别敏感，称为高敏性（hypersensitivity）；另有少数个体则特别不敏感，称为耐受性（tolerance），此即个体差异（individual difference），其产生的主要原因是动物对药物的吸收、分布、生物转化和排泄的差异，其中细胞色素 P-450 的多态性是产生药物作用种属和个体差异的最重要原因之一。具有对某一药物耐受性的个体可接受甚至超过其中毒量也不引起中毒，而对高敏个体即使接受小剂量也可能引起强烈反应或中毒。

1.4.1.3　饲养管理与环境因素

合理的日粮营养能增强动物机体的抵抗力，所以应根据动物不同生长时期的需要合理调配日粮结构，避免出现营养不良或营养过剩。动物所在环境应温暖干燥、通风良好、透光性好。这些因素对患病动物更为重要，动物疾病的恢复不能单纯依靠药物，一定要配合良好的饲养管理，加强护理，提高机体的抗病力，使药物作用得到更好的发挥。如用镇静药治疗破伤风时要注意环境的安静，应将动物放在黑暗的房舍；在动物麻醉后应注意保温，复苏后给予易消化的食物，使患病动物尽快康复。

1.4.2　兽药的合理使用

科学、合理地使用兽药要求对发病动物的原因、病原和病理过程要有充分的了解，最大限度地发挥药物对疾病的预防、治疗或诊断等有益作用，同时使药物的有害作用尽量减到最低程度。有害作用包括对靶动物的不良反应、对动物性食品消费者的危害、对使用兽药人员及环境生态的危害等。盲目用药非但无益，还可能影响诊断，耽误疾病的治疗甚至危及动物的生命。合理用药原则如下。

（1）正确诊断，切忌盲目用药

任何药物合理应用的条件是正确的诊断。只有正确的诊断加上合理用药，才能取得满意的疗效。所以在治疗动物疾病时，首先要切断病原体的传播，然后根据疾病的症状找出病因，进行对因和对症治疗。

（2）用药指征明确

要针对患病动物的具体情况，选用安全、有效、方便、价廉易得的药物制剂。反对滥用药物，尤其不能滥用抗菌药。

（3）熟悉药物的药代动力学特征

药物的作用或效应取决于作用部位的浓度，药物除静脉注射和局部外用药无吸收过程外，无论以何种途径给药，均发生吸收、分布、生物转化和排泄的动力学过程。每种药物有其特定的药动学特征，如半衰期、生物利用度、表观分布容积等均有所差异，也受动物种属、疾病类型及给药方案的影响。只有熟悉药物在靶动物的药动学特征及其影响因素，才能做到正确选药并制定合理的给药方案。

（4）预期药效与不良反应

根据疾病的病理生理学过程和药物的药理作用特点以及它们之间的相互关系，药物效应是可以预测的。几乎所有的药物不仅有治疗作用，也存在不良反应，临床用药必须记住疾病和治疗均具有复杂性，对治疗过程做好详细的用药计划，认真观察将出现的药效和毒副作用，随时调整用药方案。

（5）合理的联合用药

在确定诊断后，兽医师的任务就是选择最有效、安全的药物进行治疗，一般情况下不应同时使用多种药物（尤其抗菌药），因为多种药物治疗极大地增加了药物相互作用的概率，也给患病动物增加了危险。除了具有确实协同作用的联合用药外，要慎重使用固定剂量的联合用药（如某些复方制剂）。

（6）正确处理对因治疗与对症治疗的关系

对因治疗和对症治疗各有其特点。一般情况下，首先要进行对因治疗，待病因消除后，症状一般随之消失。如动物的呼吸系统感染可由多种细菌或病毒引起，主要症状是体温升高、咳嗽、气喘等。对此类疾病不必急于使用解热药或镇咳祛痰药，首先应该选用抑制或杀灭病原菌的抗菌药。如果是病毒引起的感染，目前尚无有效的抗病毒药物，则应注意防止继发或并发的细菌性感染。但对于危及动物生命的症状（如休克、心跳骤停、呼吸衰竭、惊厥），首先采取有效的对症治疗也是十分必要的，这种治疗虽然不能根治疾病，但可防止病情的恶化和发展。临床上往往同时采用对因治疗和对症治疗方法，可促进动物更快恢复健康。

（7）避免动物源性食品中的兽药残留

①严禁非法使用违禁药物。为了保证动物性食品的安全，我国兽医行政管理部门制定发布了食品动物禁用的兽药及其他化合物清单。兽医师和食品动物饲养场均应严格执行这些规定。对于出口企业，还应当考虑进口国对食品动物禁用药物的规定，并遵照执行。②严格执行休药期规定。严格执行休药期规定是减少兽药残留的关键措施。药物的休药期受剂型、剂量和给药途径的影响。此外，联合用药由于药动学的相互作用也会影响药物在体内的消除时间，兽医师和其他用药者对此应有足够认识，必要时要适当延长休药期，以保证动物性食品的安全。③坚持用药记录制度。避免兽药残留必须从源头抓起，严格执行兽药使用记录制度。兽医及养殖人员必须对使用兽药的品种、剂型、剂量、给药途径、疗程或给药时间等进行登记，以备检查和溯源。④杜绝不合理用药。在我国现有的饲养条件下，当养殖者缺乏安全、合理用药知识时，为片面追求养殖生产效率，存在盲目超量、超疗程等不合理用药现象，导致兽药残留超标的发生。不合理用药的情况之一是不按标签说明书用药，对食品动物必须严格按标签说明书用药，因为标签外用药可能改变药物在动物体内的动力学过程，延长药物在动物体内的消除时间，使食品动物出现潜在的药物残留超标。⑤避免环境污染。动物养殖污染物的排放和农家肥施用会使兽药造成环境污染。

本章小结

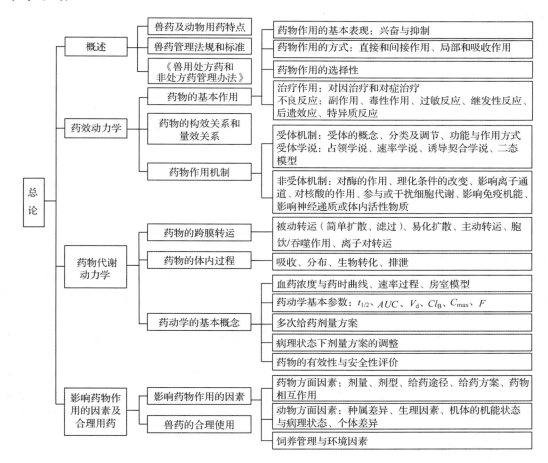

思考题

1. 什么是兽药？按其来源可分成哪几类？对每一类请列举 1~2 种药物。
2. 各种动物用药的特点是什么？
3. 我国主要的兽药管理法规和国家标准是什么？
4. 药物作用的方式有哪些？请分别举例说明。什么是药物作用的选择性？临床上有何意义？
5. 药物的不良反应有哪些？如何避免？
6. 试述药物作用的主要机制。
7. 药物的跨膜转运有几种方式？各有何特点？与药物作用有何关系？
8. 药物的体内过程包括哪些步骤？
9. 试述药物代谢动力学的基本概念及其主要参数的意义。
10. 药物联合应用时在药效学方面的相互作用有哪些？试举例说明之。
11. 影响药物作用的因素有哪些？临床用药时如何平衡药物效应、不良反应、残留和耐药性之间的关系？
12. 举例说明药物联合应用对药代动力学的影响有哪些。
13. 如何制定合理的给药方案？
14. 兽药的合理应用原则有哪些？如何避免动物源性食品中的兽药残留？

（李继昌、王 剑）

第 2 章

外周神经系统药理

外周神经系统(peripheral nervous system)是由传出神经系统和传入神经系统组成,故作用于外周神经系统的药物包括传出神经药物和传入神经药物。

2.1 传出神经药物

2.1.1 概述

2.1.1.1 传出神经系统分类

传出神经系统(efferent nervous system)按解剖学分为运动神经(somatic motor nerve)和植物神经(vegetative nerve,又称自主神经,autonomic nerve)。前者分布于骨骼肌并支配其运动,其活动通常为随意性的;后者分为交感神经(sympathetic nerve)和副交感神经(parasympathetic nerve),主要分布于内脏、平滑肌和腺体等效应器并调节其功能,其活动为非随意性的。

植物神经自中枢神经系统发出后,皆经过神经节中的突触更换神经元,才到达所支配的效应器,故有节前纤维(preganglionic fiber)和节后纤维(postganglionic fiber)之分。交感神经节前纤维自中枢发出,多数在椎旁交感神经链的相应神经节交换神经元,少数交感神经穿过交感神经链在腹腔神经节和肠系膜上、下神经节交换神经元。副交感神经节多在效应器附近或效应器内。运动神经从中枢发出后,中途不更换神经元,直接到达所支配的骨骼肌,形成运动终板,所以无节前纤维和节后纤维之分。

2.1.1.2 传出神经递质

(1)传出神经递质分类

在传出神经系统冲动到达神经末梢时,从神经末梢释放出一种化学传递物,为神经递质(neurotransmitter)。通过递质作用于次一级神经元或效应器(如平滑肌、心肌、骨骼肌和腺体等受体),产生效应,以完成神经冲动的传递过程。目前,已知主要有乙酰胆碱(acetylcholine,Ach)和去甲肾上腺素(noradrenaline,NA 或 NE)或肾上腺素,由此可将传出神经分为胆碱能神经(cholinergic nerve)和肾上腺素能神经(noradrenergic nerve)。当神经兴奋时,末梢释放乙酰胆碱的为胆碱能神经,这类神经包括:①植物神经的节前纤维。②所有副交感神经的节后纤维。③小部分交感神经的节后纤维。如汗腺的分泌神经和骨骼肌的血管舒张神经等。④运动神经。当神经兴奋时,其末梢释放去甲肾上腺素或肾上腺素的为肾上腺素能神经,这类神经包括大多数交感神经节后纤维。另外,某些器官还受多巴胺能神经(dopaminergic nerve)、肽能神经(peptidergic nerve)及嘌呤能神经(purinergic nerve)等支配。

(2)神经递质的生物合成、贮存、释放与传递、消除(灭活)

①生物合成与贮存 在胆碱能神经末梢中,胆碱和乙酰辅酶 A 在胆碱乙酰化酶的作用

下，合成乙酰胆碱。乙酰胆碱合成后进入囊泡，并与 ATP 和囊泡蛋白共同贮存于囊泡中。去甲肾上腺素的合成主要在肾上腺素能神经末梢处，合成的原料是酪氨酸。酪氨酸在酪氨酸羟化酶的作用下生成多巴，再经多巴脱羧酶催化生成多巴胺，多巴胺进入囊泡中，经 β-羟化酶催化生成去甲肾上腺素。去甲肾上腺素与 ATP 和嗜铬颗粒蛋白结合，贮存于囊泡中。在肾上腺髓质嗜铬细胞中，去甲肾上腺素在苯乙醇胺-N-甲基转移酶催化下，进一步生成肾上腺素。

②释放与传递　当神经冲动到达神经末梢时，神经末梢产生去极化，细胞膜上的电压依赖性钙通道开放，Ca^{2+} 内流，导致囊泡向突触前膜靠近并与突触前膜融合形成裂孔，囊泡中递质通过裂孔排入突触间隙，与突触后膜上相应的受体结合，改变后膜对离子的通透性，完成冲动的传递过程，引起各种生理效应。为了保证神经冲动的灵活性，递质释放引起效应后便迅速失活，作用随之消失。

③消除（灭活）　乙酰胆碱释放后，在几秒钟内即可被突触部位的乙酰胆碱酯酶水解而失活。水解产物为乙酸和胆碱，部分胆碱又可被用作合成乙酰胆碱的材料，可利用量为释放量的 $1/3\sim1/2$。除大部分被水解外，少部分被神经末梢回收；去甲肾上腺素的失活主要靠突触前膜通过去甲肾上腺素转运体主动地将递质再摄取入神经末梢内，摄取量为释放量的 $75\%\sim95\%$。摄取的去甲肾上腺素进一步主动转运至囊泡内贮存起来，以待再用。未进入囊泡的去甲肾上腺素可被细胞线粒体膜上的单胺氧化酶（MAO）破坏。此外，少部分去甲肾上腺素被非神经组织（如心肌、平滑肌等）摄取，摄取后迅速被组织细胞内的 MAO 和儿茶酚胺氧位甲基转移酶（catechol-O-methyltransferase，COMT）所破坏。

除了上述乙酰胆碱和去甲肾上腺素外，还有其他递质如多巴胺（DA）、三磷酸腺苷（ATP）、环核苷酸类（cAMP、cGMP）、神经肽（NP）、5-羟色胺（5-HT）、P 物质（SP）、一氧化氮（NO）等。

2.1.1.3　传出神经受体及效应

受体（receptor）是直接与递质或药物作用的细胞成分，是突触传递的关键性物质。受体为特殊的分子结构，可能是蛋白质或酶的活性部分，一般存在于突触前膜或突触后膜，可选择性地同递质或药物结合，从而产生一定的效应。传出神经受体根据其对递质或药物的选择性分为胆碱受体（cholinoceptor）和肾上腺素受体（adrenoceptor）。

（1）胆碱受体及效应

能选择性与乙酰胆碱结合的受体称为胆碱受体，根据其对激动剂的敏感性不同，分为 M 胆碱受体和 N 胆碱受体：①位于副交感神经节后纤维所支配的效应器上的胆碱受体对毒蕈碱敏感，称为毒蕈碱胆碱受体（即 M 胆碱受体，简称 M 受体）。M 受体主要分布于胆碱能神经节后纤维所支配的效应器，如心脏、胃肠平滑肌、膀胱逼尿肌、瞳孔括约肌和各种腺体。②位于植物神经节细胞和骨骼肌细胞的胆碱受体对小量烟碱敏感，称为烟碱胆碱受体（即 N 胆碱受体，简称 N 受体）。N 受体又可分为 N_1 和 N_2 受体。N_1 受体位于植物神经节，激动时节后神经元和髓质细胞去极化，产生兴奋作用。N_2 受体位于骨骼肌细胞膜上，激动时运动终板去极化，骨骼肌收缩。

（2）肾上腺素受体及效应

能选择性与去甲肾上腺素或肾上腺素结合的受体称为肾上腺素受体，分布于大部分交感神经节后纤维支配的效应器细胞膜上，属于 G 蛋白偶联受体。根据其对激动剂的敏感性不同，分为 α 肾上腺素受体（简称 α 受体）和 β 肾上腺素受体（简称 β 受体）：①α 受体可分

为 α_1 和 α_2 两种亚型。α_1 受体为突触后膜受体，主要位于平滑肌、瞳孔开大肌、心脏和肝，激动时表现为皮肤黏膜和内脏血管收缩，瞳孔扩大等；α_2 受体为突触前膜受体，可通过负反馈机制调节去甲肾上腺素的释放，间接影响效应器的反应，调节神经和组织的反应。②β 受体可分为 β_1、β_2 和 β_3 3 种亚型。β_1 受体主要位于心脏，激动时表现为心脏兴奋；β_2 受体主要位于支气管、骨骼肌、血管平滑肌等，激动时表现为抑制作用；β_3 受体主要位于脂肪组织，参与脂肪代谢的调节。α_1 受体激动可激活磷酯酶，促进肌醇三磷酸（IP_3）和二酰甘油（DAG）的生成，α_2 受体激动可抑制腺苷酸环化酶，使细胞内 cAMP 减少而产生效应，而所有 β 受体激动可提高腺苷酸环化酶活性，使 cAMP 增加而产生效应。

许多器官或组织可有几种受体共存，只不过是在各组织上观察到突出的主要受体效应而已。

2.1.1.4　作用于传出神经药物

作用于传出神经药物可按其作用性质和对受体的选择性进行分类，即按照引起拟似或拮抗传出神经兴奋的效应来分类。凡能引起类似胆碱能神经兴奋效应的药物（包括直接和间接激动胆碱受体的药物）称为"拟胆碱药"。凡能引起类似肾上腺素能神经兴奋效应的药物（包括直接或间接激动肾上腺素受体的药物）称为"拟肾上腺素药"。凡能阻断受体，使神经递质不能激动受体而发生效应的药物，称为拮抗药或阻断药，如"抗胆碱药"或"抗肾上腺素药"。抗肾上腺素药在我国尚未批准用于兽医临床，故本章不做详细介绍。传出神经药物的分类见表 2-1 所列。

表 2-1　作用于传出神经药物的分类

分　类		药物举例	主要作用环节与作用性质
拟胆碱药（胆碱受体激动药）	节后拟胆碱药	毛果芸香碱、氨甲酰甲胆碱	直接作用于 M 受体
	完全拟胆碱药	乙酰胆碱、氨甲酰胆碱	直接作用；部分通过释放乙酰胆碱而作用于 M 和 N 受体
	抗胆碱酯酶药	新斯的明、吡斯的明	抑制胆碱酯酶
抗胆碱药（胆碱受体阻断药）	节后抗胆碱药	阿托品、东莨菪碱、后马托品	阻断 M 受体
	神经节阻断药	美加明、六甲双铵	阻断神经节 N_1 受体
	神经-肌肉阻断药	琥珀胆碱、筒箭毒碱、阿曲库铵	阻断骨骼肌 N_2 受体
拟肾上腺素药（肾上腺素受体激动药）	α 受体激动药	去甲肾上腺素、去氧肾上腺素	主要直接作用于 α 受体
	β 受体激动药	异丙肾上腺素	主要直接作用于 β 受体
	α、β 受体激动药	肾上腺素、多巴胺	作用于 α 受体和 β 受体
	部分激动受体部分释放递质	麻黄碱	部分直接作用于受体，部分促进递质释放
抗肾上腺素药（肾上腺素受体阻断药）	α 受体阻断药	酚妥拉明	阻断 α_1 受体和 α_2 受体，属短效类
		酚苄明	阻断 α_1 受体和 α_2 受体，属长效类
		哌唑嗪	阻断 α_1 受体
		育亨宾	阻断 α_2 受体
	α、β 受体阻断药	普萘洛尔	阻断 β_1、β_2 受体

大多数传出神经药物是直接与受体结合而起作用，产生与递质相似或相反的作用。有些药物则是通过干扰神经递质的合成、贮存、转运、释放和失活而起作用，如麻黄碱和氨甲酰胆碱除与受体直接作用外，还分别促进肾上腺素能神经末梢释放去甲肾上腺素和胆碱能神经末梢释放乙酰胆碱。

2.1.2　拟胆碱药

拟胆碱药（cholinomimetic drugs）根据作用机制的不同可分为直接作用于胆碱受体的胆碱受体激动药及发挥间接作用的抗胆碱酯酶药，兽医临床主要用于胃肠和膀胱功能紊乱（如胃肠弛缓、积尿）、青光眼、重症肌无力、抗胆碱药中毒、驱虫和杀虫等。过量中毒时可用抗胆碱药（如阿托品）解救。

2.1.2.1　胆碱受体激动药

胆碱受体激动药（cholinoceptor agonists）又称为直接作用于副交感神经的拟胆碱药。根据其对胆碱受体亚型的选择性不同，可分为完全拟胆碱药（又称为 M、N 受体激动药，如乙酰胆碱、氨甲酰胆碱、乙酰甲胆碱）、节后拟胆碱药（又称为 M 受体激动药，如毒蕈碱、氨甲酰甲胆碱、毛果芸香碱）和 N 受体激动药（如烟碱）（表 2-1）。M 受体主要分布于胆碱能神经节后纤维所支配的效应器，如心脏、胃肠平滑肌、膀胱逼尿肌、瞳孔括约肌和各种腺体。N 受体位于植物神经节细胞和骨骼肌细胞的胆碱受体。本类药物通过直接兴奋 M 和 N 受体，产生 M 样和 N 样作用。

M 样作用表现为：①减慢心率，降低心肌收缩力和房室传导。②兴奋胃肠道和泌尿道等平滑肌，使胃肠道平滑肌张力增强，收缩幅度和蠕动频率增加；使膀胱逼尿肌收缩，膀胱三角区和外括约肌舒张，使膀胱排空。③兴奋腺体分泌，使汗腺、唾液腺、消化道腺等腺体分泌增加。④收缩瞳孔括约肌和睫状肌，使瞳孔缩小，眼内压下降。

N 样作用表现为：①植物性神经节兴奋，肾上腺髓质分泌。②骨骼肌收缩。

本类药物主要经内服或皮下注射给药，静脉给药易产生毒副作用。剂量过大或用于敏感患畜（如用过抗胆碱酯酶药的动物）时会产生毒性。本类药物不能用于哮喘、甲亢、冠状动脉充血不足和消化道溃疡患畜，否则会使病情恶化。乙酰胆碱和毒蕈碱作用广泛，选择性差，且作用维持时间极短，故无临床应用价值，主要作为药理学及有关学科研究的工具药。

氨甲酰胆碱（Carbachol，Carbacholine，卡巴胆碱、碳酰胆碱）

【理化性质】本品为无色或淡黄色小棱柱形的结晶或结晶性粉末，有潮解性。极易溶于水，微溶于乙醇，不溶于丙酮或乙醚。耐高温，煮沸不被破坏。

【药理作用】作用与乙酰胆碱相似，直接兴奋 M 和 N 受体，产生 M 样和 N 样作用，并可促进胆碱能神经末梢释放乙酰胆碱发挥间接拟胆碱作用。因本品在体内不易被胆碱酯酶水解破坏，故作用持久。对胃肠、子宫、膀胱等平滑肌作用强，小剂量即可促进唾液、胃液、肠液等腺体的分泌，加强胃肠收缩，促进内容物迅速排出，增强反刍动物瘤胃的兴奋性。对心血管系统作用较弱。一般剂量对骨骼肌无明显影响，但大剂量可引起肌束颤动，甚至麻痹。

【应用】治疗便秘、胃肠弛缓、前胃弛缓和积食及膀胱和子宫弛缓、胎衣不下、子宫蓄脓等；还可用于母猪催产，缓解眼内压等。

【应用注意】①本品可内服，但通常皮下注射，切勿肌内和静脉注射，分2~3次小剂量给药，每次间隔约30 min。②禁用于老龄、体弱、妊娠、患有心肺疾患及机械性肠梗阻的动物。③使用时严格控制剂量及注意观察，治疗便秘最好先给油类、盐类泻药以软化粪便。④中毒可用阿托品进行解救，但解毒效果不理想。

【制剂】氨甲酰胆碱注射液。

氨甲酰甲胆碱(Bethanechol)

【理化性质】常用其盐酸盐，为白色结晶或结晶性粉末，有氨臭，置空气中潮解。极易溶水，易溶于乙醇，不溶于三氯甲烷或乙醚。

【作用与应用】本品对M受体具有相对选择性，表现为M样作用，几乎无N样作用。对胃肠道和膀胱平滑肌的选择性较高，收缩胃肠道和膀胱平滑肌作用显著，对心血管系统作用较弱。因在体内不易被胆碱酯酶水解，故作用持久。用于治疗胃肠弛缓、非阻塞性膀胱积尿、膀胱非正常排空、胎衣不下和子宫蓄脓等。

【应用注意】①仅供皮下注射，切勿静脉注射。②患有肠道完全阻塞或创伤性网胃炎及妊娠动物禁用。③较大剂量可引起呕吐、腹泻、气喘、呼吸困难。④过量中毒可用阿托品解救。

【制剂】氯化氨甲酰甲胆碱注射液。

毛果芸香碱(Pilocarpine，匹鲁卡品)

【理化性质】本品是从毛果芸香属植物中提取的一种生物碱，现可人工合成。常用其硝酸盐，为有光泽的无色结晶或白色结晶性粉末，无臭，遇光易变质。易溶于水，微溶于乙醇，不溶于三氯甲烷和乙醚。

【药理作用】直接选择兴奋M受体，产生M样作用，尤其对眼和腺体的作用最为明显。特点是对腺体和平滑肌作用强烈，除明显增加唾液腺和汗腺的分泌外，也能增加泪腺、胃腺、胰腺、小肠腺和支气管腺的分泌，增加胃肠平滑肌张力与蠕动。对心血管系统和其他器官作用不明显，一般情况下并不使心率减慢，血压下降。大剂量时也能出现神经样作用及兴奋中枢神经系统。对眼部作用明显，无论是局部点眼还是注射，都能使瞳孔缩小，降低眼内压。

【应用】①用于治疗胃肠弛缓、前胃弛缓、不全阻塞性肠便秘、瘤胃不全麻痹等。②与散瞳药交替滴眼用于治疗虹膜炎，防止虹膜与晶状体粘连。③治疗青光眼。

【应用注意】①本品能促进唾液腺及汗腺的大量分泌，使严重脱水的患畜脱水加剧，所以对便秘患畜用药前应补液，并灌服盐类泻药以软化粪便。②禁用于完全阻塞性便秘，以防肠管剧烈收缩导致破裂。③禁用于老龄、体弱、妊娠或患有心肺疾患的动物。④滴眼时应压迫内眦，避免药液经鼻泪管流入鼻腔增加吸收而产生不良反应。⑤本品中毒时可用阿托品解救。

【制剂】硝酸毛果芸香碱注射液。

2.1.2.2 抗胆碱酯酶药

抗胆碱酯酶药(anticholinesterase drugs)是一类能与胆碱酯酶牢固结合，抑制胆碱酯酶活性，使胆碱能神经末梢释放的乙酰胆碱不能被及时水解而大量蓄积，从而产生拟胆碱作用的药物，又称间接作用于副交感神经的拟胆碱药(indirect acting cholinomimetics)或胆碱酯酶抑制药(cholinesterase inhibitors)。可分为：①易逆性抗胆碱酯酶药。如新斯的明、吡斯的明、美斯的明、毒扁豆碱、腾喜龙等。药物与胆碱酯酶催化部位可逆性结合，使胆碱酯酶的活性暂时消失。②难逆性抗胆碱酯酶药。主要为有机磷类，如对硫磷、马拉硫磷、内吸磷、蝇毒磷、敌敌畏和敌百虫等杀虫剂，还包括一些神经毒气如沙林、梭曼和塔崩等。此类药物与胆碱酯酶以共价形式不可逆性结合，使胆碱酯酶的活性受到不可逆性抑制而不能发挥作用。

本类药物的药理作用表现为：①植物神经支配的效应器官产生 M 样作用，如使心率减慢、瞳孔缩小、血管扩张、胃肠蠕动及腺体分泌增加等。②神经结和骨骼肌产生 N 样作用，如交感反应和肌肉震颤。③中枢神经系统的胆碱部位先兴奋、后抑制，大脑功能紊乱、惊厥和昏迷是本类药物毒性的中枢表现。④其他作用，如小剂量对心血管系统产生温和作用，随着剂量增加，作用复杂。本类药物无作用选择性，对人和动物毒性较大。主要用于治疗重症肌无力、胃肠弛缓、青光眼及解救抗胆碱药中毒等。

新斯的明(Neostigmine，普洛色林、普洛斯的明)

【理化性质】常用其甲硫酸盐，为白色结晶性粉末，无臭，有引湿性。极易溶于水，易溶于乙醇。

【作用与应用】本品为易逆性抗胆碱酯酶药，可逆地抑制胆碱酯酶，使乙酰胆碱水解速度减慢，受体部位乙酰胆碱量增多，表现出乙酰胆碱的 M 样和 N 样作用。本品选择性高，毒性低。作用特点是对胃肠、膀胱及骨骼肌的作用较强，对骨骼肌的作用最强，是因除抑制胆碱酯酶外，还能直接激动骨骼肌运动终板上的 N_2 受体和促进神经末梢释放乙酰胆碱所致。对各种腺体、心血管系统、支气管平滑肌及虹膜的作用较弱。临床用于治疗重症肌无力、前胃弛缓和胎衣不下及解救非去极化型肌松药(如箭毒等)中毒。

【药动学】内服难吸收且不规则，也不易透过血脑屏障，滴眼也不易透过角膜。部分药物被血浆胆碱酯酶水解，以季胺醇和原形经尿排泄，经肝代谢的部分经胆道排出。

【药物相互作用】①可延长和加强去极化型肌松药(如氯化琥珀胆碱)的肌松作用。②与非去极化型肌松药有拮抗作用。

【应用注意】①禁用于机械性肠梗阻或支气管哮喘的患畜。②本品过量中毒可用阿托品解救。

【制剂】甲硫酸新斯的明注射液。

吡斯的明(Pyridostigmine)

本品为易逆性抗胆碱酯酶药。作用类似于新斯的明，但较弱，抗胆碱酯酶活性为新斯的明的1/20，抗箭毒及兴奋平滑肌作用为新斯的明的1/4。本品起效缓慢，作用时间较长，副作用较少。主要用于治疗重症肌无力。

2.1.3 抗胆碱药

抗胆碱药(anticholinergic drugs)又称胆碱受体阻断药(cholinoceptor blocking drugs)，是一类能与胆碱受体结合，但对胆碱受体不产生激动作用，阻碍递质乙酰胆碱或胆碱受体激动药与胆碱受体结合，从而产生抗胆碱作用的药物。根据其对受体作用的选择性和临床应用，分为节后抗胆碱药(又称为 M 受体阻断药，如阿托品、东莨菪碱等)、N 受体阻断药和中枢阻断药。兽医临床目前应用的主要为前两种药物。N受体阻断药又分为N_1和N_2受体阻断药，前者又称神经节阻滞药，如美加明、六甲双胺等，此类药物在兽医临床上无应用价值。后者又称神经-肌肉阻断药，如琥珀胆碱、筒箭毒碱、泮库溴铵等，兽医临床用于化学保定。

2.1.3.1　M受体阻断药

M受体阻断药包括植物碱类(主要有颠茄碱类及其衍生物，如阿托品、东莨菪碱、溴化甲基东莨菪碱、优卡托品、后马托品等)和人工合成品(主要有季铵盐类和叔胺类，如甲胺太林、苯胺太林、托品酰胺等)。

阿托品(Atropine)

【理化性质】本品是从颠茄科植物颠茄中提取的生物碱，现已能人工合成。常用其硫酸盐，为无色结晶或白色结晶性粉末，无臭。在水中极易溶，在乙醇中易溶。

【药理作用】能竞争性与M受体相结合，阻断乙酰胆碱及外源性拟胆碱药的M样作用。大剂量也能阻断神经节和骨骼肌运动终板部位的N受体。本品作用广泛，常取决于器官的功能状态。①对平滑肌的解痉作用。治疗剂量可松弛胃肠、支气管、膀胱、胆道和胆囊平滑肌，对子宫平滑肌作用弱。本品使虹膜括约肌和睫状肌松弛，表现为散瞳、眼内压升高和调节麻痹。②对腺体的抑制作用。唾液腺和汗腺对本品极敏感，小剂量能使唾液腺、支气管腺及汗腺分泌减少，较大剂量可减少胃液分泌。③对心血管的作用。较大剂量能解除迷走神经对心脏的抑制，对抗因迷走神经过度兴奋所致的传导阻滞及心律失常。大剂量可使心跳加快，血压上升，促进房室传导，并能扩张外周及内脏血管，解除小动脉痉挛，改善微循环。④解毒作用。有机磷农药、拟除虫菊酯类杀虫剂中毒时可用其解毒。⑤中枢兴奋作用。治疗量可兴奋延髓及高级中枢，产生轻度兴奋迷走神经中枢作用，使呼吸频率加快。大剂量可呈现明显中枢兴奋作用，如兴奋迷走神经中枢、呼吸中枢、大脑皮层运动区和感觉区。中毒量时，大脑和脊髓强烈兴奋，动物表现兴奋不安、运动亢进、不协调，肌颤，随后由兴奋转为抑制，出现昏迷、呼吸麻痹而死亡。

【药动学】内服、肌内注射均易吸收，也可经黏膜吸收，但经皮吸收较差。吸收后快速分布于全身组织，可透过胎盘屏障和血脑屏障。在体内消除迅速，大部分在肝内代谢，经肾随尿排泄。

【应用】①解除胃肠道及支气管平滑肌过度痉挛。②全身麻醉前给药，防止唾液腺及呼吸腺分泌过多而引起呼吸道堵塞或误咽性肺炎。③与缩瞳药交替滴眼，防止虹膜与晶状体粘连，用于治疗周期性眼炎、虹膜炎及做眼底检查。④解除有机磷类药物和拟胆碱药中毒时引起的M样中毒症状，大剂量也可减轻中枢神经中毒症状和神经节兴奋引起的症状。⑤止吐。

【不良反应】本品因具有多种药理作用，临床上应用其某一种作用时，其他作用则成为副作用。常见不良反应包括口干、瞳孔扩大、脉搏与呼吸数增加、便秘、尿潴留等。出现不良反应往往与剂量有关。患畜用一般剂量时作用稍轻，高剂量或中毒剂量时不良反应加重，甚至出现高热、呼吸加快加深、兴奋不安、惊厥等明显的中枢中毒症状。严重中毒时，由中枢兴奋转为抑制，出现昏迷、呼吸麻痹而死亡。

【应用注意】①肠梗阻、尿潴留等动物禁用。②中毒解救时宜采用支持性和对症治疗，极度兴奋时可试用毒扁豆碱、短效巴比妥类等药物对抗。禁用酚噻嗪类药物(如氯丙嗪)治疗。③可增强噻嗪类利尿药、拟肾上腺素药物的作用。④可加重杀虫剂双甲脒的某些中毒症状，引起肠蠕动的进一步抑制。

【制剂】硫酸阿托品片、硫酸阿托品注射液。

东莨菪碱（Scopolamine）

【理化性质】本品是从洋金花、颠茄、莨菪等中提取的生物碱。常用其氢溴酸盐，为无色结晶或白色结晶性粉末，无臭，微有风化性。易溶于水，略溶于乙醇，极微溶于三氯甲烷，不溶于乙醚。

【药理作用】作用与阿托品相似，仅在作用强度上略有差异，散瞳和抑制腺体分泌作用较阿托品强，抗震颤作用是阿托品的 10～20 倍，对心血管、支气管和胃肠道平滑肌作用较弱。对中枢神经系统作用明显，但与动物种属和剂量有关，如小剂量使犬、猫出现中枢抑制作用，有时也出现兴奋作用，大剂量出现中枢兴奋作用。而马属动物均表现为中枢兴奋作用。

【药动学】易从胃肠道吸收，分布广泛，可透过血脑屏障和胎盘屏障，主要在肝内代谢。

【应用】①解除胃肠道平滑肌痉挛，抑制腺体分泌过多。②麻醉前给药。③解救有机磷类药物中毒。

【不良反应】①对马可产生明显兴奋作用，马属动物麻醉前给药应慎重。②可引起胃肠蠕动减弱、腹胀、便秘、尿潴留或心动过速等，心律失常患畜慎用。

【制剂】氢溴酸东莨菪碱注射液。

溴化甲基东莨菪碱（Methscopolamine Bromide）

本品含季铵离子，能降低某些腹泻引起的肠过度蠕动和分泌，曾用作抗溃疡药。兽医临床常与其他药物合用，如与庆大霉素合用，治疗细菌性肠炎。

后马托品（Homatropine）

本品为短效 M 受体阻断药，抗 M 样作用远弱于阿托品，作用时间也比阿托品短。因其扩瞳及调节麻痹作用时间较短，不致长时间引起羞明和视觉障碍，故适用于一般的眼科检查。

甲胺太林（Methantheline）与溴丙胺太林（Propantheline Bromide，普鲁本辛）

人工合成季胺类化合物，抗 M 样作用同阿托品，主要对胃肠道 M 受体选择性较高，抑制胃肠道平滑肌的作用较强，并能不同程度地减少胃液分泌，但对有机磷类药物中毒效果较阿托品差。主要用作胃肠解痉药、抗溃疡药，也可用于马的直肠检查和手术。

2.1.3.2 肌肉松弛药

凡能引起肌肉松弛的药物统称为肌肉松弛药，简称为肌松药。本类药物无镇痛和麻醉作用，不能单独用于外科手术。根据作用机制的不同，肌肉松弛药可分为神经-肌肉阻断药、中枢性骨骼肌松弛药和外周性骨骼肌松弛药。

（1）N_2 受体阻断药（神经-肌肉阻断药）

本类药物主要作用于神经-肌肉接头，能与后膜 N_2 受体结合，产生神经-肌肉传导阻滞作用，使骨骼肌松弛，故又称为神经-肌肉阻断药或肌松药。依其作用方式不同，又可分为去极化型肌松药和非去极化型肌松药。本类药物主要用于外科手术辅助麻醉、动物保定等。

①去极化型肌松药　又称非竞争性肌松药，其作用方式类似于内源性神经递质乙酰胆碱。药物与N_2受体结合后，也引起运动终板肌肉细胞膜的去极化，但由于去极化较持久，阻碍了复极化，导致长时间神经-肌肉传递阻断(Ⅰ相阻断)，逐渐发生肌肉松弛性麻痹。当一次大剂量或反复使用可致受体敏感性降低，引起一种失敏感的阻断(Ⅱ相阻断)作用，又称脱敏阻断。本类药物由于起初有去极化作用，往往在肌松作用发生前有肌纤维震颤表现，一般为细小纤维束，偶尔出现整个骨骼肌震颤现象，不用于鸟类，仅用于马和野生动物。本类药物主要有琥珀胆碱、十烃季铵，主要用于辅助外科手术(特别是眼科手术)，麻醉制动(特别是野生动物)等。抗胆碱酯酶药不能阻断此类药的肌松作用。

②非去极化型肌松药　又称竞争性肌松药，与运动终板膜上的N_2受体结合，形成无活性复合物，阻碍了运动神经末梢释放的乙酰胆碱与N_2受体结合，因而不产生去极化，致使骨骼肌松弛。可见本类药物同递质乙酰胆碱竞争同一受体，属竞争性拮抗。药物肌松作用发生前无肌纤维震颤现象。本类药物主要有筒箭毒碱、潘冠罗宁、阿曲库铵、维库罗宁等，但筒箭毒碱已少用。抗胆碱酯酶药可拮抗本类药的肌松作用。

琥珀胆碱(Succinylcholine，司可林)

【理化性质】常用其盐酸盐，为白色或几乎白色的结晶性粉末，无臭。极易溶于水，微溶于乙醇或三氯甲烷，不溶于乙醚。

【药理作用】肌松作用快，持续时间短，易于控制。用药后先出现短暂的肌束震颤，3 min内即转为肌肉麻痹，导致肌肉松弛。肌松持续时间因动物种属而异，马可持续5~8 min，猪2~4 min，牛15~20 min，这是由于不同种属动物血中水解琥珀胆碱的假性胆碱酯酶活力不同所致。肌肉松弛性麻痹先从头、颈部肌肉开始，随后是喉、胸、腹肌、四肢肌肉，最后为肋间肌和膈肌(呼吸肌)，恢复则以相反的顺序进行。肌松作用以颈部和四肢肌肉最明显，面、舌、咽喉和咀嚼肌次之，而对肋间肌和膈肌麻痹作用不明显，但当用量过大可使肋间肌和膈肌麻痹而致呼吸抑制和死亡。

【药动学】内服不易吸收，注射起效快，但持续时间短。少量以原形经肾排泄，其余以代谢物形式经肾排出。

【应用】①作为手术麻醉辅助药，如骨折整复、腹腔手术等。②作为动物保定药，如用于梅花鹿和马鹿等断角、锯茸或动物运输时的保定。③用于气管插管、气管镜和食道镜检查等操作。

【不良反应】①过量易引起呼吸肌麻痹。②使肌肉持久去极化而释放出钾离子，使血钾升高。③使唾液腺、支气管腺和胃腺的分泌增加。

【应用注意】①反刍动物对本品敏感，用药前应禁食半日，以防影响呼吸或造成异物性肺炎，用药前可注射阿托品以制止唾液腺和支气管腺的分泌。②用药过程中如发现呼吸抑制或停止时，应立即将舌拉出，施以人工呼吸或输氧，同时静脉注射尼可刹米，但不可应用新斯的明解救。③年老体弱、营养不良及妊娠动物忌用；高血钾、心肺疾患、电解质紊乱和使用抗胆碱酯酶药时需谨慎。④心脏衰弱时可立即注射安钠咖，严重者可用肾上腺素。⑤与非去极化型肌松药、噻嗪类利尿药、新斯的明、有机磷类等合用会出现协同作用，使作用和毒性增强。⑥氯丙嗪、氨基糖苷类抗生素（如卡那霉素）和多肽类抗生素（如多黏菌素 B）能增强本品的肌松作用和毒性，不可合用。⑦在碱性溶液中水解失效。

【制剂】氯化琥珀胆碱注射液。

泮库溴铵（Pancuronium，潘冠罗宁）

本品为人工合成的双季铵甾类中长效非去极化型肌松药，是最早应用于 ICU 病房中的肌松药，其作用强于右旋筒箭毒碱 4~5 倍，对 M 受体有阻滞作用。与氯化筒箭毒碱相比，临床剂量时无明显蓄积，神经节阻断作用小，较少引起组胺释放，不会引起低血压等反应。较大剂量时可引起心动过速，增加心搏输出，提高动脉压，此作用可能与其迷走神经作用，抑制神经元对去甲肾上腺素的再摄取有关。主要作为全麻辅助用药，用于全麻时的气管插管及手术中的肌肉松弛，常用制剂为泮库溴铵注射液。

阿曲库铵（Atracurium）

本品为高度选择性、短效非去极化的神经肌肉接头阻断剂。室温下不稳定，需在冰箱中保存。肌松作用维持时间为等效量泮库溴铵的 1/3。大剂量，尤其是快速给药，可诱发组胺释放而引起低血压、皮肤潮红、支气管痉挛。常用制剂为阿曲库铵注射液，用于犬、猫各种全身麻醉时调节肌松或控制呼吸。其优点是在体内不吸收，因其能被血浆胆碱酯酶灭活，可用于肝、肾功能不全的患病动物。

维库罗宁（Vecuronium）

本品对心血管副作用小，常规治疗剂量时无迷走神经阻断作用或拟交感作用。部分在肝中代谢，代谢物经胆汁和尿液排泄，其优点是不会在体内蓄积。肝硬变、胆汁淤积或严重肾功能不全者使用本品时，肌松持续时间及恢复时间可延长。常用制剂为维库罗宁注射液，静脉注射用于犬插管时使肌肉松弛，其优点是不在体内蓄积。

（2）中枢性骨骼肌松弛药

中枢性骨骼肌松弛药又称解痉药，常用药物有愈创木酚甘油醚、苯二氮䓬类、氨基甲酸酯类等。

愈创木酚甘油醚（Guaifenesin，Glycerol Guaiacolate）

本品选择性抑制或阻断脊髓、脑干和大脑皮层下区域的连接神经元或联络神经元的冲动传导，引起骨骼肌松弛；对中枢神经系统有轻度镇静和镇痛作用，对中枢抑制剂、麻醉药和麻醉前用药有增效作用。本品主要用作大、中家畜的辅助麻醉药，起制动和肌松作用；与氯胺酮、硫喷妥、赛拉嗪合用，作诱导麻醉和维持麻醉；作镇咳祛痰药和减充血剂。常用制剂为注射用愈创木酚甘油醚。

（3）外周性骨骼肌松弛药

外周性骨骼肌松弛药主要影响肌细胞内钙离子转运，常用药物为硝苯呋海因。

硝苯呋海因（Dantrolene）

本品是直接作用于骨骼肌的肌松剂，通过抑制肌浆网释放 Ca^{2+} 而减弱肌肉收缩。常规治疗剂量对呼吸、心血管系统无影响。不良反应包括肌无力、嗜睡、腹泻等，必要时需停药。长期使用可能引起肝、肾功能损害。临床主要用于治疗马的肌炎，犬、猫的功能性尿路阻塞，猪和其他动物的恶性高热综合征。

2.1.4　拟肾上腺素药

拟肾上腺素药(adrenomimetic drugs)又称肾上腺素受体激动药(adrenoceptor agonists)，是一类能与肾上腺素受体结合并激动受体，产生与递质肾上腺素相似作用的药物。本类药物在化学结构上属于胺类，其作用又与交感神经兴奋的效应相似，故又称为拟交感胺类。拟肾上腺素药的基本化学结构是 β-苯乙胺，当苯环 α 位或 β 位碳原子的氢及末端氨基被不同基团取代时，可人工合成多种拟肾上腺素药物。肾上腺素、去甲肾上腺素、异丙肾上腺素和多巴胺等在苯环第 3、4 位碳上都有羟基，形成儿茶酚，故称儿茶酚胺类(CA)，不具有该结构的称为非儿茶酚胺类。

根据其对肾上腺素受体亚型选择性的不同，可分为 α、β 受体激动药(如肾上腺素、多巴胺、麻黄碱)、α 受体激动药(如去甲肾上腺素)和 β 受体激动药(如异丙肾上腺素等)。其中，α_2 受体激动药(如赛拉嗪、可乐定、地托咪啶)可使血压下降，产生镇静和镇痛作用，兽医临床常用于化学保定和缓解疼痛(详见本书 3.2.1.4 化学保定药)。β_2 受体激动药(如异丙肾上腺素、特布他林、克伦特罗等)可扩张支气管，故又称为支气管扩张药或平喘药。

肾上腺素(Adrenaline，Epinephrine)

【理化性质】本品是肾上腺髓质分泌的主要激素。药用肾上腺素主要从家畜肾上腺中提取，也可人工合成。天然品为左旋体，合成品为消旋体。本品为白色或类白色结晶性粉末，与空气接触或受日光照射易氧化变质，在中性或碱性水溶液中不稳定，饱和水溶液显弱碱性反应。极微溶于水，不溶于乙醇、三氯甲烷、乙醚、脂肪油或挥发油，易溶于无机酸或氢氧化钠溶液，不溶于氨溶液或碳酸钠溶液。

【药理作用】本品可激动 α 与 β 受体，产生较广泛而复杂的作用，并随剂量及机体的生理与病理情况不同。对 β 受体作用强于 α 受体。①兴奋心脏。激动心脏 β_1 受体，提高心脏兴奋性，使心肌收缩力、传导及心率、心输出量明显增强，但使心肌代谢增强，耗氧量增加，加之心肌兴奋性提高，此时若剂量过大或静脉注射过快，可引起心律失常，出现期前收缩，甚至心室纤颤。较大剂量使心电图显示 T 波下降、ST 段上升或下降。②兴奋和抑制血管。激动血管 α 受体，使皮肤、黏膜血管和肾血管强烈收缩；激动 β_2 受体，使冠状血管和骨骼肌血管扩张。脑和肺血管收缩作用很微弱，但有时因血压上升而被动扩张。③升高血压。对血压的影响与剂量有关，常用量使收缩压升高，舒张压不变或下降；大剂量使收缩压和舒张压均升高。④松弛支气管平滑肌。激动支气管平滑肌 β_2 受体，产生快速而强大的松弛支气管平滑肌的作用。此外，还可抑制肥大细胞释放过敏物质，间接缓解支气管平滑肌痉挛状态，加之该药收缩支气管黏膜血管，降低毛细血管通透性，从而减轻支气管黏膜水肿，有助于缓解过敏性疾病的呼吸困难症状。⑤影响代谢。活化代谢，增加细胞耗氧量。促进肝糖原和肌糖原分解，使血糖升高，血中乳酸量增加。又有降低外周组织对葡萄糖摄取作用。加速分解，使血中游离脂肪酸增多。

【药动学】内服可在胃肠道和肝中迅速代谢，故内服无效。肌内或皮下注射吸收良好，皮下注射一般在 5~15 min 后出现作用，而肌内注射可立即出现作用，且作用强烈。不能透过血脑屏障，但能透过胎盘屏障和分泌到乳汁中。主要通过神经末梢的摄取和代谢终止其作用，在肝和其他组织中由 MAO、儿茶酚胺氧位甲基转移酶（COMT）代谢失活，代谢物经尿液排出。

【应用】①抢救心脏骤停。当麻醉或手术意外、溺水、一氧化碳中毒、药物中毒、过敏性休克、窒息、心脏传导阻滞等引起心脏骤停时，可静脉或心内注射。②有效治疗血清病、荨麻疹、血管神经性水肿等各种过敏反应。③与局麻药配伍，可使局部小血管收缩，延长局麻药的吸收和作用时间。

【药物相互作用】①碱性药物如氨茶碱、磺胺类的钠盐、青霉素钠（钾）等可使本品失效。②某些抗组胺药（如苯海拉明）可增强本品作用。③酚妥拉明可拮抗本品的升压作用。普萘洛尔可增强本品升高血压的作用，并拮抗其兴奋心脏和扩张支气管的作用。④强心苷可使心肌对本品更敏感，合用易出现心律失常。⑤与催产素、麦角新碱等合用，可增强血管收缩，导致高血压或外周组织缺血。

【不良反应】可诱发心律失常、兴奋、不安、震颤、血压骤升（过量或静脉滴注速度过快）。局部重复注射可引起注射部位组织坏死。

【应用注意】①应遮光保存，变色后不得使用。②与全麻药合用时，易发生心室颤动，也不能与洋地黄、钙剂合用。③器质性心脏疾患、甲状腺机能亢进、外伤性及出血性休克等患畜慎用。④急救时可根据病情，将 0.1% 盐酸肾上腺素注射液用生理盐水或葡萄糖注射液做 10 倍稀释后进行静脉输入，必要时可做心内注射。对一般轻症过敏性疾病或病情不十分紧急的急性心力衰竭，不必做静脉注射，可做 10 倍稀释后皮下或肌内注射。

【制剂】盐酸肾上腺素注射液。

麻黄碱（Ephedrine，麻黄素）

【理化性质】本品是从麻黄科植物草麻黄或木贼麻黄中提取的生物碱，可人工合成。常用其盐酸盐，为白色针状结晶性粉末，无臭。易溶于水，微溶于乙醇。

【作用与应用】本品既能直接激动 α 受体和 β 受体，产生拟肾上腺素作用，又可促进肾上腺素能神经末梢释放去甲肾上腺素，发挥间接拟肾上腺素的作用，但作用较肾上腺素弱而持久。对支气管平滑肌 β_2 受体有较强作用，使支气管平滑肌松弛，故常用作平喘药。对中枢神经系统兴奋作用比肾上腺素强。临床用于治疗支气管哮喘，防治低血压，缓解荨麻疹和血管神经性水肿等；也用作局部血管收缩药和扩瞳药。

【药动学】内服易吸收，皮下及肌内注射吸收更快，可透过血脑屏障进入脑脊液。不易被 MAO 代谢，只有少量在肝内代谢，大部分以原形经尿排出。

【应用注意】①对肾上腺素、异丙肾上腺素等拟肾上腺素类药物过敏的动物，对本品也过敏。②应遮光保存。③本品不良反应可见食欲缺乏、恶心、呕吐、口渴、排尿困难、肌无力等。④本品中枢兴奋作用较强，用量过大，动物易产生躁动不安，甚至发生惊厥等中毒症状。严重时可用巴比妥类等缓解。

【制剂】盐酸麻黄碱片、盐酸麻黄碱注射液。

多巴胺（Dopamine，DA）

【理化性质】本品是去甲肾上腺素生物合成的前体，药用多巴胺是人工合成品。常用其盐酸盐，为白色或类白色有光泽的结晶，无臭。易溶于水，微溶于无水乙醇，极微溶于三氯甲烷或乙醚。

【作用与应用】具有兴奋 α 和 β_1 受体作用，同时也能选择性兴奋多巴胺受体。中剂量兴奋心脏 β_1 受体，可增强心肌收缩力，增加心输出量。低剂量兴奋冠状血管、肾血管、肠系膜血管的多巴胺受体，激活腺苷酸环化酶，使细胞内 cAMP 水平提高而导致血管扩张；大剂量兴奋血管 α 受体，导致外周血管收缩，引起总外周阻力增加，使血压升高，这一作用可被 α 受体阻断药所拮抗。低剂量舒张肾血管，使肾血流量增加，肾小球滤过率也增加，从而促使尿量增加，尿钠排泄也增加。大剂量兴奋肾血管的 α 受体而致肾血管显著收缩，使肾血流量显著减少。临床上短期用于治疗犬心力衰竭和急性少尿性肾功能衰竭（可与利尿药合用）。

【药动学】与肾上腺素相似，内服在肠和肝内被破坏而失效，一般采用静脉给药。在体内大部分迅速经 COMT 和 MAO 代谢灭活，故作用时间短，其余则作为前体合成去甲肾上腺素。不易透过血脑屏障，故外源性多巴胺对中枢神经系统无作用。

【制剂】盐酸多巴胺注射液。

去甲肾上腺素(Norepinephrine，NA 或 NE)

【理化性质】常用其酒石酸盐，为白色或近乎白色结晶性粉末，无臭，遇光和空气易变质。在中性尤其是碱性溶液中，迅速氧化变为粉红色乃至棕色而失效。在酸性溶液中较稳定，在水中易溶，在乙醇中微溶，在三氯甲烷或乙醚中不溶。

【作用与应用】可直接激动 α 受体，且对 α_1 和 α_2 受体无选择性。与肾上腺素相比，对心脏 β_1 受体作用较弱，对支配支气管平滑肌和血管上的 β_2 受体几乎无作用。①对皮肤、黏膜和肾血管有较强的收缩作用，但冠状血管扩张，主要与心脏兴奋、心脏代谢物腺苷增加及血压升高有关。②对心脏的作用较肾上腺素弱，激动心脏 β_1 受体，使心肌收缩力加强，心率加快，传导加速，心搏出量增加。③小剂量时升压作用不明显，较大剂量时因血管剧烈收缩使外周阻力明显提高，故收缩压与舒张压均明显升高。由于其升压作用较强，可增加休克时心、脑等重要器官的血液供应，临床常用于休克的治疗。临床用于外周循环衰竭休克时的早期急救或急性低血压。

【药动学】内服无效，皮下或肌内注射很少吸收，一般采用静脉滴注给药。药物入血后很快消失，较多分布于肾上腺素能神经支配的心脏及肾上腺髓质，不易透过血脑屏障。肝是外源性去甲肾上腺素主要代谢场所，注入的去甲肾上腺素大部分经 COMT 和 MAO 降解，代谢物经尿排出。由于去甲肾上腺素在机体内迅速被摄取及代谢，故作用时间短暂。

【药物相互作用】①与洋地黄毒苷合用，因心肌敏感性升高，易致心律失常。②吩噻嗪类(如氯丙嗪等)引起低血压时可用本品对抗，而禁用肾上腺素。③糖皮质激素可减轻本品对血管的不良刺激，增强血管敏感性。④与催产素、麦角新碱等合用，可增强血管收缩力，导致高血压或外周组织缺血。⑤不可与 pH>6 的液体配伍。本品虽可与生理盐水配伍，但不如在 5%葡萄糖溶液中稳定。如果用生理盐水稀释，宜在 4 h 内用完。⑥不可配伍的药物有氨茶碱、异戊巴比妥钠、巴比妥钠、头孢菌素、利多卡因、新生霉素、苯妥英钠、碳酸氢钠、碘化钠、链霉素、磺胺嘧啶钠、硫喷妥钠。

【应用注意】①限用于休克早期的应急抢救，并在短时间内小剂量静脉注射。若长期大剂量应用可导致血管持续强烈收缩，加重组织缺氧、缺血状态，使休克的微循环障碍恶化。②静脉注射时严防药液外漏，以免引起局部组织坏死。③禁用于器质性心脏病、高血压患病动物。④本品遇光即渐变色，应遮光贮存。如注射液呈棕色或有沉淀，即不宜再用。

【制剂】重酒石酸去甲肾上腺素注射液。

异丙肾上腺素（Isoproterenol，ISO，喘息定）

【理化性质】常用其盐酸盐，为白色或类白色的结晶性粉末，无臭。遇光和空气渐变色，在碱性溶液中更易变色。易溶于水中，略溶于乙醇，不溶于三氯甲烷或乙醚。

【作用与应用】对 β_1、β_2 受体具有强烈兴奋作用，对 α 受体无作用。兴奋 β_1 受体，增加心肌收缩力，加快心率和传导作用，增加心输出量；扩张外周血管（骨骼肌、肾和肠系膜）解除休克时小动脉痉挛，改善微循环；但对静脉扩张作用较弱；兴奋 β_2 受体，松弛支气管平滑肌；也具有抑制组胺及其他过敏性物质释放的作用。主要用作平喘药，以缓解急性支气管痉挛所致的呼吸困难；也用于心脏房室阻滞、心脏骤停和休克的治疗。

【药动学】内服首过消除强，常规剂量内服无效，注射给药吸收迅速。吸收后主要在肝和其他组织中被 COMT 代谢，少量被 MAO 代谢，但不被肾上腺素能神经摄取，故作用持续时间比去甲肾上腺素和肾上腺素长。

【应用注意】①用于抗休克时，应先补充血容量，以免因血容量不足而导致血压下降。②溶液在空气中渐由红色变为红褐色，遇碱则迅速变色，故禁与碱性药物配伍应用。应置遮光容器内，保存于阴凉处。

【制剂】盐酸异丙肾上腺素注射液。

克仑特罗（Clenbuterol，瘦肉精）

本品为 β_2 受体激动药，可显著舒张支气管平滑肌，缓解呼吸困难。见效快，作用持续时间长。大剂量时可激动 β_1 受体，引起心悸、心室早搏，还可引起骨骼肌震颤。本品大剂量使用，还能促进蛋白质的合成，使动物瘦肉率增加，但会造成在动物可食性组织中蓄积，使消费者产生严重的毒性反应，危害人体健康，故国内外禁止本品作为药物添加剂用于食品动物。国外批准用于治疗马的支气管哮喘、肺气肿等。

2.2　传入神经药物

传入神经药物包括局部麻醉药、保护药、刺激药，后两种为皮肤用药（见本书 14.1 刺激药及 14.2 保护药），本章仅介绍局部麻醉药。

局部麻醉药（local anesthetics，LAs）简称局麻药，是一类在用药局部可逆地阻断感觉神经发出的冲动与传导，使局部组织痛觉暂时丧失的药物。局部麻醉作用消失后，神经功能可完全恢复，而对各类组织无损伤性影响。兽医临床常用普鲁卡因、利多卡因、丁卡因。

2.2.1　构效关系

局麻药的化学结构与局麻作用密切相关。合成的局麻药在化学上属于酯类或酰胺类，其基本化学结构都由 3 部分组成：①亲脂性的芳香烷基或杂环核。②亲水性的烷胺基仲胺或叔胺。③中间连接部分，以酯键或酰胺键结合成芳香酯类（如普鲁卡因、丁卡因、苯佐卡因、待布卡因等）与酰胺类（如利多卡因、卡波卡因、布比卡因等）。亲脂性芳香烷基有利于药物渗入神经组织，是发挥局麻药作用的基础部位。亲水性烷胺基具有中等强度碱性，有利于制成水溶性盐酸盐，便于临床应用。酯键易被血浆中酯酶水解，而酰胺键可对抗酯酶水解，故酰胺类性质稳定、奏效快、弥散广、时效长。以上3个组成部分中任何一个部分化学结构改变时，局麻效应随之变化。

2.2.2　药理作用及作用机制

2.2.2.1　局部麻醉作用

局麻药在低浓度时能阻断感觉神经冲动的发生和传导，较高浓度时对各类神经(如外周神经、中枢神经、植物神经和运动神经)都有阻断作用，其阻断作用与神经纤维的种类、粗细、有无髓鞘等有关。各种神经纤维麻醉的先后顺序为：植物神经、感觉神经、运动神经；各种感觉消失的先后顺序为：痛觉、嗅觉、味觉、冷温觉、触觉、关节感觉和深压感觉，感觉恢复的顺序相反。

2.2.2.2　吸收作用(毒性反应)

局麻药使用过量吸收入血，或误将药物注入血管内，血中药物达到一定浓度时可引起全身作用，这实际上是局麻药的毒性作用，主要包括对中枢神经系统和心血管系统的影响。①所有叔胺类局麻药共同的吸收作用是引起中枢神经系统先兴奋继而抑制的作用。②局麻药因抑制心脏和扩张血管而引起血压下降。吸收剂量增大时可降低心肌兴奋性，减慢传导，延长心肌收缩不应期，抑制心肌的自动节律性和传导功能。此作用类似奎宁丁，可用于治疗心律失常，如普鲁卡因酰胺就是常用的抗心律失常药。若将局麻药误注入血管更易导致心血管系统反应。

预防局麻药中毒的最基本方法是通过限制剂量或控制注射药物的浓度；局麻药和血管收缩药联合应用可防止因局麻药吸收而产生毒性，并能延长局麻作用时间，还可减少手术时出血。最常用的血管收缩药是肾上腺素，应用时需特别注意是否出现心动过速症状。在局麻药中加入肾上腺素的常用浓度为1∶200 000。

2.2.2.3　作用机制

关于局麻药作用机制，目前认为是阻断神经细胞膜上的电压门控性 Na^+ 通道，阻断动作电位的发生与传导，使传导阻断。局麻药通过与神经细胞膜内表面上的 Na^+ 通道内侧受体结合，引起 Na^+ 通道蛋白构象改变，关闭 Na^+ 通道，阻断 Na^+ 内流，使膜内 K^+ 无法流出膜外，从而阻断神经冲动的传导，产生局部麻醉作用。高浓度的局麻药还能与细胞膜蛋白结合阻断 K^+ 通道。

2.2.3　局部麻醉方式

局麻药主要用于区域性麻醉，除单独使用外，多与全麻药配合进行手术，以减少全麻药的用量和毒性，同时易于保证麻醉的安全性；利多卡因、普鲁卡因酰胺可用于抗心律失常；极少数品种(如利多卡因)小剂量可预防和治疗癫痫大发作时的颅内压升高。常用的区域性麻醉方式如下：

(1)表面麻醉(surface anaesthesia)

将药液滴加、涂布或喷雾于黏膜表面，透过黏膜使黏膜下感觉神经末梢麻醉。适用于眼、耳、鼻、口腔、咽、喉、气管、支气管及泌尿生殖道等黏膜部位的浅表手术。所用的药物必须穿透力强，麻醉效果好，对黏膜无损伤。常用丁卡因、利多卡因等。

（2）浸润麻醉（infiltration anaesthesia）

将局麻药注入手术部位的皮下、肌肉、浆膜等处，药物从注射部位扩散到周围组织，使局部感觉神经纤维及末梢麻醉。此法在兽医临床较为常用，适用于各种浅表小手术。通常选用毒性最小的普鲁卡因，其次是利多卡因，用药量依手术部位而定。根据需要可在溶液中加少量肾上腺素等血管收缩药，降低毒性反应风险，同时延长麻醉时间。此法优点是麻醉效果好，对机体的正常功能无影响。缺点是用药量较大，麻醉区域较大，在做较大手术时，因所需药量较大而易产生全身毒性反应。

（3）传导麻醉（condution anaesthesia）

传导麻醉又称神经阻断麻醉，是将局麻药注入外周神经干、神经丛周围而阻断神经冲动传导，使该神经支配的区域麻醉。只用少量较高浓度的药液，就可取得较大区域的麻醉。常用于剖腹术、跛行诊断、四肢手术等。常用利多卡因、普鲁卡因。

（4）硬膜外麻醉（epidural anaesthesia）

将局麻药注入硬膜外腔，以阻断通过此腔穿出椎间孔的脊神经，使后躯麻醉。适用于难产、剖腹产、阴茎及后躯其他手术。常用利多卡因、丁卡因，也可用普鲁卡因。注药时，畜体体位应后躯或尾部低于头部，使麻醉范围限于后躯，否则有呼吸麻醉和虚脱的危险。马、牛慎用。

（5）蛛网膜下腔麻醉（subarachnoidal anaesthesia）

将局麻药由腰椎间孔注入蛛网膜下腔（较硬膜外麻醉刺入稍深些），麻醉该部位的脊神经根，又称腰椎麻醉或脊髓麻醉。此法对人是重要的麻醉方法，常用于下腹部和下肢手术，但对动物因针刺比较困难，且有危险性，一般不采用。

（6）封闭疗法（blockade treatment）

一般将 0.25%~0.5% 盐酸普鲁卡因注射液注射于患部周围或与患部有关的神经通路，以阻断病灶部位的不良刺激向中枢传导，可减少疼痛及改善组织的神经营养。常用于一些急性炎症，如蜂窝织炎、皮炎、淋巴管炎、四肢深部、组织炎症等。封闭疗法包括静脉内封闭、四肢环状封闭、病灶周围封闭及穴位封闭疗法等。

（7）静脉区域麻醉（intravenous regional anaesthesia，IVRA）

远端肢体用止血带隔开，然后在止血带远端区域静脉注射大容量、低浓度的局麻药，药物透过血管壁，扩散进入局部神经而起作用。除去止血带，局麻药被稀释。神经、肌肉的正常功能迅速恢复。此法常被用于牛的趾部手术，常用利多卡因。若在局麻药与组织结合并逐渐进入体循环前止血带受损，则易引发毒性作用；长时间使用止血带会导致局部缺血，造成组织受损，且在止血带使用早期，局部缺血会引发疼痛。

2.2.4　常用局麻药

普鲁卡因（Procaine，奴佛卡因）

【理化性质】常用其盐酸盐，为白色结晶或结晶性粉末，无臭。易溶于水，略溶于乙醇，微溶于三氯甲烷，几乎不溶于乙醚。水溶液不稳定，遇光、热、久贮后色变黄，局麻作用下降。

【药理作用】本品为短效酯类局麻药。注射后 1~3 min 即可产生麻醉作用，持续 45~60 min。本品具有扩张血管的作用，加入少量肾上腺素（每 100 mL 药液中加入 0.1% 盐酸肾上腺素注射液 0.2~0.5 mL),使局麻作用延长 1~2 h。对皮肤、黏膜穿透力差,故不适于作表面麻醉。只有在高浓度 3~5 h 才产生表面麻醉作用。

【药动学】本品吸收迅速,吸收后大部分与血浆蛋白暂时结合,而后被逐渐释放出来,再分布到全身。本品能较快透过血脑屏障和胎盘屏障。在血浆和肝内迅速被假性胆碱酯酶水解为对氨基苯甲酸(para aminobenzoic acid,PABA)和二乙氨基乙醇,代谢产物主要经肾排泄。

【应用】①用于浸润麻醉、传导麻醉、硬膜外麻醉、封闭疗法。②用于解痉、镇痛、镇静、缓解肠痉挛、外伤、烧伤引起的剧痛、全身性痒症。

【药物相互作用】①在体内的代谢物为 PABA 和二乙氨基乙醇,前者能竞争性地对抗磺胺药的抗菌作用,后者能增强洋地黄抑制心肌的传导作用。故不应与磺胺药和洋地黄合用。②碱性药物可使本品分解失效或形成沉淀。③氯化铵加速本品排泄。④与青霉素形成盐可延缓青霉素的作用。⑤氯化琥珀胆碱与本品合用可相互抑制代谢过程,增强麻醉和肌松作用。⑥右旋糖酐溶液可使本品的麻醉时间延长。⑦增强氯胺酮的镇痛作用,并能部分拮抗氯胺酮的升压效应,但大剂量可加重氯胺酮对呼吸的抑制作用,应减少静脉注射氯胺酮的用量。

【应用注意】①剂量过大可出现吸收作用,引起中枢神经系统先兴奋后抑制的中毒症状,应进行对症治疗。②应用时常加入 0.1% 盐酸肾上腺素注射液,以减少普鲁卡因吸收,延长局麻时间。③不宜与葡萄糖溶液配伍用,虽外观无变化,但麻醉效果降低。④可在室温保存,但要遮光,不要过热或冰冻。久置变成黄色,药效降低,不可再用。

【制剂】盐酸普鲁卡因注射液。

利多卡因(Lidocaine,赛罗卡因)

【理化性质】常用其盐酸盐,为白色结晶性粉末,无臭。易溶于水或乙醇,溶于三氯甲烷,不溶于乙醚。

【药理作用】本品属酰胺类中效麻醉药。局麻作用比普鲁卡因强 1~3 倍,穿透力强,作用快,扩散广,持续时间长(1~2 h),毒性较小,对组织无刺激性,有轻度扩张血管的作用。其吸收作用表现为对中枢神经抑制,出现嗜睡现象。但大量吸收可引起中枢兴奋,甚至惊厥,而后再转为抑制。还能抑制心室自律性,延长心肌收缩不应期,可治疗心室心动过速。

【药动学】内服因强首过效应而不能达到有效血药浓度,故治疗心律失常时必须静脉注射。局部或注射用药后在 1 h 内有 80%~90% 被吸收,进入体内大部分先经肝微粒体酶系降解,再进一步被酰胺酶水解,最后经尿排出,少量经胆汁排泄。

【应用】本品是用途最广的局麻药,常用于表面麻醉、浸润麻醉、传导麻醉和硬膜外麻醉等各种局部麻醉;静脉注射用于治疗心律失常。

【药物相互作用】①与西咪替丁或心得安合用,可增强本品药效。②与其他抗心律失常药合用,可增加本品的心脏毒性。③氯化琥珀胆碱可控制本品中毒时惊厥的产生。④氨基糖苷类抗生素与本品合用可增强神经阻滞作用。⑤中枢抑制药可增强本品的局麻效果。

【应用注意】①用于硬膜外麻醉和静脉注射时不可加肾上腺素。②对患有严重心传导阻滞的动物禁用,肝、肾功能不全及充血性心衰动物慎用。③剂量过大易出现吸收作用,可引起中枢抑制、共济失调、肌肉震颤等,要严格控制用量。

【制剂】盐酸利多卡因注射液。

丁卡因（Tetracaine，地卡因、潘妥卡因）

本品常用其盐酸盐，为长效酯类局麻药。脂溶性高，组织穿透力强，持效时间长，局麻作用和毒性均比普鲁卡因强 10 倍。麻醉持续时间约比普鲁卡因长 1 倍，可维持 2~3 h，但产生作用较慢，5~10 min 不等。0.5%~1% 溶液用于眼科表面麻醉，1%~2% 溶液用于鼻、喉头喷雾或气管插管，0.1%~0.5% 溶液用于泌尿道黏膜麻醉。本品无血管收缩作用，使用时应在药液中加入肾上腺素。因毒性大，作用出现慢，一般不作浸润麻醉。另外，本品的代谢物可降低磺胺药的抗菌作用。常用制剂为盐酸丁卡因注射液。

本章小结

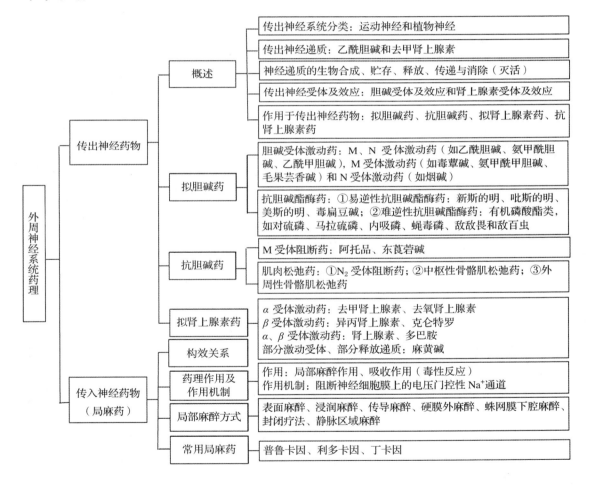

思考题

1. 传出神经系统可分为哪几类？解剖学上各有何特点？
2. 传出神经系统的主要递质和受体有哪些？分类如何？
3. 作用于传出神经系统的药物分为哪几类？简述其主要作用环节及作用性质。

4. 常用的拟胆碱药有哪些? 简述其药理作用和应用。

5. 试述新斯的明的作用机制、应用及在应用时应注意的问题。

6. 常用的抗胆碱药有哪些? 试述阿托品的药理作用、临床应用和不良反应。

7. 常用的肌松药有哪些? 在临床上有哪些主要应用?

8. 常用的拟肾上腺素药有哪几类? 各有何特点? 试述肾上腺素的药理作用、临床应用和注意事项。

9. 何为局部麻醉药? 简述局部麻醉药的构效关系及作用机制。

10. 常用的局部麻醉方法有哪些?

11. 比较普鲁卡因、丁卡因和利多卡因的作用特点、临床应用及注意事项。

(张雪梅)

第 3 章

中枢神经系统药理

中枢神经系统是由脑和脊髓组成，通过收集、整合和处理信息，调节生命活动的全部过程，对机体内外环境的变化做出及时适度的反应，以维持生命活动的内环境稳定。化学传递是中枢神经系统中神经元之间信号传递的主要方式，神经递质及其受体是实现此种化学传递的物质分子。因此，绝大多数作用于中枢神经系统的药物与作用于传出神经系统的药物相似，通过影响突触化学传递的某一环节而引起相应的功能变化，如影响递质的生成、贮存、释放和灭活过程，激动或阻断受体等。

作用于中枢神经系统的药物分为中枢抑制药和中枢兴奋药。中枢抑制药又包括全身麻醉药、镇静安定药与抗惊厥药和镇痛药等。

3.1 全身麻醉药

全身麻醉药(general anesthetics)简称全麻药，是一类能可逆地抑制中枢神经系统，暂时引起意识、感觉、运动及反射消失、骨骼肌松弛，但仍保持延髓生命中枢(呼吸中枢和血管运动中枢)功能的药物，主要用于外科手术前麻醉。为提高麻醉效果和扩大安全范围，常配合应用镇静药、镇痛药和肌松药，现在有些地方也试用中草药麻醉。

全身麻醉药按其理化性质及给药途径的不同可分为吸入性麻醉药(如氟烷、异氟烷)和非吸入性麻醉药(如氯胺酮、硫喷妥钠)。

3.1.1 概述

(1)作用机制

传统的类脂质学说认为，全麻药的脂溶性均较高，易进入神经细胞膜的脂质层，引起细胞膜物理化学性质的改变，使膜蛋白受体及 Na^+、K^+ 通道等构象和功能发生改变，进入细胞内与类脂质结合，干扰整个神经细胞的功能，抑制神经细胞除极化或影响其递质的释放，进而导致神经冲动传递阻断，造成中枢神经系统广泛抑制，从而引起全身麻醉。全麻药的麻醉效力与该药的油/水分配系数成正比，该系数大者，即脂溶性大，则麻醉效力强。现代研究显示，全麻药作用机制是基于配体-门控离子通道理论，一些全麻药可以通过抑制兴奋性突触和增强抑制性突触的传递功能发挥作用，即干扰配体-门控离子通道的功能，如干扰谷氨酸受体离子通道、γ-氨基丁酸离子通道受体等。另外，脑干、网状结构上行激活系统和大脑皮层也是全麻药作用的靶位，如巴比妥类药物能抑制脑干网状结构上行激活系统，阻断了外界通过网状结构向大脑皮层细胞传递的兴奋冲动，使皮层细胞由兴奋转入抑制。现在一致认为，麻醉是由中枢神经系统内的神经元被抑制、神经元的兴奋性降低和神经元之间的传递受阻三方面的作用构成。

(2)麻醉分期

麻醉药对中枢神经系统各部位的抑制作用有先后顺序,先抑制大脑皮质,最后是延脑。为了掌握麻醉深度,取得满意的麻醉效果,并防止麻醉事故的发生,通常将麻醉过程分成四期,但各期之间并无明显的界限。

①第一期为镇痛期(随意运动期)　从麻醉开始到意识消失,此时大脑皮质和网状结构上行激活系统受到抑制,动物对疼痛刺激减弱,呼吸正常,各种反射(角膜、眼睑、吞咽)存在,肌张力正常。

②第二期为兴奋期(不随意运动期)　大脑皮层逐渐被抑制,对皮层下中枢失去控制和调节,动物表现为不随意性兴奋、挣扎、鸣叫,呼吸不规则,瞳孔扩大,血压、心率不稳定,各种反射仍存在,肌张力增加。此期不宜进行任何手术。

第一、第二期合称为诱导期,易致心脏骤停、喉头痉挛等麻醉意外。

③第三期为外科麻醉期　大脑、间脑、脑桥自上而下逐渐受到抑制,脊髓由下而上逐渐被抑制,延脑机能仍然保存。在外科手术中,该期又分为:a. 浅麻醉期。动物由兴奋转为安静,痛觉、意识完全消失,肌肉松弛,呼吸、血压平稳,瞳孔逐渐缩小,角膜和趾反射仍存在,但较迟钝。适合于一般手术,大手术需配合局部麻醉药。b. 深麻醉期。麻醉深度扩展至中脑,并向脑桥深入,脊髓胸段已被抑制。动物出现以腹式呼吸为主的呼吸方式,瞳孔缩小、角膜反射消失、舌脱出不能回缩。由于麻醉深度不易控制而易转入延脑麻醉期,兽医外科极少在此阶段进行外科手术。

④第四期为麻痹期(中毒期)　麻醉由深麻醉期继续深入,动物出现脉搏微弱,瞳孔散大,血压下降,从呼吸肌完全麻痹到循环完全衰竭为止。如动物逐渐苏醒而恢复称为苏醒期。在苏醒过程中,因站立不稳而易于跌撞,应注意防护。外科麻醉禁止到达此期。

上述麻醉分期,在现代临床麻醉中已难以看到。在临床实践中掌握好麻醉的有关指征非常重要,如:a. 麻醉过深的指征。腹式呼吸,脉搏微弱,血压下降,瞳孔散大,唇紫绀。b. 麻醉不足的指征。眼睑反射依然存在,呼吸不规则,切割皮肤或翻动内脏时血压升高,出现吞咽、咳嗽及四肢活动等。

(3)麻醉并发症及抢救措施

有些全身麻醉用药时常会发生并发症,严重时会危及生命,所以应及时抢救。常见并发症如下:①呕吐。多见于宠物全身麻醉前期,吞咽反射消失,胃内容物常流入或被吸入气管造成严重并发症(窒息或异物性肺炎)。全身麻醉动物的头部应稍微垫高,口朝下,可能时将舌拉出口外,用湿纱布包裹。一旦发生呕吐,应尽可能使呕吐物排出口腔,呕吐停止后用大棉花块清洗口腔。②舌回缩。有异常呼吸音或出现痉挛性呼吸和发绀症状,应立即用手或舌钳将舌牵出,并使其保持伸出口腔外。③呼吸停止。可出现于深麻醉期或麻痹期,乃由于延脑的重要生命中枢麻痹或由于麻醉剂中毒、组织的血氧过低所致。当出现呼吸停止的初期症状时,立即撤除麻醉,打开口腔,拉出舌头(或以20次/min左右的节律反复牵拉舌头),并着手进行辅助呼吸。药物抢救方法是立即静脉注入尼可刹米、安钠咖等,可根据需要反复应用。同时进行人工支持呼吸,如用手有节奏地挤压呼吸囊,启用呼吸机等,这是其他任何方法所不能代替的。④心脏骤停。麻醉时原发性心脏活动停止是最严重的并发症,通常发生在深麻醉期。心脏活动骤停常常没有预兆,表现脉搏和呼吸突然消失,瞳孔散大,创内的血管停止出血。如遇心脏骤停,应毫不迟疑地采取抢救措施。可采用心脏按摩术,同时配合人工呼吸。有时也可考虑开胸后直接按压心脏。药物的抢救可以用 0.1% 盐酸肾上腺素，如犬、猫 0.1～0.5 mL，若由静脉直接给药，在犬、猫应做 10 倍稀释。为抢救心功能骤然减弱或心脏骤停，可做心室内注射，其效果更好；也可以采用安钠咖静脉注射。

（4）复合麻醉

目前，各种全麻药单独应用都不理想，常采用复合麻醉方式，以增强麻醉效果，减少毒副作用等。

①麻醉前给药（preanesthesia）　在应用全麻药前，先用一种或几种药物以补救麻醉药的不足或增强麻醉效果。如麻醉前给予阿托品或东莨菪碱以减少乙醚刺激呼吸道的分泌，防止唾液及支气管分泌所致的吸入性肺炎，并防止因迷走神经兴奋所致的反射性心律失常。术前注射阿片类镇痛药，以增强麻醉效果。

②基础麻醉（basal anesthesia）　先用巴比妥类药物等，使其达到深睡或浅麻状态，在此基础上再进行麻醉，可使药量减少，麻醉平稳。常用于幼小动物。

③诱导麻醉（induced anesthesia）　为避免全麻药诱导期过长的缺点，应用诱导期短的硫喷妥钠或氧化亚氮，使其迅速进入外科麻醉期，避免诱导期的不良反应，然后改用其他药物维持麻醉。

④配合麻醉（combined anesthesia）　如麻醉同时注射琥珀胆碱或筒毒碱类肌松药，以满足手术时肌肉松弛的要求。用局麻药配合全麻药进行麻醉，如先用戊巴比妥钠引起浅麻醉，再在术野或有关部位使用局麻药，以减少全身麻醉药的用量及毒性。

⑤混合麻醉（mixed anesthesia）　用两种或两种以上药物配合在一起进行麻醉，以达到取长补短的目的，如氟烷与乙醚混合使用等。

3.1.2　吸入性麻醉药

吸入性麻醉药（inhalation anesthesia）多为挥发性液体（如乙醚、氟烷、异氟烷、恩氟烷等），少数为气体（如氧化亚氮、环丙烷），均可采用气管插管直接将麻醉气体送入气管。以异氟醚最为安全，氟烷起效最快。理想的吸入麻醉药应具备下列条件：①性质稳定，易于长期保存，无需加入稳定剂，与现有的传送设备相匹配。②价格低廉，不易燃，在环境条件下易挥发。③在血中溶解度低，诱导时间短，麻醉深度易于调节，可控性强，苏醒快。④麻醉作用强，可使用低浓度，以避免缺氧。⑤对心、肺无抑制作用，对气道无刺激性，与儿茶酚胺类和其他血管活性药相容；有良好的肌松作用。⑥对肾、肝、肠道无毒性。但目前仍然没有一种理想的吸入性麻醉药。

吸入性麻醉药的优点是能迅速而有效地控制麻醉深度和较快地终止麻醉，安全且麻醉效果确实。缺点是使用时需要一定的麻醉设备、训练有素的麻醉师和严格的监护，费用较高。为了便于将导管插入气管内，也为了节省麻醉药，临床上常先做浅麻醉或短时麻醉（诱导麻醉），然后再做吸入麻醉。有的麻醉药易燃、易爆、刺激呼吸道等，需小心谨慎。

（1）药理作用与药动学

吸入性麻醉药一般盛在一个称为蒸发器的特定容器内，以氧气或氧气与一氧化氮的混合气体为载体，通过管道经肺泡吸收进入血液，随血流透过血脑屏障进入脑组织，使中枢神经系统整体被抑制，脑部的代谢率和氧耗下降，脑血管扩张致脑血流量增加和颅内压升高，出现意识消失、镇痛和肌松等。脑干的网状结构控制意识、机敏和运动，是吸入麻醉药作用的重要部位，其他作用部位还有大脑皮层、海马和脊髓。当脑中药物达到一定分压

(浓度)时产生全麻作用。麻醉深度随麻醉分压的变化而变化。最小肺泡浓度(minimal alveolar concentration，MAC)是评价吸入性麻醉药作用强度的指标。MAC是指在一个大气压下，能使50%个体对标准的疼痛性刺激不发生反应的肺泡中麻醉药的最低浓度，所以MAC相当于半数有效浓度(ED_{50})。吸入麻醉药的麻醉强度与MAC有关(麻醉强度=1/MAC)，MAC值越小，药物的麻醉作用越强。1个MAC可产生微弱的麻醉，1.5个MAC产生轻度至中度麻醉，2个MAC产生中度至深度麻醉。如氟烷在犬的MAC为0.87%，1.5和2个MAC分别为1.3%和1.7%，故氟烷在犬维持麻醉时的浓度应控制在1.3%~1.7%。MAC与药物的脂溶性呈正相关，另外，体温低、新生畜、老龄、严重低血压、中枢抑制药等能使MAC降低，则动物对吸入麻醉药更敏感，所需的麻醉药浓度更低。

　　吸入性麻醉药经肺吸收入血后随即转运至脑等各组织器官，其分布量依赖于该部位的血流供应量。药物溶解性决定麻醉诱导和苏醒的速度。溶解性常用血/气分配系数表示(血中药物浓度与吸入气体中药物浓度达到平衡时的比值，又称溶解系数)。血/气分配系数小，在血液中的溶解性低，则在血中的容量小，肺泡、血和脑内药物分压上升较快，麻醉诱导时间短，麻醉药排出和苏醒时间快，故血/气分配系数低的麻醉药更受欢迎。如七氟醚和氧化亚氮的溶解性低，麻醉诱导和苏醒均较快。另外，吸入麻醉药的溶解性与麻醉强度相关，也是血液固定麻醉药能力的指征。溶解性越强，药物被血液摄取的量就越大，从肺泡损失的量就越少，麻醉强度增加。吸入性麻醉药在体内能够发生代谢，代谢发生在肝、肾或肺，代谢程度以甲氧氟氯乙炔最高(50%)，其次为氟烷(20%)、七氟醚(3%~5%)、恩氟烷(2.4%)和异氟烷(<1%)。

　　(2)不良反应

　　使用吸入性麻醉药时易产生一些不良反应：①呼吸和心脏抑制。超过外科麻醉2~4倍量的药物可明显抑制呼吸和心脏功能，严重者可致死亡。呼吸抑制可凭借呼吸机来补偿。②胃内容物被吸入肺。由于麻醉时正常反射消失，胃内容物可能反流并被肺吸入，刺激支气管导致痉挛和引起术后肺部炎症。麻醉时采用支气管内插管，把气管分开可预防此并发症。③恶性高热。虽极为罕见，但所有吸入麻醉药均可引起。表现为心动过速、血压升高、酸中毒、高血钾、肌肉僵直和体温异常升高(可达43℃，严重者可致死)，如肌松药琥珀胆碱能触发此反应。此症发生有一定遗传倾向性，难于预防。对症处理可采用静脉注射骨骼肌松弛药(如丹曲林钠)和降低体温的方法以及纠正电解质和酸碱平衡。④肝、肾毒性。氟烷等含氟麻醉剂可致肝损害。肾损害仅见于甲氧氟烷，因其代谢物无机氟化物损伤肾小管所致。⑤对手术室工作人员的影响。长期吸入低剂量吸入麻醉药有致头痛、警觉性降低和孕妇流产的可能，宜加强手术室的通风措施。

氟烷(Halothane，三氟氯溴乙烷、氟罗生)

　　本品为无色透明、易流动、易挥发重质液体，无引燃性，无局部刺激性。性质不稳定，应遮光保存。麻醉作用迅速强大，诱导期与苏醒期均短。对黏膜无刺激性，不易引起分泌物过多、咳嗽、喉痉挛等。但肌肉松弛及镇痛作用较弱，需配合肌松药和镇痛药。浅麻醉对心血管系统影响不明显，但随麻醉加深，血压下降，心率迟缓，心肌收缩力减弱，心输出量减少，因此，用本品麻醉时要掌握好麻醉深度。目前，兽医临床广泛用于各种年龄的犬、猫手术时的全身麻醉及诱导麻醉。对大动物是在基础麻醉的前提下，用氟烷吸入控制麻醉深度。犬、猫预先肌内注射阿托品。

异氟烷(Isoflurane，异氟醚)

本品常温常压下为无色透明挥发性液体，有刺鼻臭味。与金属(包括铝、锡、黄铜、铜)不发生反应，能被橡胶吸附。不易燃，不易爆。与氟烷比较，麻醉诱导平稳、快速，苏醒也快，肌肉松弛作用强。对呼吸和心血管系统的影响与氟烷相似；不增加心肌对儿茶酚胺的敏感性；反复应用对肝、肾无明显副作用；可触发恶性高热。临床用作诱导麻醉药(麻醉前给予镇静药或安定药)或维持麻醉药(与镇静药、镇痛药注射麻醉药配合使用)，用于各种动物，如犬、猫、马、牛、猪、羊、鸟、动物园动物和野生动物。

3.1.3　非吸入性麻醉药

非吸入性麻醉药主要经静脉注射、肌内注射、腹腔注射、内服及直肠灌注等方式给药，其中静脉注射麻醉最为常用。优点是易于诱导，能加快麻醉第二期(兴奋期)的通过，快速进入外科麻醉期；操作简便，一般不需要特殊的麻醉装置，便于头部或眼部手术；不污染环境，无易燃、易爆危险；通过计算机控制的输注泵给药，能够实时监测。缺点是不易控制有效剂量、麻醉深度及麻醉维持时间；用药过量不易排除和解毒；排泄慢，苏醒期较长。

理想的非吸入性麻醉药应该具备的特性是：①除了镇痛和肌松作用外，还应使意识消失和记忆缺失，同时保持生理稳态，即对心血管、呼吸、胃肠道、中枢神经系统或内分泌功能不产生有害作用。②在不同动物中安全界限宽(治疗指数高)，苏醒期短且无蓄积性。可通过多种途径易于代谢和排泄，应有特效和完全逆转剂。③化学性质稳定，贮存时间长，具有生理 pH 值，溶剂无毒，价格便宜。兽医临床常用药物有巴比妥类、分离麻醉药、异丙酚、依托咪酯、愈创木酚甘油醚等，其中依托咪酯已被澳大利亚批准用于新型糊剂。

(1)巴比妥类

巴比妥类属巴比妥酸的衍生物，按作用时间分为长效、中效、短效或超短效巴比妥类；按化学结构可分为含氧巴比妥类和硫巴比妥类。巴比妥类的化学结构决定作用开始和持续的时间，从而决定它们的临床应用。

本类药物能够抑制网状结构上行激活系统(reticulate structure ascending activating system，RAS)。RAS 控制觉醒和抑制癫痫样活动的发生或蔓延，对巴比妥类很敏感，在药物作用下，动物不能被唤醒或保持觉醒状态。其作用机制是通过降低 γ-氨基丁酸(GABA，主要抑制性神经递质)与其受体的解离度来增加 GABA 的结合，GABA 受体的激活增加 Cl^- 的通透性，使突触后细胞膜超极化，因而抑制突触后神经元的兴奋性。另外，巴比妥类还可阻断谷氨酸(主要兴奋性神经递质)与 AMPA 受体(a-amino-3-hydroxy-5-methyl-4-isoxa-zo-lep-propionate receptor)的结合。高剂量的巴比妥类可降低神经肌肉接头处烟碱型胆碱受体神经冲动的传导，这是由于巴比妥类降低了多突触接点对乙酰胆碱去极化作用的敏感性，从而导致肌无力。

硫喷妥(Pentothal)

【理化性质】常用其钠盐，为微黄色粉末，有蒜臭，味苦，有潮解性。易溶于水(1∶40)，水溶液不稳定，呈强碱性(pH 10.5)，一般填充氮气密封于玻璃容器中。

【药理作用】本品为超短时间作用的巴比妥类药物。静脉注射后约数秒钟即能奏效，无兴奋期,但一次麻醉量仅能维持 5~10 min。其麻醉深度和维持时间与静脉注射速度有关。注射越快,麻醉则越深,维持时间也越短。苏醒期短,无明显兴奋现象。松弛肌肉的作用较差,镇痛作用很弱。麻醉剂量能明显抑制呼吸,用量过大、注射过快会引起心脏收缩减慢和血压下降。

【药动学】本品脂溶性高,静脉注射后首先分布于血液灌注量大的脑、肝、肾等组织,能迅速透过血脑屏障产生作用。随后迅速再分布到肌肉和脂肪组织,使脑内药物浓度迅速下降,故作用维持时间很短。药物在肝内代谢,但代谢速度较慢。

【应用】①用于各种动物的诱导麻醉和基础麻醉,单独应用仅适用于小手术,反刍动物在麻醉前需注射阿托品,以减少腺体分泌。②用于对抗中枢兴奋药中毒、破伤风以及脑炎等引起的惊厥。

【不良反应】①猫注射后可出现窒息、轻度的动脉低血压。②马可出现兴奋和严重的运动失调(单独应用时)。③可能出现一过性白细胞减少以及高血糖、窒息、心动过速和呼吸性酸中毒等。④犬用本品后易导致心律失常。

【应用注意】①本品水溶液性质不稳定,宜现配现用,在室温中仅能保存 24 h,如溶液呈深黄色或浑浊则不能使用。②药液只供静脉注射,不可漏出血管,否则易引起静脉周围炎。因对呼吸中枢具有明显抑制作用,应用时注射速度不宜过快,剂量不宜过大。③易引起喉头和支气管痉挛,麻醉前宜给予阿托品。④心、肺功能不良的患病动物禁用,肝、肾功能不全动物慎用。⑤过量引起呼吸和循环抑制,除采用支持性呼吸疗法和心血管支持药物(禁用肾上腺素类药物)外,还可用戊四氮等中枢兴奋药解救。

【制剂】注射用硫喷妥钠。

戊巴比妥(Pentobarbital)

【理化性质】常用其钠盐,为白色结晶性颗粒或粉末。极易溶于水,易溶于醇。

【药理作用】本品为短效含氧巴比妥类,具有镇静、催眠和麻醉作用,无镇痛作用;对呼吸和心血管系统有明显抑制作用;麻醉持续时间因动物个体的不同而有很大差异,平均 1~2 h,但有的动物需延长至 6~18 h 才完全苏醒,猫可长达 24~72 h。

【药动学】可内服、肌内注射和皮下注射,易在胃肠道吸收,吸收后分布于全身各组织和体液,也易透过胎盘屏障和血脑屏障。几乎全部在肝内代谢,经肾排泄。

【应用】①常用作中、小动物的全身麻醉药。②用作各种动物的镇静药与基础麻醉药。③用于成年马、牛的复合麻醉(即本品可与硫喷妥钠配伍,也可与氯丙嗪、普鲁卡因等进行复合麻醉)。④用作抗惊厥药(适用于破伤风、脑炎)以及中枢兴奋药(如士的宁)中毒的解救药。⑤用于安乐术。

【应用注意】①用戊巴比妥钠麻醉的猫,给予氨基糖苷类抗生素可引起神经肌肉的阻断。新生幼猫不宜用其麻醉。②动物应用本品麻醉后在苏醒前通常伴有动作不协调,兴奋和挣扎现象,应防止造成外伤。动物苏醒后,若静脉注射葡萄糖溶液能使动物重新进入麻醉状态。因此,当麻醉过量时禁用葡萄糖。③因麻醉剂量对呼吸呈明显抑制,故静脉注射时宜先以较快速度注入半量,然后视动物反应而缓慢注射。④肝、肾功能不全的动物应慎用。

【制剂】注射用戊巴比妥钠。

异戊巴比妥(Amobarbital)

【理化性质】常用其钠盐，为白色的颗粒或粉末，无臭，有引湿性。极易溶于水，溶于乙醇，在三氯甲烷或乙醚中几乎不溶。

【药理作用】小剂量可镇静、催眠，随剂量增加产生抗惊厥和麻醉作用，作用时间与戊巴比妥相近。与其他镇静、催眠药合用能增强对中枢的抑制作用。本品脂溶性高，在脑、肝、肾等组织中浓度较高。主要在肝内代谢，小部分以原形经肾排出。

【应用】用作中、小动物的镇静药、基础麻醉药与抗惊厥药。不适于单用作麻醉药，因易造成肺炎等并发病，而且在苏醒时易出现兴奋现象。

【应用注意】①苏醒期较长，动物手术后在苏醒期应加强护理。②静脉注射不宜过快，否则可出现呼吸抑制或血压下降。③肝、肾、肺功能不全的患畜禁用。④中毒可用戊四氮等解救。

【制剂】注射用异戊巴比妥钠。

(2)分离麻醉药

分离麻醉药(dissociative anesthetics)是一类能干扰脑内信号从无意识部分向有意识部分传递而又不抑制脑内所有中枢功能活动的药物。本类药物能分离丘脑皮层(抑制)和边缘系统(激活)，产生镇痛、制动、反应性降低、记忆缺失和强制性昏厥(肌肉不松弛，睁眼，对周围环境反应冷漠)等作用。作用机制是与谷氨酸受体结合，阻断兴奋性神经递质谷氨酸与其受体结合，从而抑制丘脑皮层和边缘系统的活性，抑制网状激活系统胞核。分离麻醉药也能影响阿片受体、单胺受体、毒蕈碱受体和电压敏感 Ca^{2+} 通道。与其他的麻醉药不同，分离麻醉药不与 GABA 受体相互作用。

氯胺酮(Ketamine，开他敏)

【理化性质】常用其盐酸盐，为白色结晶性粉末，无臭。在水中易溶，在热乙醇中溶解，在乙醚中不溶。

【药理作用】本品是一种新型镇痛性麻醉药，其脂溶性高，比硫喷妥钠高 5~10 倍。①对中枢神经系统。既有兴奋作用，也有抑制作用。大脑功能呈"分离"状态，即给药后表现为镇静、镇痛作用，但动物仅意识模糊，而尚未完全消失，眼睛仍睁开，咳嗽和吞咽反射依然存在，遇有外界刺激，仍能觉醒并表现有意识反应，故将其称为分离麻醉药。同时因肌肉张力增加而呈木僵样，故又称为"木僵样麻醉"。②对心血管系统。本品是唯一能兴奋心血管的静脉麻醉药，用药后心率加快，血压、全身血管压力、肺动脉压力和肺血管阻力均增高，还抑制心肌收缩。③对呼吸系统。具有呼吸抑制作用，但影响轻微。④对肝、肾功能。对肝、肾无明显影响，但静脉注射后可使转氨酶升高。⑤其他。除升高颅内压外，还可升高眼内压。

本品脂溶性高，静脉注射后首先进入脑，继而迅速分布于其他组织，易透过血脑屏障和胎盘屏障。肌内注射迅速吸收，在肝内代谢，经肾排出。

【应用】用作马、牛、猪、羊及多种野生动物的麻醉药、诱导麻醉药及化学保定药。用作麻醉药时多与其他安定药或镇痛药联合使用，以改善镇痛、肌松作用及苏醒或麻醉时间，在一些动物(如猫和灵长类)中可单独使用。

【药物相互作用】①氟烷减慢本品的分布和再分布，又抑制肝脏对本品的代谢，可延长作用时间。②巴比妥类药物或地西泮可延长本品的消除半衰期，延迟苏醒。③阿托品可消除本品所致唾液分泌过多、咽喉反射活跃等反应。④与肌松药有协同效应，但与三碘季铵酚合用时血压升高，心率加快。⑤普鲁卡因可增强本品的镇痛作用，并部分拮抗本品引起的升压效应；但大剂量普鲁卡因可加重本品的抑制作用。⑥与赛拉嗪合用能增强本品的作用并呈现肌松作用，利于进行外科手术。

【不良反应】①可使动物血压升高，唾液分泌增多，呼吸抑制，呕吐等。②高剂量可产生肌肉张力增加，惊厥，呼吸困难，痉挛，心脏骤停和苏醒期延长等。

【应用注意】①反刍动物应用时，麻醉前常需禁食12~24 h，并给予小剂量阿托品抑制腺体分泌。常与赛拉嗪合用，可得到较好麻醉效果。②马静脉注射应缓慢。③对咽喉或支气管的手术或操作不宜单用本品，必须合用肌松药。④驴、骡对本品不敏感，不宜应用。⑤妊娠后期的动物禁用。

【制剂】盐酸氯氨酮注射液。

特拉唑尔(Telazol)

本品为噻环乙胺和唑氟氮䓬等量混合的制剂，主要用作犬、猫的麻醉药和镇痛药。肾、胰腺、心和肺功能不全的动物禁用。

(3)其他

非吸入性麻醉药除了巴比妥类和分离麻醉药外，还有异丙酚、依托咪酯、愈创木酚甘油醚、氯醛糖、丙泮尼地、美托咪酯等。

异丙酚(Propofol，丙泊酚)

【作用与应用】通过加强GABA效应抑制中枢神经系统，产生镇静、催眠、麻醉作用，起效快、作用时间短、苏醒迅速；肌松作用较好，能抑制咽喉反射，有利于气管插管；可降低颅内压和眼内压；无镇痛作用；对循环系统有抑制作用，使全身血管阻力下降，引起血压下降；对呼吸系统有抑制作用，大剂量或注射速度过快，可导致呼吸暂停。临床用作犬、猫的诱导麻醉药、维持麻醉药、镇静催眠药和癫痫症的治疗。

【药动学】本品脂溶性高，首先广泛分布于中枢神经系统，随后迅速重新分布于其他组织。可被机体快速代谢，代谢速度超过肝血流量，表明其为肝外代谢，在肝外代谢的具体位置和数量可能存在明显的种属差异，代谢物经肾排出。

【制剂】丙泊酚注射液(宠物用)。

依托咪酯(Etomidate)

本品为GABA受体激动剂，通过加强GABA抑制效应而起催眠和抑制中枢神经系统作用，为强效、超短效诱导麻醉药。静脉注射后几秒钟内意识消失，持续作用时间5~10 min；无镇痛作用，肌松作用较弱，故作诱导麻醉时需加镇痛药或肌松药。本品能降低眼内压，对呼吸有轻度抑制。静脉注射后，迅速分布于中枢神经系统，经肝及血浆酯酶水解或肝微粒体酶糖脂化作用代谢。代谢物大部分经尿排出(85%)，其余经胆汁和粪排出。临床适用于快速静脉诱导麻醉，用于脑外伤、脑瘤或皮层水肿的患病动物，尤其对患有心脏疾病的动物也可使用。但不得用于马和牛，因可引起肌肉僵直和癫痫发作。

3.2　镇静安定药与抗惊厥药

3.2.1　镇静药和安定药

镇静药(sedatives)是指对中枢神经系统具有轻度抑制作用, 从而减轻或消除动物狂燥不安, 恢复安静的一类药物, 主要用于兴奋不安或具有攻击行为的动物或患畜。催眠药(hypnotic)是能够诱导睡眠或近似自然睡眠, 维持正常睡眠并易于唤醒的药物。镇静药和催眠药往往不能严格区分, 低剂量镇静, 高剂量催眠。常用的镇静药和催眠药有巴比妥类、苯二氮䓬类、α_2 受体激动剂等。

安定药(tranquilizer)是能够缓解焦虑而又不产生过度镇静的药物。其中, 轻度安定药即抗焦虑药物(苯二氮䓬类、丁螺环酮), 能部分驱散焦虑感觉, 多数具镇静和催眠作用; 深度安定药, 又称神经松弛剂或抗精神失常药(吩噻嗪类、丁酰苯类和罗夫木全碱), 能使激动或易动的动物安静, 并能调节或抑制其行为或精神状态。本类药物在大剂量时还能缓解中枢过度兴奋症状, 即具有抗惊厥作用。

3.2.1.1　吩噻嗪类

吩噻嗪类系由硫、氮原子联结两个苯环(吩噻嗪母核)的一种具有三环结构的化合物, 临床常用药物有氯丙嗪、乙酰丙嗪、丙嗪、三氟丙嗪、丙酰丙嗪等。本类药物的作用机制是阻断多巴胺受体(D_2)和 α_1 受体, 在兽医临床上用于化学制动, 术前和术后镇静, 麻醉前给药, 镇痛, 止吐, 止痒, 抗热休克, 缓解破伤风性强直等。

氯丙嗪(Chlorpromazine, 氯普马嗪、冬眠灵)

【理化性质】常用其盐酸盐, 为白色或乳白色结晶性粉末, 微臭, 有引湿性, 遇光易变色。易溶于水、乙醇、三氯甲烷, 不溶于乙醚或苯。水溶液呈酸性, 与碳酸氢钠、巴比妥类钠盐等碱性药物配伍, 产生沉淀而失效。

【药理作用】本品为中枢 D 受体和 α 受体阻断剂, 具有多种药理作用。①对中枢神经系统。抑制大脑边缘系统和脑干网状结构上行激活系统, 使狂躁、倔强的动物变得安静、驯服。还能镇吐、止痛、降低体温, 并加强催眠药、麻醉药、镇痛药与抗惊厥药的作用。②对心血管系统。抑制血管运动中枢, 并可直接舒张血管平滑肌, 使血压下降。抑制心脏活动, 引起 T 波改变等心电图异常。③对内分泌系统。抑制促性腺激素、促肾上腺皮质激素和生长激素的分泌, 增加催乳素分泌。④抗休克。因其阻断外周 α 受体, 直接扩张血管, 解除小动脉与小静脉痉挛, 改善微循环。同时扩张大静脉作用强, 降低心脏前负荷, 左心衰竭时可改善心功能。

【药动学】内服和肌内注射均易吸收, 内服给药有很强的首过效应。本品脂溶性高, 体内分布广泛, 易透过血脑屏障, 脑内浓度可达血浆浓度的 10 倍, 还能透过胎盘屏障。主要在肝内经肝微粒体酶代谢, 其代谢物和少量原形物主要经肾排出, 少部分经粪排出, 有些进入肝肠循环。排泄慢, 在动物体内残留可达数月之久。

【应用】①镇静、抗惊厥。用于狂躁动物或野生动物的保定及破伤风、脑炎、中枢兴奋药中毒时引起的惊厥。②麻醉前给药。配合全麻药用于全身麻醉, 可强化麻醉。也可与局麻药配合用于牛、羊和猪等的外科手术。用本品作麻醉前给药能加强和延长麻醉药的作用, 减轻疼痛反应, 可使麻醉药量减少 1/3~1/2, 从而减轻麻醉药的毒性。③抗应激。在高温季节长途运输猪、犬、猫、禽等时，用本品可减轻因炎热等不利因素产生的应激反应，减少动物死亡率。④止吐。用于犬、猫等动物的呕吐。

【药物相互作用】①苯巴比妥可使本品在尿中排泄量增加数倍。②抗胆碱药可降低本品的血药浓度，而本品可加重抗胆碱药物的副作用。③与肾上腺素合用，因阻断 α 受体可发生严重低血压。④与四环素类联用可加重肝损害。⑤与其他中枢抑制药合用可加强抑制作用(包括呼吸抑制)，联用时两药均应减量。

【应用注意】①本品有刺激性，应用时浓度不宜过高，静脉注射时宜稀释且缓慢注射。②马用药后常出现兴奋或挣扎现象，易发生意外，故不推荐用于马。③过量引起的低血压可用去甲肾上腺素解救，但禁用肾上腺素。④有黄疸、肾炎和肝炎患畜，年老体弱动物慎用。⑤禁止用作食品动物促生长剂。

【制剂与休药期】盐酸氯丙嗪片(宠物用)。盐酸氯丙嗪注射液：28 d；弃奶期 7 d。

乙酰丙嗪(Acepromazine，乙酰普马嗪)

本品是兽医临床最常用的吩噻嗪类，作用同氯丙嗪相似，具有镇静、镇吐、降温、降压等作用。镇静作用强于氯丙嗪，毒性反应及局部刺激性较小。本品还具有抗心律失常和较弱的抗组胺作用。临床应用同于氯丙嗪，常用作犬、猫和马的麻醉前给药或与麻醉药合用。常用制剂为马来酸乙酰丙嗪片、马来酸乙酰丙嗪注射液。

3.2.1.2　苯二氮䓬类

苯二氮䓬类是一类具有抗焦虑、镇静和催眠等作用的药物，为 1,4-苯并二氮䓬的衍生物。常用药物有地西泮、咪达唑仑、氯氮䓬、劳拉西泮等。本类药物的作用机制是激活苯二氮䓬受体结合位点，该受体位于 γ-氨基丁酸 A 受体(GABA$_A$)的 γ 亚基上，苯二氮䓬类与 GABA$_A$ 受体结合，诱导受体构象发生变化，促进 GABA 与 GABA$_A$ 结合，增加细胞膜对 Cl$^-$ 的通透性，使 Cl$^-$ 大量进入细胞内引起膜去极化，导致神经兴奋性降低。

氟马西尼是苯二氮䓬类的逆转剂，逆转剂量比为 1∶13(氟马西尼∶苯二氮䓬类)，但作用时间短于苯二氮䓬类，需反复给药。

地西泮(Diazepam，安定、苯甲二氮唑)

【理化性质】本品为白色或类白色结晶性粉末，无臭。几乎不溶于水，溶于乙醇，易溶于丙酮或三氯甲烷。

【作用与应用】本品为长效苯二氮䓬类药。①抗焦虑。小剂量即可产生良好的抗焦虑作用，明显缓解恐惧、紧张、忧虑、焦躁、不安等症状，对各种原因引起的焦虑均有效。②镇静催眠。随着剂量增加，产生镇静与催眠作用，使有攻击性或兴奋不安、狂躁的动物变得驯服、安静，易于接近和管理。明显缩短入睡时间，显著延长睡眠持续时间，减少觉醒次数。③抗惊厥与抗癫痫。对电惊厥、戊四氮和士的宁等中毒引起的惊厥有强效。对癫痫大发作能迅速缓解症状，对癫痫持续状态效果显著，对癫痫小发作效果差。④肌肉松弛。有较强的肌松作用，可缓解动物的去大脑僵直，肌松时一般不影响正常活动。⑤其他。对心血管系统，小剂量作用轻微，较大剂量可降低血压，减慢心率；对呼吸系统产生轻微的剂量依赖性呼吸抑制。临床用于各种动物的保定、镇静、催眠、抗惊厥、抗癫痫、肌肉痉挛、基础麻醉及术前给药。

【药动学】内服吸收迅速而完全，肌内注射吸收缓慢且不完全，临床急需发挥疗效时应静脉注射。本品脂溶性高，体内分布广泛，易透过血脑屏障和胎盘屏障。与血浆蛋白结合率高。在肝内代谢，经肾排出，也可经乳汁排泄。

【药物相互作用】①与巴比妥类或其他中枢抑制药合用时，可使中枢抑制作用增强，有增加中枢抑制的危险，合用时应降低剂量，并注意密切观察。②能增强吩噻嗪类药物的作用，但易发生呼吸循环意外，故不宜合用。③可减弱琥珀胆碱的肌松作用。

【应用注意】①静脉注射宜缓慢，以防引起心血管和呼吸抑制。②肝、肾功能不全者慎用，妊娠动物禁用。③猫可产生行为改变(受刺激、抑郁等)，并可能引起肝损伤；犬有些个体可出现兴奋或癫痫效应，故本品对于犬并不是一种理想的镇静药。④禁止用作食品动物促生长剂。

【制剂与休药期】地西泮片(用于犬、猫、水貂)。地西泮注射液：28 d。

咪达唑仑 (Midazolam)

本品效价几乎是地西泮的 2 倍，半衰期和消除期较短。可通过静脉、肌内和皮下注射给药，也能鼻内给药，其生物利用度可靠。兽医临床常用于麻醉前给药。常用制剂为咪达唑仑注射液。

3.2.1.3　丁酰苯类

丁酰苯类的作用及机制与吩噻嗪类相似，主要作用是由于阻断多巴胺受体(D_2)和 α_1 肾上腺素受体所致，但后者的阻断程度要低。抗精神病作用及锥体外系反应均很强，是人医主要抗精神病药物之一。镇静、降压作用弱，镇吐作用较强，也有一些抗组胺作用。主要药物有氟哌利多、氟哌啶醇、氮哌酮和氟苯哌丁酮。

氮哌酮 (Azaperone，阿扎哌隆)

本品可引起中度至极好的镇静作用，使动物制动，但马静脉注射本品后可引起异常兴奋，而肌内注射无兴奋症状，故马不推荐静脉注射。能降低肌肉紧张度，在猪中可降低由氟烷引起的恶性高热。能引起低血压，无镇痛作用。主要用于猪在合群、断奶、育肥、运输或生产状态时的镇静，防止攻击和争斗；也可用于猪和一些野生动物的术前镇静。常用制剂为氮哌酮注射液，休药期 10 d。

氟哌利多 (Droperidol，达哌啶醇)

本品通过阻断多巴胺受体而产生镇静作用。单用可引起脑血管收缩，脑血流量减少，而与芬太尼联用对脑血流量和代谢影响很小，无镇痛作用，故常与芬太尼联用使动物安静，易于配合；能引起低血压，促进儿茶酚胺的释放，能降低肌肉紧张度；有明显的止吐作用，可拮抗阿扑吗啡的作用；还有抗凝血作用。主要用于犬等动物的镇静(常与镇痛药芬太尼合用)及止吐。常用氟哌利多注射液，静脉、肌内注射给药。

氟苯哌丁酮 (Lenperone)

本品为犬的抗焦虑剂和止吐剂，对 α 受体阻断作用较弱，很少引起低血压。

3.2.1.4　化学保定药

化学保定药(又称制动药)是在不影响意识和感觉的情况下可使动物情绪转为平静和温顺，嗜睡或肌肉松弛，从而停止抗拒和各种挣扎，以达到类似保定的目的。根据作用特点，可分为 4 类：①α₂ 受体激动剂。如赛拉嗪、赛拉唑、地托咪啶、美托咪啶、罗咪非啶等。②麻醉性化学保定药。如氯胺酮(见本书 3.1.3 非吸入性麻醉药)。③安定性化学保定药。如乙酰丙嗪等(见本书 3.2.1 镇静药和安定药)。④肌松性化学保定药(N₂ 受体阻断药)。如琥珀胆碱、泮库溴铵等(见本书 2.1.3.2 肌肉松弛药)。目前，化学保定药较广泛用于动物锯茸、运输、诊疗和外科手术，以及野生动物的捕捉与保定。本节主要介绍 α₂ 受体激动剂。

赛拉嗪(Xylazine，隆朋、二甲苯胺噻嗪)

【理化性质】本品为白色或类白色结晶性粉末。易溶于丙酮或苯，溶于乙醇或三氯甲烷，微溶于石油醚，不溶于水。

【药理作用】本品为强效 α₂ 受体激动剂，与中枢神经系统突触前膜的 α₂ 受体结合，并激动 α₂ 受体，抑制突触前膜去甲肾上腺素的释放。①对中枢神经系统。具有镇静、镇痛和中枢性肌松作用。本品起效快，但持续时间短，镇静或镇痛作用强度及持续时间与所用药量成正比，并有种属差异。静脉注射 3~5 min 或肌内注射 10~15 min 后，通常可见动物表现安静和嗜眠状态、头低沉、眼睑下垂、流涎、呆板、运步困难、肌肉张力减弱。剂量加大，多数牛站立不稳，俯卧，头部多扭向躯体一侧，全身肌肉明显松弛。马虽不致躺下，但可出现四肢不协调，公马有时可出现阴茎垂脱。本品对牛(特别是黄牛)敏感，用马的 1/10 量即可产生镇静与镇痛作用，可维持 1~5 h。对猪的反应很弱，应用牛剂量的 20~30 倍仍不显效。②对心血管系统。本品可抑制心脏传导，减慢心率，减少心搏出量，降低心肌耗氧量，多数动物用药后初期血压上升，但随后因减压反射，血压长时间下降。③对呼吸系统。使呼吸次数先增加后减少，呼吸加深，过量可致呼吸抑制。④其他。能直接兴奋犬、猫的呕吐中枢，引起呕吐，能使多种动物的胃肠蠕动减慢、胃酸分泌减少及排空时间延长；有降低体温作用；对子宫平滑肌有一定兴奋作用。临床采用肌内注射用于家畜和野生动物的化学保定及基础麻醉。

【药动学】肌内和皮下注射均能迅速吸收，但吸收不完全且不规则。肌内注射 10~15 min 内即起作用，静脉注射药效产生更迅速。药效持续时间取决于给药剂量，一般可持续 1.5 h。本品在体内被广泛代谢，代谢迅速。

【药物相互作用】①与硫喷妥钠或戊巴比妥钠等中枢抑制药合用，可增强抑制效果。②可增强氯胺酮的镇痛作用，使肌肉松弛，并可拮抗其中枢兴奋反应。③与肾上腺素合用可诱发心律失常。

【不良反应】①犬、猫用药后可引起呕吐、肌肉震颤、心搏徐缓、呼吸频率下降等，猫会出现排尿增加。②反刍动物对本品敏感，用药后表现唾液分泌增加、瘤胃弛缓、膨胀、逆呕、腹泻、心搏徐缓和运动失调等，妊娠后期的牛会出现早产或流产。③马属动物用药后可出现肌肉震颤、心搏徐缓、呼吸频率下降、多汗及颅内压增高等。

【应用注意】①马静脉注射宜慢，给药前可先注射小剂量阿托品，以防心脏传导阻滞。②牛用本品前应禁食一定时间，并注射阿托品，手术时应采取伏卧姿势，并将头放低，以防发生异物性肺炎及减轻瘤胃气胀压迫心肺。③对子宫有一定兴奋性，妊娠后期马、牛不宜应用。④犬、猫用药后可引起呕吐。⑤有呼吸抑制、心脏病、肾功能不全等症状的患畜慎用。⑥本品中毒可用 α₂ 受体阻断药及 M 受体阻断药阿托品等解救。

【制剂与休药期】盐酸赛拉嗪注射液：牛、羊 14 d，鹿 15 d。

赛拉唑（Xylazole，静松灵、二甲苯胺噻唑）

本品为我国合成的具有镇静、镇痛和中枢性肌肉松弛作用的化学保定药。与依地酸组成可溶性盐，取名为保定宁。药理作用同赛拉嗪，主要用于家畜和野生动物的化学保定，也可用于基础麻醉。常用制剂为盐酸赛拉唑注射液：休药期 28 d；弃奶期 7 d。

地托咪啶（Detomidine）

本品作用比赛拉嗪强 50~100 倍，作用持续时间长，多次给药产生的镇静作用优于赛拉嗪与吗啡合用，适合于暴躁易怒的马。国外仅批准用于马。

美托咪啶（Medetomidine）

本品为作用较强的 α_2 受体激动剂，较赛拉嗪强 10 倍，用于小动物的镇静和肌松，但能引起心动过缓和呼吸抑制。

3.2.1.5　溴化物

兽医临床使用的镇静药还有溴化物，包括溴化钾、溴化钠、溴化铵和溴化钙等。

溴化钙（Calcium Bromide）

本品在体内解离出 Br^-，能增强大脑皮层的抑制功能，产生镇静作用。因 Br^- 对大脑皮层的感觉区和运动区均有抑制作用，故既有镇静作用，又有抗惊厥作用。内服后迅速从肠道吸收，Br^- 多分布在细胞外液中，主要经肾排泄。主要用于动物镇静，缓解癫痫、惊厥和破伤风等中枢神经兴奋性疾病，也可作为过敏性疾病的辅助治疗药。长期应用可产生蓄积中毒。注射液有很强刺激性，静脉注射时勿漏于血管外。注意忌与强心苷类药物合用。常用制剂为溴化钙注射液。

3.2.2　抗惊厥药

抗惊厥药（anticonvulsants）是指能对抗或缓解中枢神经系统因病变而造成的过度兴奋症状，从而消除或缓解全身骨骼肌不自主强烈收缩的一类药物。临床常用药物有硫酸镁注射液、苯巴比妥、地西泮等。

硫酸镁注射液（Magnesium Sulfate Injection）

【作用与应用】本品注射给药主要发挥 Mg^{2+} 作用。Mg^{2+} 主要存在于细胞内液，参与多种酶活性的调节，对神经冲动传导及神经肌肉应激性的维持起重要作用，也是机体多种酶的辅助因子，参与蛋白质、脂肪和糖等许多物质的生化代谢过程。血浆中 Mg^{2+} 正常含量为 2~3.5 mg/100 mL，低于此浓度时则出现神经及肌肉组织的兴奋性升高。注射后血液中 Mg^{2+} 增加至 5 mg/100 mL 时则产生中枢抑制作用；Mg^{2+} 对神经肌肉运动终板部位的传导有阻断作用，使骨骼肌松弛。其阻断原因主要是使运动神经末梢乙酰胆碱释放量减少，其次是乙酰胆碱在终板处的去极化作用减弱及肌肉纤维的兴奋性降低；另外，过量的 Mg^{2+} 对心肌、血管等平滑肌也有松弛作用，可解除平滑肌痉挛，血管扩张，血压下降。用于缓解破伤风、癫痫及中枢兴奋药中毒引起的惊厥；还可用于治疗膈肌、胆管痉挛或缓解分娩时子宫颈痉挛、尿潴留、慢性砷和钡中毒等。

【药物相互作用】①与硫酸多黏菌素 B、硫酸链霉素、葡萄糖酸钙、盐酸多巴酚丁胺、盐酸普鲁卡因、四环素、青霉素和萘夫西林(乙氧萘青霉素)有配伍禁忌。②钙剂可对抗 Mg^{2+} 神经阻断作用，镁中毒性肌肉麻痹可应用钙剂治疗。③增强中枢抑制药的中枢抑制作用。④增强水杨酸类药物的经肾消除，降低其作用。⑤可降低缩宫素对子宫的作用。

【应用注意】①静脉注射量过大或给药过速时可致呼吸中枢抑制心动过缓。若发生麻痹，血压剧降会立即死亡。一旦发现中毒迹象，除应立即停药外，并静脉注射 5% 氯化钙注射液解救。②患胃功能不全、严重心血管疾病、呼吸系统疾病的患畜慎用或不用。③40 ℃以上高温及冰冻、冷藏可产生沉淀，应室温遮光保存。

【制剂】硫酸镁注射液。

苯巴比妥(Phenobarbital，鲁米那)

【理化性质】本品为白色有光泽的结晶性粉末，饱和水溶液呈酸性反应。极微溶于水，溶于乙醇或乙醚，略溶于三氯甲烷，溶于氢氧化钠或碳酸钠溶液。

【作用与应用】本品为长效含氧巴比妥类，有抑制中枢神经系统的作用，特别是抑制大脑皮层运动区。具有镇静、催眠、抗惊厥与抗癫痫作用，随剂量而异。抗惊厥与抗癫痫作用强，尤其对癫痫大发作和癫痫持续状态的效果好，对癫痫小发作几乎无效。抗癫痫作用机制是激动突触后膜上的 $GABA_A$，增加神经递质 GABA 介导的 Cl^- 内流，导致膜超极化，降低膜兴奋性；另外，阻断突触前膜 Ca^{2+} 的摄取，减少 Ca^{2+} 依赖性神经递质(如去甲肾上腺素、乙酰胆碱、谷氨酸等)的释放。本品对丘脑新皮层通路无抑制作用，故无镇痛作用，但能增强解热镇痛抗炎药的镇痛效果。临床用于镇静，缓解脑炎、破伤风及中枢兴奋药中毒等引起的惊厥及癫痫。

【药动学】内服吸收缓慢，犬内服的生物利用度达 90%。吸收后广泛分布于各组织和体液中，以肝、脑中浓度最高。因脂溶性低，透过血脑屏障速率很低，所以起效慢。主要在肝中通过羟化代谢，在肾小管处可部分重吸收，故消除慢，维持时间长，碱化尿液或增加尿量可加速其排泄。

【药物相互作用】①本品为肝药酶诱导剂，与氨基比林、利多卡因、氢化可的松、地塞米松、睾酮、雌激素、孕激素、氯丙嗪、多西环素、洋地黄毒苷等药物合用时可使这些药物代谢加速，疗效降低。②与其他中枢抑制药(如全麻药、抗组胺药和镇静药等)合用，中枢抑制作用加强。③与磺胺类合用，由于发生血浆蛋白结合的置换作用，可增强本品的药效。④能使血和尿呈碱性的药物可加快本品经肾排泄。

【应用注意】①肝、肾功能不全及支气管哮喘或呼吸抑制的患畜禁用。有严重贫血、心脏疾患及妊娠动物慎用。②中毒时可用安钠咖、戊四氮、尼可刹米等中枢兴奋药解救。③内服中毒初期，可用温水或生理盐水洗胃，再以硫酸钠(忌用硫酸镁)导泻，并结合用碳酸氢钠碱化尿液以加速药物排泄。④犬可能出现抑郁与躁动不安综合征，犬、猪有时出现运动失调。

【制剂与休药期】苯巴比妥片。注射用苯巴比妥钠：28 d；弃奶期 7 d。

3.3　镇痛药

镇痛药(analgesic)是能使痛觉消失的药物。根据作用特点和机制，镇痛药可分为两类：①麻醉性镇痛药（narcotic analgesic），可选择性作用于中枢神经系统，缓解疼痛作用较强，用于剧痛。②解热镇痛抗炎药（antipyretic-analgesic and antiinflammatory drugs），作用部位不在中枢神经系统，缓解疼痛作用较弱，多用于钝痛，同时还具有解热、抗炎作用，临床上多用于肌肉痛、神经痛、关节痛等慢性痛，但久用不会成瘾，为非麻醉性镇痛药（见本书 8.2 解热镇痛抗炎药）。本节主要介绍麻醉性镇痛药。

麻醉性镇痛药是选择性地作用于中枢神经系统特定部位的阿片受体，消除或缓解痛觉的药物，又称阿片样镇痛药。麻醉性镇痛药在产生作用的同时，不影响其他感觉（触觉、听觉、视觉和嗅觉等）并保持意识清醒。本类药物反复应用易产生依赖性或成瘾性，对多数动物产生镇静、强大镇痛与欣快作用，对人易导致药物滥用和停药戒断现象，所以多数被归入管制药品之列。此类药物包括阿片类生物碱（如吗啡、可待因、二甲基吗啡、盐酸罂粟碱等）、天然碱类合成衍生物（如海洛因、烯丙吗啡、阿扑吗啡、纳洛酮、氢吗啡酮、羟吗啡酮）和人工合成代用品（如哌替啶、芬太尼、美沙酮等）。

（1）药理作用

本类药物主要作用于中枢神经系统、心血管系统、消化系统及泌尿生殖系统。

①对中枢神经系统　产生镇痛、镇静、欣快、抑制咳嗽中枢（止咳）和呼吸中枢作用，使瞳孔发生变化，引起恶心、呕吐等。

②对心血管系统　大剂量时初期可引起心率增加，随之心动过缓，进而发生体位性低血压和心脏受血不足。

③对消化系统　对胃肠道平滑肌、括约肌有兴奋作用，使其张力提高，后期蠕动减弱。

④对泌尿生殖系统　可引起尿道平滑肌痉挛，尿量减少，子宫活动节律下降。

（2）毒副作用

治疗量有时可引起眩晕、恶心、呕吐、便秘、排尿困难、胆绞痛、呼吸抑制、嗜睡等副作用。连续反复多次应用易产生耐受性及成瘾。一旦停药，即出现戒断症状，表现为兴奋、流泪、流涕、出汗、震颤、呕吐、腹泻，甚至虚脱、意识丧失等。急性中毒表现为昏迷、瞳孔极度缩小（严重缺氧时则瞳孔散大）、呼吸高度抑制、血压降低甚至休克。呼吸麻痹是致死的主要原因。

（3）临床应用

本类药物主要用于麻醉前给药，缓解剧痛（如创伤、手术、烧伤），止泻，止咳，催吐等。麻醉前给药或镇痛时与镇静药、安定药或麻醉药合用，如犬、猫、猪常将乙酰丙嗪、地西泮、咪达唑仑、美托咪啶与芬太尼或丁丙诺啡合用；马常将赛拉嗪、乙酰丙嗪或地托咪啶与镇痛新等合用；苯二氮䓬类与氯胺酮合用以达到更好的肌松作用，但前者不用于成年马的镇静；反刍动物常将赛拉嗪、乙酰丙嗪、地西泮、咪达唑仑、美托咪啶或地托咪啶与丁丙诺啡等组合应用。

芬太尼（Fentanyl）

【理化性质】临床常用其枸橼酸盐，为白色结晶性粉末，水溶液呈酸性反应。在热异丙醇中易溶，在甲醇中溶解，在水或三氯甲烷中略溶。

【药理作用】本品为短效、强效麻醉性镇痛药。镇痛作用强，起效快，持续时间短。镇痛效力为吗啡的 100 倍，肌内注射约 15 min 起效，持续时间 1~2 h，静脉注射 3~5 min 起效，15 min 达血药峰浓度，持续时间约 30 min。本品可引起剂量依赖性呼吸抑制，对心血管系统效应轻微,成瘾性及其他副作用较小。

本品脂溶性极高,能迅速透过血脑屏障。主要经肝代谢灭活,大部分以代谢物排出体外。

【应用】用于小手术、牙科、眼科手术或需时短暂手术的镇痛,可与全麻药或局麻药合用于外科手术,以减少全麻药的用量和毒性,并增强镇痛效果;也可用作有攻击性动物和野生动物的化学保定、捕捉、长途运输及诊断检查等。与氟哌利多合用,用于犬和实验动物的安定、镇痛。

【应用注意】①大量或长期使用有成瘾性。②静脉注射宜缓慢,以免产生呼吸抑制。③本品中毒时可用纳洛酮对抗。④中枢抑制剂(如巴比妥类、安定剂、麻醉剂)有加强本品的作用,如联合用药,本品的剂量应减少 1/4~1/3。

【制剂】枸橼酸芬太尼注射液。

氢吗啡酮(Hydromorphine)

本品是 μ 阿片受体激动剂,镇痛作用强,胃肠紊乱的副作用小,主要用于犬的镇痛。

羟吗啡酮(Oxymorphine)

本品是吗啡的一个衍生物,镇痛作用强。当犬或猫给予相同镇痛效应的羟吗啡酮、吗啡和氢吗啡酮时,羟吗啡酮产生的呕吐、恶心和镇静等副作用的概率均比其他两种药物少,用于犬时也同样引起较少的组胺释放。

美沙酮(Methadone)

本品是 μ 阿片受体激动剂,具有镇痛作用,并可产生呼吸抑制、缩瞳、镇静等作用。与吗啡比较,具有作用时间较长、不易产生耐受性、药物依赖性低的特点,用作缓解阿片类成瘾者发作痛苦时的替代药物,兽医临床用于犬的麻醉前给药和马的镇痛。

镇痛新(Pentazocine,喷他佐辛)

本品是一种阿片受体激动-拮抗型镇痛剂。胃肠外给药产生快速强烈的镇痛作用,起作用时间短;中枢抑制作用轻,特别是在呼吸抑制和恶心呕吐方面比其他阿片类轻;无低血压反应;药物依赖性比其他阿片类小;半衰期适中,其适宜的半衰期适用于各种手术,手术后遗作用迅速消除。兽医临床用于犬的麻醉前给药和马的镇痛。

丁丙诺啡(Buprenorphine)

本品为 κ 受体的拮抗剂和 μ 受体的部分激动-拮抗剂,作用可被纳洛酮部分逆转,可逆转芬太尼的作用,镇痛作用为吗啡的 20~30 倍,起效慢,持续时间长。对呼吸有抑制作用,但临床未见严重呼吸抑制发生。药物依赖性近似于吗啡。注射后吸收好,可通过胎盘及血脑屏障,在肝中代谢,经胆汁、粪排泄。兽医临床用于各种术后止痛,常与赛拉嗪合用于马,与乙酰丙嗪合用于犬和马。

纳洛酮(Naloxone)

本品结构类似吗啡,是一种有效的阿片类拮抗剂,通过竞争阿片受体(依次为 μ、δ、

κ 和 σ）而起作用，用于解除马、犬、猫阿片类过量中毒和术后持续的呼吸抑制。本品内服后虽可被吸收，但存在广泛的首过代谢，常用制剂为纳洛酮注射液，肌内注射或静脉注射。

3.4　中枢兴奋药

中枢兴奋药（central nervous stimulants）是一类能选择性地兴奋中枢神经系统，提高其机能活动的药物。根据药物的主要作用部位可分为大脑兴奋药、延髓兴奋药和脊髓兴奋药，其对作用部位的选择性是相对的。随剂量增加，不但兴奋作用加强，而且对中枢的作用范围也将扩大。中毒量时，上述药物均能导致中枢神经系统广泛而强烈的兴奋，发生惊厥。严重的惊厥可因能量耗竭而转入抑制，此时不能再用中枢兴奋药来对抗，否则由于中枢过度抑制而致死。为防止用药过量引发中毒，应严格掌握剂量并密切观察病情。一旦出现反射亢进、肌肉抽搐等症状时应立即减量或停药，并结合输液等对症治疗。对因呼吸肌麻痹引起的外周性呼吸抑制，中枢兴奋药无效。对循环衰竭导致的呼吸功能减弱，中枢兴奋药能加重脑细胞缺氧，应慎用。

3.4.1　大脑兴奋药

大脑兴奋药主要兴奋大脑皮层和脑干上部，提高大脑皮层的兴奋性，促进脑细胞代谢，改善大脑机能，引起动物觉醒、精神兴奋和运动亢进。药物主要为黄嘌呤类，如咖啡因、茶碱、氨茶碱（见本书 6.3 平喘药）等，国外兽医临床在小动物主要使用茶碱及其制剂，其他已基本不用。

咖啡因（Caffeine）

【理化性质】本品即咖啡碱，是由咖啡或茶叶中提取的一种生物碱，现已人工合成。本品为白色或带极微黄绿色、有丝光的针状结晶性粉末，无臭，有风化性。在热水或三氯甲烷中易溶，在水、乙醇或丙酮中略溶，在乙醚中极易溶解。常与苯甲酸钠制成可溶性苯甲酸钠咖啡因（即安钠咖）注射液供临床使用。安钠咖水溶液在 pH 7.5~8.5 时稳定。

【药理作用】①对中枢神经系统。本品对中枢神经系统各主要部位均有兴奋作用，但大脑皮层对其特别敏感。小剂量即能提高其对外界的感应性与反应能力，使动物精神活泼、活动能力增强；治疗量时，增强大脑皮层的兴奋过程，提高精神与感觉能力，减少疲劳，短暂地增加肌肉工作能力；较大剂量则能兴奋呼吸中枢、血管运动中枢和迷走神经中枢，使血压略升、心率减慢，但作用时间短暂，常被其对心脏与血管的直接作用所拮抗；大剂量时可兴奋包括脊髓在内的整个中枢神经系统；中毒量可引起强直或阵挛性惊厥，甚至死亡。②对心血管系统。本品能直接作用于心脏和血管，使心肌收缩力增强，心率加快，使冠状血管、肾血管、肺血管和皮肤血管扩张。尤其对心功能不全的动物，心输出量增加明显，对治疗急性心力衰竭很有临床意义。③对平滑肌。除对血管平滑肌具有舒张作用外，对支气管、胆道与胃肠道平滑肌也有舒张作用。④对泌尿系统。因抑制肾小管对 Na^+ 的重吸收而具有利尿作用，同时因心输出量和肾血流量增加，提高肾小球滤过率，也利于利尿作用的发挥。⑤其他。促使糖原、甘油三酯分解，引起血糖升高和血中游离脂肪酸增多；直接兴奋骨骼肌，使其活动增强；引起胃液分泌量和酸度增加。

咖啡因兴奋中枢的作用机理是阻断腺苷受体，主要与竞争性拮抗 A_1 型嘌呤受体有关；其兴奋心肌、松弛平滑肌的作用机理主要是抑制细胞内磷酸二酯酶的活性，减少环腺苷酸二酯酶分解，提高细胞内腺苷酸的水平。

【应用】①作为中枢兴奋药，主要用于加速麻醉药的苏醒过程，解救中枢抑制药和毒物的中毒，也用于多种疾病引起的呼吸和循环衰竭。②咖啡因与溴化物合用，可调节大脑皮层活动，恢复大脑皮层抑制与兴奋过程的平衡，有助于调节胃肠蠕动和消除疼痛。③作为强心药，用于日射病、热射病及中毒引起的急性心力衰竭。

【药物相互作用】①与氨茶碱同用可增加其毒性。②与麻黄碱、肾上腺素有相互增强作用，不宜同时注射。③与阿司匹林配伍可增加胃酸分泌，加剧消化道刺激反应。④与氟喹诺酮类药物合用时，可使咖啡因代谢减少，从而使其血药浓度提高。

【应用注意】①忌与鞣酸、碘化物及盐酸四环素、盐酸土霉素等酸性药物配伍，以免发生沉淀。②因用量过大或给药过频而发生中毒(惊厥)时，可用溴化物或巴比妥类药物解救，但不能使用麻黄碱或肾上腺素等强心药，以防毒性增强。③大动物心动过速(100 次/min以上)或心律不齐时禁用。

【制剂与休药期】安钠咖注射液：牛、羊、猪 28 d；弃奶期 7 d。

3.4.2　延髓兴奋药

延髓兴奋药又称呼吸兴奋药，主要兴奋延髓呼吸中枢，增加呼吸频率和呼吸深度，改善呼吸功能，对心血管运动中枢也有不同程度的兴奋作用，如尼可刹米、戊四氮、回苏灵、育亨宾、托拉唑林、纳洛酮和多沙普伦。戊四氮安全范围小，选择性较差，过量易引起惊厥甚至呼吸麻痹；育亨宾和托拉唑林可阻断突触前膜和突触后膜的 α_2 受体，用于逆转赛拉嗪的镇静作用；纳洛酮为阿片受体的竞争性拮抗药，用于阿片类引起的呼吸抑制。

尼可刹米(Nikethamide，可拉明)

【理化性质】本品为无色至淡黄色的澄清油状液体，放置冷处即成结晶，有轻微的特臭，有引湿性。能与水、乙醇、三氯甲烷或乙醚任意混合。

【药理作用】本品能选择性地兴奋延髓呼吸中枢，也可作用于颈动脉窦和主动脉体化学感受器而反射性地兴奋呼吸中枢，使呼吸加深加快。对大脑皮层、血管运动中枢和脊髓有微弱的兴奋作用，对其他器官无直接兴奋作用。大剂量或中毒剂量对大脑皮层运动区及脊髓产生兴奋作用而引起惊厥。对解救阿片类药物中毒所致的呼吸衰竭比戊四氮有效，其他病情则药效不如戊四氮。但不易引起惊厥，安全范围较宽。内服、注射均易吸收，以静脉注射效果较好。作用时间短暂，一次静脉注射可维持 20~30 min。

【应用】主要用于各种原因引起的呼吸中枢抑制，如解救中枢抑制药的中毒、疾病所致的中枢性呼吸抑制、新生动物窒息或加速麻醉动物的苏醒等。通常作肌内注射给药，紧急时可静脉注射，根据需要可重复给药。

【应用注意】①静脉注射速度不宜过快。②如出现惊厥，应及时静脉注射苯二氮䓬类药物或小剂量硫喷妥钠。③不良反应少，但剂量过大已接近惊厥剂量时可致血压升高、心律失常、肌肉震颤、僵直，甚至惊厥。兴奋作用之后常出现中枢神经抑制现象。

【制剂】尼可刹米注射液。

回苏灵（Dimefline，二甲弗林）

本品为人工合成的黄酮类衍生物，可直接兴奋呼吸中枢，作用比尼可刹米强 100 倍，静脉注射后能迅速增大通气量，对通气功能紊乱、换气功能减退和高碳酸血症均有呼吸兴奋作用。具有作用快、维持时间短及疗效明显等特点。传染病及中枢抑制药中毒所致的呼吸衰竭，也用于外伤手术引起的虚脱、休克。妊娠动物禁用。

多沙普伦（Doxapram）

本品通过刺激延髓呼吸中枢，也可作用于颈动脉窦和主动脉体化学感受器而反射性地兴奋呼吸中枢，使呼吸加深加快。其特点是作用快，维持时间短。心脏病、阻塞性呼吸道疾患畜慎用。主要用于解救马、犬、猫吸入性麻醉药中毒等引起的呼吸中枢抑制，或减少某些中枢抑制药（如巴比妥类、阿片类）引起的呼吸抑制，加强呼吸技能，加快苏醒和恢复反射；也可作为新生犬和猫的呼吸兴奋药。本品在西方国家逐渐取代尼可刹米和洛贝林（山梗菜碱）。

3.4.3　脊髓兴奋药

脊髓兴奋药能选择性兴奋脊髓，小剂量提高脊髓反射兴奋性，大剂量导致强直性惊厥，如士的宁、洛贝林等。

士的宁（Strychnine，番木鳖碱）

【理化性质】本品是由马钱科植物番木鳖或马钱的种子中提取的一种生物碱。常用其硝酸盐，为无色棱状结晶或白色结晶性粉末。在沸水中易溶，在水中略溶，在乙醇或三氯甲烷中微溶，在乙醚中几乎不溶。

【药理作用】小剂量可选择性兴奋脊髓，增强脊髓反射的应激性，提高骨骼肌的紧张度，改善肌无力状态；并可提高大脑皮层感觉区的敏感性，大剂量兴奋延脑乃至大脑皮层。内服或注射均能迅速吸收，体内分布均匀。在肝中氧化代谢破坏。约 20% 以药物原形经尿及唾液腺排泄。排泄缓慢，易产生蓄积作用。

【应用】①作脊髓兴奋剂，皮下注射用于治疗神经麻痹性疾患，特别是脊髓性不全麻痹，如后躯瘫痪、括约肌不全松弛，阴茎脱垂和四肢无力等。在中枢抑制药中毒引起呼吸抑制时，其解救效果不及戊四氮、印防己毒素和贝美格，且安全范围小。②作苦味健胃药及反刍兴奋药，内服治疗慢性消化不良，胃肠弛缓。

【不良反应】本品毒性大，安全范围小，过量易出现肌肉震颤、脊髓兴奋性惊厥、角弓反张等。

【应用注意】①妊娠及有中枢神经系统兴奋症状的患畜忌用。②吗啡中毒及肝或肾功能不全、癫痫、破伤风动物禁用。③本品排泄缓慢，一次剂量从体内排出需要 48 ~ 72 h，重复给药时可产生蓄积作用，用药间隔应为 3 ~ 4 d。④本品毒性很强，投药过量时约 10 min 便出现反射增强、肌肉震颤、颈部僵硬、口吐白沫，继而发生脊髓惊厥，角弓反张等。此时应保持动物安静，避免外界刺激，并迅速肌内注射巴比妥钠等进行解救。若解救不及时，易产生窒息而死。

【制剂】硝酸士的宁注射液。

本章小结

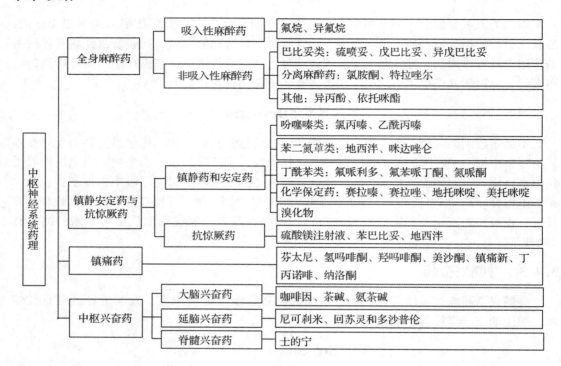

思考题

1. 全身麻醉药分哪两类？各类常用代表药有哪些？
2. 麻醉过程分为哪几期？一般外科手术在哪一期进行，为什么？
3. 常用的复合麻醉方式有哪些？复合麻醉的目的是什么？
4. 试述镇静药和抗惊厥药的区别，各自常用药物有哪些？
5. 镇痛药与解热镇痛药在镇痛方面有何不同？常用的镇痛药有哪些？
6. 中枢兴奋药分哪几类？各类常用的代表药物有哪些？作用有何不同？

（吴志勇）

第 4 章

血液循环系统药理

作用于血液循环系统的药物是指能够改变心脏或血管及血液功能的药物。兽医临床的常用药物中，能够对血液循环系统产生作用的药物较多，但由于有些药物在临床实践中还有其他重要的药理作用，将在其他相关的章节中讨论。本章主要介绍作用于心脏的药物、止血药和抗凝血药及抗贫血药。

4.1 作用于心脏的药物

4.1.1 概述

心肌收缩是血液循环的原动力，在生理条件下，心输出量能够保证全身组织器官生命活动的需要；同时，冠状循环保证心脏本身的营养供应。但当心脏病损或因长期负担过重时，使心肌收缩力减弱，心输出量减少，心脏不能排空，呈现心脏排出功能不能适应心脏负荷的病理变化，即所谓的心功能不全，临床上称为心力衰竭或心脏衰弱。

强心药(cardiotonic drug)是指能提高心肌兴奋性，增强心肌的收缩力，从而改善心脏功能的药物。该类药物临床主要用于治疗急性和慢性心功能不全。具有强心作用的药物很多，有的直接兴奋心肌(如强心苷)，有的通过神经的调节影响心脏的机能活动(如拟肾上腺素药)。它们的作用机制、应用均有所不同：①强心苷。用于毒物、毒素、过劳、重症贫血、维生素 B_1 缺乏、心肌炎症等引起的心力衰竭或心房颤动，使心肌收缩期缩短，舒张期延长，并能减慢心率，有利于心脏休息和功能的恢复。慢性充血性心力衰竭应选用洋地黄毒苷注射液。急性充血性心力衰竭或慢性心力衰竭的急性发作时选用毒毛花苷 K 注射液。②咖啡因。强心迅速，但持续时间短，适于过劳、中暑、中毒等疾病过程中的急性心力衰竭，并改善循环。如心力衰竭伴精神沉郁症状及消化道疾病、水肿和过劳时可选用安钠咖注射液；心力衰竭伴沉郁的急性、热性病时可选用樟脑(多用氧化樟脑)，除有强心、兴奋呼吸中枢等作用外，还有发汗、解热的功效；心力衰竭伴呼吸困难、机体衰弱的高原区、缺氧患畜多选用氧化樟脑。③肾上腺素。强心作用快而有力，能提高心肌兴奋性，扩张冠状血管，改善心肌缺血、缺氧状态，但大剂量诱发心律不齐或心室颤动，适用于心力衰竭和心脏骤停的复跳治疗。如药物中毒、过敏反应及一些意外事故(如严重外伤、溺水等)要施行人工呼吸，同时应用肾上腺素注射液；当出现心脏骤停时要心内注射肾上腺素，但其作用持续时间短，且升压后又继发低血压，并能引起心房颤动。所以要配合等量异丙肾上腺素(扩张冠状血管)或去甲肾上腺素(舒张冠状血管，收缩外周血管)，使血压上升。④阿托品。可用于锑剂中毒或其他原因引起的心率缓慢或心律不齐(迷走神经抑制作用过强)，大剂量应用时阻断迷走神经对心脏的影响。

应用各类强心药的同时，可配合应用葡萄糖。因为葡萄糖是心肌的主要能源，心肌缺氧时葡萄糖可无氧分解，尤其在使用肾上腺素时，耗氧量增加。心跳无力时可用氯化钙增强收缩力。

4.1.2　治疗充血性心力衰竭的药物

心力衰竭是因心肌收缩力减弱或衰竭，导致心输出血量减少，静脉回流受阻，呈现皮下水肿、呼吸困难、黏膜发绀、浅表静脉过度充盈，乃至心脏骤停和突然死亡的一种全身血液循环障碍临床综合征。一般分为急性和慢性心力衰竭。①急性心力衰竭。主要发生在心脏一时负担过重时，多见于重度使役和长途奔跑过程中。如长期舍饲的育肥牛或猪长途驱赶；赛马或未成年警犬调教训练时，训练量过大或惩戒过严。输液过快也可导致心脏负担过重而发生急性心力衰竭。当然急性心力衰竭也可继发于急性传染病(如急性马传染性贫血病、传染性胸膜肺炎、口蹄疫和猪瘟等)和重度非传染性疾病(如急性胃肠炎、中毒性疾病和镉缺乏症)。②慢性心力衰竭。是长期急性心力衰竭以及心脏本身的其他疾病(如心肌炎、心包炎、心脏瓣膜病)或一些血液循环障碍后继发产生的。当劳役、运动或其他原因引起心动过速时，心肌纤维变粗，发生代偿性肥大，心肌收缩力增强，心排血量增加，以此维持机体代谢的需要。但肥厚的心肌处于严重缺氧的状况，心肌收缩力减退，收缩时不能将心室排空，遂发生心脏扩张，导致心力衰竭。此时因组织缺血缺氧，产生过量的丙酮酸、乳酸等中间代谢产物，引起酸中毒。并因静脉血回流受阻，全身静脉淤血，静脉内压增高，毛细血管通透性增大，发生水肿，甚至形成胸水、腹水和心包积液。此时表现为显著的静脉系统充血，故慢性心力衰竭又称充血性心力衰竭(congestive heart failure, CHF)。

临床对CHF治疗除消除原发因素外，主要使用能改善心脏功能、增强心肌收缩力的药物。强心苷至今仍是治疗本病的首选药物。此外，还有磷酸二酯酶抑制剂(如匹莫苯丹、米力农)、血管扩张药(如α受体阻断剂)、血管紧张素转化酶抑制剂(如卡托普利、依那普利等)、利尿药等。

4.1.2.1　强心苷

强心苷(cardiac glycosides)是一类能选择性地作用于心脏，加强心肌收缩力的药物，主要用于治疗急、慢性心力衰竭。强心苷对心脏作用的性质相同，基本作用是加强心肌收缩力、减慢心率、抑制传导、使心输出量增加、减轻淤血症状和消除水肿。为了便于临床选用，一般按作用快慢将强心苷分为两类：①慢作用类。有洋地黄(叶粉)、洋地黄毒苷。作用出现慢，维持时间长，在体内代谢缓慢，蓄积性大，适用于慢性心功能不全。②快作用类。有毒毛花苷K、西地兰、地高辛等。作用出现快，维持时间短，在体内代谢快，蓄积性小，适用于急性心力衰竭或慢性心力衰竭的急性发作。

强心苷主要来源于植物，如紫花洋地黄和毛花洋地黄。其他植物(如夹竹桃、羊角拗、铃兰等)以及动物蟾蜍的皮肤也含有强心苷成分。强心苷由糖和非糖两部分组成，非糖部分为有效成分，而糖部分可加强苷元的水溶性，保护有效成分不被破坏，延长作用时间，是构效关系的典型药。

【药理作用】各种强心苷的作用性质基本相同，只是它们对心脏作用的快慢、强弱和维持时间的长短存在差异。①正性肌力作用。强心苷能选择性地作用于心肌，增强心肌收缩力，使心输出量增加和降低心肌耗氧量。这些特点是治疗充血性心力衰竭的重要依据。②负性心率和负性传导作用。强心苷通过增强迷走神经活性，降低交感神经活性，减慢心率和房室传导速率。③继发性利尿作用。对心功能不全患病动物，能增加尿量，消除水肿。④对心电图的影响。T 波出现较早、低平、双相或倒置，S-T 段降低，常成鱼钩状下垂（影响复极化）；P-R 间期延长，说明房室传导减慢；Q-T 间期缩短，说明心室收缩敏捷，收缩期缩短，动作电位时程缩短。P-P 间隔延长，表示心率减慢。

【作用机制】心肌的收缩和松弛是复杂的生物电、生物机械活动的结果，依赖于构成收缩装置的特殊蛋白、能量供应和适当量的兴奋-收缩偶联的关键物质 Ca^{2+}。已证明强心苷对前两者并无直接影响，却能增加兴奋时心肌细胞内 Ca^{2+} 量，并认为这是强心苷正性肌力作用的基本机制。

心肌细胞的基本收缩单位是肌节，由肌动蛋白和肌球蛋白及部分重叠的肌丝方式排列，这两种蛋白是引起纤维缩短的主要蛋白质，其活动受联结在肌球蛋白分子上由原肌球蛋白（向肌球蛋白）和肌钙蛋白（向宁蛋白）组成的蛋白装配单位所调节。在舒张期，向肌球蛋白阻断肌动蛋白与肌球蛋白相互作用的部位。当它从阻断部位离开时开始收缩，肌球蛋白丝连有横桥，当心肌发生兴奋-收缩时，横桥与肌动蛋白上的作用部位发生反应，肌动蛋白向肌球蛋白丝滑行而产生收缩。当心肌松弛时，二者又行分开。向肌球蛋白和向宁蛋白位于肌动蛋白和肌球蛋白之间，静息时，它们阻断与横桥反应的肌动蛋白上的作用部位，是起调节性作用的蛋白质。

Ca^{2+} 在心肌兴奋-收缩偶联中起关键性作用。无 Ca^{2+} 只兴奋不收缩，收缩时所需的 Ca^{2+} 主要来源于细胞外 Ca^{2+}，进入细胞质后直接同向宁蛋白反应，参与兴奋收缩偶联，形成 Ca^{2+}-向宁蛋白-向肌球蛋白复合体，使肌动蛋白上的作用部位暴露，横桥和肌动蛋白作用部位联结，此时肌球蛋白的 Na^+-K^+-ATP 酶被激活，将肌内蛋白区内的 ATP 分解为 ADP 和无机磷酸，释放出收缩时所需要的能量。

心肌收缩主要靠心肌细胞发生的电活动。心肌兴奋时，Na^+ 依浓度差从细胞外被动通过细胞膜弥散到细胞内，K^+ 流出细胞外（Na^+-K^+ 交换），改变静息时膜内外的极化状态，称去极化。去极化时，细胞内 Na^+ 的增多引起外流，则 Ca^{2+} 的进入增多（Na^+-Ca^{2+} 交换），Ca^{2+} 向肌浆中与有关收缩的蛋白（向宁蛋白）反应引起心肌收缩。收缩完成后借助于 Na^+-K^+ 泵，完成 Na^+ 排到细胞外，K^+ 返回细胞内的一个主动转运过程，使细胞恢复静息电位，称复极化。Na^+-K^+ 泵所需能量来自于细胞膜上 Na^+-K^+-ATP 酶的作用。它使 ATP 水解，释放能量，酶的激活需要 Mg^{2+}，复极化时 Na^+ 从细胞内排到细胞外，Ca^{2+} 从收缩蛋白部位移去，回到肌浆网纵管中呈结合状态，由于肌浆中 Ca^{2+} 浓度降低，心肌松弛。

治疗浓度的强心苷能轻度抑制心肌细胞膜上的 Na^+-K^+-ATP 酶，使 Na^+-K^+ 泵得不到充足的能量，阻碍 Na^+ 外流。Na^+ 的积聚刺激 Na^+-Ca^{2+} 交换而使进入细胞内的 Ca^{2+} 增多。同时，强心苷能使细胞肌浆网中结合的 Ca^{2+} 释放出来，使肌浆中钙浓度升高，兴奋-收缩偶联作用增强，产生心肌收缩力增强的强心作用。强心苷的作用机理具有重要的临床意义：①Ca^{2+} 为心肌收缩所必需，Ca^{2+} 浓度增加，心肌收缩加强；Ca^{2+} 也能抑制细胞膜 Na^+-K^+-ATP 酶，所以在应用强心苷期间，不可静脉注射钙剂。②强心苷中毒时，心肌细胞明显缺钾，补钾可防治早期轻症中毒。

【应用】强心苷在兽医临床上主要用于心力衰竭、心房纤维性颤动和室上性心动过速。在对心力衰竭的使用上尤其适合充血性心力衰竭的治疗，该类药物常用于马属动物，尤其是赛马；牛使役和犬长途奔跑后发生心力衰竭时也可使用。①慢作用类强心苷。适用于慢性心力衰竭，也可用于某些心律失常。但当病情危急或伴有急性肺水肿时，应选快作用类强心苷，一旦心衰得到控制，可改用慢作用类强心苷维持。②快作用类强心苷。适用于急性心力衰竭或慢性心力衰竭的急性发作，特别是心率较慢的危急病情，如毒毛花苷 K。本品虽然蓄积性小，但曾用过洋地黄的家畜须经 1~2 周才能应用，否则会增加洋地黄的蓄积，引起中毒。毛花丙苷适用于急、慢性心力衰竭。铃兰毒苷适用于急、慢性心力衰竭、阵发性心动过速，但急性心肌炎、心内膜炎者忌用，曾用过洋地黄的病畜至少隔 3 d 才能应用。

【药物相互作用】强心苷与其他药物可发生相互作用：①糖皮质激素、排钾利尿药可使机体出现低血钾，易诱发强心苷中毒。②钙剂与强心苷有协同作用，两药合用毒性反应增强。③新霉素、利福平、对氨基水杨酸钠在肠中与地高辛结合，影响其吸收，降低其血药浓度。④两性霉素 B 可使钾丢失增加，两药联用时应及时纠正钾不足。⑤红霉素、四环素类通过杀灭肠内寄生菌，使强心苷的生物利用度提高，血药浓度升高 5%~12%。

【中毒与解救】随着强心苷剂量增大，到达中毒量时，重度抑制膜 Na^+-K^+-ATP 酶，使 K^+-Na^+ 的主动转运发生明显的能量供应障碍，阻止 Na^+ 外流和 K^+ 内流，这时心肌细胞明显缺钾，使心肌的自律性增高，导致心律失常。中毒症状表现为食欲不振、呕吐、腹泻、视觉障碍、肌肉无力、阵发性心动过速、心律失常。严重者心脏受抑制，产生心动过缓、传导阻滞。

中毒解救：①立即停药观察动物反应，直至症状消失为止。②补钾时可使用氯化钾与 5% 葡萄糖静脉注射。③当心律失常，并伴有胃肠反应时使用依地酸二钠络合 Ca^{2+}。④当发生心脏房室传导阻滞，并出现早搏时可使用苯妥英钠进行救治。⑤当发生房室传导阻滞，心动过缓时应使用利多卡因、阿托品进行救治。

【应用注意】①强心苷排泄慢，有蓄积作用。在用药前应先询问用药史，只有在 2 周内未曾用过洋地黄的动物才能按常规给药。②用药期间不宜使用肾上腺素、麻黄碱及钙剂，以免增强毒性。③禁用于急性心肌炎、心内膜炎及主动脉瓣闭锁不全等疾病。④强心苷安全范围窄，易中毒，必须严格控制用量。应用时应监测心电图的变化，中毒时出现传导阻滞或窦性心动过缓宜用阿托品解救。治疗及预防轻度的中毒用钾盐，可静脉注射或内服。⑤低血钾能增加心脏对强心苷药物的敏感性，不应与高渗葡萄糖、排钾性利尿药合用。适当补钾可预防或减轻强心苷的毒性反应。⑥动物处于休克、贫血、尿毒症等情况下不宜使用，除非有充血性心力衰竭发生。⑦动物对强心苷的毒性作用存在种属差异性，猫对其较敏感。⑧成年反刍动物内服无效。

洋地黄毒苷(Digitoxin)

本品是玄参科植物紫花洋地黄的干叶或叶粉的提纯制剂。

【作用与应用】本品对心脏有高度选择作用。治疗量能明显加强衰竭心脏的收缩力，使心肌收缩敏捷，并通过植物神经介导，减慢心率和房室传导速率，并可继发产生利尿作用。适用于低输出量性充血性心力衰竭、阵发性室上性心动过速和心房颤动等。

【药动学】马等单胃动物内服后，在肠内吸收良好。一部分经胆汁排至肠腔，经肝肠循环被再吸收，故作用时间持久，需停药 2 周后，作用才完全消除。成年反刍动物内服，在前胃内易遭破坏，不宜内服。洋地黄在心肌附着比较牢固，破坏和排泄较慢，连续用药，易引起蓄积中毒。猫半衰期长达 100 h，因此不推荐猫使用本品。

【应用注意】①单胃动物内服本品在肠内吸收良好，约 2 h 呈现作用，6~10 h 作用达到高峰。停药后需 2 周时间，作用完全消除。成年反刍动物不宜内服。②排泄慢，易发生蓄积性中毒，因此用药前应详细询问用药史。③用药期间不宜使用肾上腺素、麻黄碱及钙剂，以免增强毒性。④禁用于急性心肌炎、心内膜炎、创伤性心包炎、主动脉瓣闭锁不全等。

【制剂】洋地黄毒苷片。

毒毛花苷 K（Strophanthin K）

本品是由夹竹桃科植物绿毒毛旋花的干燥成熟种子中得到的各种苷的混合物。药理作用同洋地黄毒苷。本品内服吸收很少，且不规则。静脉注射作用快，3 ~ 10 min 即显效。体内排泄快，蓄积性小。用于急性心功能不全或慢性心功能不全的急性发作。中毒症状有精神沉郁、运动失调、厌食、呕吐、腹泻、严重虚脱、脱水和心律不齐等。较高剂量可引起心律失常，犬最常见心脏房室传导阻滞、室上性心动过速、室性心悸。常用制剂为毒毛花苷 K 注射液。

地高辛（Digoxin）

本品是由玄参科植物毛花洋地黄、狭叶洋地黄叶中提取的一种次级苷。药理作用同强心苷，增强心肌收缩力作用较洋地黄毒苷强而迅速，能显著地减缓心率，且有较强的利尿作用。具有排泄较快、蓄积性较小、应用较洋地黄毒苷安全等特点。临床适用于各种原因所致的慢性心力衰竭、阵发性室上性心动过速和心房颤动。应用时注意，通常在心率正常和心律稳定后，改用维持量，或用洋地黄毒苷进行维持治疗。应注意，本品 pH<3 时发生水解，不宜与较强酸、碱性药物配伍。建议不要与其他药物配伍使用。常用制剂为地高辛片、地高辛注射液。

4.1.2.2　磷酸二酯酶抑制剂

磷酸二酯酶（phosphodiesterase，PDE）的作用是水解和灭活 cAMP 和 cGMP，目前已经发现 7 种同工酶，其中 PDE-Ⅲ型位于细胞膜，具有活性高、选择性强的特点，且为心肌细胞降解 cAMP 的主要亚型。抑制 PDE-Ⅲ的活性，将明显增加心肌细胞内 cAMP 的含量，从而发挥兴奋心肌的作用。磷酸二酯酶抑制剂就是通过对 PDE-Ⅲ的抑制而发挥强心作用，与强心苷类药物作用靶点完全不同，代表药为匹莫苯丹、米力农。

匹莫苯丹（Pimobendan）

【作用与应用】本品是苯并咪唑哒嗪酮衍生物，是一种非拟交感非苷类正性肌力药物。通过增强心肌纤维对 Ca^{2+} 的敏感性和抑制 PDE-Ⅲ活性发挥正性肌力作用，同时可通过抑制 PDE-Ⅲ起到舒张血管的作用。与利尿剂呋塞米等联合使用，可治疗扩张型心肌病引起的充血性心力衰竭或心脏瓣膜关闭不全（二尖瓣和/或三尖瓣返流），有效改善病犬的生活质量和延长预期寿命。单独使用治疗大型种犬扩张型心肌病（无症状，经超声心动图诊断伴随左心室收缩末期和舒张末期直径加大）时，可延迟犬发生心力衰竭或突然死亡的年龄，并延长犬的存活时间。治疗犬临床前黏液瘤性二尖瓣疾病（无症状的心脏收缩期二尖瓣杂音和心脏增大）时，本品可使心脏体积减小，延缓充血性心力衰竭临床症状的发生。犬发生心力衰竭临床症状或心源性死亡的时间延长约 15 个月，同时心脏体积减小，总生存时间延长约 170 d。

【不良反应】①极少数患犬可能发生轻微的心率加快和呕吐，与给药剂量相关，减小剂量后症状可自行消失。极少数患犬可能出现短暂的腹泻、厌食或昏睡。②在极少数情况，治疗犬二尖瓣疾病可能引起二尖瓣返流增加。

【应用注意】①禁用于肥大型心肌病或由临床非功能性或生理性原因（如大动脉狭窄）不宜增加心输出量的患犬；由于本品主要经肝代谢，禁用于严重肝功能不全的患犬。②用于治疗已有糖尿病患犬时应定期测定血糖。③用于治疗临床前阶段的扩张型心肌病前，应进行综合性心脏病检查诊断。④用于治疗临床前黏液瘤二尖瓣疾病时，应进行全面的心脏检查（包括超声心动图和放射学检查等）。⑤治疗时建议监测心脏功能及形态。⑥与强心苷类（哇巴因）药物无相互作用，在钙拮抗剂和 β 拮抗剂（如心得安）的作用下，可能诱发心脏收缩性减弱。⑦不要超剂量使用。

【制剂】匹莫苯丹咀嚼片（宠物用）。

米力农（Milrinone）

本品属双吡啶类衍生物，是一种既非强心苷，又非儿茶酚胺的新型正性肌力作用药物，具有正性肌力和直接扩张血管作用。其正性肌力作用主要通过抑制 PDE，特别是抑制 PDE-Ⅲ，使心肌细胞内 cAMP 浓度增高，因而细胞内 Ca^{2+} 浓度增加，心肌收缩功能加强。其扩张血管作用可能是直接作用于血管平滑肌或心功能改善后交感神经张力亢进减轻所致。临床内服用于治疗犬重度充血性心力衰竭。用药后，犬偶见心室节律障碍。另外，本品与苯吡胺同用可导致血压过低。对于低血压、心动过速、心肌梗死的患畜慎用。常用制剂为米力农片。

4.1.2.3　血管扩张药

一些治疗高血压的血管扩张药能缓解 CHF 症状，改善血流动力学变化，从而提高血管的运动耐力，但多数血管扩张药并不能降低 CHF 引起的病死率。因此，它们只是治疗 CHF 的辅助药物。血管扩张药舒张静脉（增加血管容量）可减少静脉回心血量、降低前负荷，进而降低左心室舒张末压、肺楔压，缓解肺充血症状。药物舒张小动脉（减少血管阻力）可降低外周阻力，降低后负荷，进而改善心功能，增加心输出量，增加动脉供血，从而弥补或抵消因小动脉舒张而可能发生的血压下降与冠状动脉供血不足的不利影响。血管扩张药的使用可减轻心脏的负荷，但可导致体液在体内潴留，因此在使用时应配合利尿药。

肼屈嗪（Hydralazine）

【作用与应用】①本品具有降压作用，但确切机制尚不明确。其作用主要是扩张小动脉，但对静脉的作用小，从而使周围血管阻力降低，心率加快，心脏每搏输出量增加和心排血量增加。长期使用可致肾素分泌增加，醛固酮增加，水和钠潴留，从而降低效果。②本品可增加心排血量，降低血管阻力与后负荷而发挥治疗心力衰竭的作用。适用于心输出量明显减少而外周阻力升高的患病动物，可用于犬二尖瓣机能不全引起的超负荷充血性心力衰竭。

【应用注意】犬偶发心动过速。由于本品使用后可增加心肌的耗氧量，并且可导致心脏的代偿不全，所以在应用本品和其他血管扩张药进行治疗的过程中应注意监听心率。

【制剂】盐酸肼屈嗪片。

4.1.2.4 血管紧张素转化酶抑制剂

血管紧张素转化酶抑制剂（ACEI）可抑制血管紧张素转化酶（ACE）在血管紧张素 I（Ang I）转化为血管紧张素 II（Ang II）过程中的作用。Ang II 通过刺激醛固酮的合成与分泌并通过有力的直接收缩血管作用来升高血压。Ang II 降低可引起醛固酮释放的减少，从而减轻水、钠潴留。ACEI 也可减少缓激肽的降解，改善血管的舒张功能，降低血压，从而有利于治疗充血性心力衰竭。由于血管紧张素在心脏衰竭和其他低心输出量情况下对肾的灌流非常重要，因此在使用 ACEI 治疗时应当监测肾功能的变化。

卡托普利（Captopril）

本品为人工合成的非肽类 ACE 抑制剂，主要作用于肾素-血管紧张素-醛固酮（RAA）系统。抑制 RAA 系统的 ACE，阻止 Ang I 转换成 Ang II，并能抑制醛固酮分泌，减少水、钠潴留。兽医临床可用于治疗犬自发性心力衰竭、充血性心脏衰竭的患犬，内服用药。

依那普利（Enalapril）

本品内服后在体内水解成依那普利拉（Enalaprilat），强烈抑制 ACE，降低 Ang II 含量，使全身血管舒张，引起降压。在兽医临床用于降低心力衰竭犬的肺毛细血管压、平均血压和肺动脉压，能够增加犬的运动能力和降低心力衰竭的严重程度，减少肺部水肿。推荐使用剂量为 0.5~1 mg/kg。若犬在轻微运动后即出现呼吸困难、端坐呼吸、心性咳嗽和肺水肿等迹象时，应当控制食物的含盐量，首次给药 2~4 d 后使用利尿药。

4.1.2.5 利尿药

利尿药一直都是治疗各种 CHF 的一线药物，用于消除水、钠潴留，减少循环血容量，降低心脏前、后负荷，常作为轻度心力衰竭的首选药和各种原因引起的心力衰竭的基础治疗药物（见本书 7.1.1 利尿药）。

4.1.3 抗心律失常药

心律起源部位、心搏频率与节律以及冲动传导等任一项异常均属心律失常（cardiac arrhythmia），通常表现心动过速、过缓或心律不齐。心律失常按发生原理可分为冲动发生异常、传导异常以及冲动发生与传导联合异常；按心律失常时心率的快慢可分为快速型心律失常（如心房纤维性颤动、心房扑动、房性心动过速、室性心动过速和早搏等）和缓慢型心律失常（如房室阻滞、窦性心动过缓）。

4.1.3.1 抗心律失常药作用机制

抗心律失常药主要通过降低心肌自律性，特别是异位节律点的自律性或消除折返而发挥抗心律失常作用。①降低自律性。药物通过抑制心房、传导组织、房室束和浦肯野纤维等快反应细胞的 Na^+ 内流或者抑制窦房结和房室结等慢反应细胞的 Ca^{2+} 内流，从而降低心肌自律性。药物通过促进 K^+ 外流而增大最大舒张电位，提高阈电位，降低自律性。②减少后除极和触发活动。通过促进或加速复极可减少早后除极的发生，或抑制早后除极上升支的内向离子流或提高其阈电位水平，或增加外向复极电流以增加最大舒张电位；通过减少细胞内 Ca^{2+} 的蓄积可减少晚后除极，钙通道阻滞药能有效地发挥这一作用；另外，能抑制一过性 Na^+ 内流的药物也能减少晚后除极，如钠通道阻滞药利多卡因等。③改变膜反应性及传导性而消除折返。如奎尼丁可减弱膜反应性，减慢传导，而使单向传导阻滞发展为双向阻滞,从而消除折返激动。苯妥英钠可增强膜反应性,改善传导,取消单向阻滞,因而消除折返激动。④改变有效不应期(ERP)和动作电位时程(APD)而减少折返。奎尼丁、普鲁卡因胺和胺碘酮等延长 ERP,利多卡因、苯妥英钠等药物使 ERP 和 APD 缩短,但 APD 缩短程度较 ERP 更显著,使 ERP/APD 比值增大,即有效不应期相对延长,有利于减少期前兴奋和消除折返。同时使邻近心肌纤维 ERP 趋于一致,消除折返。

4.1.3.2　抗心律失常药分类

根据药物作用的电生理特点将药物分为 4 类:①Ⅰ类-钠通道阻滞药,如奎尼丁、普鲁卡因胺、异丙吡胺、利多卡因、苯妥英钠、美西律、普罗帕酮、恩卡尼、氟卡尼等。②Ⅱ类-β 受体阻滞药,如普萘洛尔、阿替洛尔、美托洛尔等。③Ⅲ类-延长动作电位时程药,如胺碘酮、索他洛尔、溴苄铵、依布替利和多非替利等。④Ⅳ类-钙通道阻滞药,如维拉帕米等。

奎尼丁(Quinidine)

本品是茜草科植物金鸡钠树皮所含的一种生物碱,是抗疟药奎宁的右旋体。

【作用与应用】本品对心脏节律有直接和间接的作用,直接作用是与膜钠通道蛋白结合产生阻断作用,抑制 Na^+ 内流;还具有阿托品样的间接作用,抑制心脏兴奋性、传导速率和收缩性,能延长有效不应期,从而防止折返移动现象的发生和增加传导次数;并具有抗胆碱能神经的活性,降低迷走神经的张力,并促进房室结的传导。临床用于小动物和马的室性心律失常、不应期室上性心动过速、室上性心律失常伴有异常传导的综合征和急性心房纤维性颤动。

【药动学】内服、肌内注射均能迅速有效吸收,但内服到达全身循环系统的数量由于肝首过效应而减少。在体内分布广泛,大部分在肝内进行羟化代谢,约 20% 以原形在给药 24 h 后经尿排出。

【药物相互作用】①药物代谢酶诱导剂苯巴比妥能减弱本品的作用。②本品有 α 受体阻断作用,与其他血管舒张药有相加作用。③合用硝酸甘油应注意诱发严重的体位性低血压。

【不良反应】①犬有厌食、呕吐或腹泻等胃肠道反应。心血管系统可能出现衰弱、低血压和负性心力作用。②马可出现消化紊乱、伴有呼吸困难的鼻黏膜肿胀、蹄叶炎、荨麻疹,也可出现心血管功能的失调,包括房室阻滞、循环性虚脱,甚至突然死亡,尤其在静脉注射时容易发生。③本品的不良反应属特异性反应,与药物剂量无平行关系,可能与低钾、心功能不全或对本药敏感有关。心力衰竭、低血压、严重窦房结病变、高度房室传导阻滞、妊娠动物禁用。

【制剂】硫酸奎尼丁片。

普鲁卡因胺(Procainamide)

本品是普鲁卡因的衍生物,是以酰胺键取代酯键的产物。对心肌的直接作用与奎尼丁相似但较弱,能降低心脏自律性,减慢传导速度,延长心房和心室的不应期。它仅有微弱的抗胆碱作用,不阻断 α 受体。内服易吸收,犬的生物利用度为 85%,但个体差异大。用于室性早搏、阵发性室性心动过速。不良反应与奎尼丁相似,但较轻。静脉注射速度过快可引起血压显著下降;用量过大可引起白细胞减少。常用制剂为盐酸普鲁卡因胺片。

异丙吡胺（Disopyramide）

本品为广谱抗心律失常药，电生理作用与奎尼丁、普鲁卡因胺相似，能抑制膜对离子的通透性，从而降低心脏自律性，减慢传导，延长不应期，故能消除折返，产生抗心律失常作用。本品极易吸收，代谢迅速，犬半衰期为 2~3 h。内服用于治疗犬多种室上性或室性心律失常，尤其适用于预防心房颤动电击复律后的复发和预防心肌梗死后的心律失常。因其抗胆碱能作用可引起唾液分泌减少、便秘、排尿不畅或尿潴留等不良反应。常用制剂为异丙吡胺片。

4.2　止血药和抗凝血药

在生理状态下，血液维持正常的流动性而又不发生出血，是因为血液中的凝血系统和抗凝血系统保持着精准的动态平衡。平衡一旦破坏，就会出现出血或血栓性疾病，此时应选用促凝血药或抗凝血药加以纠正。

血液凝固是一个复杂的蛋白质水解活化的连锁反应，最终使可溶性的纤维蛋白原变成稳定、难溶的纤维蛋白，网罗血细胞而成血凝块。凝血过程可分 3 个步骤：①凝血活素的形成。当血管损伤，血液内原来无活性的接触因子Ⅻ，与创面或异物接触被激活，并与血小板因子、Ca^{2+} 及血液中的一些凝血因子（Ⅺ、Ⅸ、Ⅷ、Ⅹ、Ⅴ）起反应，形成凝血活素；另外，各种组织中含有一种能促进凝血的脂蛋白，叫作组织因子。当组织受损伤，组织因子被释放出而同血液相混合，并与 Ca^{2+} 及一些凝血因子（Ⅶ、Ⅹ、Ⅴ）起反应，形成凝血活素。②凝血酶的形成。在凝血活素和 Ca^{2+} 的参与下，血浆中无活性的凝血酶原转变为有活性的凝血酶。③纤维蛋白的形成。血浆中处于溶解状态的纤维蛋白原，在凝血酶的作用下转变为纤维蛋白单体，然后发生多分子聚合作用，形成纤维蛋白多聚体，产生凝血块而起到止血作用。

纤维蛋白溶解指凝固的血液在某些酶的作用下重新溶解的现象，血液中含有的能溶解血纤维蛋白的酶系统称为纤维蛋白溶解系统（fibrinolytic system）或纤溶系统，由纤溶酶原（plasminogen）、纤溶酶（plasmin）、纤溶酶原激活因子（Plasminogen activator）和纤溶酶抑制因子（plasmin inhibitor）组成。血浆中含有纤溶酶原，被激活因子作用后，变为纤溶酶，此酶具有分解纤维蛋白能力。

4.2.1　止血药

出血是指血液从血管内流出到血管外，分外出血（即肉眼可见的鲜血流出）和内出血（即血液流入组织或体腔内）。发生出血时要及时止血，出血不止对机体正常机能活动造成不良影响。失血过多甚至会造成休克乃至死亡。止血方法有外科止血法（如结扎、按压、止血钳止血，用于制止大血管出血）和药物止血法（即应用止血药，用于毛细血管和静脉渗血或因凝血机能障碍引起的出血）。

止血药又称促凝血药，是指能促进血液凝固或影响小血管壁正常结构与收缩功能，从而制止出血的药物，用于治疗出血性疾病与创伤性出血。掌握它们的作用环节，寻找更为有效的止血药，对临床治疗具有重要的意义。临床上将止血药分为局部止血药和全身止血药两类。局部止血药如吸收性明胶海绵。全身止血药按其作用机理可分为 3 类：①作用于血管结构与机能的止血药，如安络血、垂体后叶素、仙鹤草素等。②影响凝血过程的止血药，如酚磺乙胺、维生素 K、凝血质、钙剂等。③抗纤维蛋白溶解的止血药，如 6-氨基己酸、凝血酸、氨甲苯酸等。

维生素 K(Vitamin K)

【理化性质】天然维生素 K_1 存在于植物中，维生素 K_2 由肠道细菌合成，均为脂溶性。人工合成的维生素 K_3（亚硫酸氢钠甲萘醌）、维生素 K_4（甲萘氢醌）均为水溶性。

【药理作用】本品为肝合成凝血因子 Ⅱ、Ⅶ、Ⅸ、Ⅹ 的必需因子，它参与这些因子的无活性前体物形成活性产物的羧化作用。缺乏维生素 K 可导致这些因子的合成障碍，引起出血或出血倾向。

天然的维生素 K_1、维生素 K_2 的吸收有赖于胆汁的增溶作用，胆汁缺乏时则吸收不良。人工合成的维生素 K_3 内服可直接吸收，也可肌内注射给药。吸收后的维生素 K 随脂蛋白转运，在肝内被利用。

【应用】用于维生素 K 缺乏引起的出血（如抗凝血性杀鼠药中毒、阻塞性黄疸、胆瘘、慢性腹泻、香豆素类及水杨酸钠等所致出血）和各种原因引起的维生素 K 缺乏症。

【药物相互作用】①较大剂量的水杨酸类、磺胺药可影响本品的效应。②巴比妥类可诱导本品代谢加速，不宜合用。

【应用注意】①维生素 K_1 静脉注射速度太快可产生潮红、呼吸困难、胸痛、虚脱。②维生素 K_3、维生素 K_4 有刺激性，肌内注射部位可出现疼痛和肿胀等；长期应用刺激肾可引起蛋白尿，还能引起溶血性贫血和肝细胞损害。肝功能不良的患畜宜改用维生素 K_1。③长期应用广谱抗生素应作适当补充，以免造成维生素 K 缺乏。④静脉注射只限于其他途径无法应用的情况下，注射速度宜缓慢。⑤维生素 K_1 注射液可用生理盐水、5%葡萄糖注射液或 5%葡萄糖生理盐水稀释，稀释后应立即注射，未用完部分应弃置不用。⑥严格掌握用法与用量，不宜长期大量应用维生素 K_3。

【制剂】维生素 K_1 注射液、维生素 K_3 注射液、维生素 K_1 片。

安特诺新(Adrenosin，安络血)

【理化性质】本品是肾上腺色素缩氨脲与水杨酸钠生成的水溶性复合物，为橙红色结晶或结晶性粉末。在水、乙醇中极微溶，在三氯甲烷和乙醚中不溶。

【作用与应用】本品主要作用于毛细血管，增强毛细血管对损伤的抵抗力，降低毛细血管的脆性，使受伤血管断端回缩，并降低毛细血管的通透性，减少血液外渗。肌内注射用于毛细血管损伤或通透性增加的出血，如鼻出血、紫癜等；也用于产后出血、手术后出血、内脏出血和尿血等。

【药物相互作用】抗组胺药、抗胆碱药的扩血管作用能抑制安络血的部分作用。本品禁与四环素类药物混合使用。

【不良反应】①本品含水杨酸，长期应用可产生水杨酸样反应。②抗组胺药能抑制本品作用，用前 48 h 应停止给予抗组胺药。③不影响凝血过程，对大出血或动脉出血疗效差。

【制剂】安特诺新注射液。

酚磺乙胺（Etamsylate，止血敏）

【理化性质】本品化学名称为 1,4-二羟基-3-苯磺酸二乙胺盐，为白色结晶性粉末。水中易溶，乙醇中溶解。遇光易变质，遮光、密封保存。

【作用与应用】本品能促进血小板增生，增强血小板凝集并促进释放凝血因子，缩短凝血时间；还可增加毛细血管抵抗力，降低毛细血管通透性，防止血液外渗。本品作用迅速，静脉注射后 1 h 作用最强，药效可维持 4~6 h。毒性低，无副作用。肌内、静脉注射用于防治各种出血性疾病，如手术前后止血及消化道、膀胱、子宫等出血，也可与其他止血药合用。

【药物相互作用】①右旋糖酐抑制血小板聚集，延长出血和凝血时间，可能产生拮抗作用。②本品可与维生素 K 注射液混合使用，但不可与氨基乙酸注射液混合使用。

【制剂】止血敏注射液。

6-氨基己酸（6-Aminocaproic Acid）

本品可抑制纤维蛋白溶解酶原的激活因子，从而减少纤维蛋白的溶解，以达到止血的目的。高浓度时对纤维蛋白溶酶有直接的抑制作用。临床静脉滴注用于纤维蛋白溶解症所致的出血，如外科大型手术引起的出血、内脏出血等，因脏器损伤或手术时激活因子大量释放，使血液不易凝固。应注意：①对一般的出血不要滥用。②对纤维蛋白溶解酶活性不增高的出血无效。③小动脉出血无效，需结扎。④泌尿系统手术后的血尿要慎用。⑤过量可致血栓形成。常用制剂为 6-氨基己酸注射液。

氨甲苯酸与氨甲环酸（P-Aminomethylbenzoic Acid，Transamic Acid）

氨甲苯酸又名止血芳酸，氨甲环酸又名凝血酸。作用机制、应用及应用注意与 6-氨基己酸基本相同，但氨甲环酸的作用较氨甲苯酸略强。常用制剂为氨甲苯酸注射液、氨甲环酸注射液。

醋酸去氨加压素（Desmopressin Acetate）

本品能促使血浆中血管性假血友病因子（von willebrand factor，vWf）从血管内皮等贮存部位释放，暂时提高 vWf 水平，给予本品可使 vWf 水平提高约 2 h。vWf 是多聚蛋白，具有促进血小板黏附和提高凝血因子Ⅷ血浆浓度的作用。犬用药后可观察到口腔黏膜出血减少。本品用于动物的血管性假血友病发生的毛细血管出血，皮下注射推荐剂量：犬 0.4 g/kg。

吸收性明胶海绵（Absorbable Gelatin Sponge）

本品是取明胶溶于水，经打泡、冷冻、干燥、灭菌制成，为白色至微黄色、质轻、软而多孔的海绵状物；在水中不溶，有强吸水力；经较重的揉搓不致崩碎。本品能吸收大量血液，并促进血小板破裂释放出凝血因子而促进血液凝固。将其敷于出血处，对创面渗血有机械性压迫止血作用，可用作局部止血剂。用于创口渗血区出血，如外伤性出血、手术出血、毛细血管渗血、鼻出血等，贴于出血处，再用干纱布压迫。本品为灭菌制品，使用过程中要求无菌操作，以防污染。另外，需严封保存，包装打开后不宜再消毒，以免延长吸收时间。

4.2.2　抗凝血药

凡能延缓或阻止血液凝固的药物称为抗凝血药，简称抗凝剂。一般可将其分为4类：①主要影响凝血酶和凝血因子形成的药物，如肝素和香豆素类，主要用于体内抗凝。②体外抗凝血药，如枸橼酸钠，用于体外血样检查的抗凝。③促进纤维蛋白溶解药，对已形成的血栓有溶解作用，如链激酶、尿激酶、组织纤溶酶原激活剂等，主要用于急性血栓性疾病。④抗血小板聚集药，如阿司匹林、双嘧达莫(潘生丁)、右旋糖酐等，主要用于预防血栓形成。兽医临床常用肝素、枸橼酸钠。

4.2.2.1　主要影响凝血酶和凝血因子形成的药物

肝素(Heparin)

【理化性质】肝素首先从肝发现而得名，天然存在于肥大细胞，现主要从牛肺或猪小肠黏膜提取。临床常用肝素钠。

【药理作用】本品在体内、体外均有强大抗凝血作用，对凝血过程每一步几乎都有抑制作用，可使多种凝血因子灭活。静脉注射后抗凝作用立即发生，但深部皮下注射则需1~2 h后才起作用。本品还能与血管内皮细胞壁结合，传递负电荷，影响血小板的聚集和黏附，并增加纤溶酶原激活因子的水平。

【药动学】内服不吸收，只能注射给药。不能透过胎盘屏障，也不能进入乳汁。当贮库饱和时，血浆中游离的肝素便缓慢经肾排泄。部分在肝和网状内皮系统被代谢，低相对分子质量比高相对分子质量消除较慢。上述原因造成肝素的药动学在不同个体和个体本身存在很大的差异，其生物半衰期变异也很大，并取决于给药剂量和给药途径，皮下注射时缓慢释放吸收，静脉注射则有很高的初始浓度，但半衰期短，动物具体资料缺乏。

【应用】①血栓栓塞性或潜在的血栓性疾病，防止血栓形成与扩大，如肾静脉血栓、肺栓塞、肾病综合征、脑栓塞以及急性心肌梗死。②马和小动物的弥漫性血管内凝血，应早期应用，防止因纤维蛋白原及其他凝血因子耗竭而发生继发性出血。③心血管手术、心导管、血液透析等抗凝。④低剂量给药可用于减少心丝虫杀虫药治疗的并发症和预防性治疗马的蹄叶炎。⑤体外血液样本的抗凝血。

【应用注意】①应用过量易引起自发性出血。一旦发生，停用肝素，严重时注射特效解毒剂鱼精蛋白。鱼精蛋白为低相对分子质量蛋白质，具有强碱性，通过离子键和肝素能形成稳定的化合物，使肝素失去抗凝活性。每毫克鱼精蛋白可中和100 U肝素，一般用1%硫酸鱼精蛋白溶液缓慢静脉注射。②不能肌内注射，可形成高度水肿。③连续应用3~6个月可引起骨质疏松，产生自发性骨折；马连续应用几天可引起红细胞显著减少。④可引起皮疹、药热等过敏反应。⑤肝肾功能不全、有出血素质、消化性溃疡、凝血障碍、肝素过敏、急性感染性心内膜炎的动物禁用。

【制剂】肝素钠注射液。

香豆素类

【理化性质】本类药物是含有4-羟基香豆素基本结构的物质，内服参与体内代谢才发挥抗凝作用，故称口服抗凝药。有双香豆素、华法林(苄丙酮香豆素，Warfarin)和醋硝香豆素(新抗凝)等，它们的药理作用相同。

【**作用与应用**】香豆素类是维生素 K 拮抗剂，在肝脏抑制维生素 K 由环氧化物向氢醌型转化，从而阻止维生素 K 的反复利用，影响含有谷氨酸残基的凝血因子 Ⅱ、Ⅶ、Ⅸ、Ⅹ 的羧化作用，使这些因子停留于无凝血活性的前体阶段，从而影响凝血过程。对已形成的上述因子无抑制作用，因此抗凝血作用出现时间较慢，停药后抗凝作用尚可维持数天。临床用于马、犬或猫的血栓性疾病的长期治疗，作用时间较长。但作用出现缓慢，剂量不易控制。

【**药物相互作用**】①食物中维生素 K 缺乏或应用广谱抗生素抑制肠道细菌，使体内维生素 K 含量降低，可使本类药物作用加强。②阿司匹林等血小板抑制剂可与本类药物产生协同作用。③羟基保泰松、甲磺丁脲、奎尼丁等可置换血浆蛋白；水杨酸盐、丙咪嗪、甲硝唑、西咪替丁等可抑制肝药酶，均使本类药物作用加强。④巴比妥类、苯妥英钠因诱导肝药酶，可使本类药物作用减弱。

【**不良反应**】剂量应根据凝血酶原时间控制在 $25 \sim 30$ s（正常值 12 s）进行调节。①过量易发生出血，可用维生素 K 对抗，必要时输入新鲜血浆或全血。②有胃肠道、过敏反应等。

【**制剂**】华法林钠片。

4.2.2.2　体外抗凝血药

枸橼酸钠（Sodium Citrate，柠檬酸钠）

本品的枸橼酸根离子与血浆中 Ca^{2+} 形成难解离的可溶性复合体，使血浆 Ca^{2+} 浓度迅速降低而产生抗凝血作用。常用制剂为枸橼酸钠注射液，用于防止体外血液凝固，如输血或化验室血样抗凝等。应注意：①大量输血时，本品用量不可过大，否则血钙迅速降低，使动物中毒甚至死亡。此时，可静脉注射钙剂缓解。②本品碱性较强，不适合做血液生化检查。

4.2.2.3　促进纤维蛋白溶解药

链激酶（Streptokinase）

本品是由 β-溶血性链球菌培养液中提纯精制而成的一种高纯度酶，具有促进体内纤维蛋白溶解系统的活力，使纤维蛋白溶酶原转变为活性的纤维蛋白溶酶，引起血栓内部崩解和血栓表面溶解。常用制剂为注射用链激酶，静脉、肌内注射用于治疗无菌性溃疡、蜂窝织炎、血肿、肺炎等。

尿激酶（Urokinase）

本品是从健康人尿中分离或从人肾组织培养中获得的一种酶蛋白，是由相对分子质量分别为 33 000（LMW-tcu-PA）和 54 000（HMW-tcu-PA）两部分组成。直接作用于内源性纤维蛋白溶解系统，能催化裂解纤溶酶原成纤溶酶，后者不仅能降解纤维蛋白凝块，也能降解血液循环中的纤维蛋白原、凝血因子 V 和凝血因子Ⅷ等，从而发挥溶栓作用。对新形成的血栓起效快、效果好；还能提高血管二磷酸腺苷（ADP）酶活性，抑制 ADP 诱导的血小板聚集，预防血栓形成。在静脉滴注后，动物体内纤溶酶活性明显提高；停药几小时后，纤溶酶活性恢复原水平。常用制剂为注射用尿激酶，腹腔注射用于犬术后腹膜粘连。

4.2.2.4　抗血小板聚集药

本类药物主要包括阿司匹林（见本书 8.2 解热镇痛抗炎药）、右旋糖酐（见本书 9.1 血容量扩充药),在其他章节论述。

4.3　抗贫血药

　　循环血液中红细胞数和血红蛋白量低于正常时称为贫血(anemia)。引起贫血的原因很多,临床上可分为以下几种:①缺铁性贫血。是由于机体摄入的铁不足或损失过多,导致供造血用的铁不足所致。如犬在慢性外伤性失血、严重的虱感染、胃溃疡和出血性肿瘤都可能导致严重的缺铁性贫血。铁剂(如硫酸亚铁、右旋糖酐铁)是防治缺铁性贫血的有效药物,同时补给铜、钴。②巨幼红细胞性贫血。由于维生素 B_{12} 和叶酸缺乏导致合成红细胞的 DNA 辅酶缺乏,从而出现红细胞的畸形(即卵圆形)。其防治方法是补充维生素 B_{12}、叶酸等。③再生障碍性贫血。是由于骨髓的造血机能受损,血液中红细胞、白细胞、血小板都减少而引起的。贫血的原因有化学因素(如苯、重金属、氯霉素等药物)、物理因素(如 X 射线过量照射)及生物因素(如毒素、尿毒症、肿瘤、白血病等)。其防治方法是消除病因。④溶血性贫血。是由于红细胞被大量破坏而引起的。溶血的原因有中毒(如毒素及蓖麻籽、酚类、蛇毒等)、传染病(如马传染性贫血病、血孢子虫等寄生虫病)及抗原-抗体反应(如异型输血、新生骡驹溶血病)。其防治方法是消除病因,并补铁。⑤外伤出血性贫血。外伤可导致机体大量出血,其防治方法是输血。

　　兽医临床常用的抗贫血药主要是指用于防治缺铁性贫血和巨幼红细胞性贫血的药物。

硫酸亚铁(Ferrous sulfate)

　　【理化性质】本品为淡蓝绿色柱状结晶或颗粒,在水中易溶,在乙醇中不溶。

　　【作用与应用】铁是构成血红蛋白的必需物质,血红蛋白铁占全身含铁量的 60%。铁也是肌红蛋白、细胞色素和某些呼吸酶的组成部分。因此,铁缺乏不仅会引起贫血,还可能影响其他生理功能。通常正常的日粮摄入足以维持体内铁的平衡,但在哺乳期、妊娠期和某些缺铁性贫血的情况下,铁的需要量增加,补铁能纠正因缺铁引起的异常生理症状和血红蛋白水平的下降。临床用于防治缺铁性贫血,如慢性失血、营养不良、妊娠及哺乳期动物贫血等。

　　【药动学】内服铁剂,主要在十二指肠吸收,无论有机铁还是无机铁,必须在消化道内转变为可溶性的、可离子化的 Fe^{2+} 才易被吸收。铁主要以主动转运和扩散作用两种方式通过肠黏膜上皮细胞而吸收,日粮中少量的铁主要依赖主动转运吸收,内服大量铁剂时则以扩散方式被动吸收为主,Fe^{2+} 吸收后小部分在肠黏膜细胞内氧化,并与去铁铁蛋白结合成铁蛋白而贮存在细胞内,并最终参与血红蛋白的合成。机体内各组织均含有铁,但肝、脾、骨髓为机体的贮铁组织。肠道、皮肤的含铁细胞脱落是铁的主要排泄途径,胆汁、尿、汗排出微量,食物及内服铁剂未吸收的铁全部经粪排出。

　　【药物相互作用】①稀盐酸可促进 Fe^{3+} 还原为 Fe^{2+},有助于铁剂的吸收,与稀盐酸合用可提高疗效;维生素 C 等还原物质可防止 Fe^{2+} 氧化为 Fe^{3+},因而有利于铁的吸收。②钙剂、磷酸盐类、含鞣酸药物、抗酸药等均可使铁沉淀,妨碍其吸收。③铁剂与四环素类可形成络合物,互相妨碍吸收。④新霉素可减少铁剂和葡萄糖胃肠道吸收,铁剂也降低新霉素的活性。⑤铁剂可使环丙沙星的生物利用度降低,喹诺酮类药与铁形成复合物,使喹诺酮类药的抗菌活性降低。

【不良反应】①内服铁剂对胃肠道有刺激性，可引起恶心、腹痛、腹泻。大量内服可引起肠坏死、出血，严重时可致休克。②铁能与肠腔中硫化氢结合生成硫化铁，减少了硫化氢对肠壁的刺激作用，可致便秘，并排黑便。

【应用注意】①禁用于消化道溃疡、肠炎等。②铁剂有较强的刺激性，肌内注射常引起疼痛，静脉注射可引起静脉炎。③动物没有铁排泄或降解的有效机制，注射剂量超过血液中球蛋白结合限度时，过剩的铁可肌内注射去铁敏。④内服时应避免饲喂高钙、高磷及含鞣质较多的饲料。⑤因刺激消化道黏膜而可致呕吐（猪、犬）、腹痛等，宜在饲后投药。

【制剂】硫酸亚铁片。

右旋糖酐铁（Iron Dextran）

【理化性质】本品为右旋糖酐与氢氧化铁的络合物，为棕褐色或棕黑色结晶性粉末。在热水中略溶，在乙醇中不溶。

【作用与应用】同硫酸亚铁，但本品是一种可溶性的三价铁剂，能制成注射剂供肌内注射。本品肌内注射后，首先通过淋巴系统缓慢吸收。注射 3 d 内吸收约 60%，1~3 周后吸收 90%，其余可能在数月内缓慢吸收。用于驹、犊、仔猪、幼犬和毛皮兽的重症缺铁性贫血或不宜内服铁剂的缺铁性贫血。

【应用注意】①肌内注射时可引起局部疼痛，应做深部注射。超过 4 周龄的猪注射有机铁，可引起臀部肌肉着色。②需防冻冷藏，久置可发生沉淀。③猪注射后偶尔出现不良反应，临床表现为肌肉无力、站立不稳，严重时可致死亡。其他参见硫酸亚铁。

【制剂】右旋糖酐铁注射液。

促红细胞生成素（Erythropoietin，EPO）

本品作用于骨髓内原始血细胞，使之转化为原始红细胞；促进有核红细胞的有丝分裂和血红蛋白的合成；促进骨髓内网织红细胞和成熟红细胞的释放。内服或皮下注射可使中度贫血的患畜增加血流比溶度（即增加血液中红细胞百分比），常用制剂为促红细胞生成素注射液，用于治疗中度贫血患病动物。本品可引起呕吐、皮肤过敏反应和较少的急性过敏反应。严重反应是产生抗 EPO 抗体，可引起威胁生命的贫血症，在病马已有报道，出现反应停止使用。

叶酸（Folic Acid）

【理化性质】叶酸广泛存在于酵母、绿叶蔬菜、豆饼、苜蓿粉、麸皮中。动物的内脏、肌肉、蛋类含量丰富。药用叶酸多为人工合成品。本品为黄橙色结晶性粉末。在水、乙醇、丙酮、三氯甲烷或乙醚中不溶，在氢氧化钠或碳酸钠的稀溶液中易溶。遇光失效，应遮光贮存。

【作用与应用】叶酸进入体内被还原和甲基化为具有活性的 5-甲基四氢叶酸而起辅酶作用。5-甲基四氢叶酸作为甲基供体使维生素 B_{12} 转变为甲基维生素 B_{12}，自身则变成四氢叶酸。四氢叶酸作为一碳基团转移酶的辅酶参与体内多种氨基酸、嘌呤及嘧啶的合成和代谢，并与维生素 B_{12} 共同促进红细胞的生成和成熟。叶酸缺乏时，氨基酸、嘌呤及嘧啶的合成受阻，以致核酸合成减少，细胞分裂与发育不完全。主要病理表现为巨幼红细胞性贫血、腹泻、皮肤功能受损、生长发育受阻等。成年反刍动物和马较少发生。常用制剂为叶酸片,用于犬、猫防治因叶酸缺乏而引起的畜禽贫血症。

【药动学】饲料中的叶酸多以蝶酰多谷氨酸形式存在,进入小肠后在小肠黏膜上皮细胞内经 α-L-谷氨酰胺转移酶水解生成单谷氨酸,再经还原和甲基转移作用形成 5-甲基四氢叶酸后被吸收。叶酸在体内分布广泛,部分经代谢降解,另有部分以原形经胆汁和尿排出。

【药物相互作用】①复方新诺明可降低或消除叶酸治疗巨幼红细胞性贫血的疗效;叶酸可降低磺胺类药物的抗菌作用。②氨苯喋啶和阿司匹林等药物减少叶酸吸收或增加叶酸代谢。③维生素 B_1、维生素 B_2、维生素 C 均可使叶酸破坏失效,不应混合注射。④叶酸拮抗剂(甲氨喋啶、乙胺嘧啶、甲氧嘧啶)通过抑制叶酸活性代谢物的生成而降低叶酸作用,本品不能解救上述药物过量引起的中毒。

【应用注意】①对甲氧苄啶、乙胺嘧啶等所致的巨幼红细胞性贫血无效。②对维生素 B_{12} 缺乏所致的恶性贫血,用大剂量叶酸可纠正血象变化,但不能改善神经症状。③本品不宜静脉注射给药,以防发生不良反应。④叶酸不良反应较少见,但长期服用时可出现厌食、恶心、腹胀等胃肠道反应,罕见过敏反应。

维生素 B_{12}(Vitamin B_{12})

【理化性质】维生素 B_{12} 为含钴复合物,广泛存在于动物内脏、牛奶、蛋黄中。本品为深红色结晶或结晶性粉末。在水或乙醇中略溶。应遮光,密封保存。

【药理作用】本品为合成核苷酸的重要辅酶的成分,参与体内甲基转换及叶酸代谢,促进 5-甲基四氢叶酸转变为四氢叶酸。缺乏时可导致叶酸缺乏,并因此导致 DNA 合成障碍,影响红细胞的发育和成熟。本品还可促进甲基丙二酸转变为琥珀酸,参与三羧酸循环。此作用关系到神经髓鞘脂质合成及维持有髓鞘神经纤维的功能完整性,维生素 B_{12} 缺乏症的神经损害可能与此有关。

反刍动物瘤胃内的微生物可直接利用饲料中的钴合成维生素 B_{12},故一般较少发生缺乏症。饲料中的维生素 B_{12} 进入消化道后在胃酸和胃蛋白酶作用下释出,并与一种非内源性蛋白因子结合。结合物在小肠内经胰蛋白酶降解释出游离的维生素 B_{12},与肠黏膜细胞分泌的一种内源性糖蛋白结合成复合物,从回肠末端吸收。维生素 B_{12} 在血液中与 α 球蛋白及 β 球蛋白结合转运至全身各组织,其中大部分分布于肝,主要经尿和胆汁排泄。

维生素 B_{12} 缺乏时,机体的细胞、组织生长发育将受到抑制。红细胞生成减少尤为明显,可引起动物恶性贫血。此外,其他组织代谢也发生障碍,如神经系统损害等。

【应用】用于治疗维生素 B_{12} 缺乏所致的巨幼红细胞性贫血、幼畜生长迟缓,也可用于神经炎、神经萎缩、再生障碍性贫血、放射病、肝炎等辅助治疗。

【药物相互作用】①叶酸与本品合用治疗恶性贫血可提高疗效。②对氨基水杨酸、多黏菌素 B 等可影响维生素 B_{12} 吸收,不宜联合使用。③维生素 C 可使维生素 B_{12} 破坏失效,两药联用应间隔 2~3 h。④铁剂是维生素 B_{12} 稳定剂,也可拮抗维生素 C 对维生素 B_{12} 的破坏作用,但大剂量铁剂也可破坏维生素 B_{12}。⑤维生素 B_6 可促进维生素 B_{12} 吸收。

【应用注意】①大量注射超过血浆蛋白的结合与运转能力,都经尿排泄,剂量越大排泄越多。因此,盲目大剂量应用,不但对治疗无益,而且造成浪费。②维生素 B_{12} 注射液不可静脉注射。应遮光,密闭保存,开启后尽快使用。③维生素 B_{12} 溶液在 pH 3~7 时保持稳定,pH 4.5~5 时最稳定。

【制剂】维生素 B_{12} 注射液。

本章小结

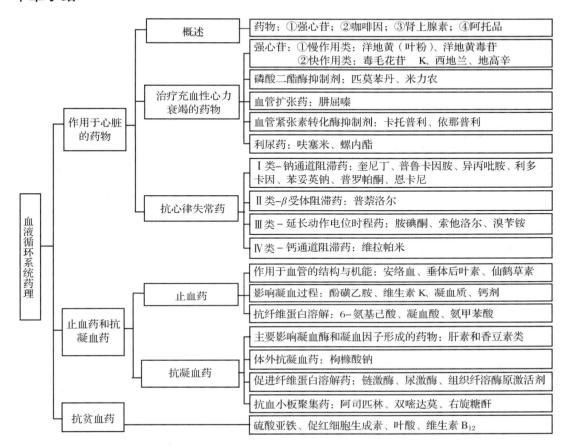

思考题

1. 可用于强心的药物有哪几类？如何正确选择这些强心药？
2. 强心苷类有哪几个常用的药物？作用机制如何？此机理有何重要的临床意义？
3. 治疗充血性心力衰竭的药物有哪几类？各类的代表药物是什么？
4. 强心苷为什么能治疗充血性心力衰竭？应用时应注意哪些问题？中毒时如何解救？
5. 抗心律失常的药物有哪些？各自的作用和应用如何？
6. 促凝血药可分成哪几种？各自的作用机制和应用如何？
7. 肝素是如何产生抗凝血作用的？临床以何种途径给药？应用时应注意哪些问题？
8. 影响铁在消化道吸收的因素有哪些？内服铁剂会出现哪些不良反应？临床应用时应注意哪些问题？
9. 简述叶酸和维生素 B_{12} 的药理作用及应用。

（杨雨辉）

第 5 章

消化系统药理

消化系统疾病是动物的一类常发病，从发病原因来分有原发性和继发性两种。原发性消化系统疾病多半起因于饲料品质或调配不良和饲养管理不当，而继发性消化系统疾病则是继发于其他疾病，如传染病、寄生虫病、中毒性疾病等。由于家畜种类不同，其消化系统的结构和机能各异，因而发病情况和疾病种类也不相同。一般来说，草食动物比杂食动物发病种类多，发病率也较高。如马常发便秘疝，牛常发前胃疾病。如不及时合理地治疗，常常会导致动物迅速死亡。

作用于消化系统的药物是在消除病因的基础上，通过调节胃肠道的运动和消化腺的分泌机能，以及改变微生物的活动，维持消化道内微生态平衡，从而改善消化机能。本类药物繁多，其中多数为天然药，人工合成药较少。这些药物主要是发挥其局部作用，按药理作用和临床应用可分为：健胃药、助消化药、抗酸药、止吐药、催吐药、瘤胃兴奋药、制酵药、消沫药、泻药、止泻药等。

5.1 健胃药和助消化药

5.1.1 健胃药

健胃药（stomachics）是指能促进消化液分泌，加强胃的消化机能，提高食欲的一类药物。按其性质与作用可分为苦味健胃药、芳香性健胃药及盐类健胃药 3 类。

5.1.1.1 苦味健胃药

苦味健胃药多来源于植物，如龙胆、马钱子、大黄等，其特点是具有强烈的苦味，内服可刺激舌部味觉感受器，反射性地兴奋食物中枢，使唾液和胃液分泌，提高食欲，促进消化机能。

苦味健胃药的应用虽然有很久的历史，但其健胃作用机制直到采用带有食道瘘和胃瘘的犬进行假饲试验后，才获得了科学的解释。在此试验中，如果将苦味药不经过口腔而从食道瘘直接注入胃内，则胃液的分泌量未见变化；如果经口给予苦味药后再进行假饲（经口给食，食物以食道瘘排出，而不进入胃内），则胃液的分泌量显著增加。由此看来，此时胃液分泌增加，显然与苦味药刺激味觉感受器有关。经口给苦味健胃药，首先刺激舌上的味觉感受器，通过神经反射，引起味觉分析器兴奋，继之提高了食物中枢的兴奋性，反射性地加强唾液和胃液的分泌，故能提高食欲并加强消化。这种作用在食欲减退、消化不良时更加明显。

根据苦味健胃药的作用机制，临床应用本类药物时，为充分发挥苦味药的健胃作用，应注意以下几点：①制成合理的剂型，如散剂、舔剂、溶液剂、酊剂等。②一定要经口给药，接触味觉感受器，不能用胃管投药。③给药时间要合理，一般认为在饲前 5~30 min 为宜。④一种苦味健胃药不宜长期反复使用，而应与其他健胃药交替使用，以防药效降低。⑤用量不宜过大，因过量服用苦味健胃药反而抑制了胃液的分泌。

龙胆（Radix Gentianae）

【理化性质】本药为龙胆科植物龙胆（*Gentiana scabra* Bunge）或三花龙胆（*G. triflora* Pall）的干燥根茎和根。有效成分为龙胆苦苷约 2%，龙胆糖约 4%，龙胆碱约 0.15%。

【作用与应用】本药味苦性寒，能泻肝胆实火，除下焦湿热。对胃黏膜无直接刺激作用，也无明显的吸收作用。因其味苦，内服可作用于舌味觉感受器，促进唾液与胃液分泌增加，加强消化，提高食欲。可与其他健胃药配伍制成散剂、酊剂、舔剂等剂型，用于食欲不振、消化不良及一般热性病的恢复期。常用制剂为龙胆酊。

马钱子（Semen Strychni）

【理化性质】本药为马钱科植物马钱（*Strychnos nux-vomica* L.）或云南马钱（*Strychnos pierriana* A. W. Hill）的干燥成熟种子。味苦，有毒。含多种类似的生物碱，如番木鳖碱（士的宁）、马钱子碱等。

【作用与应用】本药味苦性寒，内服后主要发挥苦味健胃作用。其吸收作用是增强中枢神经系统的兴奋性，先是加强脊髓的反射兴奋性，随后兴奋延髓和大脑，尤其对脊髓具有选择性兴奋作用。作为健胃药，常制成马钱子酊或流浸膏，内服用于治疗消化不良、食欲不振、前胃弛缓、瘤胃积食等疾病。

【应用注意】①本药所含士的宁易经小肠吸收，且排出较慢，有蓄积性。故安全范围小，应严格控制剂量，而且连续用药不能超过一周，以免发生蓄积性中毒。中毒时可用巴比妥类药物解救，并保持环境安静，避免各种刺激。②妊娠动物禁用。③毒性较大，不宜生用。

5.1.1.2 芳香性健胃药

芳香性健胃药是一类含挥发油，具有辛辣性或苦味的中药。内服后轻度刺激消化道黏膜，引起消化液增加，促进胃肠蠕动。另外，还有轻度抑菌、制止发酵的作用。药物吸收后，一部分经呼吸道排出，增加分泌，稀释痰液，呈轻度祛痰作用。因此，本类药物具有健胃、制酵、驱风、祛痰作用。健胃作用强于单纯苦味健胃药，且作用持久。临床上将本类药物配成复方，用于慢性消化不良、胃肠发酵、积食等。常用的药物有陈皮、桂皮、豆蔻、小茴香、八角茴香、姜、辣椒、大蒜等。

陈皮（Pericarpium Citri Reticulatae，橙皮）

陈皮为芸香科植物橘（*Citrus reticulata* Blanco）及其栽培变种的干燥成熟果皮，内含挥发油、川皮酮、橙皮苷、维生素 B_1 和肌醇等。味苦而辛，性温，理气健胃，燥湿化痰。内服发挥芳香健胃作用，能刺激消化道黏膜，增强消化液的分泌及胃肠蠕动，呈现健胃驱风的功效。常制成陈皮酊，治疗消化不良、积食气胀等。

肉桂（Cortex Cinnamomi，桂皮）

肉桂为樟科植物肉桂（*Cinnamomum cassia* Presil）的干燥树皮，内含挥发性桂皮油 1%~2%，油中含桂皮醛、醋酸桂皮酯、丁香酚、桂皮酸、苯丙酸乙酯、桂二萜醇、乙酰桂二萜醇等。本药粉末为红棕色；气味浓烈，味甜，辣。味甘而辛，性大热，能温中补阳，散寒止痛。桂皮油对胃肠黏膜有和缓的刺激作用，能加强消化，排除积气，缓解痉挛性疼痛；还能使中枢和末稍血管扩张，可增强血液循环。常用制剂为肉桂酊、桂皮粉，用于治疗消化不良，胃肠胀气，产后虚弱等。妊娠动物禁用，以免流产。

豆蔻(Cardamon)

豆蔻为姜科植物白豆蔻(*Amomum kravanh* Pierre ex Gagnep.)或爪哇白豆蔻(*Amomum compacttum* Soland ex Maton)的干燥成熟果实，内含挥发油，油中含有右旋龙脑、右旋樟脑等成分。味辛性温，能行气消胀，暖胃消食。具有健胃、驱风、制酵等作用，内服用于消化不良、前胃弛缓、胃肠气胀等。常用制剂为豆蔻粉、复方豆蔻酊。

小茴香(Fructus Foeniculi)

小茴香为伞形科植物茴香(*Foeniculum vulgare* Mill.)的干燥成熟果实，内含挥发油3%~8%，油中主要成分为茴香醚、右旋小茴香酮、柠檬烯等。味辛性温，散寒止痛，理气和胃。对胃肠黏膜有温和的刺激作用，能增强消化液的分泌，促进蠕动，减轻胃肠胀气，呈现健胃驱风的功效。内服用于胃肠气胀、消化不良、积食等；配合氯化铵可协助祛痰，用于干咳、急性支气管炎等。常用制剂为小茴香粉、小茴香酊。

八角茴香(Fructus Anisi Stellati)

八角茴香为木兰科植物八角(*Illicium verum* Hook. f.)干燥成熟果实，内含挥发油4%以上，主要成分为茴香醚、黄樟醚等，此外还含有脂肪油、树脂、蛋白质、糖类等。性温味辛甘，能理气温中，散寒祛痰。作用与应用同小茴香，但作用较弱。

干姜(Rhizoma Zingiberis)

干姜为姜科植物姜(*Zingiber officinale* Rosc.)的干燥根茎，内含姜辣素、姜烯酮、姜酮、挥发油(0.25%~3%)。挥发油含龙脑、桉油精、姜醇、姜烯等成分。味辛性温，能解表散寒，回阳通脉。内服对口腔和胃黏膜有较强的刺激作用，能提高食欲，增加消化液的分泌，促进胃蠕动，具有健胃、制酵、驱风等功效。吸收后，通过反射引起中枢神经兴奋，加强血液循环，并可促进发汗。内服用于机体衰弱、四肢厥冷、消化不良、胃肠胀气、风寒感冒等；还可外用为皮肤刺激药。妊娠动物禁用。常用制剂为干姜酊、干姜流浸膏。

大蒜(Bulbus Allii)

大蒜为百合科植物大蒜(*Allium sativum* L.)的鳞茎，内含挥发油、蒜素。气特异，味辛辣。辛温，解毒杀虫，消肿，止痢。内服发挥芳香健胃作用。由于内含大蒜素，具有明显的抑菌作用。试验证明对多种革兰阳性菌和阴性菌均有一定的抑制作用，对白色念珠菌、隐球菌等真菌以及滴虫等原虫也有作用。常用制剂为大蒜酊，内服用于食欲不振，积食气胀；禽及幼畜肠炎、下痢等。

辣椒(Fructus Capsici)

辣椒为茄科植物辣椒(*Capsicum frutescens* L.)的成熟果实，内含辣椒碱、辣椒红素、龙葵苷、脂肪油、树脂、酒石酸、维生素 C 等。性热味辛，小量内服能刺激消化道黏膜，促进食欲，加强消化。内服用于消化不良，胃肠臌气。常用制剂为辣椒粉、辣椒酊。剂量过大可引起肠炎，临床应慎用。

5.1.1.3　盐类健胃药

盐类健胃药主要指中性盐类，内服少量盐类，一般产生两种作用：①渗透压作用，能温和地刺激消化道黏膜。②补充离子，调节体内离子平衡。常用的盐类健胃药有氯化钠（见本书 9.2 水和电解质平衡药）、复方制剂人工盐、弱碱性盐碳酸氢钠（见本书 9.3 酸碱平衡调节药）等。

人工盐（Artificial Carlsbad Salt，人工矿泉盐、卡尔斯泉盐）

本品是由干燥硫酸钠 44%、氯化钠 18%、碳酸氢钠 36% 及硫酸钾 2% 混合制成，为白色干燥粉末。易溶于水，水溶液呈弱碱性（pH 8～8.5）。具有多种盐类的综合作用。内服少量时，能促进胃肠分泌和蠕动，中和胃酸，从而产生健胃作用。小剂量还有利胆作用。内服大量时，由于其渗透压作用，在肠管内保持大量水分，并刺激肠管蠕动、软化粪便，从而引起缓泻作用。常配合制酵药大剂量用于便秘初期；马属动物较多用于一般性消化不良、胃肠弛缓、便秘等。禁与酸性物质或酸类健胃药、胃蛋白酶等配用。内服作泻剂时宜大量饮水。

5.1.2　助消化药

助消化药多为消化液成分或促进消化液分泌的药物，能促进食物的消化，用于消化道分泌机能减弱，消化不良。助消化药包括：①消化液成分。如稀盐酸、淀粉酶、胃蛋白酶、胰酶等，它们能补充消化液中某种成分的不足，发挥替代疗法的作用，从而迅速恢复正常的消化活动。助消化药作用迅速、奏效快，但必须对症下药；否则，不仅无效，有时反而有害。在临床上常与健胃药配合应用。②促进消化液分泌的药物。如利胆药（孟布酮等）。③中药。如山楂、麦芽、药曲等含有能促进消化机能的天然物质，也能起助消化作用。

稀盐酸（Dilute Hydrochloric Acid）

【理化性质】本品是 10% 盐酸溶液，为无色澄明液体；无臭，味酸；呈强酸性反应，应置具塞玻璃瓶内密封保存。盐酸是胃液中主要成分之一，由胃底腺的壁细胞分泌。家畜胃液中盐酸的浓度通常为 0.1%～0.5%，草食动物稍偏低些，如牛为 0.12%～0.38%，杂食动物则居中，如猪为 0.3%～0.4%，肉食动物稍偏高些。正常情况下，胃液中的盐酸一部分与黏液或其他有机物相结合，另一部分则保持游离状态。

【药理作用】①内服适量能增加胃液酸度，使胃蛋白酶原活化为胃蛋白酶，并提供胃蛋白酶作用所需要的酸性环境。②能使胃内容物达到一定酸度，促使幽门括约肌松弛，以便胃内食糜到达十二指肠，有利于胃排空。③酸性食糜刺激十二指肠黏膜，可反射性地引起幽门括约肌收缩，还可使十二指肠黏膜产生胰泌素，反射性地引起胰液、胆汁和胃液的分泌，有助于脂肪及其他食物的进一步消化。④能增加钙、铁等盐类的溶解与吸收。⑤稀盐酸还可抑制一些细菌的繁殖，有制酵和减轻气胀的作用。

【应用】主要用于因胃酸缺乏而引起的消化不良，胃内发酵；马属动物急性胃扩张、肠干结(可使内容物软化);碱中毒;药用辅料等。

【应用注意】①用量不宜过大,浓度不宜过高。否则会反射性引起幽门括约肌痉挛性收缩,影响胃排空,并产生腹痛。②禁与碱类、盐类健胃药、有机酸、洋地黄及其制剂配合使用。③用前加50倍水稀释成0.2%溶液使用。

稀醋酸(Dilute Acetic Acid)

本品含醋酸5.5%~6.5%,为无色澄清液体;有特臭,味酸。作用同稀盐酸,内服有防腐、制酵及助消化作用。应用:①内服用于马、骡急性胃扩张,消化不良,牛瘤胃臌胀等。②0.1%~0.5%稀释液可冲洗阴道,2%~3%稀释液可冲洗口腔病灶和其他感染性创口。忌与苯甲酸盐、水杨酸盐、碳酸盐、碱类等配伍。

乳酸(Lactic Acid)

本品含乳酸85%~90%,为澄明无色或微黄色黏性液体。内服具有防腐、制酵作用,促进消化液的分泌。应用:①内服用于幼畜消化不良、马属动物急性胃扩张及牛、羊前胃弛缓。②外用1%溶液可冲洗阴道,治疗阴道滴虫病。③作空气消毒。禁与氧化剂、氢碘酸、蛋白质溶液及重金属盐配伍。

胃蛋白酶(Pepsin, 胃蛋白酵素、胃液素)

【理化性质】胃蛋白酶是由胃腺主细胞分泌的胃蛋白酶原,在胃酸作用下转变而成。药用来自牛、猪、羊等胃黏膜。本品为白色或淡黄色粉末;味微酸;有吸湿性。能溶于水,水溶液呈酸性。在70 ℃以上或碱性条件下,易被破坏失效,在弱酸性条件下则较稳定。

【作用与应用】本品是一种蛋白质分解酶,内服后将蛋白质初步水解为蛋白胨,有利于蛋白质的进一步分解吸收。在酸性环境中作用强,pH 1.8时其活性最强。每克胃蛋白酶至少能使凝固的卵蛋白3 800 g完全消化。常与稀盐酸同服,用于胃液分泌不足或胃蛋白酶缺乏引起的消化不良。常用制剂为胃蛋白酶片。

【药物相互作用】①与抗酸药(如氢氧化铝)同服,因胃内pH值升高而使其活力降低。②本品的药理作用与硫糖铝相拮抗,二者不能同用。③遇鞣酸、没食子酸、重金属盐等可产生沉淀。

【应用注意】①禁止与碱性药物、鞣酸、重金属盐等配合使用。②温度超过70 ℃时迅速失活,剧烈搅拌可破坏其活性,导致减效。③用前将稀盐酸加水做20倍稀释后,再加入本品,于食前灌服。

胰酶(Panereatin)

胰酶取自牛、猪、羊等动物的胰腺,含胰蛋白酶、胰淀粉酶及胰脂肪酶。内服后能分解蛋白质、淀粉和脂肪等,其助消化作用在中性或弱碱性环境中作用最强(pH 7.8~8.7),常与碳酸氢钠配伍使用。常用制剂为胰酶片,内服用于猪、犬因胰腺疾病或胰腺分泌不足所引起的消化不良。

乳酶生（Lactasin，表飞鸣）

本品是乳酸杆菌的干燥制剂（每克含活乳酸杆菌 1 000 万个以上），受热效力下降，于冷暗处保存。能分解糖类产生乳酸，使肠内酸性增高，从而抑制肠内腐败菌的繁殖，减少发酵和产气，发挥促消化和止泻作用。用于消化不良、腹胀及消化不良性腹泻；也可用于长期使用抗生素引起的二重感染的辅助治疗。应注意避免与抗菌药或吸附剂、收敛剂、酊剂及乙醇同用，以免降低疗效；饲前服用；超过有效期后，其中活菌数量很少，不宜再用。常用制剂为乳酶生片。

干酵母（Saccharomyces Siccum，Yeast，食母生）

本品为麦酒酵母菌或葡萄汁酵母菌或隐球酵母科产朊假丝酵母菌未经提取的干燥菌体，含多种 B 族维生素等生物活性物质。每克酵母中含维生素 B_1 0.1～0.2 mg、核黄素0.04～0.06 mg、烟酸 0.03～0.06 mg。此外，还含有维生素 B_6、维生素 B_{12}、叶酸、肌醇及转化酶、麦芽糖酶等。上述物质是机体内某些酶系统的重要组成部分，参与糖、蛋白质、脂肪的生物转化和转运。临床用于 B 族维生素缺乏症，如多发性神经炎、糙皮病、酮血症等治疗及消化不良的辅助治疗。常用制剂为干酵母片。用量过大可致腹泻。因内含大量对氨基苯甲酸，与磺胺类药物合用时可使其抗菌作用减弱。

孟布酮（Menbutone）

本品为动物专用利胆药，具有刺激胃肠消化液分泌的作用，能够使动物胆汁分泌量增加 2 倍左右，胃液和胰液的分泌量达到正常分泌量的 5 倍左右，而对副交感神经系统及其支配器官（如子宫平滑肌及心肌）无兴奋作用。胆酸盐、胃蛋白酶、胰蛋白酶、胰脂肪酶和胰淀粉酶等分泌增加，促进胃肠内脂肪、蛋白质和淀粉等的消化吸收。临床用于猪消化不良、食欲减退和便秘腹胀等胃肠机能障碍。内服吸收较快且较完全。可以单独使用，也可作为辅助治疗药与其他药物联合使用。禁与含钙制剂或含普鲁卡因青霉素或维生素 B 制剂同时使用；不宜用于小于 10 日龄的仔猪。常用制剂为孟布酮粉，休药期：猪 6 d。

5.2　抗酸药

用于动物临床的抗酸药（antacids）有两类：①弱碱性抗酸药。如氢氧化镁、氢氧化铝、碳酸钙、氧化镁、碳酸氢钠（见本书 9.3 酸碱平衡调节药）等。内服后能降低胃内容物酸度，从而减轻或消除胃酸对胃、十二指肠黏膜的侵蚀和对溃疡面的刺激，并减弱胃蛋白酶活性，发挥缓解疼痛和促进愈合的作用。此外，有的抗酸药在中和胃酸时，还能形成胶状物质，覆盖在溃疡面上，产生收敛、止血和保护作用，促进溃疡的愈合。②抑制胃酸分泌药。包括 H^+-K^+·ATP 酶抑制药（如奥美拉唑）、节后抗胆碱药（如溴丙胺太林、甲吡戊痉平等）和 H_2 受体阻断药（如西咪替丁、雷尼替丁、法莫替丁和尼扎替丁等）。

5.2.1　弱碱性抗酸药

碳酸钙（Calcium Carbonate）

本品为白色极微细的结晶性粉末。几乎不溶于水，不溶于乙醇。抗酸作用产生快，且强而持久。在中和胃酸反应时能产生二氧化碳，引起嗳气。Ca^{2+}若进入小肠能促使胃泌素分泌，易出现胃酸分泌增多的反跳现象。常用制剂为碳酸钙片，内服治疗胃酸过多。本品持久大量应用，可造成便秘、腹胀。

氧化镁(Magnesium Oxide)

本品为白色粉末。几乎不溶于水，不溶于乙醇，可溶于稀酸。在空气中可缓慢吸收二氧化碳。抗酸作用强而持久，但缓慢。在中和胃酸时不会产生二氧化碳。在肠道中可形成氯化镁，释放出 Mg^{2+}，刺激肠壁蠕动，产生轻泻作用；又具有吸附作用，能吸附二氧化碳等气体。常用制剂为氧化镁片，内服治疗胃酸过多、胃肠臌气及急性瘤胃臌气。

氢氧化镁(Magnesium Hydroxide)

本品难吸收，抗酸作用较强、较快，可快速调节 pH 值至 3.5。中和胃酸时不产生二氧化碳。常用制剂为镁乳，内服用于犬、猫胃酸过多和胃炎等病症。

氢氧化铝(Aluminium Hydroxide)

本品抗酸作用较强，缓慢而持久。中和胃酸时产生的氧化铝有收敛、局部止血及引起便秘作用，用于治疗胃酸过多和胃溃疡。应用时注意本品能影响磷酸盐、四环素类、泼尼松、氯丙嗪、普萘洛尔、维生素、巴比妥类、地高辛、奎尼丁、异烟肼等药物的吸收或消除。常用制剂为氢氧化铝片。

5.2.2　抑制胃酸分泌药

胃酸由壁细胞分泌，并受神经递质(Ach)、内分泌(促胃液素)、旁分泌(组胺、生长抑素和前列腺素)等体内多种内源性因素的调节，它们作用于壁细胞的特异性受体，增加 cAMP 及 Ca^{2+} 浓度，最终影响壁细胞顶端分泌小管膜内的质子泵($H^+-K^+ \cdot ATP$ 酶)而影响胃酸分泌。常用的抑制胃酸分泌的药物可分为 3 类：①$H^+-K^+ \cdot ATP$ 酶抑制药。胃 $H^+-K^+ \cdot ATP$ 酶又称质子泵(proton pump)，是由 α 和 β 两个亚单位组成的异二聚体，是胃酸分泌过程的最终环节。$H^+-K^+ \cdot ATP$ 酶抑制药将其作为靶标，通过抑制此酶而抑制胃酸分泌，是一类抑制胃酸特异性高、作用强的新型抗消化性溃疡药，如奥美拉唑。②节后抗胆碱药。主要药物有溴丙胺太林和甲吡戊痉平。③H_2 受体阻断药(H_2-receptor antagonists)。能够阻断胃壁细胞的 H_2 受体，对胃酸分泌具有强大的抑制作用。常用药物有西咪替丁(甲氰咪胍)、雷尼替丁(呋喃硝胺)等(见本书 8.1.1 组胺与抗组胺药)。

5.2.2.1　$H^+-K^+ \cdot ATP$ 酶抑制药

奥美拉唑(Omeprazole，洛赛克)

【理化性质】本品为第一个问世的质子泵抑制剂，为白色或淡黄色结晶性粉末。在三氯甲烷中易溶，在甲醇中略溶，在丙酮、乙醇等中微溶，在水中不溶。

【作用与应用】本品为弱碱性亚砜类咪唑化合物，经肠吸收，在血液中药物不带电荷，能透过细胞膜，分布在胃壁细胞分泌小管部位。质子化的药物分子转化为亚磺酸和亚磺酰胺，此为本品发挥药理作用的活性形式。这两种活性化合物均能与 $H^+-K^+ \cdot ATP$ 酶位于细胞外表面的 α 亚单位中半胱氨酸残端的—SH 相结合形成共价键，使酶不可逆的失去活性。

壁细胞分泌胃酸的最后环节被抑制，胃液 pH 值升高。本品既是该酶的底物，又是其抑制剂。因为是共价结合，所以其泌酸功能需待酶蛋白的新合成。主要用于治疗十二指肠溃疡，消化性胃溃疡。

【药动学】本品可使基础胃酸分泌及由组胺、促胃液素等刺激引起的胃酸分泌均受到明显抑制。内服吸收的速度及程度在个体间有较大差异。胃内有食物时，吸收会减少67%。饮食并不影响该药的清除率。

【药物相互作用】本品具有酶抑制作用，可延缓经肝内细胞色素 P-450 系统代谢的药物（如双香豆素、安定、苯妥英钠、华法林、硝苯定）在体内的消除。当本品与上述药物一起使用时，应酌情减少后者用量。

【应用注意】①不能用于妊娠及泌乳雌马，用药后的动物禁止食用。②不宜长期用药，可致胃内细菌繁殖，还可能抑制肝酶活性。

【制剂】奥美拉唑胶囊。

5.2.2.2　节后抗胆碱药

溴丙胺太林（Propantheline Bromide，普鲁本辛）

本品对胃肠道 M 受体选择性高，有类似阿托品样作用，治疗剂量对胃肠道平滑肌的抑制作用强而持久，也可减少唾液、胃液及汗液的分泌。此外，有神经节阻断作用。临床用于胃酸过多及缓解胃肠痉挛。中毒量时可阻断神经肌肉传导，引起呼吸肌麻痹等。常用制剂为溴丙胺太林片。

甲吡戊痉平（Glycopyrrolate，格隆溴铵、胃长宁）

本品为白色结晶性粉末，在水中溶解。作用类似于阿托品，抑制胃液及唾液分泌较强。对胃肠道解痉作用较差。常用制剂为胃长宁注射液，肌内或皮下注射治疗胃酸过多、消化性溃疡。

5.3　止吐药和催吐药

5.3.1　止吐药

恶心、呕吐是动物许多疾病的常见伴发症状，长期剧烈呕吐可引起机体脱水及电解质紊乱。呕吐是上消化道的一种复杂协调性活动过程，有生理性呕吐和病理性呕吐两种，其中病理性呕吐又分为反射性呕吐和中枢性呕吐。反射性呕吐主要是由于呕吐中枢所在的延脑以外的器官受到刺激时，反射性地引起呕吐中枢兴奋而发生的，多见于咽、食道、胃、肠或代谢异常及其他脏器疾病（如肝炎、腹膜炎等）；中枢性呕吐则是由延脑中的呕吐中枢直接受刺激引起，多见于神经系统疾病、毒物或毒素刺激、过敏反应、放射线照射和精神因素等。止吐药（antemetics）为不同环节抑制呕吐反应的药物，在兽医临床上主要用于制止犬、猫、猪及灵长类等动物呕吐。

氯苯甲嗪（Meclozine，敏可静）

本品为白色或微黄色结晶性粉末，在水中溶解。主要是抑制前庭神经、迷走神经兴奋传导而止吐，还有中枢抑制和抗胆碱作用，是晕动病及变态反应性呕吐的主要治疗药物。常用制剂为盐酸氯苯甲嗪片，一次用药可维持 12~24 h。

甲氧氯普胺（Metoclopramide，胃复安、灭吐灵）

本品为白色结晶性粉末，遇光变为黄色，毒性增强，勿用。本品为多巴胺 D_2 受体阻断剂，抑制延髓催吐化学感受区，反射性抑制呕吐中枢，止吐作用强大。此外，该药还能作为胃肠推动剂，促进食道和胃的蠕动，加速胃的排空，有助于改善呕吐症状。内服生物利用度为 75%，易透过血脑屏障和胎盘屏障。用于犬、猫各种原因引起的呕吐及慢性功能性消化不良引起的胃肠运动障碍，包括恶心、呕吐等症状。应用注意：①大剂量静脉注射或长期应用，可引起锥体外系反应，如肌震颤、震颤麻痹（又名帕金森病）、坐立不安等。②禁与阿托品、颠茄制剂合用，以防药效降低。③犬、猫妊娠期禁用。常用制剂为甲氧氯普胺片、胃复安注射液。

舒必利（Sulpiride，止吐灵）

本品属中枢性止吐药，止吐作用强大，效果好于甲氧氯普胺。常用制剂为舒必利片，内服用作犬的止吐药。

5.3.2　催吐药

催吐药（emetics）是一类能引起呕吐的药物。催吐作用可由兴奋中枢呕吐化学感受区引起，如阿扑吗啡；也可通过刺激食道、胃等消化道黏膜，反射性地兴奋呕吐中枢，引起呕吐，如硫酸铜。本类药物主要用于犬、猫等具有呕吐机能的动物，进行中毒解救，排出胃内未吸收的毒物，减少毒物的吸收。

阿扑吗啡（Apomorphine，去水吗啡）

本品属中枢反射性催吐药，直接刺激延髓催吐化学感受区，反射性兴奋呕吐中枢，引起恶心、呕吐。内服作用较弱、缓慢，皮下注射后 5~15 min 即可产生强烈的呕吐。常用制剂为阿扑吗啡注射液，皮下注射用于犬驱出胃内毒物，猫一般不用。

硫酸铜（Copper sulfate）

本品低浓度有收敛和刺激作用，随浓度增加，刺激性也逐渐加强。1% 硫酸铜溶液内服，由于刺激胃黏膜，可反射性地兴奋呕吐中枢，引起呕吐，在猪、犬和猫中反应明显。主要作为猪、犬和猫的催吐药。通常以 1% 硫酸铜溶液内服，10 min 左右可发挥作用。应用注意：①如果发生中毒，可灌服牛奶、蛋清或内服氧化镁等解救。②2% 溶液反复应用可导致胃肠炎，10%~30% 溶液有腐蚀作用。③为提高疗效，增加铜离子的离解度，可在 1% 硫酸铜溶液 1 000 mL 中加入盐酸 1~4 mL。灌药前禁饮 12~24 h，灌后禁饮 2~3 h。

5.4　瘤胃兴奋药

反刍动物的瘤胃容积庞大，食物停留时间较长，因此瘤胃的正常活动将保证饲料的消化和营养成分的吸收。当饲养管理不当、饲料品质差及运动不足时可能引起瘤胃弛缓等消化系统疾病。瘤胃兴奋药(stimulants of rumen)又称反刍促进药(ruminate stimulants),是能促使瘤胃平滑肌收缩,加强瘤胃运动,促进反刍动作,消除瘤胃积食与气胀的一类药。分为拟胆碱药(见本书 2.1.2 拟胆碱药)、浓氯化钠注射液和甲氧氯普胺(见本书 5.3.1 止吐药)等。

浓氯化钠注射液(Strong Sodium Chloride Injection)

本品是 10%氯化钠灭菌水溶液,为无色澄明液体;pH 4.5~7.5,专供静脉注射用。静脉注射后,血中高氯离子和高钠离子能反射性兴奋迷走神经,使胃肠平滑肌兴奋,蠕动增加,消化液分泌增多;还能增高血液的渗透压,使组织中的水分进入血液中,既有利于组织的新陈代谢,又可增加血容量,改善血液循环和许多器官的机能活动。尤其在瘤胃机能较弱时作用更加显著。一般用药后 2~4 h 作用最强。临床静脉注射用于反刍动物前胃弛缓、瘤胃积食,马属动物胃扩张和便秘疝等。静脉注射时不可稀释,注射速度宜慢,不可漏至血管外。心力衰竭和肾功能不全的患畜慎用。

5.5 制酵药和消沫药

5.5.1 制酵药

制酵药(antifoaming agents)是指能抑制细菌或酶的活力,阻止胃肠内容物发酵,使其不能产生过量气体的药物。

在正常情况下,反刍动物的瘤胃和马属动物的盲肠内都有大量的细菌存在,这些细菌为了它们自身的生长繁殖,参与饲料的消化过程,所产生的大量气体可通过嗳气排出体外。但当反刍动物采食大量易发酵或腐败变质的饲料后,由于瘤胃内迅速发酵而产生过量的气体,不能通过嗳气或肠道排出时,必然会导致瘤胃臌胀,引起瘤胃运动极度减弱或停止。高度臌胀的瘤胃会引起呼吸困难,甚至破裂致死。此时可根据臌胀的程度,应用制酵药或采用穿刺放气后再用制酵药,以制止气体的继续产生。马属动物肠臌气,虽与饲料有关,但主要是由于肠肌麻痹或肠道阻塞等原因引起。治疗方法是排除阻塞,以恢复肠蠕动为主,结合使用制酵药。

常用的制酵药有甲醛溶液(见本书 12.2.2 醛类)、鱼石脂、大蒜酊(见本书 5.1.1.2 芳香性健胃药)、芳香氨醑、薄荷脑等。另外,抗生素、磺胺药、消毒防腐药等都有一定程度的制酵作用。

鱼石脂(Ichthammol,依克度)

本品为棕黑色浓厚的黏稠性液体。易溶于乙醇,在热水中溶解,呈弱酸性反应。内服有防腐制酵、驱风并有缓和促进胃肠蠕动的作用。外用对皮肤和黏膜有温和的刺激作用和轻微抑菌作用,能消炎、消肿、促进肉芽生长。应用:①内服用于胃肠道制酵。如瘤胃臌胀、前胃弛缓、胃肠臌气、急性胃扩张。②10%~30%鱼石脂软膏用于慢性皮炎、蜂窝织炎、腱炎、腱鞘炎、慢性睾丸炎、冻伤、溃疡及湿疹等。

芳香氨醑(Aromatic Ammonia Spirit)

本品是由碳酸铵(3%)、浓氨溶液(6%)、柠檬油(0.5%)等制成的液体制剂,为几乎无色的澄明液体；存放日久，即渐变为黄色；味芳香，带氨臭，并有刺激性。本品中的氨、乙醇和茴香中所含茴香醚及挥发油均具有挥发性和局部刺激性，也有抑菌作用。内服后可抑制胃肠道内细菌的发酵作用，并刺激胃肠蠕动，有利于气体排出；同时，由于刺激胃肠道增加消化液分泌，可改善消化机能。临床用于消化不良、瘤胃臌胀、胃肠积食及气胀；配合氯化铵可用于急、慢性支气管炎。

薄荷脑(Menthol)

本品内服作为祛风药、解痉镇痛药，可增强胃肠蠕动，促进胃肠道内的气体排出。溶于石蜡油后用于发炎黏膜，可使血管收缩、肿胀减轻、炎症消退，用于治疗支气管炎。临床内服用于胃肠臌气和支气管炎。

5.5.2　消沫药

消沫药(antifrothing agents)是指能降低泡沫的局部表面张力，使泡沫迅速破裂而使气体逸散的药物，主要用于治疗在瘤胃内积聚大量泡沫而引起的泡沫性臌胀病。当牛、羊采食大量含皂苷的饲料(如紫云英、紫苜蓿等)后，经瘤胃发酵会产生许多不易破裂的小泡沫。其特征是小气泡夹杂在瘤胃内容物中，游离的气体一般不汇集于背囊内，用套管针放气无效，此时应使用消沫药。

消沫药必须具备以下3个条件：①表面张力低于泡液。②与起泡液不互溶。③能连续不断地进行消沫作用。当与起泡液不互溶的消沫药微粒同泡沫液膜接触时，降低液膜局部的表面张力，致使表面张力降低的局部被"拉薄"而"穿孔"，使相邻的小气泡不断扩大，汇集成游离的气体(大气泡)而排出体外。

本类药物用于反刍动物瘤胃泡沫性臌胀的治疗，常用二甲硅油、松节油。而植物油(如豆油、花生油、菜籽油、麻油、棉籽油等)因表面张力较低，也有消沫作用。

二甲硅油(Dimethicone，聚甲基硅)

本品为无色透明油状液体。在水和乙醇中不溶，能与氯代烃类、乙醚、苯、甲苯等混溶。内服后能降低瘤胃内泡沫膜的局部表面张力，使泡沫破裂。在瘤胃内发挥消沫作用快而强。内服后经5 min开始出现作用，到15~30 min作用最强，可使大量泡沫破裂融合，有利于排出。常用制剂为二甲硅油片，用于瘤胃泡沫性臌胀病。

5.6　泻药和止泻药

5.6.1　泻药

泻药(laxatives)是一类促进肠道蠕动，增加肠内容积，软化粪便，加速粪便排泄的药物，临床主要用于治疗便秘，排出胃肠道内的毒物及腐败分解物，还与驱虫药合用以驱除肠道寄生虫。根据作用方式和特点可分为4类：①容积性泻药(也称盐类泻药)。如硫酸钠、硫酸镁、氯化钠等。②润滑性泻药(也称油类泻药)。如液状石蜡、植物油、动物油等。③刺激性泻药(也称植物性泻药)。如大黄、芦荟、番泻叶、蓖麻油等。甘汞、酚肽属于非植物性的刺激性泻药，现已很少用。④神经性泻药。拟胆碱药通过对肠道 M 受体作用，使肠蠕动加强，促使排便。

5.6.1.1　容积性泻药

容积性泻药为非吸收的盐类和食物性纤维素等物质，临床上常用硫酸钠和硫酸镁，又称为盐类泻药。盐类泻药易溶于水，其溶液中的离子不易被肠壁吸收，在肠内形成高渗的盐溶液，保持大量水分，增大肠内容积，对肠壁感受器产生机械刺激。盐类的离子对肠黏膜也有一定的化学刺激作用，促进肠管蠕动，促使排便。

影响盐类泻药的致泻作用因素：①与盐类离子在消化道内吸收的难易程度有关。一般难吸收者，下泻作用强。②与内服溶液的浓度密切相关，硫酸钠的等渗溶液为 3.2%，硫酸镁为 4%。致泻时硫酸钠、硫酸镁应分别配成 4%～6% 和 6%～8% 溶液灌服。③如果与大黄等植物性泻药配伍，可产生协同作用。④盐类溶液浓度过高（10% 以上），不仅会延长致泻时间，降低致泻效果，而且进入十二指肠后，能反射性地引起幽门括约肌痉挛，妨碍胃排空，有时甚至可引起肠炎。⑤小肠阻塞时因阻塞部位接近胃，不宜选用盐类泻药，否则易继发胃扩张。⑥下泻作用与动物体内含水量多少有关。若机体内水量多，则能提高下泻作用，故用药前应进行补液或大量饮水。

硫酸钠（Sodium Sulfate，芒硝）

【理化性质】本品为无色或白色的晶颗粒或粉末，在水中易溶。

【药理作用】本品小剂量内服，能轻度刺激消化道黏膜，使胃肠的分泌与蠕动稍增加，产生健胃作用；内服大剂量时，在肠内解离出的 SO_4^{2-} 和 Na^+ 不易被肠壁吸收，在肠腔内保留大量水分，增加肠内容积，且稀释肠内容物，软化粪便，并刺激肠壁增强其蠕动，从而产生泻下作用。

【应用】①主要用于大肠便秘。可配成 4%～6% 溶液灌服。若配合大黄、枳实、厚朴等，致泻效果更好。②排除肠内毒物或辅助驱虫药驱除虫体时比较安全。③牛瓣胃阻塞时，可用 25%～30% 硫酸钠溶液 250～300 mL，直接注入瓣胃，以软化并稀释干结食团，及早应用效果较好。④10%～20% 硫酸钠溶液外用于化脓创和瘘管的冲洗、引流等。

【应用注意】①用于大肠便秘时应配成 4%～6% 溶液。②不适用于小肠便秘。③禁与钙盐配合应用。

硫酸镁（Magnesium Sulfate）

本品（$MgSO_4 \cdot 7H_2O$）为无色细小的针状结晶或斜方形柱状结晶，在水中易溶。

内服导泻作用与应用同硫酸钠；注射硫酸镁有抗惊厥和骨骼肌松弛作用（见本书3.2.2 抗惊厥药）。

5.6.1.2　润滑性泻药

本类药物来源于动物（如豚脂、酥油、獾油）、植物（如豆油、花生油、菜籽油、棉籽油）和矿物油（如液状石蜡），属中性油，故又称油类泻药，无刺激性。内服大量的油类泻药，绝大部分不发生变化，而以原形通过肠道，故其主要作用是润滑肠道，软化粪块，阻止肠内水分吸收，引起排粪。常用于妊娠动物或有肠炎的患畜，排除毒物时禁用。

液状石蜡（Liquid Paraffin，石蜡油）

本品是石油提炼过程中的一种副产品，内服后在消化道内不发生变化，也不被肠壁吸收，以原形通过整个肠管，对肠腔只起润滑和保护作用。而且能阻止肠内水分的吸收，故起软化粪便的作用。泻下作用温和，无刺激性。临床用于小肠阻塞、便秘、瘤胃积食等。患肠炎病畜、妊娠动物均可应用。但不宜长期反复应用，以免影响消化及阻碍脂溶性维生素和钙、磷吸收。

植物油(Vegetable Oil)

植物油包括豆油、菜籽油、芝麻油、花生油、棉籽油等。大量灌服这些油类后，只有小部分在肠内分解，大部分以原形通过肠管，润滑肠道，软化粪便，促进排粪。适用于小肠阻塞、大肠便秘等，但慎用于妊娠和肠炎动物。

5.6.1.3　刺激性泻药

本类药物种类繁多，包括蒽醌苷类(如大黄、芦荟、番泻叶)、刺激性油类(如蓖麻油、巴豆油)、树脂类(如牵牛子)、化学合成品(如酚酞等)，其中大黄、蓖麻油为兽医临床常用。此类药物内服后，在胃内一般无变化，到达肠内后分解出有效成分，对肠黏膜感受器产生化学性刺激，反射性促进肠管蠕动和增加肠液分泌，产生泻下作用。本类药物也能加强子宫平滑肌收缩，可使妊娠动物流产。

大黄(Radix et Rhizoma Rhei)

【理化性质】本药为我国特产药材之一，是蓼科植物大黄(*Rheum officinale* Baill)、掌叶大黄(*Rheum palmatum* L.)或唐古大黄(*Rheum tanguticum* Maxim. ex Regl.)的干燥根茎。内含蒽醌苷类的衍生物(大黄素、大黄酚、大黄酸等)和鞣质等。大黄末呈黄色，不溶于水。

【药理作用】本药味苦性寒，能泻实热，破积滞，行淤血。①内服小剂量，呈现苦味健胃作用。②内含大量鞣质，内服中剂量呈现收敛止泻作用。③内含蒽醌苷类，内服大剂量，在胃内并不起作用，在小肠吸收后大部分失效，只有3%在体内水解成大黄素、大黄酚、大黄酸，经大肠分泌到肠腔，刺激肠黏膜反射性地增强肠蠕动而引起下泻。泻下作用出现缓慢，一般须经6~24 h才能排粪，且由于鞣酸的收敛作用，有时排粪后可再引起便秘。④体外试验证明，大黄素和大黄酸对金黄色葡萄球菌、大肠杆菌、链球菌，痢疾杆菌、铜绿假单胞菌和皮肤真菌等有较强的抑制作用。⑤本药有利尿、利胆、增加血小板、降低胆固醇等作用。

【应用】①在兽医临床上内服用作中、小家畜的健胃药。②大黄末与盐类泻药配合应用，可增强致泻效果。③大黄末与陈石灰(2∶1)配成撒布剂，可治疗化脓疮，与地榆末配合调油，局部涂敷，可治疗烧伤和烫伤。

蓖麻油(Oleum Ricini)

【理化性质】本品为大戟科植物蓖麻(*Ricinus communis* L.)的成熟种子经压榨而得的一种脂肪油，为淡黄色澄明的黏稠液体。在水中不溶，在乙醇中微溶。

【作用与应用】本身无刺激性，只有润滑作用。内服后在肠内一部分受胰脂肪酶作用，分解为蓖麻油酸和甘油，前者在小肠中与钠结合成蓖麻油酸钠，刺激肠黏膜感受器，促进肠蠕动，使内容物从小肠迅速往大肠移送；后者对肠道起润滑作用；另一部分未被分解的蓖麻油以原形通过肠道，对粪便和肠壁也起润滑作用。用药后经 4~8 h 可引起排粪。临床主要内服用于治疗幼小动物的小肠便秘。

【应用注意】①采用冷压法制成的工业用蓖麻油，含有蓖麻毒蛋白，不能服用。②妊娠和肠炎动物及应用脂溶性驱虫药时不能用本品作泻药。③不能长期反复应用，以免影响消化功能。

5.6.1.4　神经性泻药

作用于传出神经末梢部位的拟胆碱药，包括直接与胆碱受体结合的胆碱药和通过抑制胆碱酯酶使乙酰胆碱蓄积而发挥作用的抗胆碱酯酶药。这些药物都可以作用于消化道平滑肌及腺体的胆碱受体使其兴奋，从而使肠道蠕动和分泌加强，肠道内容物软化，并迅速通过肠道，引起泻下。但神经性泻药作用强，选择性差，剂量过大会引起平滑肌剧烈收缩而产生腹痛，治疗时也会抑制心脏和呼吸机能，当心肺功能不全时尤应注意。常用的药物如氨甲酰胆碱、氨甲酰甲胆碱、毛果芸香碱、槟榔碱、新斯的明等（见本书 2.1.2 拟胆碱药）。

5.6.2　止泻药

止泻药（antidiarrheal drugs）是一类能保护肠黏膜，吸附毒物，消炎收敛的药物。根据药理作用特点，止泻药分为 3 类：①收敛止泻药。如鞣酸、鞣酸蛋白、碱式硝酸铋、碱式碳酸铋，本类药物具有收敛作用，能在肠黏膜表面形成蛋白保护膜。在肠炎、腹泻后期选用，保护肠黏膜免受有害因素刺激。②吸附止泻药。具有吸附作用，能吸附毒物、毒素等，从而减少其对肠黏膜的刺激。常用药用炭、白陶土，用于消化不良，肠内异常发酵引起的腹泻。③抑制肠蠕动止泻药，如阿托品（见本书 12.1.3.1 M 受体阻断药）、盐酸地芬诺酯等。肠炎、腹泻不止时，配伍用抗菌消炎药（黄连素、磺胺、抗菌素等）；腹泻不止伴有剧痛时选用阿片酊、颠茄酊、阿托品（防脱水、失盐、消除腹痛），但副作用大，会激发胃肠弛缓、消化不良等。

5.6.2.1　收敛止泻药

鞣酸（Tannic Acid）

本品为蛋白质沉淀剂，具有收敛作用。内服后与胃黏膜蛋白结合成鞣酸蛋白，被覆于胃肠黏膜起保护作用。鞣酸蛋白到达小肠后再分解，释放鞣酸，产生收敛止泻作用。另外，还能与士的宁、奎宁、洋地黄等生物碱和重金属铅、银、铜、锌等发生沉淀。当因上述物质中毒时，可用鞣酸溶液（1%~2%）洗胃或灌服解毒，但需及时用盐类泻药排出。临床用于小动物止泻和作为某些生物碱中毒的解毒剂；外用 5%~10% 鞣酸溶液或 20% 鞣酸软膏治疗湿疹、褥疮等。对肝有损害作用，不宜久用。

鞣酸蛋白（Tannalbumin）

本品是由鞣酸和蛋白质相互作用而制成，含鞣酸 50%。为棕褐色粉末。在水和乙醇中不溶，应遮光密闭保存。内服后在胃内酸性环境下稳定，也不呈现作用，到达小肠内，受胰蛋白酶等作用，蛋白质部分被消化释放出鞣酸，发挥收敛和保护作用。此作用持久且能达到肠管后部。临床用于治疗急性肠炎和非细菌性腹泻。

碱式硝酸铋（Bismuth Subnitrate，次硝酸铋）

①本品内服后在胃肠内能缓慢地解离出铋离子。铋离子既能与蛋白质结合呈收敛作用，又能在肠内与硫化氢结合，形成不溶性硫化铋覆盖于黏膜表面，保护肠黏膜，并减少硫化氢对肠壁的刺激而发挥止泻作用。②外用时在炎性组织中也能缓慢地解离出铋离子，与细菌、组织表层的蛋白质结合，产生收敛和抑菌消炎作用。临床用于治疗肠炎和腹泻；外用治疗湿疹和烧伤，撒布剂或 10% 软膏可用于创伤或溃疡治疗。应用注意：①本品在肠内溶解后，可产生亚硝酸盐，用量大时可引起中毒。②遇光变质，应遮光密闭保存。③对由病原菌引起的腹泻，应先用抗菌药控制其感染后再用本品。常用制剂为碱式硝酸铋片。

碱式碳酸铋（Bismuth Subcarbonate，次碳酸铋）

本品作用、应用基本同碱式硝酸铋，但副作用较轻。内服剂量同碱式硝酸铋。

5.6.2.2　吸附止泻药

药用炭（Medical Charcoal，活性炭）

【理化性质】本品是将动物骨骼或木材在密闭窑内加热烧制，研成黑色微细的粉末，不溶于水。在潮解后药效降低，必须干燥密封保存。

【药理作用】本品粉末细小，表面积大，吸附作用强。①内服后不被消化，也不被吸收，能吸附大量的气体、病原微生物、发酵产物、化学物质和细菌毒素等，并能覆盖于黏膜表面，保护肠黏膜免受刺激，使肠蠕动减慢，达到止泻的作用。②外用有干燥、抑菌、止血和消炎作用。

【应用】内服用于治疗肠炎、腹泻、中毒等；外用于浅部创伤。

【应用注意】①禁与抗生素、乳酶生合用，因其被吸附而降低药效。②本品的吸附作用是可逆的，用于吸附毒物时，必须用盐类泻药促使排出。在吸附毒物的同时也能吸附营养物质，不宜反复应用。

白陶土（Kaolin，Bolus Alba，高岭土）

本品为白色细粉，加水润湿后有类似于黏土的气味，有脂肪感，颜色加深。在水、稀硫酸或氢氧化钠溶液中几乎不溶。药用白陶土必须 150 ℃ 干燥灭菌 2~3 h。本品有巨大的吸附表面积，能机械性吸附细菌毒素，并对皮肤或黏膜有机械性保护作用，但较药用炭弱。应用：①内服用于治疗胃肠炎、腹泻等。②外用为撒布剂和冷、热敷剂的赋形药，与其他收敛药、防腐药合用，治疗溃疡、糜烂性湿疹和烧伤。③本品能保水和导热，与食醋配伍制成冷却剂湿敷于局部，治疗急性关节炎、挫伤、日射病、热射病等。

5.6.2.3　抑制肠蠕动止泻药

盐酸地芬诺酯（Diphenoxylate Hydrochloride，苯乙哌啶、止泻宁）

【理化性质】本品为白色或几乎白色的粉末或结晶性粉末，无臭。

【作用与应用】本品属非特异性止泻药，是哌替啶的衍生物。通过对肠道平滑肌的直接作用，抑制肠黏膜感受器，减弱肠蠕动，同时增加肠道的节段性收缩，延迟内容物后移，以利于水分的吸收。大剂量呈镇痛作用。临床用于急慢性功能性腹泻、慢性肠炎等对症治疗。长期使用能产生依赖性，若与阿托品配伍使用可减少依赖性的发生。

【应用注意】①不宜用于细菌毒素引起的腹泻，否则因毒素在肠道中停留时间过长反而加重腹泻。②可引起猫咖啡样兴奋，犬则表现镇静。

【制剂】复方地芬诺酯片。

5.6.3　泻药与止泻药的合理选用

目前，临床上所用的一些泻药都存在着一定的缺点。治疗便秘时首先要了解积粪的部位、大小和软硬等，再根据病畜的体质、症状、病程和肠管的机能状态等进行合理选药。①对大肠便秘的早、中期，一般应首先选用盐类泻药，主要是作用比较缓和，可软化粪球，副作用较少的硫酸钠，但其致泻作用不够强，常配合大黄、枳实等使用。硫酸镁也可选用。②对小肠阻滞的早、中期，一般以选用植物油、液状石蜡为主。其优点是容积较小，对小肠无刺激性，且有润滑作用。不能选用盐类泻药，因其容积过大，当不易通过阻塞块时，往往引起继发性急性胃扩张的严重后果。小肠阻滞时也不宜选用蒽醌苷类泻药，因为这类泻药的主要作用点在大肠，对小肠几乎没有作用。③排出毒物时一般选用盐类泻药，或与植物性泻药配合应用则更好。通常不选用油类泻剂。④对便秘后期，局部已产生炎症或其他病理变化时，一般只能选用油类泻药。妊娠动物或衰弱病畜一般选用油类泻药则较安全。⑤肠管蠕动微弱的不全阻塞可选用神经性泻药，如毛果芸香碱或新斯的明等；粪块坚硬的完全阻塞，且肠音废绝时，则禁用神经性泻药，以免产生肠管收缩过强而引起肠破裂；脱水病畜在未进行补液前，也不宜应用毛果芸香碱，此时只能选用油类泻药。

应用泻药时应注意：①对于诊断未明的动物肠道阻塞不可随意使用泻药，使用时还应防止泻下过度而导致失水、衰竭或继发肠炎等。②不论哪种泻药都会不同程度地影响消化和吸收，多次或长期应用可导致机体虚弱或脱水，一般只用1~2次，用药前后给予充分饮水。③对肠炎病畜或妊娠动物应选用油类泻药，禁用刺激性泻药，以免加剧炎症或流产。④高脂溶性药物或毒物中毒时，禁用油类泻药，应选用盐类泻药。⑤单用泻药不能奏效时，应根据病因采取综合措施或选用不同的泻药。⑥对极度衰竭呈脱水状态、机械性肠梗阻及妊娠末期的动物禁止使用泻药。

腹泻是机体的一种保护性防御反应，有利于细菌、毒物或腐败分解产物的排出。腹泻的早期不应立即使用止泻药，应先用泻药排出有害物质，再用止泻药。但剧烈或长期腹泻，不仅影响营养物质吸收，严重者会引起机体脱水及钾、钠、氯等电解质紊乱，此时必须立即应用止泻药，并注意补充水分和电解质等，采取综合治疗，如对细菌感染引起的腹泻，常与抗菌药、制酵药配合应用。

本章小结

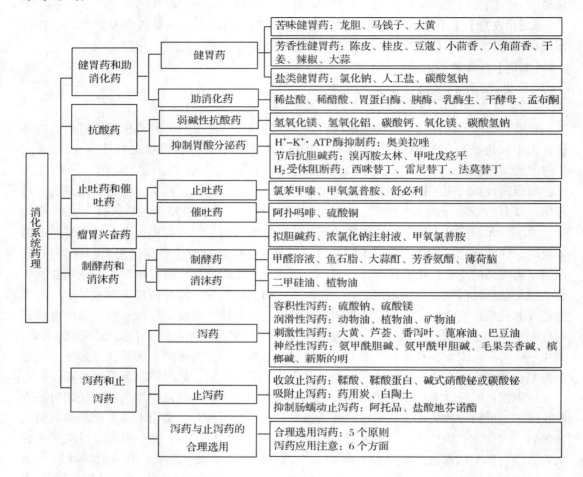

```
                      ┌ 健胃药和助 ─┬─ 健胃药 ──┬─ 苦味健胃药：龙胆、马钱子、大黄
                      │  消化药     │          ├─ 芳香性健胃药：陈皮、桂皮、豆蔻、小茴香、八角茴香、干
                      │            │          │   姜、辣椒、大蒜
                      │            │          └─ 盐类健胃药：氯化钠、人工盐、碳酸氢钠
                      │            └─ 助消化药 ── 稀盐酸、稀醋酸、胃蛋白酶、胰酶、乳酶生、干酵母、孟布酮
                      │
                      ├─ 抗酸药 ─┬─ 弱碱性抗酸药 ── 氢氧化镁、氢氧化铝、碳酸钙、氧化镁、碳酸氢钠
                      │          └─ 抑制胃酸分泌药 ── H⁺–K⁺·ATP酶抑制药：奥美拉唑
                      │                            节后抗胆碱药：溴丙胺太林、甲吡戊疼平
消 化                 │                            H₂受体阻断药：西咪替丁、雷尼替丁、法莫替丁
系 统 ─────────────────┤
药 理                 ├─ 止吐药和催 ─┬─ 止吐药 ── 氯苯甲嗪、甲氧氯普胺、舒必利
                      │   吐药       └─ 催吐药 ── 阿扑吗啡、硫酸铜
                      │
                      ├─ 瘤胃兴奋药 ── 拟胆碱药、浓氯化钠注射液、甲氧氯普胺
                      │
                      ├─ 制酵药和 ─┬─ 制酵药 ── 甲醛溶液、鱼石脂、大蒜酊、芳香氨醑、薄荷脑
                      │   消沫药    └─ 消沫药 ── 二甲硅油、植物油
                      │
                      └─ 泻药和止 ─┬─ 泻药 ── 容积性泻药：硫酸钠、硫酸镁
                         泻药       │         润滑性泻药：动物油、植物油、矿物油
                                    │         刺激性泻药：大黄、芦荟、番泻叶、蓖麻油、巴豆油
                                    │         神经性泻药：氨甲酰胆碱、氨甲酰甲胆碱、毛果芸香碱、槟
                                    │          榔碱、新斯的明
                                    ├─ 止泻药 ── 收敛止泻药：鞣酸、鞣酸蛋白、碱式硝酸铋或碳酸铋
                                    │           吸附止泻药：药用炭、白陶土
                                    │           抑制肠蠕动止泻药：阿托品、盐酸地芬诺酯
                                    └─ 泻药与止泻药的 ── 合理选用泻药：5个原则
                                       合理选用          泻药应用注意：6个方面
```

思考题

1. 健胃药包括哪几类？试述每类药物的特点及作用机制。
2. 苦味健胃药在使用时应注意哪些问题？
3. 健胃药与助消化药有何不同？有哪些临床应用及配伍？
4. 抗酸药有什么主要作用和应用？抑制胃酸分泌的抗酸药分成哪几类？
5. 止吐药和催吐药有哪些主要作用和应用？
6. 瘤胃兴奋药、制酵药和消沫药有什么作用特点和应用？
7. 泻药可分为哪几类？有何作用特点？有哪些临床应用？
8. 试述容积性泻药为什么能产生泻下作用及影响下泻效果的因素有哪些？
9. 止泻药可分为哪几类？各有何作用特点？临床主要应用有哪些？
10. 临床上如何合理选用泻药和止泻药？

（李引乾）

第 6 章

呼吸系统药理

呼吸系统直接与外界接触，容易受到内在及环境因素的影响而发生各种疾病，如上呼吸道感染、急性或慢性支气管炎、肺炎、支气管哮喘、慢性阻塞性肺病、肺纤维化、支气管扩张等。呼吸系统疾病的病因包括物理化学因素刺激、过敏反应、病毒、细菌（支原体、真菌）和蠕虫感染等。虽然发病原因各不相同，但常见的共同症状是咳嗽、咯痰和气喘。对动物来说，主要为微生物感染引起的炎性疾病，所以一般首先应进行对因治疗，同时也应使用祛痰药、镇咳药和平喘药，以缓解症状，防止并发症的发生，有利于动物疾病的康复。

6.1 祛痰药

祛痰药（expectorants）是指能增加呼吸道分泌，使痰液变稀并易于排出的药物。其作用在于促进气管或支气管内腺体的分泌，使黏痰变稀或增进纤毛上皮运动，或直接降低黏痰的黏滞性，在机体保护性咳嗽反射参与下，促进痰液排出，间接起到镇咳、平喘的功效。

根据祛痰药的作用方式，可将其分为两类：①恶心性祛痰药或刺激性祛痰药。恶心性祛痰药（如氯化铵、碘化钾、酒石酸锑钾、桔梗、远志等）内服后可刺激胃黏膜，引起轻度的恶心，反射性地促进呼吸道的腺体分泌增加，使痰液稀释，易于咳出。刺激性祛痰药是一些挥发性物质，如桉叶油、安息香酊等，可刺激呼吸道黏膜，增加腺体分泌。②黏痰溶解药。又称黏痰液化药，如乙酰半胱氨酸、溴己新、氨溴索等可分解痰液中的黏性成分（如黏多糖和黏蛋白），使黏痰液化，黏滞性降低，易于咳出。

氯化铵（Ammonium Chloride）

【理化性质】本品为无色结晶或白色结晶性粉末。在水中易溶，在乙醇中微溶。密封干燥保存。

【药理作用】①恶心性祛痰作用。内服对胃黏膜产生局部刺激作用，反射性地引起呼吸道腺体的分泌，使痰液变稀，易于咳出。同时可覆盖在发炎的支气管黏膜表面，使黏膜少受刺激，减轻咳嗽。少部分氯化铵由呼吸道排出，也刺激腺体分泌增加。②渗透性利尿作用。吸收后的氯化铵在体内可分解为 NH_4^+、Cl^-，NH_4^+ 在肝内合成尿素，它和 Cl^- 经肾排出时产生渗透性利尿作用。③本品为酸性盐，能酸化尿液及体液，可用于改变某些药物经肾排出的速度或代谢性碱中毒。

【应用】①内服用作祛痰药。适用于支气管炎初期，特别是对黏膜干燥、痰稠不易咳出的咳嗽。②用作尿液酸化剂。预防或溶解某些类型的尿结石。③当有机碱类药物（如苯丙胺等）中毒时可促进毒物的排出。

【应用注意】①遇碱或重金属盐类即分解。②禁与磺胺类药物合用，以免损害泌尿道。

③溃疡病与肝、肾功能不良者慎用或禁用，以免引起酸中毒和高血氨症。④与碱性药物或重金属盐配合分解失效。⑤单胃动物用药后有恶心、呕吐反应。

【制剂】氯化铵片。

碘化钾(Potassium Iodide)

【理化性质】本品为无色透明结晶或白色颗粒状粉末。在水中极易溶(1∶0.7)，水溶液呈中性反应。可溶于乙醇(1∶12)。遮光、密封保存。

【作用与应用】①本品内服可刺激胃黏膜，反射性地增加支气管腺体分泌。同时，吸收后有一部分碘离子迅速从呼吸道排出，直接刺激支气管腺体，促进分泌，稀释痰液，易于咳出。②本品进入机体后，缓慢游离出碘，一部分成为甲状腺素的成分参与代谢，另一部分进入病变组织中，溶解病变组织和消散炎性产物。③使机体代谢旺盛，改善血液循环。④用于配制碘酊时与碘络合形成复盐，不仅可助溶，还能增加碘酊的稳定性。临床内服用于慢性或亚急性支气管炎；作为助溶剂用于配制碘酊和复方碘溶液。

【应用注意】①本品溶液遇生物碱可生成沉淀。②在酸性溶液中析出游离碘。③本品刺激性强，不适用于急性支气管炎的治疗。④长期服用易发生碘中毒。

【制剂】碘化钾片。

乙酰半胱氨酸(Acetylcysteine，痰易净)

【理化性质】本品为白色结晶性粉末，在水或乙醇中易溶。

【药理作用】本品为黏痰溶解药，其结构中的巯基(—SH)能使黏痰中连接黏蛋白肽链的二硫键(—S—S—)断裂，降低黏痰和脓痰的黏性，对脓痰中的 DNA 也有降解作用。

【应用】①用作呼吸系统和眼的黏液溶解药，适用于黏痰阻塞气道、咳嗽困难的患畜。一般以喷雾法给药，最适 pH 值为 7~9。紧急时气管内滴入，可迅速使痰变稀，便于吸引排痰。②用于小动物(犬、猫)扑热息痛(对乙酰氨基酚)中毒的治疗。

【注意事项】①能降低青霉素类、头孢菌素类、四环素类药物的药效，不宜混合或并用。②小动物于喷雾后宜适当运动，以促进痰液咳出，或叩击动物的两侧胸腔，以诱导咳嗽，将痰排出。③支气管哮喘患畜慎用或禁用。④滴入气管可产生大量分泌液，故应及时吸引排痰。⑤雾化吸入时不宜与铁、铜等制剂接触。⑥有特殊臭味，可引起恶心、呕吐。⑦对呼吸道有刺激性，可致支气管痉挛，加用异丙肾上腺素可以避免。

【制剂】喷雾用乙酰半胱氨酸。

溴己新(Bromhexine，溴己铵)

【理化性质】本品为鸭嘴花碱(vasicine)结构改变得到的半合成品。常用其盐酸盐，为白色或类白色结晶性粉末。在乙醇或三氯甲烷中微溶，在水中极微溶。

【作用与应用】本品可裂解黏痰中的黏多糖，并抑制其合成，使痰液变稀，也有镇咳作用。内服后尚有恶心性祛痰作用，使痰液易于咳出。但对 DNA 无作用，故对黏性脓痰效果较差。本品自胃肠道吸收快而完全。绝大部分降解成代谢物经尿排出，仅极少部分经粪便排出。临床用于慢性支气管炎、哮喘及支气管扩张症痰液黏稠不易咳出者。

【应用注意】①少数病例可感胃部不适，偶见转氨酶升高。②消化性溃疡、肝功能不良的患畜慎用。

【制剂】盐酸溴己新片、盐酸溴己新注射液和盐酸溴己新可溶性粉。

氨溴索（Ambroxol）

【理化性质】常用其盐酸盐，为白色或类白色结晶性粉末。溶于甲醇，在水或乙醇中微溶。

【药理作用】①本品为溴己新在体内的活性代谢产物，能促进肺表面活性物质的分泌及气道液体分泌，使痰中的黏多糖蛋白纤维断裂，促进黏痰溶解，显著降低痰黏度，增强支气管黏膜纤毛运动，促进痰液排出，改善通气功能和呼吸困难状况。其祛痰作用显著好于溴己新，且毒性小，耐受性好。雾化吸入或内服后 1 h 内生效，作用维持 3~6 h。②高剂量有降低血浆尿酸浓度和促进尿酸排泄的作用。

【应用】①用于急、慢性支气管炎及支气管哮喘、支气管扩张、肺气肿、肺结核的咳痰困难及术后肺部并发症的预防性治疗。②用于治疗痛风症。

【应用注意】①对本品过敏者禁用，出现过敏症状应立即停药。②注射液不应与 pH>6.3 的其他溶液混合。③与抗生素（阿莫西林、头孢呋辛、红霉素、强力霉素）协同治疗可提高抗生素在肺组织中的浓度。

【制剂】氨溴索片、盐酸氨溴索注射液。

6.2　镇咳药

咳嗽是呼吸系统受到刺激时所产生的一种防御性反射活动，轻度咳嗽有利于痰的排出，一般不需用镇咳药。但严重咳嗽，特别是剧烈无痰的频繁干咳可使病情加重或引起其他并发症，如导致肺气肿或心功能障碍等不良后果，也会影响动物休息，对治疗不利。此时除积极对因治疗外，还应配合镇咳药。如痰液黏稠不易咳出，还应配合使用祛痰药。

凡能降低咳嗽中枢的兴奋性，减轻或制止咳嗽的药物称为镇咳药（antitussives）。根据其作用部位分为两大类：①中枢性镇咳药（central antitussives）。能直接抑制延髓咳嗽中枢而产生镇咳作用，其镇咳作用较强，临床常用药有可待因、喷托维林、二氧丙嗪等。中枢性镇咳药又有成瘾性和非成瘾性镇咳药两类。前者是吗啡类生物碱及其衍生物，虽然镇咳效果好，但有成瘾性，目前仍保留可待因等几种成瘾性较小者作为镇咳药应用。后者是在吗啡类生物碱构效关系的基础上，经过结构改造或合成而得，其品种发展较快。②外周性镇咳药（peripheral antitussives）。又称末梢性镇咳药。凡能抑制咳嗽反射弧中的感受器、传入神经、传出神经及效应器中任何一个环节而止咳者均属此类药物，如苯佐那酯、甘草流浸膏等。

临床上治疗急性或慢性支气管炎时，常配合应用祛痰药，对无痰干咳可单用镇咳药。对有痰剧咳可在应用祛痰药的同时，适当配合少量作用较弱的镇咳药，以减轻咳嗽，但不应单独使用强镇咳药，如可待因等。

可待因（Codeine，甲基吗啡）

【理化性质】本品是由阿片中提取，也可由吗啡甲基化而得。为无色细微结晶，味苦。在三氯甲烷、乙醇、丙酮、戊醇中易溶，在苯、乙醚中稍溶，在四氯化碳和水中微溶。它与多种酸形成结晶盐，常用其硫酸盐或磷酸盐。

【作用与应用】本品有镇咳、镇痛作用，镇咳剂量不抑制呼吸，成瘾性较弱。对呼吸中枢也有一定的抑制作用。临床用于剧烈的刺激性干咳，也用于中等强度的疼痛。目前，兽医临床少用。

【药物相互作用】①丙烯吗啡能拮抗本品的镇痛作用和中枢性呼吸抑制作用。②与美沙芬或其他吗啡受体兴奋药合用时，可加重呼吸抑制作用。③与全麻药或其他中枢抑制药合用时，可加重中枢性呼吸抑制及产生低血压。与肌松药合用，则呼吸抑制更显著。

【应用注意】①内服偶尔有恶心、呕吐、便秘等不良反应。②大剂量能明显抑制呼吸中枢，也可引起烦躁不安等中枢神经兴奋症状。用药过量可引起惊厥。长期应用可引起依赖性，停药时可引起戒断综合征。③对多痰的咳嗽不宜应用，否则可导致分泌物在肺和呼吸道中积聚，可能带来危险，引起并发感染或窒息死亡。

【制剂】磷酸可待因片、磷酸可待因注射液。

喷托维林(Pentoxyverin，咳必清、维静宁)

【理化性质】本品为人工合成的非成瘾性中枢镇咳药。临床常用其枸橼酸盐，为白色结晶性粉末。在水中易溶，水溶液呈酸性。

【作用与应用】选择性抑制咳嗽中枢，强度为可待因的1/3，并有阿托品样和局部麻醉作用，能松弛支气管平滑肌和抑制呼吸道感受器。临床用于上呼吸道感染引起的急性咳嗽，也可与祛痰药合用于伴有剧咳的呼吸道炎症。

【应用注意】①有阿托品样作用，大剂量时易产生腹胀、便秘；青光眼动物禁用。②多痰性咳嗽、心功能不全并伴有肺淤血的动物禁用。

【制剂】枸橼酸喷托维林片。

甘草流浸膏(Extractum Liquidum Glycyrrhizae)

【理化性质】本品是由甘草(*Glycyrrhiza uralensis* Fisch.)、胀果甘草(*Glycyrrhiza inflata* Bat.)或光果甘草(*Glycyrrhiza glabra* L.)的干燥根和根茎浸制浓缩而成，为深棕色黏稠液体，内含三萜皂苷类和黄酮类。三萜皂苷类主要为甘草甜素(含量为 6% ~ 14%)，一分子甘草甜素可水解出一分子甘草次酸和两分子葡萄糖醛酸。黄酮类主要包括甘草素、甘草苷、异甘草苷、新甘草苷等。

【作用与应用】本品味甘、性平，有镇咳、祛痰、解毒之功效。所含成分甘草次酸有类似肾上腺皮质激素样作用，甘草次酸的衍生物还有中枢性镇咳作用。内服后能覆盖于发炎的咽部黏膜表面，使黏膜少受刺激，从而减轻咽炎引起的咳嗽，故常与其他镇咳祛痰药配制成止咳合剂等应用。

6.3 平喘药

凡能解除支气管平滑肌痉挛，扩张支气管，缓解气喘的药物称为平喘药(antiasthmatic drugs)。主要用于单纯性支气管哮喘或喘息型慢性支气管炎的治疗。平喘药根据其作用特点分为支气管扩张药和抗过敏药。前者主要为拟肾上腺素类药(如麻黄碱、异丙肾上腺素)和茶碱类药(如氨茶碱)；后者包括糖皮质激素类药抗组胺药和肥大细胞稳定药(如色甘酸钠)。

呼吸系统气道口径的变化受支气管平滑肌所控制，其神经分布比较复杂。支气管平滑肌受副交感神经和交感神经的双重支配，其细胞膜上分布有 β_2 受体、α 受体、M 受体（M_3 受体）和组胺（H_1、H_2）受体，共同协调维持平滑肌张力的平衡。从神经系统传递信息到平滑肌细胞内，部分取决于细胞内环腺苷酸和环鸟苷酸浓度的变化。这两种第二信使的作用是相辅相成的，即 α 受体兴奋时 cAMP 浓度减少，M_3 受体、H_1 受体兴奋使 cGMP 浓度增加，则平滑肌发生收缩；Ca^{2+} 和几种介质也能诱导气管、支气管收缩；β_2 受体或 H_2 受体兴奋则诱导 cAMP 增加，导致平滑肌松弛；磷酸二酯酶（PDEs）受抑制后也能使 cAMP 增加。肥大细胞和嗜碱性粒细胞等细胞膜上也有 β_2 受体、α 受体和 M 受体，β_2 受体兴奋时可抑制组胺、白三烯（LT）、P 物质等炎症介质的释放；α 受体与 M 受体兴奋时则可促进炎症介质的释放。当上述神经系统的功能因病理因素的作用而失调时，可导致支气管呈现高反应性，表现的特征就是气喘（asthma）。

机体控制和调节平滑肌张力也是十分复杂的，主要取决于从感觉神经受体输入的信号。对这些受体的物理、机械或化学的刺激均可引起气管、支气管收缩和/或咳嗽。在上呼吸道感染时，气道可被黏液、水肿或炎症释放的化学介质所阻塞而产生气喘。

气喘是支气管哮喘和喘息型支气管炎的主要症状。近年来，对其产生原因有进一步的了解，除抗原能致变态反应性喘息外，寒冷、烟尘、微生物感染等非特异性刺激也可引起喘息。病理变化表现为气道的平滑肌痉挛，腺体分泌增加，黏膜水肿，小气道阻塞等。动物的气喘有的由微生物感染（如细菌、病毒、支原体等）引起，有的属于非感染性支气管痉挛等。对气喘的治疗除缓解气道平滑肌痉挛外，还应根据动物临床发病情况和病因合理用药，以消除气道炎症和致病因素。如及早合理应用抗炎药（如糖皮质激素）；结合使用平滑肌松弛药（包括 β_2 受体兴奋药，如异丙肾上腺素、麻黄碱等，见本书 2.1.4 拟肾上腺素药及茶碱类药物）、抗胆碱药（如阿托品、异丙阿托品等，见本书 2.1.3 抗胆碱药）和抗过敏药（如苯海拉明、异丙嗪等，见本书 8.1.1 组胺与抗组胺药）；如果是由微生物感染引起的气喘，还应使用抗菌药物，才能获得较理想的治疗效果。

氨茶碱（Aminophylline）

【理化性质】本品是嘌呤类衍生物，是茶碱和乙二胺的复盐，100 mg 复盐（水化物）约含茶碱 79 mg，为白色或淡黄色的颗粒或粉末。在水中易溶，水溶液呈碱性。应遮光、密闭保存。

【药理作用】作用与咖啡因相似：①松弛支气管平滑肌，是通过抑制磷酸二酯酶，减少 cAMP 的降解，增加细胞内 cAMP 的浓度而实现的。抑制组胺和慢反应物质等过敏介质的释放，松弛支气管平滑肌，从而解除支气管平滑肌痉挛，缓解支气管黏膜的充血水肿，发挥平喘功效。其松弛平滑肌的作用对处于痉挛状态的支气管更为显著，对急、慢性哮喘，不论内服、注射或直肠给药，均有疗效。对喘息型慢性支气管炎，由于它能兴奋骨骼肌，故可增强呼吸肌收缩力和减轻呼吸肌疲劳的感觉。②强心与利尿作用，但作用较弱。③兴奋呼吸作用，可使呼吸中枢对二氧化碳的刺激阈值下降，呼吸深度增加。

【应用】用于缓解痉挛性支气管炎，急、慢性支气管哮喘和心力衰竭时气喘的治疗；也可用作心性水肿的辅助治疗。

【药物相互作用】①与红霉素、四环素、林可霉素合用，可降低本品的肝清除率，使血药浓度升高，甚至出现毒性反应。②与其他茶碱类合用，不良反应增多。③酸性药物可使其排泄加快，碱性药物可延缓其排泄。④与儿茶酚胺类及其他拟肾上腺素类药合用，能增加心律失常的发生率。⑤可使青霉素灭活失效。⑥呋塞米可使本品血药浓度降低近5%，两药合用可增强利尿作用。

【应用注意】①犬、猫内服可引起恶心、呕吐、胃酸分泌过多、腹泻、贪食多饮和多尿症状。马的副作用与剂量有关，可引起紧张不安、兴奋、震颤、发汗、心动过速和运动失调。②安全范围较小，尤其是静脉注射太快易引起心律失常、血压骤降、兴奋不安甚至惊厥。静脉注射量不要过大，并以葡萄糖溶液稀释至2.5%以下浓度，缓慢注入。③本品呈碱性，不宜与维生素C等酸性药物配用。④肝功能不全、心力衰竭的动物禁用。

【制剂】氨茶碱片、氨茶碱注射液。

色甘酸钠(Disodium Cromoglycate)

本品主要对速发型过敏反应具有明显保护作用。作用机制有3个环节：①稳定肥大细胞膜。本品可能在肥大细胞的细胞膜外侧钙通道部位与Ca^{2+}形成复合物，加速钙通道关闭，使细胞外钙内流受到抑制，从而阻止肥大细胞脱颗粒。②直接抑制引起支气管痉挛的某些反射。本品应用后能保护二氧化硫、冷空气、甲苯二异氰酸盐等刺激引起的支气管痉挛，并能抑制运动性哮喘。③抑制非特异性支气管高反应性(bronchial hyperreactivity)。本品是预防各型哮喘发作比较理想的吸入药物，对过敏性(外源性)哮喘的疗效最佳。常用制剂为色甘酸二钠胶囊。

本章小结

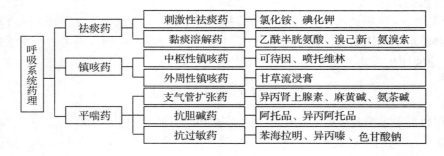

思考题

1. 氨溴索属于哪一种药物？有何药理作用和应用？
2. 常用祛痰药有哪些作用特点和应用？
3. 乙酰半胱氨酸是如何产生祛痰作用的？有何临床应用？
4. 平喘药分为哪几类？各举一个代表药并简述其平喘机制。

(陈春丽)

第 7 章

泌尿与生殖系统药理

作用于泌尿系统的药物主要指利尿药与脱水药。利尿药(diuretics)是一类作用于肾,增加电解质和水的排泄,增加尿量,消除水肿的药物。此类药物通过影响肾小球滤过、肾小管的重吸收和分泌等功能,特别是影响肾小管的重吸收而实现其利尿作用。兽医临床主要用于各种类型的水肿、急性肾功能衰竭及促进毒物的排出。脱水药(dehydratics)是指能消除组织水肿的药物,由于此类药物多为低相对分子质量物质,多数在体内不被代谢,能增加血浆和小管液的渗透压,增加尿量,故又称为渗透性利尿药。因其利尿作用不强,故仅用于局部组织水肿作脱水药,如脑水肿、肺水肿等。

作用于生殖系统的药物在于提高或抑制繁殖力,调节繁殖进程,控制动物发情周期,治疗内分泌紊乱引起的繁殖障碍及增强抗病能力等,主要包括子宫收缩药和生殖激素类药物。

7.1 利尿药与脱水药

7.1.1 利尿药

水肿是因为 Na^+ 在细胞间隙潴留,并保持了大量水分所致。利尿药就是通过促进 Na^+、Cl^- 等电解质及盐类的排出,并带走水分,从而发挥利尿作用。利尿药按其作用部位和强弱分为 3 类:①高效利尿药。也称髓袢利尿药。主要作用于髓袢升支粗段,产生强大的利尿作用,能使 Na^+ 重吸收减少 15%~25%。包括呋塞米(速尿)、依他尼酸(利尿酸)、布美他尼等,其中布美他尼作用强、毒性小,可代替呋塞米;而依他尼酸毒性最大,现已少用。②中效利尿药。主要作用于远曲小管始端,产生中等强度的利尿作用,能使 Na^+ 重吸收减少 5%~10%。包括氢氯噻嗪、氯肽酮、吲达帕胺等。③低效利尿药。主要作用远曲小管末端和集合管,产生较弱的利尿作用,能使 Na^+ 重吸收减少 1%~3%。包括螺内酯、氨苯喋啶、阿米洛利等。

7.1.1.1 作用机制

尿液的生成是通过肾小球滤过、肾小管的重吸收及分泌而实现的,利尿药通过作用于肾单位的不同部位而产生利尿作用(图 7-1)。

(1)肾小球

血液流经肾小球,除蛋白质和血细胞外,其他相对分子质量小于 68 000 的成分均可通过肾小球毛细血管滤过而形成原尿,原尿量的多少取决于有效滤过压。凡能增加有效滤过压的药物都可使尿量增加,如咖啡因、氨茶碱、洋地黄等通过增强心肌的收缩力,引起肾脏血流量和肾小球滤过压增加而产生利尿,但其利尿作用极弱,一般不作利尿药。目前,常用的利尿药主要是通过减少肾小管对电解质及水的重吸收而产生利尿作用。

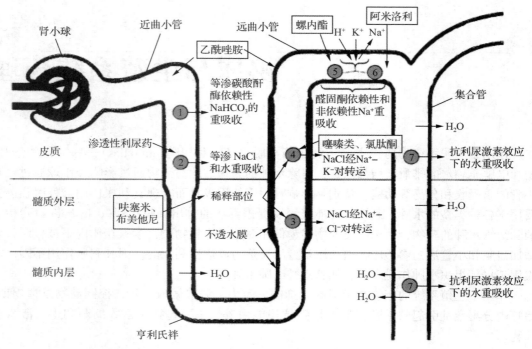

图 7-1　肾脏对盐和水转运调控及利尿药的作用部位示意

（2）肾小管

①近曲小管　此段主动重吸收 Na^+ 占原尿 Na^+ 的 $60\%\sim65\%$，原尿中约有 90% $NaHCO_3$ 及 40% $NaCl$ 在此段被重吸收，Na^+ 的再吸收主要通过 H^+-Na^+ 交换而实现，这种交换在近曲小管和远曲小管都有，但以近曲小管为主。H^+ 的产生来自 CO_2 与 H_2O 所产生的 H_2CO_3。这一反应需要细胞内碳酸酐酶的催化，形成的 H_2CO_3 再解离成 H^+ 和 HCO_3^-，H^+ 和 Na^+ 交换进入细胞内。若 H^+ 生成减少，则 H^+-Na^+ 交换减少，致使 Na^+ 重吸收减少，可产生利尿作用。碳酸酐酶抑制剂乙酰唑胺就是通过抑制 H_2CO_3 的生成而产生利尿作用的，但作用弱，且生成的 HCO_3^- 可引起代谢性酸血症，现已少用。

②髓袢升支粗段的髓质和皮质部　髓袢升支的功能与利尿药作用关系密切，也是高效利尿的重要部位。此段再吸收原尿中 $30\%\sim35\%$ 的 Na^+，而不伴有水的再吸收，因为此段对水不通透。当原尿流经髓袢升支时，Cl^- 呈主动再吸收，随 Na^+ 被动再吸收，小管液由肾乳头部流向肾皮质时，也逐渐由高渗变为低渗，进而形成无溶质的净水（free water），此即肾对尿液的稀释功能。同时，$NaCl$ 被再吸收到髓质间质后，由于髓袢的逆流倍增作用，并在尿素的参与下，经髓袢所在的髓质组织间液的渗透压逐步提高，最后形成呈渗透压梯度的髓质高渗区。这样，当尿液流经开口于髓质乳头的集合管时，由于管腔内液体与高渗髓质间存在着渗透压差，在抗利尿素的影响下，水被再吸收，即水由管内扩散出集合质，大量的水被重吸收回去，称净水的再吸收，此即肾对尿液的浓缩功能。综上所述，当髓袢升支粗段髓质和皮质部对 Cl^- 及 Na^+ 的再吸收被抑制时，一方面肾的稀释功能降低（净水生成减少）；另一方面肾的浓缩功能也降低（净水再吸收减少），排出大量较正常尿为低渗的尿液，就能导致强大的利尿作用。高效利尿药呋塞米、利尿酸等可抑制升髓袢粗段髓质和皮质部对 $NaCl$ 的重吸收而表现强大的利尿作用。中效利尿药噻嗪类仅能抑制髓袢升支

粗段皮质部对 NaCl 的重吸收，使肾的稀释功能降低，而对肾的浓缩功能无影响。

③远曲小管及集合管　此段再吸收原尿中 5%～10% 的 Na^+，吸收方式除进行 H^+-Na^+ 交换外，还有 K^+-Na^+ 交换。K^+-Na^+ 交换机制部分是依赖醛固酮调节的，称为依赖醛固酮交换机制，盐皮质激素受体拮抗剂可产生竞争性抑制，如螺内酯；此外，也存在非醛固酮依赖机制能抑制 K^+-Na^+ 交换，如氨苯蝶啶和阿米洛利。由于 K^+-Na^+ 交换被抑制，就产生排钠保钾的利尿作用。故螺内酯、氨苯蝶啶等又称保钾利尿药。

利尿药对电解质的排泄也与该药的作用部位有关，机体主要电解质是 Na^+、K^+、Cl^-、HCO_3^-，现有的各种利尿药都是排钠利尿药，用药后 Na^+ 和 Cl^- 的排泄均增加，除保钾利尿药外，其他利尿药都能促钾排泄，因为它们在远曲小管以上各段减少了 Na^+ 的再吸收，使到达远曲小管的尿液中含有较多的 Na^+，因而 K^+-Na^+ 交换有所增加，使 K^+ 排泄增多，故应用这些利尿药时应注意补钾。

7.1.1.2　常用利尿药

呋塞米（Furosemide，呋喃苯胺酸、速尿、利尿磺胺）

【理化性质】本品为白色或类白色结晶性粉末。在丙酮中溶解，在乙醇中略溶，在水中不溶。

【药理作用】①利尿。作用迅速、强大而短暂，主要作用于髓袢升支的髓质部与皮质部，抑制 Cl^- 主动重吸收和 Na^+ 被动重吸收。由于 Na^+ 排泄增加，使远曲小管的 K^+-Na^+ 交换加强，导致 K^+ 排泄增加，本品对近曲小管的电解质转运也有直接作用。②扩张血管。扩张小动脉，降低肾血管阻力，增加肾血流量。

【药动学】内服、静脉注射后迅速吸收，约 98% 与血浆蛋白结合，约 66% 以原形从尿中排出，少量游离型药物从肾小球滤过，大部分经有机酸分泌机制排泄，部分在肝中代谢后经胎盘进入胎儿，肝、肾功能不全时半衰期延长。正常剂量在体内消除迅速，不在体内蓄积。尿毒症可使半衰期延长 3 倍。

【应用】①用于各种原因引起的严重水肿，尤其当其他利尿药无效时，如充血性心力衰竭、肺充血、产后乳房水肿、腹水、胸膜积水、尿毒症、高血钾症和其他任何非炎性病理积液。②用于加速毒物（如苯巴比妥、水杨酸盐中毒）及尿结石的排出。

【药物相互作用】①与氨基糖苷类抗生素同时应用可增加后者的肾毒性、耳毒性。②可抑制筒箭毒碱的肌松作用，但能增强琥珀胆碱的肌松作用。③皮质激素类药物可降低其利尿效果，并增加电解质紊乱尤其是低血钾症的发生机会，从而可能增加洋地黄的毒性。④由于本品能与阿司匹林、双香豆素、华法林、氯贝丁酯竞争肾的排泄部位，延长其作用。因此，在同时使用时应调整阿司匹林的用药剂量。⑤与其他利尿药同时使用可产生协同作用。⑥与茶碱合用可增强茶碱的作用。

【不良反应】①水与电解质平衡紊乱。强烈的利尿作用可引起低血容量、低血钾、低血钠、低血铁、低氯性碱血症及低血压等，脱水动物易出现氮血症。②高尿酸血症。该药与尿酸存在竞争排泄机制，减少尿酸的分泌，形成高尿酸血症，诱发和加重痛风，也可引起高氮质血症。③耳毒性。表现为眩晕、耳鸣、听力减退或暂时性耳聋。肾功能减退者尤易发生，尤其是犬、猫。④胃肠道和血液学紊乱。主要表现为恶心、呕吐，重者引起胃肠道出血，偶致皮疹、骨髓抑制。⑤代谢性碱中毒。这是 K^+、Cl^-、H^+ 的尿排泄增加引起的不良反应。

【应用注意】①严重肝、肾功能不全和电解质紊乱、痛风症、高氮质血症及幼小和妊娠动物慎用。②避免与氨基糖苷类抗生素和糖皮质激素合用。③无尿患畜禁用。④长期大量用药可出现低血钾、低血氯及脱水，应注意及时补充钾盐或保钾利尿药，并定时监测水和电解质平衡状态。⑤因用药后体液消耗较大，应间歇给药。⑥具有耳毒性，不宜快速静脉注射，尤其是犬、猫。

【制剂】呋塞米片、呋塞米注射液。

氢氯噻嗪(Hydrochlorothiazide，双氢克尿噻)

【理化性质】本品为白色结晶性粉末，无臭。在丙酮中溶解，在乙醇中微溶，在水、三氯甲烷或乙醚中不溶，在氢氧化钠溶液中溶解。

【作用与应用】主要作用于髓袢升支皮质部和远曲小管的前段，抑制Na^+、Cl^-的重吸收，从而起到排钠利尿作用，属中效利尿药。由于流入远曲小管和集合管的Na^+增加，促进K^+-Na^+交换，故K^+排泄也增加。内服用于治疗肝性水肿、心性水肿、肾性水肿，也可用于治疗局部组织水肿(如产前浮肿)以及某些急性中毒加速毒物排出。

【药物相互作用】①与皮质激素同时应用增加低血钾症发生机会。②磺胺类药物可增强本类药物的作用。③洋地黄类强心药与本品合用可增加毒性反应，应补钾并调整强心药的用量。

【应用注意】①大量或长期应用可引起低血钾、低血钠、低血氯。②可产生恶心、呕吐、腹胀等胃肠道反应。③严重肝、肾功能不全和电解质紊乱的动物慎用。④宜与氯化钾合用，以免发生低血钾症。

【制剂】氢氯噻嗪片。

螺内酯(Spironolactone，安体舒通、螺旋内酯甾酮)

【理化性质】本品为人工合成的醛固酮拮抗剂，为白色或类白色结晶性粉末。在三氯甲烷中极易溶，在苯和乙酸乙酯中易溶，在乙醇中溶解，在水中不溶。

【作用与应用】化学结构与醛固酮相似，可竞争性地与细胞质中的醛固酮受体结合，拮抗醛固酮的排钾保钠作用，促进Na^+和水的排出，减少K^+排出。由于本药仅作用于远曲小管和集合管，对肾小管其他各段无作用，故利尿作用较弱，缓慢，但持久。其利尿作用与体内醛固酮水平有关。内服后1d起效，2~3d达高峰，维持5~6d。有明显的首过效应和肝肠循环。临床用于犬、猫伴有醛固酮升高的顽固性水肿，如充血性心力衰竭、肝硬化腹水及肾病综合征，常与排钾性利尿药合用，增强利尿效果并预防低血钾。

【应用注意】①久用易致高血钾，肾功能不全时极易发生，严重肾功能不全和高血钾症者禁用。②患溃疡动物禁用。

【制剂】螺内酯片。

7.1.2　脱水药

本类药物包括甘露醇、山梨醇和高渗葡萄糖等，但后者可在体内被代谢并有部分转运至组织，持续时间短，疗效欠佳，已少用。

甘露醇(Mannitol)

【理化性质】本品为白色结晶性粉末，在水中易溶，在乙醇中略溶。

【药理作用】本品为高渗性脱水剂。静脉注射其高渗溶液后可提高血浆渗透压，使细胞内水分向组织间隙渗透，使组织间液水分向血浆转移引起组织脱水，从而降低颅内压和眼内压。

进入体内的甘露醇迅速通过肾小球滤过，在肾小管很少被重吸收，形成高渗，阻止了水在肾小管的重吸收，并间接抑制肾小管对 K^+、Cl^-、Na^+、Mg^{2+}、Ca^{2+}、HCO_3^- 和 PO_4^{3-} 的重吸收，从而产生利尿作用。另外，本品能防止有毒物质在小管液内的积聚或浓缩，对肾产生保护作用。

【应用】①用于急性少尿型肾衰竭、创伤性脑水肿，降低眼内压。②用于加快某些毒物的排出（如阿司匹林、巴比妥类、溴化物等）及辅助其他利尿药以迅速减轻水肿或腹水。

【药物相互作用】①可预防两性霉素 B 引发的肾损害。②禁止与生理盐水、复方氯化钠、氯化钾、氯化钙、葡萄糖酸钙、头孢菌素类药物配伍应用。③洋地黄类强心药与本品合用可增加毒性反应。

【不良反应】①大量或长期应用可引起水和电解质平衡紊乱。②静脉注射速度过快可产生心血管反应，如肺水肿及心动过速。③静脉注射时药液漏出血管可使注射部位水肿，皮肤坏死。

【应用注意】①严重脱水、肺充血或肺水肿、充血性心力衰竭及进行性肾功能衰竭的患病动物禁用。②脱水动物在治疗前应适当补充液体。③静脉注射时药液勿漏出血管外，以防止局部水肿、坏死。

【制剂】甘露醇注射液。

山梨醇（Sorbitol）

本品是甘露醇的同分异构体，作用和应用与甘露醇相似。进入机体内后，因部分在肝内转化为果糖，因此相同浓度的山梨醇作用效果弱于甘露醇。但价格便宜，水溶性较大，常配成 25% 注射液静脉注射，用于脑水肿、脑炎的辅助治疗。

7.2　生殖系统药物

哺乳动物的生殖系统受神经和体液双重调节。机体内外的刺激通过感受器产生的神经冲动，传到下丘脑，引起促性腺激素释放激素分泌；释放激素经下丘脑的门静脉系统运至垂体前叶，导致促性腺激素释放；促性腺激素经血液循环到达性腺，调节性腺的机能。性腺分泌的激素称为性激素。体液调节存在着相互制约的反馈调节机制，即血液中某种生殖激素的水平升高或降低，反过来对其上级激素的分泌起抑制或促进作用。

当生殖激素分泌不足或过多时，机体的激素系统发生紊乱，引发产科疾病或繁殖障碍，需使用药物进行治疗或调节。所用药物有生殖激素类（包括性激素、促性腺激素、促性腺激素释放激素）、催产素类（包括缩宫素、垂体后叶激素和麦角新碱等）、前列腺素类（如氯前列烯醇、氟前列醇等，见本书 8.1.2 前列腺素）和多巴胺受体激动剂（如溴麦角环肽）。本章主要介绍前两类。多巴胺受体激动剂能兴奋多巴胺-2 受体，阻止泌乳素的分泌与释放，抑制生理性泌乳。

7.2.1　子宫收缩药

子宫收缩药是一类能选择性地兴奋子宫平滑肌的药物。其作用因子宫的生理状态和药物种类、剂量的不同而表现为节律性收缩或强直性收缩，前者多用于引产或分娩时的催产，在子宫颈口开放、产道畅通、胎位正常、子宫收缩乏力时使用；后者多用于流产、产后流血和产后子宫复原。常用的子宫收缩药有缩宫素、麦角制剂(如马来酸麦角新碱)、垂体后叶素、卡贝缩宫素等。

缩宫素(Oxytocin，催产素)

【理化性质】本品最先从牛、猪的垂体后叶中提取，现已人工合成。为白色粉末或结晶，在水中溶解，为无色澄明或几乎澄明的液体，常制成注射液。

【药理作用】①本品能选择性兴奋子宫，加强子宫平滑肌收缩。其作用强度取决于剂量大小、体内激素水平等。小剂量能增加妊娠末期子宫肌的节律性收缩，宫缩增强，频率增加，适于催产；大剂量则能引起子宫平滑肌强直性收缩，使子宫肌层内的血管受压迫而起止血作用，适于产后出血或产后子宫复原。在妊娠早期，子宫处于孕激素环境中，对催产素不敏感。随着妊娠进行，雌激素浓度逐渐增加，子宫对催产素的敏感性逐渐增强，临产时达到高峰。催产素对子宫体的兴奋作用强，对子宫颈的兴奋作用较弱。②促进乳腺腺泡和腺导管周围的肌上皮细胞收缩，促进排乳。同时能促进垂体前叶生乳素的分泌。

【应用】①小剂量用于子宫颈口已开张，胎位正常但宫缩乏力时的催产。②大剂量用于产后出血、胎衣不下和子宫复原不全的治疗。③用作新分娩而缺乳动物的催乳剂。

【应用注意】①产道阻塞、胎位不正、骨盆狭窄及子宫颈尚未开放时禁用于催产。②不宜多次反复应用。③与其他宫缩药合用时可使子宫的张力过高，有出现子宫破裂或子宫颈撕裂的危险。

【制剂】缩宫素注射液。

麦角新碱(Ergometrine)

【理化性质】本品是从麦角中提取的生物碱，为麦角碱类，含氨基酸麦角碱类(麦角胺、麦角毒碱)和氨基麦角碱类(麦角新碱)。常用马来酸麦角新碱，为白色或类白色的结晶性粉末。在水中略溶，在乙醇中微溶，在三氯甲烷或乙醚中不溶。

【作用与应用】对子宫平滑肌有高度选择性兴奋作用，能同时引起子宫体和子宫颈的收缩，作用强而持久，通常可持续2~4 h；能引起子宫平滑肌强直性收缩，使子宫肌层内的血管受压迫而起止血作用。麦角碱类水解后，析出氨基酸，内服不易吸收，作用缓慢，但持续时间长。临床用于治疗产后子宫出血、产后子宫复原不全、胎衣不下等。

【应用注意】①稍大剂量即引起子宫平滑肌强直收缩，使胎儿窒息或子宫破裂，故不适于催产和引产。②不得与血管收缩药合用。③不宜与缩宫素及其他子宫收缩药联用。④胎儿未娩出前禁用。

【制剂】马来酸麦角新碱注射液。

垂体后叶素(Pituitrin)

【理化性质】本品是由牛、猪的垂体后叶中提取的水溶性成分，含缩宫素和加压素两种成分。能溶于水，不稳定。

【作用与应用】小剂量可加强子宫的节律性收缩，其特点是作用快，持续时间短，对子宫体的兴奋作用大，对子宫颈的兴奋作用小。大剂量则引起强直收缩。此外，因含加压素有抗利尿和升高血压的作用。临床用于治疗催产、产后子宫出血、胎衣不下、子宫复原不全及子宫蓄脓。

【应用注意】用量大时可引起血压升高、少尿及腹痛。其他参见缩宫素。

【制剂】垂体后叶素注射液。

卡贝缩宫素（Carbetocin）

【作用与应用】本品系垂体后叶激素缩宫素的合成类似物，通过选择性结合到子宫平滑肌纤维上的特异性受体，刺激 Ca^{2+} 流入和抑制 ATP-依赖 Ca^{2+} 流出，从而改善其收缩性，使不规律的弱宫缩变成有规律的强宫缩。①产后早期注射还可以促进子宫复原。②作用于乳腺，促进腺泡和小乳腺管周围的肌上皮细胞收缩，同时使乳头括约肌松弛，促进排乳。临床用于预防母牛胎衣不下，缩短母猪产程和产仔间隔。

【应用注意】如果宫口未开或有机械原因导致分娩延迟，如产道阻塞、胎位和胎势异常、产时抽搐、子宫破裂、子宫扭转、胎儿相对过大或产道畸形时，严禁用于催产。

【制剂与休药期】卡贝缩宫素注射液：0 d。

7.2.2　生殖激素类药物

直接影响生殖机能的激素称为生殖激素，其作用是直接调节雌性动物的发情、排卵、生殖细胞在生殖道内的运行、胚胎附植、妊娠、分娩、泌乳，以及促进雄性动物精子的生成和副性腺发育。根据生殖激素产生的部位、化学性质和对靶组织引起的反应，可将其分为性激素、促性腺激素和促性腺激素释放激素三大类。

7.2.2.1　性激素

性激素主要包括性腺分泌的雄激素、雌激素和孕激素，均为类固醇化合物。对动物蛋白质代谢起同化作用的类固醇衍生物被称为同化剂或同化激素，在结构上与雄激素相似，具有类似于蛋白同化的活性。我国已禁止将同化激素用作食品动物的促生长剂。

（1）雄激素

雄性动物睾丸分泌的雄激素为睾酮，进入附睾细胞内被代谢为双氢睾酮，发挥雄化及蛋白质同化作用。肾上腺皮质和卵巢分泌少量雄激素，转化成睾酮后发挥生理作用。

丙酸睾酮（Testosterone Propionate，丙酸睾丸素）

【理化性质】本品为白色结晶或类白色结晶性粉末。在三氯甲烷中极易溶，在乙醇或乙醚中易溶，在乙酸乙酯中溶解，在植物油中略溶，在水中不溶。

【作用与应用】①作用与天然睾酮相同，可促进雄性生殖器官及副性征的发育、成熟，引起性欲及性兴奋。②对抗雌激素，抑制子宫内膜生长及卵巢、垂体功能，抑制雌性动物发情。③具有同化作用，可促进蛋白质合成，使肌肉增长，体重增加，并能使体内钙量增加，加快钙盐沉积。④刺激骨髓造血功能，使红细胞和血红蛋白增加。临床用于公畜因睾丸机能减退引起的性欲降低；也用于骨折愈合过慢，再生障碍性贫血和其他贫血。

【药物相互作用】①与肾上腺皮质激素合用可加重水肿。②与抗凝血药合用可增强抗凝效果，有发生出血的危险。③与抗糖尿病药合用可加强其降血糖作用。④与巴比妥类合用可使本品在肝内的代谢加快，疗效降低。

【应用注意】①注射部位可出现硬结、疼痛、感染及荨麻疹。②本品具有水、钠潴留作用，肾、心或肝功能不全的动物慎用。③发生过敏反应时应停药。④本品可损害雌性胎仔，妊娠动物禁用。

【制剂与休药期】丙酸睾酮注射液。所有食品动物可食组织不得检出。

甲基睾丸素(Methyltestosterone，甲基睾酮、甲基睾丸酮)

【理化性质】本品为白色或类白色结晶性粉末。在乙醇、丙酮、三氯甲烷中易溶，在乙醚中略溶，在植物油中微溶，在水中不溶。

【作用与应用】作用同丙酸睾酮，但稍弱。①治疗雄性动物的隐睾症、雄激素分泌不足、性欲缺乏及诱导发情，雌性动物的乳腺囊肿、抑制泌乳、母畜假妊娠，抑制母犬、猫发情。②创伤、骨折及再生障碍性或其他原因的贫血。③促使抱窝母鸡醒抱。

【应用注意】①可损害雌性胎儿，妊娠及泌乳动物禁用。②前列腺肿患犬禁用。③有一定肝毒性。

【制剂与休药期】甲基睾丸素片、甲基睾丸素胶囊。所有食品动物可食组织不得检出。

(2)雌激素

雌性动物卵巢分泌的天然雌激素为雌二醇，人工合成品有己烯雌酚和己烷雌酚。

雌二醇(Estradiol)

【理化性质】本品为天然激素，17β-雌二醇活性最高。常用苯甲酸雌二醇，为白色结晶性粉末；无臭。在丙酮中略溶，在乙醇或植物油中微溶，在水中不溶。

【药理作用】①促进雌性器官和副性征的生长和发育，加强子宫的收缩活动。②雄性动物应用后可使睾丸萎缩，副性征退化，最后引起不育。③引起子宫颈黏膜细胞增大和分泌增加，阴道黏膜增厚，出现发情征象。④提高子宫内膜对孕激素和子宫平滑肌对催产素的敏感性，促使乳房发育和泌乳。⑤增强食欲，促进蛋白质合成作用。

雌二醇属天然雌激素，内服在肠道易吸收，但易被肝酶破坏而失活，故内服效果远较注射差。

【应用】用于发情不明显动物的催情及胎衣、死胎排除，子宫内膜炎、子宫蓄脓和阴道炎；老年犬或阉割犬的尿失禁，雌犬过度发情、妊娠犬的乳房胀痛；诱导泌乳。

【应用注意】①应用过量可引起犬、猫等小动物的血液恶病质，多见于年老动物或大剂量应用时，起初血小板和白细胞增多，但逐渐发展为血小板和白细胞下降，严重时可致再生障碍性贫血。②可引起囊性子宫内膜增生和子宫蓄脓。③使牛发情期延长，泌乳减少。治疗后可出现卵巢囊肿、早熟。以上不良反应经调整剂量可减轻或消除。④妊娠早期动物禁用，以免引起流产或胎儿畸形。

【制剂与休药期】苯甲酸雌二醇注射液：28 d；弃奶期7 d。所有食品动物可食组织不得检出。

(3)孕激素

黄体酮(Progesterone，孕激素、助孕素、孕酮)

【理化性质】本品为白色或类白色的结晶性粉末。在三氯甲烷中极易溶，在乙醇、乙醚或植物油中溶解，在水中不溶。

【药理作用】①在雌激素作用基础上，可促进子宫内膜及腺体发育，抑制子宫收缩，减弱子宫肌对催产素的反应；同时关闭子宫颈口，分泌黏液，阻止精子通过，防止病原入侵，起保胎作用。②反馈抑制垂体前叶黄体生成素和下丘脑促性腺激素释放激素的分泌，从而抑制母犬、猫的发情和排卵，可控制雌性动物的同期发情。③与雌激素合用，可促使乳腺腺泡和腺管发育，为泌乳做准备。

【应用】①治疗习惯性或先兆性流产，尤其是非感染性因素引起的流产和妊娠早期黄体机能不足所致的流产；牛卵巢囊肿引起的慕雄狂；牛、马排卵延迟。②用于母畜的同期发情。③抑制母畜发情。

【应用注意】①长期应用可使妊娠期延长。②泌乳期奶牛禁用。

【制剂与休药期】黄体酮注射液、复方黄体酮缓释圈、黄体酮阴道缓释剂：30 d。

醋酸氟孕酮（Flugestone Acetate）

本品为白色或类白色的结晶性粉末。在三氯甲烷中极易溶，在甲醇中溶解，在水中不溶。药理作用同黄体酮，但作用较强。临床用于羊的诱导发情或同期发情。常用制剂为醋酸氟孕酮阴道海绵，休药期 30 d，泌乳期禁用。

7.2.2.2　促性腺激素和促性腺激素释放激素类药物

促性腺激素是由垂体前叶和胎盘分泌的直接调控性腺激素分泌的一类糖蛋白激素，包括垂体前叶分泌的垂体促卵泡素（FSH）、垂体促黄体素（LH）和胎盘分泌的人绒毛膜促性腺激素（HCG）、孕马血清促性腺激素（PMSG）、戈那瑞林。

垂体促卵泡素（Follicle Stimulating Hormone，FSH，卵泡刺激素、促卵泡生成素）

【理化性质】本品为猪的脑下垂体前叶提取的一种糖蛋白激素，为白色或类白色冷冻干燥的粉末或块状物，溶于水。

【药理作用】能促进雌性动物卵泡发育，与垂体促黄体素合用可促进雌激素分泌而引起发情；促进雄性动物精原细胞增生，在促黄体素的协同下，可促进精子的生成和成熟。

【应用】①用于不发情雌性动物的催情，治疗卵泡发育停滞、卵巢静止、持久黄体、多卵泡症等。②促进雄性动物的精子生成，提高精子密度。③用于超数排卵，牛、羊在发情前几天注射，出现超数排卵，可供卵移植或提高产仔率。

【应用注意】①引起单胎动物多发性排卵。②使用前必须检查卵巢变化，并依此修正剂量和用药次数。③禁用于促生长。④用药前必须检查动物生殖机能是否正常，正常者才能使用，并根据雌性动物体重和胎次修正剂量。

【制剂】注射用垂体促卵泡素。

血促性素（Serum Gonadotrophin，马促性腺激素）

【理化性质】本品是在妊娠 60~90 d 的孕马血清中提取的一种酸性糖蛋白类激素，为白色或类白色粉末。溶于水，但水溶液不稳定，常制成注射用无菌粉剂。

【药理作用】具有垂体促卵泡素和垂体促黄体素双重活性，但以垂体促卵泡素样作用为主，对雌性动物的作用基本与垂体促卵泡素相同。对雄性动物主要表现黄体生成素样作用，能增加雄激素分泌，提高性兴奋。

【应用】①用于雌性动物的诱导发情和促进卵泡发育，同期发情。②治疗久不发情、卵巢机能障碍引起的不孕症。③用于超数排卵，对猪、羊可促使超数排卵，促进多胎，增加产仔数。

【药物相互作用】与甲基睾酮、维生素 E 配合使用，可促进雄性犬精细管的发育和性细胞的分化，延长精子在附睾中的寿命和活力，调节性功能。

【应用注意】①不宜长期应用，以免产生抗体和抑制垂体促性腺功能。②本品溶液极不稳定，且不耐热，应在短时间内用完。

【制剂】注射用血促性素。

垂体促黄体素(Lutein Stimulating hormone，LH，促黄体生成素、促黄体素)

【理化性质】本品是由猪的脑下垂体前叶提取的一种糖蛋白激素，为白色冷冻干燥的粉末，溶于水。

【作用与应用】在垂体促卵泡素的协同作用下，能促进雌性犬、猫卵巢中成熟的卵泡排卵，形成黄体，并能维持妊娠黄体而有保胎作用；对雄性动物可促进睾丸间质细胞发育，分泌雄激素，促使睾丸下降，并促进精子生成。临床用于治疗成熟卵泡排卵障碍，以提高受胎率，或用于卵巢囊肿、习惯性流产和不孕；也用于治疗雄性动物性机能减退、精液量少及幼畜隐睾症。治疗卵巢囊肿时剂量应加倍。

【药物相互作用】与垂体促卵泡素(FSH)合用可促进成熟的卵泡排卵，形成黄体，并能维持妊娠黄体。

【制剂】注射用垂体促黄体素。

绒促性素(Chorionic Gonadotrophin，人绒毛膜促性腺激素，HCG)

【理化性质】本品为由胎盘绒毛膜滋养层合胞体细胞提取的一种糖蛋白类激素，为白色或类白色的粉末，在水中溶解，在乙醇、丙酮或乙醚中不溶。

【药理作用】主要作用与垂体促黄体素相似，也有较弱的垂体促卵泡素样作用。能促进卵巢中成熟的卵泡排卵，促进黄体生成，对未成熟卵泡无作用；能短时间刺激卵巢分泌雌激素，引起发情；可促进雄性动物睾丸间质细胞发育，分泌雄激素等。

【应用】用于促进雌性动物发情，诱导排卵，提高受胎率；治疗卵巢囊肿和习惯性流产；治疗雄性动物性机能减退及幼畜隐睾症。

【应用注意】①多次应用可引起过敏反应，并降低药效。②不宜长期使用，以免产生抗体和抑制垂体促性腺功能。③与其他促性腺激素合并用药可使不良反应增加。④本品溶液极不稳定，且不耐热，应在短时间内用完。

【制剂】注射用绒促性素。

促性腺激素释放激素(Gonadotrophin Releasing Hormone，促性腺激素释放因子)

【作用与应用】本品与垂体前叶促性腺激素分泌细胞的受体结合，促使其分泌垂体促黄体素，同时也分泌少量垂体促卵泡素，从而促进卵泡的成熟和排卵；能增强精子的活力，改善精液的品质。其特点是无种属特异性，不产生抗原抗体反应。用于促进奶牛排卵，诱发水貂排卵；还用于治疗卵巢卵泡囊肿。

【应用注意】大剂量或长期应用可抑制排卵，阻断妊娠，引起睾丸或卵巢萎缩，阻止精子形成。

【制剂】促性腺激素释放激素注射液、醋酸促性腺激素释放激素注射液。

促黄体素释放激素 A₂（Luteinizing Hormone Releasing Hormone A₂）

【理化性质】本品为人工合成的促黄体素释放激素，为白色或类白色粉末，略臭，在水或 1% 醋酸溶液中溶解。

【作用与应用】用于治疗奶牛排卵迟滞、卵巢静止、持久黄体、卵巢囊肿及早期妊娠诊断；也用于鱼类诱发排卵。

【应用注意】①使用剂量过大，可导致催产失败、亲鱼成熟率下降、被催产鱼失明等。②使用本品后一般不能再使用其他激素。③对未完成性腺发育的鱼类诱导无效。④不能减少剂量多次使用，以免引起免疫耐受、性腺萎缩退化等不良反应，降低药效。⑤用生理盐水或注射用水稀释后使用，现配现用。

【制剂】注射用促黄体素释放激素 A₂。

促黄体素释放激素 A₃（Luteinizing Hormone Releasing Hormone A₃）

本品为人工合成的促黄体素释放激素，为白色或类白色粉末，略臭，在水中溶解。作用与应用同促黄体素释放激素 A₂。常用制剂为注射用促黄体素释放激素 A₃。

戈那瑞林（Gonadorelin）

本品能促使动物腺垂体释放促卵泡素（FSH）和促黄体素（LH），用于治疗奶牛的卵巢机能静止，诱导奶牛同期发情。应用注意：①禁止用于促生长。②使用本品后一般不能同时再使用其他类激素。③儿童不宜不易触及本品。常用制剂为戈那瑞林注射液，注射用戈那瑞林：休药期牛 7 d，弃奶期 12 h。

地洛瑞林（Deslorelin Acetate）

【作用与应用】本品为促性腺激素释放激素（GnRH）类似物，通过持续低剂量释放可抑制垂体-性腺轴，从而影响动物合成和/或释放促卵泡素（FSH）和促黄体生成素（LH），进而影响雄性动物的生殖能力。给药后，血浆睾酮水平可能会立即出现短暂升高。给药后 4~6 周药物持续低剂量释放，会引起雄性生殖器官功能的退化，表现为性欲减退、精子生成减少以及血浆睾酮水平降低，药物作用可维持 6 个月。临床用于健康、性成熟、未阉割雄性犬的暂时节育。常用制剂为醋酸地洛瑞林植入剂，采用背部肩胛间皮下植入，每 6 个月给药一次。

【应用注意】①避免植入至皮下脂肪层，因血管少的部位不利于药物的释放。②手术或药物去势可能会改善或加重雄性犬的攻击性行为。因此，不合群且出现攻击同种属和/或异种属动物行为的犬，不推荐使用本品。③植入物会自然吸收无需人工移除。如需终止给药，可通过超声确定植入物位置，由兽医通过外科手术将其移除。④按 10 倍推荐剂量皮下植入，施药后 3 个月可能出现轻微的局部结缔组织慢性炎症、结痂和胶原蛋白沉积。⑤使用本品时需确保固定好动物，避免意外自伤。如果药物意外注入使用者身体，应立即携带说明书或标签就医，移除植入物。由于 GnRH 类似物可通过皮肤吸收，一旦本品直接接触皮肤，应立即清洗药物接触部位。避免孕妇操作给药，因 GnRH 类似物对实验动物有胚胎毒性，且缺乏孕妇操作该药的相关研究。⑥置于儿童不可触及处。⑦禁止冷冻。

本章小结

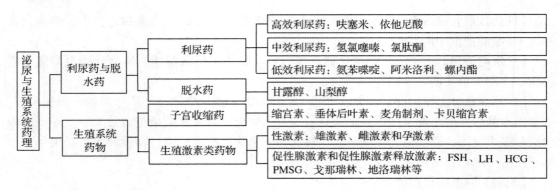

思考题

1. 简述兽医临床常用的利尿药按作用强度分为哪几类及各类的代表药。

2. 简述高效利尿药呋塞米的利尿机制及应用注意。

3. 利尿药与脱水药有何区别？简述甘露醇的药理作用。

4. 兽医临床常用的促性腺激素和促性腺激素释放激素有哪些？哪些药物可以用于同期发情？哪些药物可以用于同期分娩？请简述各药的作用特点及应用注意。

5. 简述催产素与麦角新碱药理作用的异同点及应用注意。

6. 兽医临床治疗子宫内膜炎、胎衣不下及子宫蓄脓症的药物有哪些？具有促进排卵作用的药物有哪些？

7. 治疗习惯性或先兆性流产可以使用的药物有哪些？

（刘明春）

自体活性物质和解热镇痛抗炎药理

本章主要包括自体活性物质、解热镇痛抗炎药和糖皮质激素类药物。

8.1 自体活性物质

自体活性物质(autocoids)是动物体内普遍存在、具有广泛生物学(药理)活性物质的统称，又称为"自调药物"(self-regulating medicinal agents)。正常情况下它们以前体或贮存状态存在，但当受到某种因素影响而被激活或释放时，其微量就能产生非常广泛、强烈的生物效应。与神经递质或激素不同，自体活性物质通常由局部产生，仅对邻近的组织细胞起作用，多数都有自己的特殊受体，也称"局部激素"；另一不同之处是机体没有其产生的特定器官或组织。有些自体活性物质可被直接用作药物而治疗疾病，如前列腺素。有一些是它们的作用可用相关药物进行调节，如组胺。还有一些自体活性物质，通常参与某些病理过程，如前列腺素。因此，通过模拟或拮抗其作用，或干扰其代谢转化，弄清其生理或病理学意义，有助于发现新药或阐明某些药物的作用机理。

临床常用的自体活性物质有内源性胺类(如组胺、5-羟色胺)、花生四烯酸衍生物(前列腺素、白三烯)、多肽类(血管紧张素、缓激肽、胰激肽、P 物质)等。目前，组胺和前列腺素在兽医临床上意义较大。

8.1.1 组胺与抗组胺药

变态反应也称过敏反应，是一个复杂的免疫病理反应过程，其本质是抗原-抗体反应。包括 4 种类型，即：①以炎性介质释放为主的速发型过敏反应(Ⅰ型)。②以组织细胞损害和溶解为主的细胞毒反应(Ⅱ型)。③以抗原-抗体复合物在组织中沉积为主的免疫复合物反应(Ⅲ型)。④以致敏 T 细胞介导为主的迟发型过敏反应(Ⅳ型)。通常所说的过敏反应指的是Ⅰ型，是因为过敏原进入体内后产生特异性的 IgE，IgE 结合在肥大细胞表面使机体呈致敏状态。当再次接触过敏原时，肥大细胞脱颗粒，释放多种化学介质，其中以组胺、白三烯最为重要，并诱发病理反应和一系列过敏症状。

兽医临床常用的抗过敏药物有 4 类，作用和应用各有特点：①糖皮质激素。可抑制免疫反应的多个环节，适用于各种过敏反应，但作用不是立即产生的。②拟肾上腺素药物。可用于伴有组胺、慢反应物质释放的过敏反应，但可引起心动过速或心律紊乱。③钙剂。能降低毛细血管的通透性，减少渗出，减轻炎症和水肿，常用作治疗过敏反应的辅助药物。④抗组胺药。是通过拮抗组胺的作用而减轻或消除过敏反应的症状，可用于治疗Ⅰ型、缓解Ⅱ型和Ⅲ型过敏反应的症状，是一类重要的抗过敏药物。但本类药物不能完全消除过敏反应的所有症状，并且对牛、兔等组胺释放量少的动物的过敏反应无拮抗作用。

本节重点介绍炎性介质组胺的生理、病理作用及用于抵抗组胺生理、病理效应的抗组胺药物。

8.1.1.1　组胺

组胺是由组氨酸脱羧而成。各种组织生成组胺的能力不同。在与外界接触的皮肤、肠黏膜和肺组织中，组胺浓度最高。体内的大多数组胺以肝素-蛋白复合物形式存在，与蛋白水解酶和其他自体活性物质一起，贮存在组织的肥大细胞和血液的嗜碱性粒细胞的颗粒中，这部分组胺更新较慢。表皮细胞、胃黏膜细胞和神经元也能生成和贮存组胺，这部分组胺更新较快。组胺在体内的终代谢物是 N-甲基咪唑乙酸、咪唑乙酸与磷酸核糖的结合物和甲基组胺。

能引起组胺从贮存颗粒中释放的因素有：①使肥大细胞的 cAMP 抑制和 cGMP 浓度增加的因子，如乙酰胆碱、α 受体激动剂、β 受体拮抗剂等药物。②直接损伤肥大细胞膜的因子，如许多带正电荷(碱性)的物质。外源性物质有吗啡、多黏菌素类、多肽类，内源性化合物有缓激肽、胰激肽和其他碱性多肽。一些毒物和毒素(如蛇毒)也直接引起组胺释放。③免疫介导的 I 型过敏反应。

组胺的释放往往与肥大细胞内 Ca^{2+} 浓度的增加相伴，贮存在颗粒中的其他物质往往随组胺一起释放出来，这些物质也能引起明显的生物反应。此外，损害肥大细胞的细胞膜，还能促进其他具有相似有害作用的自体活性物质(如前列腺素)的生成。因此，组胺的释放，仅是肥大细胞脱粒化所致生理反应的一部分。用于治疗或预防 I 型过敏反应的药物，一般来说就是那些减少肥大细胞脱粒的药物。糖皮质激素的抗过敏作用是基于其对 β 受体的作用以及针对其他炎性介质的抗炎作用。

除参与炎症、过敏(变态)反应外，组胺与多种药物存在相互作用关系，还能调节胃腺的分泌。在中枢神经系统，组胺还是一种神经递质；一些与组胺结构相似的外源性化合物也具有扩张小血管，收缩血管以外平滑肌，刺激胃腺分泌等拟组胺作用。

组胺的生物学作用是通过靶细胞上的受体实现的，外周组织存在两种组胺受体，即组胺 I 型(H_1)和组胺 II 型(H_2)受体。H_1 受体主要分布于皮肤血管、支气管和胃肠平滑肌，被组胺激活后引起皮肤血管通透性增加，导致皮炎、呼吸道平滑肌痉挛，引起呼吸困难和哮喘；胃肠平滑肌痉挛而出现腹痛、腹泻等。H_1 受体主要分布于胃壁腺细胞，被组胺激活后能增加胃液的分泌。中枢神经系统可能还存在着组胺 III 型(H_3)受体。药用组胺为人工合成，医学上尚有使用，但在兽医临床无应用报道。

8.1.1.2　抗组胺药

抗组胺药在结构上与组胺相似，竞争效应器细胞膜上的组胺受体，阻断组胺与受体结合，从而缓解或消除过敏反应的症状。与组胺受体相对应，本类药物分为 H_1 受体阻断药和 H_2 受体阻断药，前者为传统的抗过敏药，后者的作用是抑制胃液分泌，如西咪替丁、雷尼替丁等，主要用于治疗犬、猫因胃酸分泌过多引起的消化性溃疡。

（1）H_1 受体阻断药

H_1 受体阻断药能选择性地对抗组胺兴奋 H_1 受体所致的血管扩张及平滑肌痉挛等作用，有助于缓解或消除内源性组胺释放所引起的过敏反应症状。临床上用于皮肤、黏膜的变态反应性疾病，如荨麻疹、接触性皮炎；也用于可能与组胺有关的非变态反应性疾病，如湿疹、营养性或妊娠性蹄叶炎、肺气肿；还可用于麻醉合并用药。

常用药物有苯海拉明、异丙嗪、扑尔敏、氯苯吡胺、吡苄明、去敏灵、阿司咪唑等。抗过敏作用的强度和持续时间顺序为：扑尔敏>异丙嗪>苯海拉明。对中枢的抑制作用由强到弱为：异丙嗪>苯海拉明>扑尔敏。

苯海拉明（Diphenhydramine，苯那君、可他敏）

【理化性质】常用其盐酸盐，为白色结晶性粉末，在水中极易溶。

【药理作用】本品可完全对抗组胺引起的胃、肠、气管、支气管平滑肌的收缩作用，对组胺所致的毛细血管通透性增加及水肿也有明显的抑制作用。作用快，维持时间短。本品还有较强的镇静、嗜睡等中枢抑制作用和局麻、轻度抗胆碱等作用。

【应用】①治疗动物因组胺引起的过敏性疾病，如皮疹、荨麻疹、血管神经性水肿、药物过敏、皮肤瘙痒症等。②用于因过敏引起的胃肠痉挛、腹泻。③用于组织损伤伴有组胺释放的疾病，如烧伤、冻伤、湿疹、脓毒性子宫炎等。④用于动物运输晕动和止吐。

【药物相互作用】①与氨茶碱、麻黄碱、钙剂、维生素 C 合用，抗组胺作用增强。②可增强中枢抑制药（如麻醉药、镇静药）的作用。

【应用注意】①大剂量静脉注射时常出现中毒症状，以中枢神经系统过度兴奋为主。可静脉注射短效巴比妥类（如硫喷妥钠）解救，但不可使用长效或中效巴比妥。②对肾功能衰竭动物用药时，给药间隔时间应延长。③对于过敏性疾病，本品只是对症治疗，同时还须对因治疗。本品必须用到病因消除为止，否则病状会复发。④对于严重的过敏性病例，一般先给予肾上腺素，再注射本品。全身治疗一般须持续 3 d。

【制剂与休药期】盐酸苯海拉明注射液、盐酸苯海拉明片：猪、牛、羊 28 d；弃奶期 7 d。

异丙嗪（Promethazine，非那根）

【理化性质】本品为氯丙嗪的衍生物，人工合成品。常用其盐酸盐，为白色或类白色粉末或颗粒，在空气中日久变为蓝色。在水中极易溶，在乙醇或三氯甲烷中易溶。

【作用与应用】作用与苯海拉明相似，但作用较强而持久；有较强的中枢抑制作用，可加强麻醉药、镇静药的作用；有降温和止吐及轻度止咳、舒张支气管的作用。临床用于各种过敏症性疾病，如过敏性皮炎、荨麻疹、皮肤瘙痒、血清病等。

【药物相互作用】可增强麻醉药、镇静药、镇痛药、抗胆碱药（如阿托品）的作用。

【应用注意】①本品有刺激性，片剂宜在饲喂后或饲喂时内服，可避免对胃肠道的刺激作用，也可延长吸收时间。②注射液不宜皮下注射。③注射液为无色的澄清液体，如呈紫红色乃至绿色时不可供注射用。④忌与碱性溶液或生物碱合用。其他参见苯海拉明。

【制剂与休药期】盐酸异丙嗪注射液、盐酸异丙嗪片：猪、牛、羊 28 d；弃奶期 7 d。

马来酸氯苯那敏（Chlorphenamine Maleate，扑尔敏、马来酸氯苯吡胺、马来那敏）

【理化性质】本品为人工合成品，白色结晶性粉末。在水、乙醇或三氯甲烷中易溶。

【作用与应用】抗组胺作用较苯海拉明强而持久。用于各种过敏症性疾病，如过敏性皮炎、荨麻疹、皮肤瘙痒、血清病等。

【药物相互作用】①与解热镇痛药配伍，可增强其镇痛和缓解感冒症状的作用。②与钙剂、维生素 C 合用，可增强其抗组胺作用。

【应用注意】对中枢神经系统的抑制作用较轻，但对胃肠道有一定的刺激性。使用时注意：①小动物在饲喂后或饲喂时内服，可避免对胃肠道产生刺激作用，也可延长吸收时间。②忌与碱性溶液或生物碱合用。③对于过敏性疾病，本品仅是对症治疗，同时还须对因治疗，否则病状易复发。

【制剂与休药期】马来酸氯苯那敏注射液、马来酸氯苯那敏片：牛、羊、猪 28 d。

阿司咪唑（Astemizole，息斯敏）

本品为无中枢镇静和抗胆碱能作用的强效及长效的新型组胺 H_1 受体阻断药。由于作用时间持久，每日一次可控制过敏症状 24 h。受体结合研究表明，本品在药理学剂量下，能提供完全的外周 H_1 受体结合率。临床用于治疗小动物过敏性鼻炎、过敏性结膜炎、慢性荨麻疹和其他过敏反应。因其不透过血脑屏障，所以对中枢 H_1 受体无作用。常用制剂为阿司咪唑片。

（2）H_2 受体阻断药

与 H_1 受体阻断药不同，H_2 受体阻断药在结构上保留组胺的咪唑环，侧链上变化大。目前，兽医临床应用较广并较新的药物有西咪替丁（Cimetidine）、雷尼替丁（Ranitidine）、法莫替丁（Famotidine）和尼扎替丁（Nizatidine）。H_2 受体阻断药对 H_2 受体有高度的选择性，能有效地争夺胃壁腺细胞上的 H_2 受体，阻断组胺与之结合，拮抗组胺的促胃酸分泌作用。本类药物在兽医临床主要用于胃炎，胃、皱胃及十二指肠溃疡，应激或药物引起的糜烂性胃炎等。

本类药物内服吸收迅速、完全（马除外），不受食物影响，但首过效应大。西咪替丁和雷尼替丁在犬内服时生物利用度分别为 95% 和 81%。本类药物的脂溶性比 H_1 受体阻断药低，不能透过血脑屏障，无中枢抑制的副作用。主要以原形经肾排出。

西咪替丁（Cimetidine，甲氰咪胍、甲氰咪胺、泰胃美）

【理化性质】本品为人工合成品，白色或类白色结晶性粉末，在水中微溶。

【作用与应用】本品为较强的 H_2 受体阻断药，能降低胃液的分泌量和胃液中 H^+ 浓度，降低胃蛋白酶和胰酶的活性。对因化学刺激引起的腐蚀性胃炎有预防和保护作用，对应激性胃溃疡和上消化道出血也有明显疗效。本品还能减弱免疫抑制细胞的活性、增强免疫反应，从而阻止肿瘤转移和延长存活期。临床用于治疗胃肠溃疡、胃炎、胰腺炎和急性胃肠出血。

【药物相互作用】①能与肝微粒体酶结合而抑制酶的活性，降低肝血流量，干扰其他药物的吸收。②与氢氧化铝、氧化镁同时服用，可降低本品的血药浓度。③可使胃液 pH 值升高，与四环素合用时可使四环素的溶解速率降低，吸收减少，作用减弱。④与阿司匹林合用，可使阿司匹林作用增强。⑤与氨基糖苷类抗生素合用时可能导致呼吸抑制或呼吸停止。

【应用注意】①突然停药可能引起慢性、消化性溃疡穿孔。②应避免本品与抗胆碱药同时使用，以防加重中枢神经毒性反应。③严重的呼吸系统疾患、急性胰腺炎、慢性炎症及肝、肾功能不全的动物慎用。

【制剂】西咪替丁片。

雷尼替丁（Ranitidine，甲硝呋胍，呋喃硝胺）

本品作用与应用同西咪替丁，但作用较西咪替丁强 5~8 倍，对胃和十二指肠溃疡的疗效高，具有速效和长效的特点，副作用小且安全。应注意长期使用可致维生素 B_{12} 缺乏。常用制剂为雷尼替丁片。

8.1.2　前列腺素

前列腺素（prostaglandin，PG）的命名是在 PG 后加英文字母（表示型）和下标数字（表示侧链的双键数目），有的在数字后还有希腊字符（指示侧链的方向），如 $PGF_{2\alpha}$。PG 广泛存在于人类和哺乳动物组织和体液中。精液、精囊腺、前列腺、子宫、卵巢、胎盘、脐带、羊水、脑、肾、肺、胸腺、脾、甲状腺、胃肠道等器官都含有 PG。能合成 PG 的也有多种器官，以精囊腺合成能力最强。

PG 常常是通过参与其他自体活性物质、神经递质和激素的调节而起作用，在许多组织中是通过激活腺苷酸环化酶而增加 cAMP 的生成量，也可调节细胞内的 Ca^{2+} 浓度。PG 的生物学作用极为广泛，主要有以下几方面：①对生殖系统。PG 作用于下丘脑的黄体生成素释放激素的神经内分泌细胞，增加黄体生成素释放激素释放，后者刺激垂体前叶黄体生成素和卵泡刺激素分泌，从而使睾丸激素分泌增加。PG 也能直接刺激睾丸间质细胞分泌。但大量 PG 对雄性生殖机能有抑制作用。精液中 PG 能使子宫颈松弛，促进精子在雌性动物生殖道中运行，有利于受精。PG 还能使妊娠子宫平滑肌收缩，促进黄体溶解。②对血管平滑肌。不同的 PG 对血管平滑肌的作用效应不同。PGE 能使血管平滑肌松弛，从而减少血流的外周阻力，降低血压；PGF 的作用比较复杂，可使兔、猫血压下降，却又使大鼠、犬的血压升高。③对胃肠道。PG 可引起平滑肌收缩，抑制胃酸分泌，防止强酸、强碱、无水乙醇等对胃黏膜侵蚀，具有细胞保护作用。对小肠、结肠、胰腺等也有保护作用，还可刺激肠液分泌、肝胆汁分泌以及胆囊肌收缩等。④对神经系统。PG 广泛分布于神经系统，对神经递质的释放起调节作用。也有人认为，PG 本身即有神经递质的作用。⑤对呼吸系统。PGE 使支气管平滑肌舒张，降低通气阻力；而 PGF 却使支气管平滑肌收缩。⑥对内分泌系统。通过影响内分泌细胞内 cAMP 水平，影响激素的合成与释放。如促使甲状腺素分泌和肾上腺皮质激素的合成。也可通过降低靶器官的 cAMP 水平而使激素作用降低。

应用于兽医临床的 PG 主要有 PGE_1、PGE_2、$PGF_{1\alpha}$、$PGF_{2\alpha}$、氯前列醇和氟前列醇等。在繁殖和畜牧生产上，主要用于收缩子宫和溶解黄体。在小动物临床上，还用于扩张血管、保护血小板、扩张支气管、保护胃肠黏膜。

地诺前列素（Dinoprost，$PGF_{2\alpha}$，黄体溶解素，氨基丁三醇前列腺素 $F_{2\alpha}$）

【理化性质】本品是由动物精液或猪、羊的羊水中提取，现多用人工合成品。为无色结晶，溶于水和乙醇。

【药理作用】对生殖、循环、呼吸、消化等系统具有广泛作用。其中，对生殖系统的作用表现为：①溶解黄体，抑制孕酮的合成，可使母畜同期发情和排卵，有利于人工同期发情或胚胎移植。②兴奋子宫平滑肌。对子宫平滑肌有强烈的收缩作用，特别是妊娠子宫对本品非常敏感，子宫平滑肌张力增加，子宫颈松弛，有利于催产、引产和人工流产等。③促进输卵管收缩，影响精子运行至受精部位及胚胎附植。④促进垂体前叶释放黄体生成素。⑤影响精子的发生和移行。

【应用】①用于畜群的同期发情。马、牛、羊注射后出现正常的性周期，注射 2 次，同期发情更准确。②治疗母畜卵巢黄体囊肿，注射后第 6~7 天排卵。③治疗持久性黄体，牛间情期肌内注射 30 mg，第 3 天开始发情，第 4~5 天排卵。④治疗马、牛不发情或发情不明显。⑤用于母猪催情，使断奶母猪提早发情和配种。⑥用于催产、引产、子宫蓄脓、慢性子宫内膜炎、排出死胎。⑦用于增加公畜的精液射出量和提高人工授精率。

【应用注意】①用于收缩子宫时应注意剂量，过量可发生子宫破裂。②用于引产时，猪出现呼吸加快，排便次数略增加，牛易造成胎衣不下，羊易造成子宫出血和急性子宫内膜炎，马可出现痉挛性腹痛、腹泻、厌食和大量出汗。③对循环、呼吸、消化系统有疾病的患畜禁用。

【制剂与休药期】氨基丁三醇前列腺素 $F_{2\alpha}$ 注射液：1 d；弃奶期 0 d。

甲基前列腺素 $F_{2\alpha}$ (Carboproste $F_{2\alpha}$)

【理化性质】本品为棕色油状或块状物。有异臭，在乙醇、丙酮、乙醚中易溶，在水中极微溶。

【作用与应用】对妊娠各期子宫都有收缩作用，以妊娠晚期子宫最为敏感。能溶解发情后母畜黄体，增强子宫平滑肌张力和收缩力，并诱导其发情。临床用于催产、引产和人工流产；也用于诱导同期发情和治疗持久黄体、子宫蓄脓、慢性子宫内膜炎、排出死胎等。

【应用注意】①引产时必须严密观察子宫收缩情况，随时调整用药剂量，以防止因强直性子宫收缩发生子宫破裂。②大剂量可产生腹泻、阵痛等不良反应。③治疗持久黄体时用药前应仔细进行直肠检查，以便针对性治疗。④妊娠动物禁用，以免引起流产。⑤循环、呼吸、消化系统有疾病的患畜禁用。

【制剂与休药期】甲基前列腺素 $F_{2\alpha}$ 注射液：牛、猪、羊 1 d。

氯前列醇(Cloprostenol)

【理化性质】本品为人工合成品，淡黄色油状黏稠液体。在三氯甲烷中易溶，在无水乙醇或甲醇中溶解，在水中不溶，在 10% 碳酸钠溶液中溶解。常用其钠盐，为白色或类白色无定形粉末。在水、甲醇或乙醇中易溶，在丙酮中不溶。

【作用与应用】本品与甲基前列腺素 $F_{2\alpha}$ 是同系物，溶解黄体和收缩子宫作用更强，能迅速引起黄体消退，并抑制其分泌；可引起子宫平滑肌收缩，子宫颈松弛。主要用于诱导母畜同期发情和同期分娩，治疗母牛持久黄体、黄体囊肿和卵泡囊肿等。

【应用注意】①本品注射液仅用于肌内注射，不宜静脉注射。②有报道对犬进行人工引产时，可出现流涎、呕吐、排稀便、尿频及呼吸加快等副作用。③在妊娠后期应用本品，动物出现难产的风险将增加，且药效下降。故不需要流产的妊娠动物禁用。④本品易经皮吸收，不慎接触后应立即用肥皂和水进行清洗。⑤不能与非类固醇类抗炎药同时应用。⑥因本品可诱导流产及急性支气管痉挛，因此妊娠及患有哮喘和其他呼吸道疾病的人员操作时应特别小心。⑦不能与非甾体抗炎药同时应用。

【制剂与休药期】氯前列醇注射液：牛、猪 1 d。

8.2 解热镇痛抗炎药

解热镇痛抗炎药是一类具有退热、减轻局部钝痛的药物，其中大多数还有抗炎、抗风湿作用。基于抗炎作用，为了区分于肾上腺皮质激素及其衍生物，称其为非甾体抗炎药（non-steroidal anti-inflammatory drugs，NSAIDs）。该类药物在化学结构上各不相同，但都具有抑制花生四烯酸环氧合酶（cyclo-oxygenase，COX），从而抑制花生四烯酸合成前列腺素（PG）的共同作用机制。多数解热镇痛抗炎药对 COX-1 和 COX-2 两型同工酶无选择性，只对 COX-1 有较强的抑制作用，但美洛昔康对 COX-2 有选择性抑制作用，而对 COX-1 的抑制作用较弱；阿司匹林对两型均有抑制作用，表现出较强的消炎、止痛和解热作用。

（1）解热作用

本类药物对各种原因引起的高热均有一定的解热作用，但对正常体温几乎无影响。发热是由于病原体及其毒素刺激白细胞产生并释放内源性致热原（简称内热原，如 IL-1、IL-6 和 TNF-α 等）引起的。内热原作用于下丘脑体温调节中枢，使该处的 PG（尤其是 PGE$_2$）的合成和释放增加，体温调定点提高，使机体产热增加，散热减少，体温升高。解热镇痛抗炎药可抑制 PG 合成酶（环氧酶），减少 PG 的合成；并能增加机体的散热过程，使皮肤血管显著扩张，出汗增加，最终使体温趋于正常。

发热是机体的一种防御性反应，中等程度的发热能增强新陈代谢，加速抗体形成，有利于机体消灭病原。对一般发热，特别是感染性疾病引起的发热可不急于使用解热药，但对热度过高或持久发热的动物应适当使用解热药以降低体温，缓解高热引起的并发症（如昏迷等），但应注意不能过量使用，以免出汗过多，动物虚脱。该类药物只能用于对症治疗，应着重对因治疗。

（2）镇痛作用

本类药物有中等程度的镇痛作用，对慢性钝痛（如神经痛、肌肉痛、关节痛及局部炎症）所致的疼痛有效，对创伤性剧痛和内脏平滑肌绞痛无效。镇痛作用部位主要在外周，当组织损伤或发生炎症时，局部产生与释放某些致痛、致炎物质，如缓激肽、组胺、5-羟色胺、PG 等。缓激肽和胺类直接刺激痛觉感受器而致痛；PG 可提高痛觉感受器对缓激肽等致痛物质的敏感性，而且其本身也有致痛作用。解热镇痛抗炎药通过抑制 PG 的合成而发挥镇痛作用。

（3）抗炎和抗风湿作用

PG 是参与炎症反应的重要生理活性物质，在炎症组织中大量存在，能增强缓激肽等的致炎作用。解热镇痛抗炎药能抑制 PG 的合成与释放，从而缓解炎症。本类药物的抗风湿作用是解热、镇痛和消炎作用的综合结果，能明显缓解风湿及类风湿的症状，但不能根除病因，阻止病程的发展，仅有对症治疗作用。

综上所述，本类药物的解热镇痛抗炎作用均与抑制 PG 的合成和释放有关，即其作用机制在于抑制合成 PG 所必需的 COX。对 COX 的作用有以下 3 种方式：①可逆竞争性抑制 COX。如布洛芬、甲芬那酸、消炎痛等。②不可逆性抑制 COX。如阿司匹林、氟联苯丙酸、甲氯芬酸等，此作用方式疗效更好。阿司匹林还可使 COX-2 的活性部位丝氨酸残基（Ser516）发生不可逆的乙酰化。③选择性抑制 COX-2。如美洛昔康、卡洛芬、西米考昔和尼美舒利等。④捕获氧自由基。另外，解热镇痛抗炎药的治疗效果除有赖于对 COX 的作用方式，还受许多其他因素的影响。如干扰中性粒细胞的趋化性、吞噬能力和杀伤性的药物，其抗炎效果最好。因为花生四烯酸不转变成 PG，就会生成白三烯，所致炎症更难控制。干扰中性粒细胞，就能抑制白三烯生成。有些解热镇痛抗炎药还能抑制特定的 PG 作用（如水杨酸类、芬那酸类）和肾素的形成（水杨酸类），抗炎效果好。

大多数解热镇痛抗炎药为弱酸性化合物，可在胃肠道前部被迅速吸收，其吸收的程度与速度受动物种属、胃肠蠕动、胃内 pH 值以及食糜等因素的影响。吸收后主要分布于细胞外液，能渗入损伤或炎症组织的酸性环境。血浆蛋白结合率很高(有的甚至大于 99%)，消除缓慢。与蛋白结合率高的同类或其他类药物合用时，可产生结合位点上的置换作用而引起中毒。如保泰松与抗凝血药双香豆素合用时，后者被置换，血中游离浓度增多，引起中毒(表现为内脏出血)。本类药物的代谢转化在肝内进行，其种属差异很大，主要取决于肝内细胞色素 P-450 酶的活性以及与葡萄糖醛酸的结合能力(如猫缺乏葡萄糖醛酸酶活性)。代谢物的排泄主要是肾的滤过与主动分泌。肾排泄速度取决于尿液的 pH 值，碱化尿液可增加排泄。由肾小管主动分泌的药物存在竞争性抑制现象，部分药物以葡萄糖结合物的形式由胆汁排泄时有明显的肝肠循环，如奈洛芬在犬体内时即是。由于本类药物药动学过程存在很大的种属差异，因此在种属间套用剂量有极大的危险性，有时甚至是致死性的。如阿司匹林在马、犬、猫的半衰期分别是 1 h、8 h 和 38 h。如果按 1 kg 体重计算的同一剂量在马可能无效，而在猫则产生严重后果。

本类药物按化学结构可分为苯胺类、吡唑酮类、有机酸类(包括水杨酸类、芬那酸类、吲哚类、苯丙酸类)、选择性环氧酶-2 抑制剂等。各类药物均有镇痛作用，对于炎性疼痛，吲哚类、芬那酸类和选择性环氧酶-2 抑制剂的效果好，吡唑酮类和水杨酸类次之；在解热和抗炎作用上，苯胺类、吡唑酮类和水杨酸类作用较好；阿司匹林、吡唑酮类和吲哚类的抗炎、抗风湿作用较强。苯胺类几乎无抗风湿作用。

8.2.1　苯胺类

对乙酰氨基酚(Paracetamol，Acetaminophen，扑热息痛、醋氨酚)

【理化性质】本品为白色结晶或结晶性粉末，在热水和有机溶剂中易溶。

【作用与应用】解热作用类似于阿司匹林，但镇痛、抗炎作用较差，主要用于发热、肌肉痛、关节痛和风湿痛。其抑制丘脑 PG 合成与释放的作用较强，抑制外周 PG 合成与释放的作用较弱。对血小板及凝血机制无影响。内服吸收快，30 min 后血药达峰浓度，主要在肝中代谢，代谢物经肾排出。

【药物相互作用】①长期大量与其他非甾体抗炎药合用时可明显增加肾毒性。②与抗凝血药合用可增加抗凝血作用，故要调整抗凝血药的用量。③与糖皮质激素同用可增加胃肠道不良反应。④可加强或延长磺胺类药物的作用，使血药浓度升高，增强效应和不良反应。⑤与甲氧苄啶大剂量或长期联用，可引起贫血、血小板降低或白细胞减少。⑥阿托品阻滞本品的胃肠道吸收，延迟药效发挥作用。

【应用注意】①猫易引起严重毒性反应，不宜使用。②剂量过大或长时间使用可导致高铁血红蛋白症，引起组织缺氧、发绀。③大剂量可引起肝、肾损伤，在给药后 12 h 内使用乙酰半胱氨酸或蛋氨酸可以预防肝损伤。④肝、肾功能不全的动物慎用。

【制剂与休药期】对乙酰氨基酚片、对乙酰氨基酚注射液：马、牛、羊 35 d，猪 28 d。

8.2.2　吡唑酮类

吡唑酮类(prazolones)包括氨基比林、安乃近、保泰松及其代谢产物羟基保泰松等，均为氨基比林的衍生物，基本结构是苯胺侧链延长的环状化合物(即吡唑酮)。本类药物均具有解热镇痛和消炎作用，其中氨基比林和安乃近解热作用强，保泰松消炎作用较强。

氨基比林（Aminopyrine，Aminophenazone，匹拉米洞）

【理化性质】本品为白色或几乎白色的结晶性粉末。在乙醇或三氯甲烷中易溶，在水或乙醚中溶解。常与巴比妥制成复方氨基比林注射液。

【作用与应用】本品具有较强的解热、镇痛作用，解热作用强于安替比林、对乙酰氨基酚，镇痛作用强于阿司匹林；具有抗风湿和抗炎作用，其疗效与水杨酸类相近。临床用于发热性疾患、关节炎、肌肉痛和风湿症等。

【药动学】内服易吸收，在肝中代谢，经脱甲基形成 4-氨基安替比林。进一步乙酰化为无活性的 N-乙酰-4-氨基安替比林。代谢物以原形或与葡萄糖醛酸和硫酸形成结合物，经尿排出。

【不良反应】长期连续应用可引起粒细胞减少症。

【制剂与休药期】氨基比林片、复方氨基比林注射液、安痛定注射液：猪、牛、羊28 d；弃奶期 7 d。

保泰松（Phenylbutazone，布他酮）

【理化性质】本品为白色或微黄色结晶性粉末。难溶于水，能溶于醇和醚，易溶于碱或三氯甲烷。性质较稳定。

【作用与应用】本品的作用特点是抗炎、抗风湿作用强而解热镇痛作用弱，并能促进尿酸排出。临床主要用于马、犬的肌肉骨骼系统抗炎，如关节炎、风湿症、腱鞘炎、黏液囊炎及痛风症和睾丸炎等。内服吸收完全，肌内注射吸收缓慢。经肝药酶代谢为氧保泰松及 γ-羟基保泰松，经肾排泄，碱化尿液可加速其排泄。

【药物相互作用】①可诱导肝药酶，加速自身及强心苷的代谢。②可通过血浆蛋白结合部位的置换，加强抗凝剂、苯妥英钠、肾上腺皮质激素及磺胺类药物的作用和毒性。

【应用注意】治疗剂量一般不致中毒，但剂量过大会引起血象异常、胃肠溃疡等。禁用于心、肾、肝病患畜及食品动物和泌乳奶牛。

【制剂】保泰松片、保泰松注射液。

安乃近（Metamizole Sodium，Analgin，诺瓦经）

【理化性质】本品为氨基比林与亚硫酸钠的合成物，为白色或略带微黄色的结晶或结晶性粉末，在水中易溶。

【作用与应用】本品有较强的解热、镇痛作用。解热作用为氨基比林的 3 倍，镇痛作用与氨基比林相同；也有一定的消炎和抗风湿作用。兽医临床用于发热性疾病、关节痛、肌肉痛、风湿症；还用于肠痉挛、肠臌气制止腹痛。人医已将其淘汰。

【药物相互作用】①不能与氯丙嗪合用，以免体温剧降。②不能与巴比妥类及保泰松合用，因相互作用会影响肝微粒体酶活性。

【应用注意】①长期连续应用可引起粒细胞减少症，应注意检查白细胞数。②抑制凝血酶原形成，加重出血的倾向。③不宜于穴位和关节部位注射，否则可能引起肌肉萎缩和关节机能障碍。④不得与任何其他药物混合注射。

【制剂与休药期】安乃近片、安乃近注射液：马、猪、羊28 d；弃奶期 7 d。

8.2.3 水杨酸类

水杨酸类(salicylates)包括阿司匹林、水杨酸钠和卡巴匹林钙。水杨酸本身刺激性大，仅作外用，有抗真菌及溶解角质的作用。本类药物中阿司匹林最常用。

阿司匹林(Aspirin，Acetylsalicylic Acid，乙酰水杨酸)

【理化性质】本品为白色结晶或结晶性粉末。在乙醇中易溶，在三氯甲烷或乙醚中溶解，在水或无水乙醇中微溶，在氢氧化钠溶液中溶解，但同时分解。

【作用与应用】本品既抑制COX，又抑制血栓烷合成酶和肾素的生成。①具有较温和的解热镇痛作用和较强的抗炎、抗风湿作用。②抑制肾小管对尿酸的重吸收，促进尿酸排泄，故有抗痛风作用。③抑制血小板凝集，用于防止血栓形成。临床主要用于发热、风湿症、肌肉和关节疼痛，软组织炎症和痛风症，也可用于抗血栓。

【药动学】内服后可在胃和小肠前段迅速吸收，全身分布广泛，主要在肝内代谢。猫因缺乏葡萄糖醛酸转移酶，故半衰期较长并对本品敏感。药物原形及代谢物经肾迅速排出，在酸性尿液中排泄缓慢，碱化尿液能加速其排泄。

【药物相互作用】①与其他水杨酸类解热镇痛药、双香豆素类抗凝血药、巴比妥类、苯妥英钠等药物合用时作用增强，甚至毒性增加。因本品的血浆蛋白结合率高，可使这些药物从血浆蛋白结合部位游离出来。②与糖皮质激素合用可使胃肠出血加剧，因后者能刺激胃酸分泌、降低胃及十二指肠黏膜对胃酸的抵抗力。③与碱性药物(如碳酸氢钠)合用可加速本品的排泄，使疗效降低，一般不宜合用。但在治疗痛风症时，可同服等量碳酸氢钠，以防尿酸在肾小管内沉积。

【应用注意】①本品能抑制凝血酶原合成，大量或长期应用易发生出血倾向，可用维生素K治疗。②对消化道有刺激性，不宜空腹投药，与碳酸钙同服可减少对胃的刺激性。③长期使用可引发胃肠溃疡，故胃炎、胃溃疡、肾功能不全的动物慎用。④对猫有严重的毒性反应，不宜应用。⑤老龄、体弱或体温过高的患畜，解热时宜用小剂量，多饮水，以利于排汗和降温，否则会因出汗过多而造成水和电解质平衡失调或虚脱。⑥动物发生中毒时，可采用洗胃、导泻、内服碳酸氢钠及静脉注射5%葡萄糖和0.9%氯化钠等措施解救。

【制剂】阿司匹林片。

水杨酸钠(Sodiom Salicylate)

【理化性质】本品为白色或微带淡红色的细微鳞片或白色结晶性粉末，易溶于水和乙醇。

【作用与应用】具有解热镇痛、抗炎、抗风湿作用，但较阿司匹林和氨基比林弱。临床用作抗风湿药，减轻风湿性关节炎疼痛，消退肿胀；对关节肿胀等非化脓性炎症也有疗效；有促进尿酸排泄的作用，可用于痛风症。

【药动学】内服后易在胃和小肠吸收，生物利用度种属间差异较大，猪和犬吸收最好，马较差，山羊较少吸收。本品可分布于全身各组织，能透入关节腔、脑脊液及乳汁中，易透过胎盘屏障。主要在肝中代谢为水杨尿酸，与部分原药一起经尿排出。排泄速度受尿液酸碱度影响，碱性尿液使排泄加快。

【药物相互作用】①本品可使血液中凝血酶原的活性降低，故不可与抗凝血药合用。

②与碳酸氢钠同时内服可减少本品吸收，加速本品排泄。

【应用注意】①内服时在胃酸作用下分解出水杨酸，对胃产生较强刺激作用。猪中毒时出现呕吐、腹痛等症状，可用碳酸氢钠解救。②注射液仅供缓慢静脉注射，且不能漏出血管外。③长期或大剂量使用时，能抑制凝血酶原合成而产生出血倾向，也可引起耳聋、肾炎等，有出血倾向、肾炎及酸中毒的患畜禁用。

【制剂与休药期】水杨酸钠注射液、复方水杨酸钠注射液：牛 0 d；弃奶期 48 h。

卡巴匹林钙（Carbasalate Calcium）

【理化性质】本品为类白色粉末。在水中易溶，在丙酮或无水甲醇中几乎不溶。

【作用与应用】本品为阿司匹林钙与尿素络合的盐，药理作用和应用与阿司匹林相同，兽医临床主要用于控制猪、鸡的发热和疼痛。

【药动学】猪、鸡内服后水解为阿司匹林，吸收快，主要经肝代谢，在体内迅速降解为水杨酸。

【应用注意】①蛋鸡产蛋期禁用。②不得与其他水杨酸类解热镇痛药合用。③本品与糖皮质激素合用可使胃肠出血加剧。与碱性药物合用，使疗效降低。④连续用药不应超过5 d。⑤患痛风症、肝肾功能减退、心功能不全及有溶血性贫血史的动物慎用。

【制剂与休药期】卡巴匹林钙粉：猪、鸡 0 d。

8.2.4　吲哚类

吲哚类（idoles）为芳基乙酸类抗炎药，其特点是抗炎作用较强，对炎性疼痛镇痛效果显著。包括吲哚美辛、阿西美辛、硫茚酸（舒林酸）、托美丁（痛灭定）和类似物苄达明。

吲哚美辛（Indomethacin，Indocin，消炎痛）

【理化性质】本品为类白色或微黄色结晶性粉末。溶于丙酮，略溶于甲醇、乙醇、三氯甲烷和乙醇，不溶于水。

【作用与应用】通过对 COX 的抑制而减少 PG 的合成，制止炎症组织痛觉神经冲动的形成，抑制炎症反应，包括抑制白细胞的趋化性及溶酶体酶的释放。抗炎作用较强，较保泰松强 84 倍，也强于氢化可的松。与这些药物合用，可减少它们的用量及副作用。解热镇痛作用较弱，但对炎性疼痛的效果优于保泰松、安乃近和水杨酸类。对痛风性关节炎和骨关节炎的疗效最好。临床主要用于慢性风湿性关节炎、神经痛、腱炎、腱鞘炎及肌肉损伤等。

单胃动物内服吸收迅速而完全，在肝内代谢，代谢物及原药主要以葡萄糖醛酸结合形式经肾排泄。一部分随胆汁进入肠道，呈现肠肝循环，少部分经粪排出。

【药物相互作用】与阿司匹林合用时疗效不仅不增强，而且胃肠道反应的发生率增加。

【应用注意】①常见恶心、呕吐、腹痛、腹泻等消化道反应，有时引起胃出血和穿孔。②犬有致死的报道，一般不用。③可致肝和造血功能损害。④肾病及胃肠溃疡患畜慎用。

【制剂与休药期】消炎痛片：7 d。

苄达明（Benzydamin，Benzyrin，炎痛静、消炎灵）

本品对炎性疼痛的镇痛作用比吲哚美辛强，抗炎作用强度与保泰松相似，对急性炎症、外伤和术后炎症的效果显著。主要用于手术创伤、外伤和风湿性关节炎等炎性疼痛。主要副作用为食欲不振，偶见恶心、呕吐。常用制剂为炎痛静片、盐酸苄达明。

8.2.5　丙酸类

丙酸类(propionic acids)是一类较新型的非甾体抗炎药，为阿司匹林类似物，包括苯丙酸衍生物(如布洛芬、酮洛芬、吡洛芬、苯氧洛芬等)和萘丙酸衍生物(萘普生)。通过对COX 的抑制而减少 PG 的合成，由此减轻因 PG 引起的组织充血、肿胀、降低周围神经痛觉的敏感性。通过抑制下丘脑体温调节中枢而起解热作用。本类药物对消化道的刺激比阿司匹林轻，不良反应比保泰松少。

萘普生(Naproxen，Naprosyn，萘洛芬、消痛灵)

【理化性质】本品为白色或类白色结晶性粉末。在甲醇、乙醇或三氯甲烷中溶解，在乙醚中略溶，几乎不溶于水。

【作用与应用】本品抗炎作用明显，也有镇痛和解热作用。对类风湿性关节炎、骨关节炎、强直性脊柱炎、痛风症等的药效比保泰松强。对 PG 合成酶的抑制作用为阿司匹林的 20 倍。临床用于治疗风湿症、肌腱炎、痛风症、肌肉炎、软组织炎疼痛所致的跛行及关节炎。

【药物相互作用】①本品可增加双香豆素等药物的抗凝血作用，引起中毒和出血反应。②与呋塞米或氢氯噻嗪等合用可减弱其利尿作用。③丙磺舒可增加本品的血药浓度，明显延长其血浆半衰期。④阿司匹林可加速本品的排出。

【不良反应】犬对本品的肾不良反应(肾炎和肾综合征)敏感，可见出血或胃肠道毒性，并有致死的报道。马出现不良反应不普遍。

【制剂】萘普生片、萘普生注射液。

布洛芬(Ibuprofen，Fenbid，异丁苯丙酸、芬必得)

【理化性质】白色结晶性粉末，有异臭，无味。溶于乙醇、丙酮、三氯甲烷或乙醚，几乎不溶于水。

【作用与应用】本品具有较好的解热、镇痛、抗炎作用。镇痛作用不如阿司匹林，但毒副作用比较少。犬内服后迅速吸收，生物利用度为 60%~80%。临床主要用于犬风湿性及痛风性关节炎、腱鞘炎、滑囊炎、肌炎、骨髓系统功能障碍伴发的炎症和疼痛。

【药物相互作用】与丙磺舒同用时，布洛芬的血药浓度增高。与抗凝药物联用可延长凝血酶原时间。当使用布洛芬时，利尿剂的作用可能会降低。

【不良反应】犬用药后 2~6 d 可见呕吐，2~6 周可见胃肠功能受损。

【制剂】布洛芬片(犬用)。

酮洛芬(Ketoprofen，Profenid，优洛芬)

【理化性质】白色结晶性粉末，有刺激味，无臭或几乎无臭，在甲醇中极易溶，在水中几乎不溶。

【作用与应用】本品对 COX 具有强效抑制作用，同时也能有效抑制白三烯、缓激肽和某些脂加氧酶的作用。最大特点是抗炎、镇痛和解热作用强。对风湿性关节炎疗效强于阿司匹林、萘普生、消炎痛、布洛芬、双氯芬酸和炎痛喜康等。对于术后疼痛，比镇痛新有效，并比扑热息痛与可待因合用的药效长。与保泰松相比，本品的毒副作用极低。兽医临床主要用于马和犬。

【不良反应】①引起消化不良、恶心、呕吐、腹痛等胃肠道反应。②可引起皮疹、肾损害等。

【制剂】酮洛芬注射液。

8.2.6　芬那酸类

芬那酸类(fenamtes)也称为灭酸类，为邻氨苯甲酸衍生物。1950 年发现其有镇痛、解热和消炎作用。本类药物通过对 COX 强效抑制作用而减少 PG 合成，发挥抗炎、解热、镇痛作用。

甲芬那酸(Mefenamic Acid，扑湿痛)

本品具有镇痛、消炎和解热作用，镇痛作用比阿司匹林强 2.5 倍。抗炎作用比阿司匹林强 5 倍，比氨基比林强 4 倍，但不及保泰松。解热作用较持久。临床用于解除犬肌肉、骨髓系统慢性炎症(如骨关节炎)及马急、慢性炎症(如跛行)。长期服用可见嗜睡、恶心和腹泻等副作用。常用制剂为甲芬那酸片。

甲氯芬那酸(Meclofenamic Acid，抗炎酸)

本品消炎作用比阿司匹林、氨基比林、保泰松和消炎痛均强，镇痛作用与阿司匹林相似，不如氨基比林。主要用于治疗风湿性关节炎、类风湿性关节炎及其他骨髓、肌肉系统障碍。常用制剂为甲氯芬那酸片、甲氯芬那酸注射液。

8.2.7　选择性环氧合酶-2 抑制剂

环氧合酶又称前列腺素 H2 合成酶，是 PG 合成初始步骤中的关键限速酶。COX 有 COX-1(组成型)和 COX-2(诱导型)两种亚型。COX-1 为要素酶或管家酶，它产生的 PG 参与机体正常生理过程和保护功能，如维持胃肠黏膜完整性、调节血小板功能和肾血流；而 COX-2 是经刺激迅速产生的诱导酶，具有催化合成 PG 参与炎症反应的功能特点。

非甾体类抗炎药的抗炎镇痛作用与抑制 COX-2 的活性有关，而胃肠道及血液系统等不良反应与抑制 COX-1 的活性有关。本类药物对 COX-2 具有高度选择性抑制作用，对风湿性关节炎、骨关节炎、类风湿性关节炎、神经炎、软组织炎均有良好的抗炎镇痛作用。典型药物有美洛昔康、维他昔布、卡洛芬、西米考昔、氟尼辛葡甲胺和替泊沙林等。

美洛昔康(Meloxicam)

【药理作用】本品是酸性烯醇式羧酰胺化合物。通过选择性地抑制 COX-2 活性，减少 PG 的产生而发挥其抗炎、镇痛作用，其效价强度高于吲哚美辛、阿司匹林和双氯芬酸；对 COX-1 抑制作用很弱，故胃肠道不良反应发生率明显减少。本品可抑制白细胞向炎症组织的趋化作用，轻度抑制胶原蛋白诱导的血小板聚集。另外，在犊牛、泌乳牛和猪使用时，具有抗内毒素作用，可抑制大肠杆菌内毒素诱导生成血栓素 B_2。

【药动学】内服或皮下注射吸收完全，血药浓度达峰时间快，给药剂量和血药浓度之间存在线性关系。在犬、猫体内生物利用度高,消除半衰期约为 24 h,吸收后能分布到所有组织中,包括中枢神经系统、肌肉和发生炎症的关节。经肝代谢为无药理活性的醇、酸衍生物和多种极性的代谢物,并经尿或粪排出。

【应用】①犬。用于缓解急慢性骨关节炎及骨科或者软组织手术后引起的疼痛和炎症。②猫。用于缓解卵巢子宫切除术和小型软组织手术的术后疼痛。③牛。配合适宜的抗菌药辅助治疗急性呼吸道感染以缓解牛的临床症状;辅助治疗急性乳腺炎;缓解犊牛去角操作后疼痛。配合内服补液使用,辅助治疗腹泻以缓解超过一周龄的犊牛与青年非泌乳牛的临床症状。④猪。用于跛行与炎症以减轻患猪非感染性运动异常的症状;配合适宜的抗菌药辅助治疗产后败血症与毒血症(乳腺炎-子宫炎-无乳综合征)。

【不良反应】与其他同类药相比,本品不良反应较轻。偶见典型的非甾体抗炎药物不良作用,如食欲减退、呕吐、腹泻、粪便潜血、嗜睡、肾衰竭报道;极少数情况下会发生过敏性反应;极罕见的情况下会出现肝药酶升高、便血、呕血和胃肠道溃疡。注射部位偶见(<10%)轻微的一过性肿胀。

【应用注意】①禁用于妊娠期、泌乳期或不足 6 周龄的犬及一周龄以内的犊牛腹泻。②禁用于胃肠道疾病、心脏或肝肾脏功能受损及出血异常的动物。③禁与糖皮质激素、其他非类固醇类消炎药、利尿药、抗凝血剂等联合使用。④禁用于对本品过敏的犬。⑤有潜在的肾毒性风险,避免用于脱水、低血容量或低血压的动物。⑥对非甾体抗炎药过敏的人应避免接触本品。⑦置于儿童不可触及处。

【制剂及休药期】美洛昔康咀嚼片、美洛昔康内服混悬液(犬、猫用)。美洛昔康注射液:牛 15 d,猪 5 d;弃奶期 5 d。

维他昔布(Vitacoxib)

【作用与应用】作用及机制与美洛昔康相似,用于治疗犬、猫围手术期及临床手术等引起的炎症和疼痛。

【应用注意】①对本品有过敏史的动物禁用。②由于非甾体抗炎药具有潜在发生胃溃疡和/或穿孔的风险,因此在使用本品时应当避免使用其他抗炎类药物。③患有胃肠道出血、血液病或其他出血性疾病的动物禁用。④如果患病犬、猫之前对非甾体抗炎药不耐受,应在兽医的严格监测下使用本品。如果观察到下列症状应停止用药:反复腹泻、呕吐、粪便隐血、体重突然下降、厌食、嗜睡、肾或肝功能退化。⑤繁殖、妊娠或泌乳雌性犬、猫,幼犬(如 10 周龄以下或体重小于 4 kg 的犬)、幼猫(如 6 周龄以下或体重小于 2 kg 的猫)或疑似和确诊有肾、心脏或肝功能损害的犬、猫,应在兽医的指导下使用。⑥宠物主人应该警惕诸如厌食、精神萎靡、无力等症状和体征,而且当有上述任何症状或体征发生后应该马上寻求兽医帮助。

【制剂】维他昔布咀嚼片(宠物用)、维他昔布注射液(犬用)。

西米考昔(Cimicoxib)

【作用与应用】选择性抑制 COX-2 活性,从而抑制花生四烯酸最终生成前列环素(PG1)、前列腺素(PGE_1、PGE_2)和血栓素 A_2(TXA_2);抑制淋巴细胞活性和活化的 T 淋巴细胞的分化,减少对传入神经末梢的刺激;直接作用于伤害性感受器,阻止致痛物质的形成和释放。由于对 COX-1 的抑制作用较弱,用于抗炎治疗时很少或不会发生类似经典

NSAIDs 对胃肠道、肾、血小板和肺的典型不良反应。临床用于犬进行整形外科手术和软组织手术前后的止痛及犬关节炎的止痛和消炎。

【药动学】犬内服后血清中的药物浓度轻微升高,表明有肝肠循环。药物吸收后主要经胆汁排泄,给药 48 h 后在粪便(主要)和尿液中的回收率超过 70%。

【不良反应】在治疗过程中可能会有动物出现短暂腹泻或呕吐。此外,可能引起食欲下降或嗜睡,出现胃肠道出血或溃疡。大多数症状在停药后自行消失。

【应用注意】①禁用于患有胃病或消化系统紊乱或正在出血的犬。②对繁殖动物和胚胎发育有影响,因此繁殖期、妊娠期或哺乳期的犬慎用。③禁用于对西米考昔或产品中含有的其他成分过敏的犬。④对患有脱水、低血容量或低血压的犬避免使用本品,可能会增加潜在的肾脏毒性的风险。⑤禁用于小于 10 周龄的幼犬。对小于 6 月龄的犬使用本品时,应在兽医的密切监视下进行。⑥不可与皮质类固醇类或其他非甾体类药物同时使用,对已经使用其他抗炎药物的犬使用本品时,应间隔一段时间。⑦心脏或肝功能不全的犬使用时应进行临床观察。⑧犬连续给药 90 d 的临床试验中,出现呕吐和腹泻的比例分别为 21.4% 和 8.3%。

【制剂】西米考昔片(宠物用)。

卡洛芬(Carprofen)

【理化性质】本品为白色结晶性粉末。在丙酮或乙酸乙酯中易溶,在氢氧化钠或碳酸钠中易溶,在水中几乎不溶。2019 年在我国注册使用。

【药理作用】①本品具有解热、镇痛、抗炎作用,作用明显较阿司匹林、保泰松、对乙酰氨基酚、布洛芬强。还具有吸收快、副作用小的特点。作用机制是可选择性地抑制 COX-2,从而抑制 PG 合成。还可抑制大鼠的多形核白细胞(PMN)中几种 PG 的释放,表明其可抑制急性(PMN 系统)和慢性(滑膜细胞系统)炎症反应。②对体液免疫和细胞免疫反应有调节作用。③通过抑制 PG 的生物合成,对破骨细胞激活因子(OAF)、PGE_1 和 PGE_2 生成具有抑制作用。临床用于缓解犬骨关节炎引起的疼痛和炎症,用于软组织和骨外科手术的术后镇痛。

【药动学】犬内服、注射吸收迅速且完全,绝对生物利用度超过 90%。与血浆蛋白的结合率超过 99%,表观分布容积极低。存在肝肠循环,在犬体内主要经肝生物转化代谢,代谢产物迅速经粪(70%~80%)和尿(10%~20%)排泄。

【不良反应】①犬对本品的敏感性存在个体差异,对一种非甾体类抗炎药有过不良反应的犬对另一种非甾体类抗炎药也可能产生不良反应。②已报道的不良反应按发生频率由高到低依次为:消化系统、肝、神经系统、泌尿系统、行为、血液系统、皮肤、过敏反应。③大多数不良反应在出现后即刻停药或必要性处理后可自行恢复,十分罕见(发生率<0.001%)死亡。

【应用注意】①仅用于犬,不能用于猫。②根据犬个体的反应,尽可能使用最小推荐剂量和最短疗程进行治疗。控制术后疼痛时应在术前 2 h 给药。③禁用于对本品过敏的犬。④用于 6 周龄以下或老年犬时可能出现其他风险,必须使用时应降低使用剂量并加以临床管理;禁用于妊娠、配种或哺乳期的犬;禁用于具有出血性疾病(如血友病等)的犬,因在这类患犬中安全性尚未确定。⑤使用非甾体类抗炎药治疗前,应进行全面的病史问询和体格检查;建议用药前后进行血液学和血液生化检查;建议犬主在犬用药后注意观察潜在的毒性反应。⑥与其他非甾体类抗炎药一样，可能具有胃肠道、肾或肝毒性。⑦禁用于脱水、肾功能、心血管和/或肝功能不全的犬，或与利尿药合用治疗，可能增加肾毒性，与具有潜在肾毒性药物合用时应慎用并进行监测。⑧应禁止与其他抗炎药(如其他非甾体类抗炎药或皮质类固醇药)合用，有可能增加胃肠道溃疡和/或穿孔等风险。

【制剂】卡洛芬咀嚼片(犬用)、卡洛芬注射液(犬用)。

氟尼辛葡甲胺(Flunixin Meglumine)

【理化性质】本品为白色或类白色结晶性粉末，在水、甲醇、乙醇中溶解。

【药理作用】本品是新型兽用强效 COX 抑制剂，具有解热、镇痛、抗炎和抗风湿作用。镇痛作用是通过抑制外周的 PG 或其痛觉增敏物质的合成或它们的共同作用，从而阻断痛觉冲动传导所致。外周组织的抗炎作用可能是通过抑制 COX、减少 PG 前体物质形成，以及抑制其他介质引起局部炎症反应所致。本品不影响马的胃肠道蠕动，并能改善败血性休克动物的血液动力学。

【应用】用于家畜及小动物的发热性、炎性疾患，肌肉痛和软组织痛等。注射给药常用于控制牛呼吸道疾病和内毒素血症所致的高热，马和犬的发热，马、牛、犬的内毒素血症所致的炎症，马属动物的骨骼肌炎症及疼痛。

【药物相互作用】①不得与抗炎性镇痛药、非甾体抗炎药等合用，以免加重对胃肠道的毒副作用，如溃疡、出血。②与血浆蛋白结合率高，与其他药物联合应用时，本品可能置换与血浆蛋白结合的其他药物或者自身被其他药物置换，以致被置换的药物作用增强，甚至产生毒性。

【不良反应】①马大剂量或长期使用可发生胃肠溃疡。按推荐剂量连用 2 周以上，也可能发生口腔和胃的溃疡。②牛连用超过 3 d，可能会出现血便和血尿。③犬的主要不良反应为呕吐和腹泻，在极高剂量或长期应用时可引起胃肠溃疡。

【应用注意】①犬相当敏感，建议犬只用一次，或连用不超过 3 d。②不得用于胃肠溃疡、胃肠道及其他组织出血的动物。③勿与其他同类药物同时使用。④不得用于泌乳期和干乳期奶牛、肉用小牛和供人食用的马。⑤不得用于种马和种公牛，因其对繁殖性能的影响尚未确定。妊娠家畜慎用。

【制剂与休药期】氟尼辛葡甲胺颗粒、氟尼辛葡甲胺注射液：牛、猪 28 d。

替泊沙林(Tepoxalin，卓比林)

【理化性质】本品为白色粉末，易溶于水和乙醇。

【作用与应用】本品是一种同时具有抑制脂加氧酶和 COX 作用的有效抑制剂，双重阻断花生四烯酸代谢，阻止 PG 和白三烯的生成，减轻并控制犬的由于肌肉、骨骼病产生的疼痛及炎症。临床用于：①手术止痛。手术麻醉前半小时内服用药一次，术后用药 3~5 d。②脊椎损伤、髋关节发育不良、犬急慢性关节炎。

【药物相互作用】①与阿司匹林、糖皮质激素合用增加胃肠毒性(呕吐、溃疡和吐血等)。②与利尿药呋塞米合用可降低利尿效果。

【不良反应】不良反应多见于犬，包括腹泻、呕吐、便血、食欲不振、肠炎或嗜睡等。

【应用注意】①连续应用不得超过 4 周。②对于不到 6 月龄、体重 3 kg 以下或老龄犬，应密切监视胃肠血液流失。如有不良反应，应立即停药。③禁用于有心、肝、肾疾病，胃肠溃疡或出血及对本品极度敏感的犬。④因可导致肾毒性，禁用于脱水、低容量犬。⑤禁止与其他非甾体类抗炎药或糖皮质激素、利尿药、抗凝血剂和蛋白结合率高的药物合用。

【制剂】替泊沙林冻干片。

8.3　糖皮质激素

肾上腺皮质由外向内依次分为球状带、束状带及网状带 3 层。球状带约占皮质的 15%，只能合成盐皮质激素；束状带约占 78%，是合成糖皮质激素的主要场所；网状带约占 7%，主要合成性激素。肾上腺皮质激素类药是肾上腺皮质所分泌的激素总称，属甾体类化合物。该类药物可分为 3 类：①盐皮质激素类。以醛固酮为代表，在生理水平上对矿物质代谢，特别是保钠排钾的作用很强。在药理治疗剂量下，仅作为肾上腺皮质功能不全的替代疗法，在兽医临床实用价值不大。②糖皮质激素类。以氢化可的松为代表，在生理水平对糖代谢的作用强，对钠、钾等矿物质代谢的作用较弱。在药理治疗剂量下，表现出良好的抗炎、抗过敏、抗毒素、抗休克等作用，具有重要的药理学意义。糖皮质激素因以抗炎作用为主的，故也称甾体抗炎药。③氮皮质激素类。以雌二醇和睾酮为代表（见本书 7.2.2 生殖激素类药物）。本章着重介绍糖皮质激素。兽医临床常用的糖皮质激素有氢化可的松、泼尼松、氢化泼尼松、甲基泼尼松、地塞米松、曲安西龙、甲基氢化泼尼松、倍他米松、氟地塞米松等。

8.3.1　药动学

本类药物在胃肠道迅速被吸收，血药峰浓度一般在 2 h 内出现；肌内或皮下注射后，可在 1 h 内达到峰浓度。人工合成的糖皮质激素在肝内被代谢为葡萄糖醛酸或硫酸的结合物，代谢物或原形药物从尿液和胆汁中排泄。根据生物半衰期长短，糖皮质激素类药分为短效糖皮质激素（<12 h），如氢化可的松、可的松、泼尼松、泼尼松龙、甲基氢化泼尼松；中效糖皮质激素（12~36 h），如去炎松；长效糖皮质激素（>36 h），如地塞米松、倍他米松。

8.3.2　药理作用

（1）抗炎作用

药理剂量的糖皮质激素具有强大的抗炎作用，对各种原因引起的炎症（物理性、化学性、生物性、免疫性损伤）和炎症的不同阶段都有对抗作用。在各种急性炎症的早期，可收缩局部血管，降低毛细血管的通透性；抑制白细胞浸润及吞噬反应；减少各种与炎症有关的因子（如 PG、白三烯类、白介素类、肿瘤坏死因子和粒细胞集落刺激因子等）的释放，减轻渗出、水肿，从而改善红、肿、热、痛等症状。在炎症后期，可抑制毛细血管和成纤维细胞的增生，延缓肉芽组织生长，防止组织粘连及瘢痕形成，减轻后遗症。但应注意，炎症反应是机体的一种防御机能，炎症后期的反应是组织修复的重要过程。因此，糖皮质激素在抗炎的同时，也降低了机体的防御及修复机能，可诱发或加重感染，阻碍创口愈合。

（2）免疫抑制与抗过敏作用

糖皮质激素对免疫反应有多方面的抑制作用。①可抑制吞噬细胞对抗原的吞噬和处理。②抑制淋巴细胞的 DNA、RNA 和蛋白质的生物合成，使淋巴细胞破坏、解体，也可使淋巴细胞移行至血管外组织，从而使循环淋巴细胞数减少。③诱导淋巴细胞凋亡。④干扰淋巴细胞在抗原作用下的分裂和增殖。⑤干扰补体参与的免疫反应。⑥抑制某些与慢性炎症有关的细胞因子(IL-2、IL-6 和 TNF-α 等)的基因表达。糖皮质激素能缓解许多过敏性疾病的症状，抑制因过敏反应而产生的病理变化，如过敏性充血、水肿、渗出、皮疹、平滑肌痉挛及细胞损害等，能抑制组织器官的移植排异反应，对于自身免疫性疾病也能发挥一定的近期疗效。

(3)抗毒素作用

糖皮质激素能增强机体对细菌内毒素的耐受力，对抗和缓解细菌内毒素引起的反应，减轻对机体造成的损害。但不能中和与破坏细菌内毒素，对细菌外毒素也无防御作用。糖皮质激素在感染性毒血症中的解热和改善中毒症状的作用，与其稳定溶酶体膜、减少内致热原的释放、降低体温调节中枢对内致热原的敏感性有关。

(4)抗休克作用

大剂量糖皮质激素具有抗休克作用，广泛用于各种休克，如中毒性休克、感染性休克、过敏性休克、低血容量休克。其机制与抗炎、抗毒素及免疫抑制作用的综合因素有关：①糖皮质激素对溶酶体膜的稳定作用是其抗休克的重要药理基础，即大剂量的糖皮质激素具有稳定细胞膜和细胞器膜(尤其是溶酶体膜)的作用，从而减少溶酶体酶的释放，降低体内血管活性物质(如组胺、儿茶酚胺、缓激肽)的浓度。同时通过抑制组织溶酶而减少心肌抑制因子的形成，能够防止心力衰竭、心输出量降低和内脏血管收缩等循环衰竭的发生。②大剂量的糖皮质激素能降低外周血管阻力，改善微循环阻滞，增加回心血量，对休克也可起到良好的治疗作用。

(5)对代谢的影响

糖皮质激素能促进肝的糖原异生作用，使血糖升高；加速蛋白质的分解，抑制蛋白质的合成和增加尿氮的排泄量，造成负氮平衡。长期大剂量使用可导致肌肉萎缩、伤口愈合不良、生长缓慢等；加速脂肪分解，并抑制其合成；使四肢脂肪向面部和躯干积聚，出现向心性肥胖。对水盐代谢的影响较小，尤其是人工半合成品。但长期使用仍可引起水、钠潴留，低血钾，并促进钙、磷排泄。

(6)对血液系统的影响

糖皮质激素能刺激骨髓造血功能，使红细胞和血红蛋白含量增加，大剂量可使血小板增多，纤维蛋白原增多，缩短凝血时间；加快骨髓中性粒细胞释放入血液循环，使中性粒细胞数量增加；可使淋巴组织萎缩，导致血中淋巴细胞、单核细胞和嗜酸性粒细胞数量明显减少。

8.3.3　作用机制与调节

糖皮质激素的大多数作用都是基于其与特异性受体的相互作用。受体广泛分布于肝、肺、脑、骨骼、胃肠平滑肌、骨骼肌、淋巴组织、胸腺的细胞内，但肝是主要的靶组织。受体的类型和数量因动物种属和组织的不同而异。即使是同一组织，受体的数量也随细胞繁殖周期、年龄以及各种内外因素而改变。现已证明糖皮质激素受体至少受 15 种因素调节。位于细胞质内的糖皮质激素受体在与糖皮质激素结合前是未活化型的，并与两分子的热休克蛋白 70 和免疫亲和素(immunophilin，IP)结合成复合物。糖皮质激素进入靶细胞，与其受体结合后，热休克蛋白 90 等与受体结合的蛋白质解离，激素–受体复合物进入细胞核，受体活化。被激活的激素–受体复合物作为基因转录的激活因子，以二聚体的形式与DNA上的特异性序列（称为"激素反应元件"）相结合，通过启动基因转录或阻止基因转录，合成或抑制某些特异性蛋白质表达，产生类固醇激素的生理和药理效应。

糖皮质激素诱导合成的蛋白质有抗炎多肽皮质素（lipocortin）、脂肪分解酶原–1、β-肾上腺素受体、血管紧张素转化酶（angiotensin converting enzyme ）、中心内肽酶（neutral endopeptidase）等。合成受抑制的蛋白质多为致炎蛋白质，有细胞因子、天然杀伤细胞 1 受体、可诱导的一氧化氮合成酶、环氧酶2（cycloxgen 2）、内皮缩血管肽1（endothelin 1）、磷脂酶2（phospholipase 2）、血小板活化因子等。受体和药物最终被代谢消除，活化的复合物在细胞内的半衰期约为 10 h。

糖皮质激素作用的强弱与受体的数量有直接关系。受体数量下调，生物学效应降低。本类药物还存在着耐受现象，或许是受体数量减少或受体与药物的亲和力降低所致。

在正常的生理条件下，天然糖皮质激素的分泌受神经和体液双重调节。丘脑下部释放促皮质激素释放激素（CRH），经由垂体的门脉系统进入垂体前叶，刺激嗜碱性细胞合成，分泌促肾上腺皮质激素（ACTH）。ACTH 能兴奋肾上腺皮质，使其增生，质量加大，肾上腺激素生成和分泌增多，主要为糖皮质激素，促进盐皮质激素分泌的作用小。血中氢化可的松和皮质酮的浓度对 CRH 和 ACTH 的分泌有反馈调节作用。外源性糖皮质激素也能抑制 CRH 和 ACTH 的分泌。

8.3.4　应用

（1）治疗母畜代谢病

糖皮质激素对牛酮血症有显著疗效，可使血糖很快升高到正常，酮体缓慢下降，食欲在 24 h 内改善，产奶量回升。肌内注射常量氢化泼尼松对羊妊娠毒血症有疗效。

（2）治疗感染性疾病

一般的感染性疾病不得使用糖皮质激素，但当感染对动物的生命或未来生产性能可能带来严重危害时，有必要用糖皮质激素控制过度的炎症病理反应，但必须要与足量有效的抗菌药合用。当感染发展为毒血症时，用糖皮质激素治疗更为重要，因为它对内毒素中毒的动物能提供保护作用。对各种败血症、中毒性肺炎、中毒性菌痢、腹膜炎、产后急性子宫炎等应用糖皮质激素可增强抗菌药的治疗效果，加速患畜康复。对于其他细菌性疾病，如牛的支气管肺炎、乳腺炎，马的淋巴管炎等糖皮质激素也有较好的效果。对于细菌感染，均应与大剂量有效的抗菌药物一起使用。对于病毒感染必要时可以用，而真菌感染禁用。

（3）治疗关节疾患

用糖皮质激素治疗马、牛、猪、犬的关节炎，能暂时改善症状。治疗期间，如果炎症不能痊愈，停药后常会复发。对关节的作用可因剂量不同而异，小剂量保护软骨，大剂量则损伤软骨并抑制成骨细胞活性，导致股骨头坏死，引起所谓的"激素性关节炎"（steroid arthropathy）。因此，用糖皮质激素治疗关节炎应使用小剂量。

（4）治疗皮肤疾病

糖皮质激素对于皮肤的非特异性或变态反应性疾病有较好的疗效。用药后瘙痒在 24 h 内停止，炎症反应消退。对于荨麻疹、急性蹄叶炎、湿疹、脂溢性皮炎和其他化脓性炎症，局部或全身给药都能使病情明显好转。对伴有急性水肿和血管通透性增加的疾病疗效尤为显著。

（5）治疗眼、耳科疾病

糖皮质激素可防止炎症对眼组织的破坏，抑制液体渗出，防止粘连和瘢痕形成，避免角膜浑浊。治疗时，房前结构的表层炎症(如眼睑疾病、结膜炎、角膜炎、虹膜睫状体炎)一般可行局部用药。对于深部炎症(如脉络膜炎、视网膜炎、视神经炎)全身给药或结膜下注射才有效。

糖皮质激素配合化疗药可用于外耳炎症，但应随时清除或溶解炎性分泌物，对于比较严重的外耳炎(如犬的自发性浆液性外耳炎)，则需用糖皮质激素全身性给药(如强的泼尼松龙，每日 0.5~1.0 mg)。

（6）引产

地塞米松已被用于母畜的同步分娩。在妊娠后期的适当时候(如牛一般在妊娠第286天后)给予地塞米松，牛、羊、猪一般在48 h内分娩。但它对马没有引产效果。其引产作用可能是使雌激素分泌增加，黄体酮浓度下降所致。

（7）治疗休克

糖皮质激素对于各种休克都有较好的疗效。

（8）预防手术后遗症

糖皮质激素可用于剖腹产、瘤胃切开、肠吻合等外科手术后，以防脏器与腹膜粘连，减少创口瘢痕化，但同时它又会影响创口愈合。这要权衡利弊，谨慎用药。

（9）其他

糖皮质激素还可用于免疫介导的溶血性贫血和血小板减少症。

8.3.5　不良反应与应用注意

①长期大剂量使用可引起糖、蛋白质、脂肪和水盐代谢紊乱。糖皮质激素保钠排钾的作用常导致动物出现水肿和低血钾症；具有促进蛋白质分解和抑制蛋白质合成作用，可增加钙、磷排泄和抑制肉芽组织增生，引起动物肌肉萎缩无力、骨质疏松、幼畜生长抑制、创口愈合迟缓等；影响胎儿发育并可致畸胎。可根据情况适时停药，或给予必要的治疗。用药期间应注意补充维生素D、钙及蛋白质；生长期幼畜不宜长期使用，骨软症、糖尿病、骨折治疗期均不宜使用糖皮质激素。②糖皮质激素具有抗炎作用而无抗菌作用，是治标而不治本。且因抑制免疫反应，降低机体的防御功能，致使原有病灶恶化扩散，或造成真菌、分枝杆菌、变形杆菌和各种疱疹病毒的继发感染。因此，在治疗细菌感染性疾病时必须配合应用足量有效的杀菌药，对病毒感染禁用。对非感染性疾病，应严格掌握应用。一旦症状改善并基本控制，应逐渐减量。结核菌素诊断期和疫苗接种期等均不宜使用。③长期用药可使肾上腺皮质功能减退，使皮质激素分泌减少或停止。如果外源性激素减量过快或突然停药，可出现类肾上腺皮质机能不全症状，如发热、无力、精神沉郁、食欲不振、血糖和血压下降，同时可引起原有病症复发或加重。因此，必须采取逐渐减量、缓慢停药的方法，以促进肾上腺皮质机能的恢复。④糖皮质激素可促进胃酸、胃蛋白酶分泌，抑制胃黏液，降低胃肠黏膜的抵抗力，可诱发或加重动物的胃、十二指肠溃疡，甚至造成消化道出血，还可诱发胰腺炎、脂肪肝。故胃肠溃疡、胰腺炎应避免使用糖皮质激素类药物。⑤妊娠早期及后期动物禁用。

8.3.6　常用药物

氢化可的松（Hydrocotisone，Cortisol）

【理化性质】本品为白色或几乎白色的结晶性粉末。无臭，初无味，随后有持续的苦味。遇光渐变质。在乙醇或丙醇中略溶，在三氯甲烷中微溶，在乙醚中几乎不溶，在水中不溶。

【作用与应用】具有抗炎、抗过敏、抗免疫、抗休克作用。用本品制成的琥珀酸盐注射液，静脉给药显效迅速，可用于危重的感染性疾病、牛酮血症及羊妊娠毒血症；用醋酸盐制成的混悬液，肌内注射吸收很少，作用较弱，仅供局部用于乳腺炎、眼科炎症、皮肤过敏性炎症、关节炎和腱鞘炎等。注意在创伤修复期和疫苗接种期禁用。

【药物相互作用】①与解热镇痛抗炎药合用易引起消化道溃疡。②可使内服抗凝血药的疗效降低，合用时应适当增加抗凝血药的剂量。③苯巴比妥、苯妥英钠、利福平等肝药酶诱导剂可促进本品的代谢，使药效降低。④与抗胆碱药（如阿托品）长期合用，可致眼内压增高。⑤与降糖药（如胰岛素）合用时，可使血糖升高，应适当调整降糖药剂量。⑥甲状腺激素可使氢化可的松的代谢清除率增加，应适当调整后者的剂量。⑦与强心苷合用，可增加毒性及心律紊乱的发生。⑧与排钾利尿药合用，可致严重低血钾，并由于水、钠潴留而减弱利尿药的排钠利尿效应。

【制剂】氢化可的松注射液、注射用氢化可的松琥珀酸钠。

泼尼松（Prednisone，强的松、去氢可的松）

【理化性质】本品为人工合成品。常用其醋酸盐，为白色或几乎白色的结晶性粉末。无臭，味苦。不溶于水，微溶于乙醇或乙酸乙酯，略溶于丙酮，易溶于三氯甲烷。

【作用与应用】在体内转化为氢化泼尼松后显效，抗炎作用与糖原异生作用比氢化可的松强 4~5 倍，而水、钠潴留的副作用显著减轻。抗炎、抗过敏、抗毒素、抗休克作用强，副作用少。还能促进蛋白质转变为葡萄糖，减少机体对糖的利用，使血糖和肝糖原增加，出现糖尿，并能增加胃液分泌。临床用于细菌感染、过敏性疾病、风湿症、肾病综合征、哮喘、湿疹等；眼膏外用于角膜炎、虹膜炎、结膜炎等。

【应用注意】①眼部感染时应与抗菌药物合用。②角膜溃疡者忌用。

【制剂】醋酸泼尼松片、醋酸泼尼松软膏、醋酸泼尼松眼膏。

地塞米松（Dexamethasone，氟美松、德沙美松）

本品常用醋酸地塞米松（在水中不溶）和地塞米松钠。本品的磷酸钠盐为白色或微黄色粉末。无臭，味微苦。作用与氢化可的松基本相似，但作用较强，显效时间长，副作用较小，应用广泛。抗炎作用与糖原异生作用为氢化可的松的 25 倍，而水、钠潴留和排钾作用仅为氢化可的松的 3/4。肌内注射给药后，在犬显示出快速的全身作用。因增加钙经粪排出，故可引起负钙平衡。临床主要用于炎症性疾病、过敏性疾病、牛酮血症及羊妊娠毒血症；也用于母畜的同期分娩，但对马没有引产效果。常用制剂为地塞米松磷酸钠注射液、醋酸地塞米松片：牛、羊、猪休药期 21 d，弃奶期 72 h。

倍他米松(Betamethasone)

本品作用与应用同于地塞米松,但抗炎作用与糖原异生作用较后者强,为氢化可的松的30倍;钠潴留作用稍弱于地塞米松。内服、肌内注射均易吸收,在体内分布广泛。常用制剂为倍他米松片。

泼尼松龙(Prednisolone,氢化泼尼松、强的松龙)

本品作用与应用同于泼尼松。特点是可进行静脉、肌内、乳管内和关节腔内注射等,内服的功效不如泼尼松确切。常用制剂为醋酸泼尼松龙注射液。

曲安西龙(Triamcinolone,Fluoxyprednisolone,去炎松、氟羟氢化泼尼松)

本品抗炎作用及糖原异生作用为氢化可的松的5倍,钠潴留作用较弱。其他全身作用与同类药物相当。临床用于类风湿性关节炎、结缔组织疾病、支气管哮喘、过敏性神经性皮炎、湿疹等。常用制剂为曲安西龙片、醋酸去炎松混悬液。

醋酸氟轻松(Fluocininide,Fluocinolone Acetate,氟轻松)

本品为外用糖皮质激素中疗效最显著、副作用最小的一种外用糖皮质激素。显效迅速,止痒效果好,很低浓度(0.025%)即有明显疗效。临床用于治疗各种皮肤病,如过敏性、接触性及神经性皮炎、湿疹、皮肤瘙痒等。常用制剂为醋酸氟轻松乳膏。

注射用促皮质素(Corticotrophin for Injection)

【理化性质】本品为白色或淡黄色粉末。

【作用与应用】能刺激肾上腺皮质合成和分泌氢化可的松和皮质酮等,间接发挥糖皮质激素的作用。在肾上腺皮质功能健全时有效。作用与糖皮质激素相似,但起效慢而弱,水、钠潴留作用明显。临床主要在长期使用糖皮质激素停药前后应用,以促进肾上腺皮质恢复功能。本品内服无效,肌内或静脉注射易吸收,在注射部位部分可被组织酶所破坏,很快从血液中消失,仅少量以原形经尿排泄,半衰期仅为6 min。

【药物相互作用】静脉点滴时遇碱性溶液配伍可发生浑浊、失效;与排钾利尿药合用会加重失钾;长期使用时,与水杨酸类药物、吲哚美辛等合用可发生或加重消化道溃疡。

【应用注意】①使用本品的动物必须有完整的肾上腺皮质功能。②长期应用可引起水、钠潴留,创伤愈合延缓,感染扩散等,还可引起过敏反应。

【制剂】注射用促皮质素、长效促皮质激素注射液。

8.4　其他

马来酸奥拉替尼(Oclacitinib Maleate)

【作用与应用】本品2013年获得美国FDA批准,2019年在我国注册使用。它是一种合成的细胞内非受体酪氨酸激酶(Janus kinase,JAK)抑制剂,通过抑制多种依赖于JAK1、JAK3酶活性的诱发瘙痒、炎症的细胞因子以及与过敏有关的细胞因子起作用,而对与造血有关的细胞因子(依赖于 JAK2)没有影响。临床用于控制犬过敏性皮炎引起的瘙痒症和异位性皮炎。

【药动学】犬经内服给药后，药物吸收迅速、良好。犬的进食状态对吸收率或吸收程度无显著影响。静脉注射和内服给药的消除半衰期相似，药物绝对生物利用度为 89%，与血浆蛋白结合率低(66.3%~69.7%)。药物在犬体内代谢为多种代谢物，在血浆和尿液中可检测到一种主要氧化代谢物。主要经代谢清除，也有部分经肾和胆汁排泄。

【应用注意】①本品不属于皮质类固醇或抗组胺药。未评价过本品与糖皮质激素、环孢菌素或其他全身用免疫抑制剂的联合用药。②仅用于 12 月龄或以上犬。禁止用于 12 月龄以下或体重低于 3 kg 的犬。禁止用于育种用犬、妊娠或哺乳母犬。禁止用于感染严重的犬。③可能增加感染的敏感性，对使用本品的犬应监测感染的发展，包括蠕形螨病和肿瘤。

【制剂】马来酸奥拉替尼片(犬用)。

本章小结

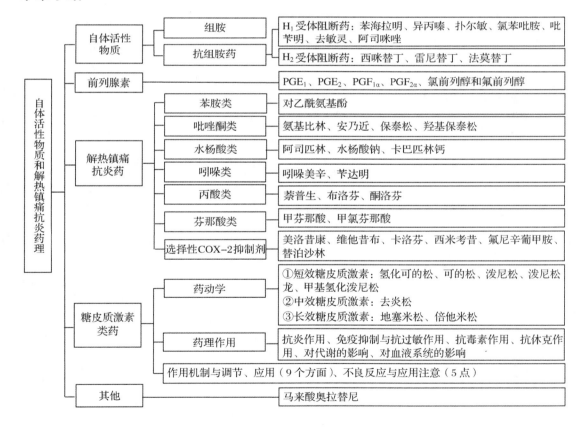

思考题

1. 什么是自体活性物质？与激素有何区别？
2. 组胺作为炎性介质有哪些生理及病理作用？
3. 用于抗过敏的 H_1 受体阻断药有哪些？各有哪些特点？临床上主要有哪些应用？

4. 临床应用苯海拉明和异丙嗪时应注意哪些问题?

5. 举例说明常用的 H_2 受体阻断药有哪些? 主要的药理作用和应用是什么?

6. 解热镇痛药为什么能使发热的动物体温降低? 对正常动物的体温有无影响? 临床上为什么不应轻易使用解热药?

7. 试述解热镇痛药的镇痛、抗炎及抗风湿药的作用机制、应用特点。

8. 解热镇痛药按化学结构可分为哪三大类? 各有何作用特点?

9. 试述阿司匹林的药理作用、应用及应用注意。

10. 试述氟尼辛葡甲胺的作用特点和应用注意。

11. 药理剂量的糖皮质激素有哪些作用? .

12. 糖皮质激素是否能用于疫苗应用期间? 试分析原因。

13. 试述糖皮质激素的作用和调节机制。

14. 糖皮质激素有哪些主要应用?

15. 糖皮质激素类药物可产生哪些不良反应? 如何合理使用才能防止不良反应的发生?

16. 试分析糖皮质激素抗炎作用的利与弊。

(周变华)

第 9 章

体液与电解质平衡调节药理

体液是机体的重要组成部分，占成年动物体重的 60%～70%，水生动物更多。体液由水及溶于水的电解质、葡萄糖和蛋白质等成分构成，具有运输物质、调节酸碱平衡、维持细胞结构与功能等多方面作用。细胞正常代谢需要相对稳定的内环境，主要是指体液容量和分布、各种电解质的浓度及彼此间比例和体液酸碱度的相对稳定性，此即体液平衡。虽然动物每天摄入水和电解质的量变动很大，但在神经-内分泌系统调节下，体液的总量、组成成分、酸碱度和渗透压总是在相对平衡的范围内波动。调节失常或腹泻、高热、创伤、疼痛等常引起水盐代谢障碍和酸碱平衡紊乱，临床上就经常应用血容量扩充药、水和电解质平衡药、酸碱平衡调节药、能量补充药等治疗，在应用时这些药物往往不能截然分开。

9.1　血容量扩充药

大量失血或失血浆（如灼伤、严重创伤、呕吐等）可引起血容量降低，严重者可导致休克。迅速补足以至扩充血容量是防治休克的基本疗法。在全血或血浆来源受限时，可应用人工合成的血容量扩充剂。对血容量扩充剂的基本要求是能维持血液胶体渗透压、排泄较慢，作用持久；无毒、无抗原性。葡萄糖溶液和生理盐水均有扩容作用，但维持时间短，且只能补充水分及部分能量和电解质，不能代替血液和血浆的全部功能，一般只用于应急。目前，常用药物为右旋糖酐、氧化聚明胶、羟乙基淀粉等高分子化合物，为良好的血浆代用品。其中，右旋糖酐最常用，它是葡萄糖的聚合物，由于聚合的葡萄糖分子数目不同，可得不同相对分子质量的产品。临床应用的有中相对分子质量（平均相对分子质量为 70 000）、低相对分子质量（平均相对分子质量为 40 000）和小相对分子质量（平均相对分子质量为 10 000）右旋糖酐，分别称右旋糖酐 70，右旋糖酐 40 和右旋糖酐 10。

右旋糖酐 40（Dextran 40）

【理化性质】本品是蔗糖经肠膜状明串珠菌 L.-M-1226 号菌（*Leuconostoc mesenteroides*）发酵后生成的高分子葡萄糖聚合物，经处理精制而得，为白色粉末。在热水中易溶，在乙醇中不溶。

【作用与应用】静脉注射能提高血浆胶体渗透压，吸收组织间水分发挥扩充血容量作用，维持血压；可引起红细胞解聚，降低血液黏滞性，从而改善微循环和组织灌注，使静脉回血量和心搏输出量增加，抑制凝血因子 Ⅱ 的激活，使凝血因子 Ⅰ 和 Ⅷ 活性降低，有抗血栓形成和渗透利尿作用。临床用于低血容量性休克。

本品因相对分子质量小，在体内停留时间短，经肾排泄也快，故扩充容量作用维持时间短，维持血压时间仅为 3 h 左右。

【**药物相互作用**】①与维生素 B_{12} 混合可发生变化。②与卡那霉素、庆大霉素合用可增加其毒性。

【**应用注意**】①偶有过敏反应，如发热、荨麻疹等，此时应立即停止输入，必要时注射苯海拉明或肾上腺素。个别严重者可引起血压下降、呼吸困难等，应予以注意。②增加出血倾向，严重肾病、心功能不全、血小板减少症和出血性疾病等禁用。③静脉注射宜缓慢，用量过大可致出血，如鼻出血、皮肤黏膜出血、创面渗血、血尿等。④失血量超过35%时应用本品可继发严重贫血，须作输血疗法。

【**制剂**】右旋糖酐40氯化钠注射液、右旋糖酐40葡萄糖注射液。

右旋糖酐70(Dextran 70)

【**理化性质**】本品是蔗糖经肠膜状明串珠菌 L. -M-1226 号菌发酵后生成的高分子葡萄糖聚合物，经处理精制而得，为白色粉末，在热水中易溶，在乙醇中不溶。

【**药理作用**】基本同于右旋糖酐40，但其扩充血容量及抗血栓作用较前者强，几乎无改善微循环和渗透利尿作用。静脉注射后在血液循环中存留时间较长，排泄较慢，1 h 排出30%，在 24 h 内约 50%经肾排出。

【**应用**】用于扩充和维持血容量，防治低血容量性休克，如出血性、创伤性、烧伤性、中毒性及手术中休克；也可用于预防手术后血栓形成和血栓性静脉炎。

【**制剂**】右旋糖酐70氯化钠注射液、右旋糖酐70葡萄糖注射液。

9.2 水和电解质平衡药

为维持机体相对稳定的内环境，水的摄入量和排出量必须维持相对的动态平衡，否则会产生水肿或脱水。水和电解质的关系极为密切，在体液中总是以比较恒定的比例存在，水和电解质摄入过多或过少，或排泄过多或过少，均会对机体的正常机能产生影响。呕吐、腹泻、大面积烧伤、失血等常引起机体大量丢失水和电解质。水和电解质按比例丢失，细胞外液的渗透压无大变化的称为等渗性脱水。水丢失多而电解质丢失少，渗透压升高的称为高渗性脱水，反之称为低渗性脱水。水和电解质平衡药是用于补充水和电解质丧失，纠正其紊乱，调节其失衡的药物。常用氯化钠、氯化钾。

氯化钠(Sodium Chloride)

【**理化性质**】本品为无色、透明的立方形结晶或白色结晶性粉末。在水中易溶，在乙醇中几乎不溶。

【**药理作用**】①补充电解质。等渗及高渗氯化钠溶液静脉注射时，能补充体液，促进胃肠蠕动。②健胃、泻下。内服小剂量时，咸味刺激味觉感受器和口腔黏膜，反射性地增加唾液和胃液分泌，促进食欲。本品到达胃肠时，还继续刺激胃肠黏膜，增加消化液分泌，加强胃肠蠕动，有利于营养物质的吸收。内服大剂量时，由于容积性和渗透压的作用，以较强的刺激作用于肠管，可促进肠蠕动而导泻，但效果不如硫酸钠好。③瘤胃兴奋作用。高渗氯化钠溶液静脉注射后能反射性兴奋迷走神经，使胃肠平滑肌兴奋，蠕动增强（见本书 5.4 瘤胃兴奋药）。④1%~3%氯化钠溶液洗涤创伤，有轻度刺激和防腐作用，并有引流和促进肉芽生长的功效。

【应用】①0.9% 氯化钠注射液、复方氯化钠注射液，静脉注射用于防治各种原因所致的低血钠综合征，也可临时用作体液扩充剂而用于失水兼失盐的脱水症。②内服常用于食欲不振、消化不良。③静脉注射 10% 浓氯化钠溶液用作瘤胃兴奋药。④0.9% 氯化钠溶液（生理盐水）用作多种药物的溶媒，并可冲洗子宫和洗眼；1%~3% 氯化钠溶液洗涤创伤。

【不良反应】①输注或内服过多、过快，可致水、钠潴留，引起水肿、血压升高、心率加快。②过量地给予高渗氯化钠溶液可致高钠血症。③过多、过快给予低渗氯化钠可致溶血、脑水肿等。

【应用注意】①发生中毒时可给予溴化物、脱水药或利尿药进行解救，并作对症治疗。②心力衰竭、脑和肾功能不全及血浆蛋白过低的患病动物慎用，肺气肿动物禁用。③生理盐水所含的 Cl^- 比血浆 Cl^- 浓度高，已发生酸中毒动物，如大量应用可引起高氯性酸中毒。此时可改用碳酸氢钠-生理盐水或乳酸钠-生理盐水。④猪和家禽对氯化钠比较敏感，慎用。

【制剂】氯化钠注射液、复方氯化钠注射液。

氯化钾（Potassium Chloride）

【理化性质】本品为无色长棱形、立方形结晶或白色结晶性粉末，在水中易溶。

【作用与应用】K^+ 是细胞内液的主要阳离子，对维持生物膜电位、保持细胞内渗透压及内环境的酸碱平衡，保障酶的功能，促进氨基酸从胃肠道吸收等起重要作用。缺钾可致神经肌肉传导障碍、心肌自律性增高。另外，钾还参与糖、蛋白质的合成及二磷酸腺苷转化为三磷酸腺苷的能量代谢。临床用于钾摄入不足或排钾过量所致的钾缺乏症或低血钾症，也用于强心苷中毒的解救。

【药物相互作用】①糖皮质激素可促进尿钾排泄，与钾盐合用时降低疗效。②抗胆碱酯酶药能增强内服氯化钾的胃肠道刺激作用。

【应用注意】①肾功能障碍、尿闭、脱水和循环衰竭等患病动物禁用。②高浓度溶液或快速静脉注射可能导致心脏骤停。③脱水病例一般先给不含钾的液体，待排尿后再补钾。④钾盐的最便利补充方法是内服，但本品内服对胃肠道刺激性较强，应稀释并于食后灌服，以减少刺激。

【制剂】氯化钾片、氯化钾注射液。

9.3　酸碱平衡调节药

动物正常血液的酸碱度（pH 值）为 7.36~7.44，这种体液酸碱度的相对稳定性称为酸碱平衡，是保证机体内酶的活性和生理活动的必要条件。酸碱平衡主要依赖着血液中缓冲系统的调节来维持，其中最重要的是碳酸和碳酸氢盐组成的缓冲对。

动物机体在新陈代谢过程中不断产生大量的酸性物质，日粮中也可摄入各种酸碱性物质，机体的正常活动要求保持相对稳定的酸碱平衡。当肺或肾功能障碍、代谢异常、高热、缺氧、腹泻或其他重症疾病引起酸碱平衡紊乱时，使用酸碱平衡调节药进行对症治疗，可使紊乱恢复正常。但首先要进行对因治疗，才能消除引起酸碱平衡紊乱的原因，使动物恢复健康。常用的调节酸碱平衡药物有碳酸氢钠、乳酸钠、氯化铵（见本书 6.1 祛痰药）等。

碳酸氢钠(Sodium Bicarbonate，重碳酸钠、小苏打)

【理化性质】本品为白色结晶性粉末。在水中易溶，水溶液呈弱碱性。

【药理作用】①调节酸碱平衡。碳酸氢钠是血液和组织液中主要缓冲物之一，内服或静脉注射可直接增加机体的碱储，迅速纠正酸中毒，是治疗酸中毒的首选药物。②中和胃酸。内服后，中和胃酸作用快、强，维持时间短，同时会产生二氧化碳气体。但产生的二氧化碳能刺激胃壁，促进胃液的分泌，从而又继发胃酸过多，所以该药不是一个良好的制酸药。③碱化尿液。能增加弱酸性药物(如磺胺类等)在泌尿道的溶解度而随尿排出，防止结晶析出或沉淀；还能提高某些弱碱性药物(如庆大霉素)对泌尿道感染的疗效。④祛痰。内服时，有一部分经支气管腺体排泄，能增加腺体分泌，兴奋纤毛上皮，溶解黏液和稀释痰液而呈现祛痰作用。

【应用】①静脉注射3%～5%碳酸氢钠溶液，用于重症胃肠炎、败血症等原因引起的酸中毒。②内服可中和胃酸，溶解黏痰，促进消化，用于胃酸偏高性消化不良。与大黄、氧化镁等配伍使用，治疗慢性消化不良。③为预防磺胺类、水杨酸类药物的副作用或加强链霉素治疗泌尿道疾病的疗效，可配合适量的碳酸氢钠，使尿液的碱性增高。④内服祛痰药时可配合少量本品，使痰液易于排出。⑤外用。治疗子宫、阴道等黏膜的各种炎症。用2%～4%硫酸氢钠溶液冲洗清除污物，溶解炎性分泌物，达到减轻炎症的目的。

【药物相互作用】①与糖皮质激素合用，易发生高钠血症和水肿。②与排钾利尿药合用，可增加发生低氯性碱中毒的危险。③本品可使尿液碱化，使弱有机碱药物排泄减慢，而使弱有机酸药物排泄加速。④可减少内服铁剂的吸收，两药服用时间应尽量分开。⑤利多卡因与本品溶液混合，使 pH 值在 7.3～8，浸润注射时无痛。⑥本品可减轻氨基水杨酸对胃的刺激性，延缓吸收并增加排泄。⑦红霉素在碱性尿液中的抗菌作用增强、抗菌谱扩大；大环内酯类的其他抗生素(如螺旋霉素、白霉素等)与本品合用可增强其抗菌作用。⑧可使内服青霉素经消化道的吸收受阻，疗效降低。青霉素类抗生素在碳酸氢钠溶液中可失效。⑨内服可阻碍地高辛、巴比妥类药物、四环素类药物、吲哚美辛、磺胺药的吸收，并延缓其药效出现时间。⑩明显降低氟喹诺酮类药物的胃肠吸收，以环丙沙星最明显，两药尽量避免配伍用。

【不良反应】①大量静脉注射可引起代谢性碱中毒、低血钾症，出现心律失常、肌肉痉挛。②剂量过大或肾功能不全患畜可出现水肿、肌肉疼痛等症状。③内服时可在胃内产生大量二氧化碳，引起胃肠产气。

【应用注意】①在中和胃酸时能迅速产生大量的二氧化碳，刺激胃壁，促进胃酸分泌，出现继发性胃酸增多。②水溶液放置过久，强烈振摇或加热能分解出二氧化碳，使之变为碳酸钠，碱性增强。水溶液需要长时间保存时，瓶口要密封。③使用本品注射液时，宜稀释成 1.4%溶液缓慢静脉注射，勿漏出血管外。④充血性心力衰竭、肾功能不全、水肿、缺钾等动物慎用。

【制剂】碳酸氢钠片、碳酸氢钠注射液。

乳酸钠(Sodium Lactate)

【理化性质】本品为无色或几乎无色的澄明黏稠液体，能与水、乙醇或甘油任意混合。

【作用与应用】本品进入机体后，解离出的乳酸根与血中 H^+ 结合成乳酸，经肝合成糖原或氧化成二氧化碳和水，与 Na^+ 在体内转化为碳酸氢钠，用于纠正代谢性酸中毒。与碳酸氢钠相比，此作用慢而且不稳定。临床用于治疗代谢性酸中毒，特别是高血钾症等引起的心律失常伴有酸中毒的患畜。

【应用注意】①乳酸血症患畜禁用，水肿患畜慎用。②肝功能障碍、休克、缺氧、心功能不全的患畜慎用。③不宜用生理盐水或其他含氯化钠的溶液稀释本品，以免成为高渗溶液。

【制剂】乳酸钠注射液。

9.4　能量补充药

能量是维持机体生命活动的基本要素。碳水化合物、脂肪和蛋白质在体内经生物转化变为能量。体内 50% 的能量被转化成热能以维持体温，其余以 ATP 形式贮存供生理和生产之需要。能量代谢过程包括能量的释放、贮存和利用 3 个环节，任何一个环节发生障碍都影响机体的功能活动，此时应使用能量补充药。常见有葡萄糖、磷酸果糖、三磷酸腺苷（ATP）等，其中葡萄糖最常用。

葡萄糖（Glucose，右旋糖）

【理化性质】本品为无色结晶或白色结晶性或颗粒状粉末，在水中易溶。

【药理作用】①供给能量。本品是机体所需能量的主要来源，在体内被氧化成二氧化碳和水，并释放出大量热能供机体需要。②解毒。本品进入体内后，一部分合成肝糖原，增强肝的解毒能力；另一部分在肝中氧化成葡萄糖醛酸，可与毒物结合从尿中排出而解毒。③补充体液。5% 的葡萄糖与体液等渗，静脉注射后葡萄糖很快被组织利用，并供给机体水分。④强心与脱水。补充体内水分和糖分，具有补充体液、供给能量、补充血糖、强心利尿、解毒等作用。

【应用】①等渗溶液（5%）用于补充营养和水分，如下痢、呕吐、重伤、失血、不能进食的重症衰竭动物等。②仔猪低血糖症、牛酮血症、农药和化学药物及细菌毒素等中毒病解救的辅助治疗。③高渗溶液（10%～50%）用于提高血液渗透压和利尿脱水，如低血糖症、心力衰竭、脑水肿、肺水肿等。

【应用注意】①高渗注射液应缓慢注射，以免加重心脏负担，且勿漏注血管外。②葡萄糖氯化钠注射液对肝、肾功能障碍的患病动物使用时应注意控制剂量，以免产生水、钠潴留。③低血钾症者慎用。

【制剂】葡萄糖氯化钠注射液、葡萄糖注射液。

三磷酸腺苷（Adenosine Triphosphate，ATP，腺三磷）

本品为一种辅酶，有改善机体代谢的作用，参与体内脂肪、蛋白质、糖、核酸及核苷酸的代谢，同时又是体内能量的主要来源。临床用于室上性心动过速、心力衰竭、心肌炎、肝炎、脂肪肝和肾病综合征等。静脉注射要缓慢。

本章小结

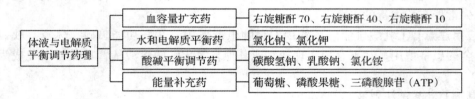

体液与电解质平衡调节药理	血容量扩充药	右旋糖酐70、右旋糖酐40、右旋糖酐10
	水和电解质平衡药	氯化钠、氯化钾
	酸碱平衡调节药	碳酸氢钠、乳酸钠、氯化铵
	能量补充药	葡萄糖、磷酸果糖、三磷酸腺苷（ATP）

思考题

1. 临床用于补充体液的右旋糖酐有哪几种？各有何特点？应用有何不同？
2. 试述葡萄糖的主要作用、应用及注意。
3. 临床上什么情况下需要补充水和电解质平衡药？主要有哪些药物？
4. 简述氯化钠的药理作用、应用及注意。
5. 简述碳酸氢钠的药理作用、应用及注意。
6. 常用的能量补充药有哪几种？ATP的药理作用、应用如何？

（张德显）

第 10 章

营养药理

营养药物主要包括维生素和矿物元素，是动物日粮中含量较少但又必需的重要组分。如果维生素和矿物质在体内含量不足可引起特定症状的缺乏症，影响动物的生长发育和生产性能。营养药物主要用于防治维生素和矿物元素体内不足引起的相应缺乏症。

10.1 维生素类药

维生素(vitamin)是一类结构各异、维持动物体正常代谢和机能所必需的低分子有机物，是构成体内某些酶的辅酶(或辅基)的组分，参与调节物质和能量的代谢。每一种维生素对动物机体都有其特殊的功能，动物缺乏任何一种维生素都会引起特定的营养代谢障碍，出现相应的缺乏症，轻者可致生长发育受阻，生产性能、繁殖力和抗病力下降等，重者引起死亡。

仅有少数维生素可在体内合成或由肠道内微生物产生，大多数必须自食物中获取，它们都是以本体形式或可被机体利用的前体形式存在于天然食物中。动物机体每日对维生素的需要量很少，但其作用是其他物质无法替代的。造成维生素缺乏的主要原因：①日粮中含量不足。②体内吸收障碍。如肠蠕动加快，吸收面积减少，长期腹泻等使维生素的吸收、贮存减少。③排出增多。可因授乳、长期大量使用利尿剂等使之排出增多。④因药物等作用使维生素在体内加速破坏。⑤长期或大剂量内服抗菌药物，抑制瘤胃或肠道内微生物对 B 族维生素和维生素 K 的合成与利用。

维生素种类很多，它们在化学结构上没有共同性，且化学结构与生理功能之间也未发现有合理的分类依据，所以维生素一般根据其溶解性分为脂溶性和水溶性两类。

10.1.1 脂溶性维生素

脂溶性维生素易溶于大多数有机溶剂，不溶于水。在食物中与脂类共同存在，在肠道吸收时也与脂类吸收有关，排泄效率低，故摄入过多时，可在体内蓄积而产生有害作用，甚至发生中毒。常用的脂溶性维生素包括维生素 A、维生素 D、维生素 E、维生素 K 等。

维生素 A(Vitamin A)

【理化性质】维生素 A 一般均来源于体外，其前体广泛存在于动物的肝、乳、蛋、鱼肝油及新鲜绿色植物、胡萝卜、番茄等植物中。本品为淡黄色的油溶液或结晶与油的混合物(加热至 60 ℃应为澄清溶液)。与三氯甲烷、乙醚、环己烷或石油醚能任意混合，在乙醇中微溶，在水中不溶。

【药理作用】①构成视觉细胞内感光物质。视网膜含有的视杆细胞中存在着视紫红质感光色素，维生素 A 是其组成之一。当维生素 A 缺乏时，视紫红质合成减少，在黑暗中视物不清，即夜盲症。②维持皮肤、黏膜和上皮组织的完整性。本品能促进黏多糖的合成，其缺乏时可引起皮肤、黏膜、腺体、气管和支气管的上皮组织干燥和过度角质化，抗病能力下降，感染机会增加。③促进动物生长和发育。本品有调节体内脂肪、糖和蛋白质代谢，促进器官组织正常生长和代谢的作用。维生素A缺乏可导致动物生长发育缓慢，体重下降。④参与正常生殖机能，促进类固醇激素的合成。缺乏时动物体内的胆固醇和糖皮质激素的合成减少，雄性动物睾丸不能合成和释放雄激素，性功能下降，雌性动物正常发情周期紊乱。⑤维持骨骼正常生长。维生素A缺乏时，动物破骨细胞和成骨细胞活动受到影响而发生骨变形。⑥增强免疫力。维生素A缺乏可导致胸腺萎缩，免疫力下降。

【药动学】内服易吸收，脂溶性制剂较水溶性制剂更易吸收，胆汁酸、胰脂酶、中性脂肪、维生素E及蛋白质均促进本品吸收。吸收部位主要在十二指肠、空肠。吸收后贮存于肝中(猪、鸡的肝贮存量较少，成年牛、羊的肝贮存量相当大)，几乎全部在体内代谢分解，并经尿及粪排出。哺乳动物有部分维生素A分泌于乳汁中。

【应用】①用于防治维生素A缺乏症。如角膜软化症、干眼病、夜盲症、骨骼发育不良等疾病。②增强动物机体免疫反应和抵抗力。用于体质虚弱、妊娠和泌乳动物。③用于皮肤、黏膜炎症的治疗及烧伤，有促进愈合的作用。④治疗膀胱炎，预防肾、膀胱结石。⑤其他。如抑制甲状腺功能亢进、贫血。

【药物相互作用】①氢氧化铝可使小肠上段胆酸减少，影响本品吸收。矿物油、新霉素能干扰其吸收。②与维生素E合用时可促进本品吸收，但服用量大时可耗尽维生素A在体内的贮存。③大剂量可对抗糖皮质激素的抗炎作用。④维生素C可减轻本品中毒症状，并有协同性防治血栓作用，但两药不宜同时服用。

【不良反应】过量可致中毒。动物急性中毒表现为兴奋、视力模糊、脑水肿、呕吐；慢性中毒表现为厌食、皮肤病变、内脏受损等，猫表现以局部或全身性骨质疏松为主症的骨质疾患。

【应用注意】用时应注意补充钙剂。本品易因补充过量而中毒，中毒时应立即停用本品和钙剂。

【制剂】维生素AD油、维生素AD注射液。

维生素 D (Vitamin D)

【理化性质】本品是一种类固醇物质，常见的有维生素D_2(骨化醇)、维生素D_3(胆骨化醇)。干草、酵母中含有其前体物质麦角固醇，经日光或紫外线照射后可转变为维生素D_2。鱼肝油、乳、肝、蛋黄中维生素D_3含量丰富。维生素D_2和D_3均为无色针状结晶或白色结晶性粉末。在三氯甲烷中极易溶，在乙醇、丙酮或乙醚中易溶，在植物油中略溶，在水中不溶。

【药理作用】本品对钙、磷代谢及幼龄动物骨骼生长有重要影响，其生理功能是促进钙、磷在小肠内的正常吸收，其代谢活性物质促进肾小管重吸收磷和钙，维持及调节血浆钙、磷正常浓度，并促进骨骼的正常发育。本品缺乏时机体吸收钙、磷能力下降，钙、磷不能在骨组织内沉积，成骨作用受阻，甚至沉积的骨盐再溶解。幼年动物因软骨不能骨化，表现为佝偻病，生长受阻；成年动物则表现为骨软症，易发生骨折、关节变形等。

【药动学】维生素D_2和D_3以及维生素D_2原(麦角甾醇)和D_3原(7-脱氢胆甾醇)均易从小肠吸收。维生素D_3比维生素D_2吸收更迅速，更完全。在肠道内，维生素D与脂肪形成脂糜颗粒，通过淋巴系统进入血液循环，胆汁和胰液的正常分泌有助于其吸收。维生素 D 实际上是一种激素原，自身无生物活性。须先在肝内羟化酶的作用下，变成 25-羟胆钙化醇或 25-羟麦角钙化醇，然后经血液转运到肾，在甲状旁腺激素的作用下进一步羟化成 1,25-二羟胆钙化醇或 1,25-二羟麦角钙化醇，才能发挥生物学效应。吸收入血的维生素 D，由载体(α-球蛋白)转运到其他组织，主要贮存在肝和脂肪中，一部分分布到脑、肾和皮肤中。维生素 D 及其代谢物一般认为主要经胆汁排泄，经尿排泄的量甚微。

【应用】①防治维生素 D 缺乏导致的幼畜佝偻病和成年母畜骨软症。②预防乳牛乳热、产后瘫痪和母猪泌乳瘫痪。③促进妊娠和泌乳家畜及幼畜的钙、磷吸收。④治疗甲状旁腺功能减退引起的低血钙。⑤其他。如治疗皮肤病和眼结膜炎，还用于创伤和关节炎。

【药物相互作用】①长期大量服用液状石蜡、新霉素可减少本品吸收。②苯巴比妥等肝酶诱导剂能加速本品的代谢。③与噻嗪类利尿药同时使用可致高钙血症。④糖皮质激素可加速本品的代谢，降低其血药浓度。⑤钙剂与本品联用可治疗骨质疏松症，防止氟骨症。⑥抗酸药(如氢氧化铝)可降低本品在胃肠道的吸收。

【不良反应】①过量会减少骨的钙化作用，使钙从正常贮存部位迁移并沉积在软骨组织，出现异位钙化，并因血中钙、磷酸盐过高而导致心律失常和神经功能紊乱等症状。②本品过量还会间接干扰其他脂溶性维生素(如维生素 A、维生素 E 和维生素 K)的代谢。

【应用注意】①用时应注意补充钙剂。中毒时应立即停用本品和钙剂。②本品应遮光、密闭贮藏。

【制剂】维生素 D_2 胶性钙注射液、维生素 D_3 注射液、维生素 AD 油、维生素 AD 注射液。

维生素 E(Vitamin E，生育酚)

【理化性质】本品有 α、β、γ、δ 4 种，广泛分布于植物油、种子胚芽、麦麸及动物脂肪中，肉、奶、蛋和肝中也有。本品为微黄色或黄色透明的黏稠液体。在无水乙醇、丙酮、石油醚或乙醚中易溶，在水中不溶。

【药理作用】①抗氧化。可保护维生素 C 和维生素 A 免于氧化破坏，并阻止生物膜中不饱和脂肪酸的过氧化反应，减少过氧化脂质的生成，保护生物膜的完整性，特别是防止溶酶体破裂，释放水解酶，进一步损害组织细胞。②维持内分泌功能。促进性激素分泌，调节性腺发育和功能，有利于受精和受精卵植入，并防止流产，提高繁殖力。③提高抗病能力。本品对过氧化氢、黄曲霉毒素、亚硝酸化合物等具有抗病和解毒能力，还有助于合成免疫球蛋白，提高抗病能力。④保护骨骼肌和心肌的正常功能。⑤改善缺硒症状。

动物缺乏维生素 E 时会发生多种机能障碍。如家禽蛋的孵化率下降，幼禽发生渗出性素质和脑软化症；处于生长期的犊牛、羔羊、仔猪表现为营养性肌肉萎缩，早期症状为僵硬和不愿走动，剖检尸体可见骨骼肌有变性的灰白色区域和心肌损害。猪则发生肝坏死和桑葚心。

【药动学】内服易吸收，但需胆汁存在。吸收后广泛分布于各组织，贮存于脂肪中，在肝中代谢，其代谢物在肝中与葡萄糖醛酸结合后，经胆汁排入肠道，经粪排出。不易透过胎盘，但可进入乳汁。

【应用】防治维生素 E 缺乏所致的不孕症、营养性肌萎缩(白肌病)、细胞通透性障碍等；也常配合维生素 A、维生素 D、维生素 B 用于动物的生长不良、营养不足等综合性缺乏症。

【不良反应】本品毒性小，但过高剂量可诱导雏鸡、犬发生凝血障碍。日粮中高浓度可抑制雏鸡生长，并可加重钙、磷缺乏引起的骨钙化不全。

【应用注意】①本品与硒对动物具有协同作用，与维生素 A 同服时，可防止维生素 A 氧化，增强其作用。②大剂量可延迟缺铁性贫血动物的治疗效应。③液状石蜡、新霉素能减少本品的吸收。④偶尔可引起死亡、流产或早产等过敏反应，如出现这种反应立即注射肾上腺素或抗组胺药物进行治疗。⑤注射体积超过 5 mL 时应分点注射。

【制剂】维生素 E 注射液。

10.1.2　水溶性维生素

水溶性维生素包括 B 族维生素(维生素 B_1、维生素 B_2、维生素 B_6、维生素 B_{12}、烟酰胺、生物素、泛酸、叶酸、烟酸等)和抗坏血酸(维生素 C)，均易溶于水，不能在体内贮存，超过生理需要的部分会较快经尿排出体外，因此长期应用造成蓄积中毒的可能性小于脂溶性维生素。一次大剂量使用，通常不会引起毒性反应。

维生素 B_1(Vitamin B_1，硫胺素)

【理化性质】维生素 B_1 主要存在于种子外皮及胚芽中，米糠、麦麸、酵母、黄豆及青绿饲料中含量较多。本品为白色结晶或结晶性粉末。在水中易溶，在乙醇中微溶。

【药理作用】①本品与 ATP 在硫胺素激酶和 Mg^{2+} 的作用下，生成硫胺素焦磷酸，成为羧化酶和转羟乙醛酶的辅酶，对物质和能量正常代谢，防止神经组织萎缩，维持神经、心肌和胃肠道的正常功能，促进生长发育，提高免疫机能等都起重要作用。②促进胃肠道对糖的吸收、刺激乙酰胆碱的形成等。③作为磷酸戊糖氧化磷酸化反应中转酮酶的辅酶，对机体特别是脑组织的氧化功能所必需的辅酶，也是戊糖、脂肪酸和胆固醇合成及生成烟酰胺腺嘌呤二核苷酸(NADPH)所必需的辅酶。

维生素 B_1 缺乏时，体内丙酮酸和乳酸蓄积，并影响机体能量供应。禽及幼年家畜表现为食欲不振、消化不良、生长缓慢、多发性神经炎、心肌功能障碍等症状。

【药动学】内服给药后，仅有少部分经十二指肠吸收，生物利用度低。肌内注射吸收迅速，吸收后可分布于机体各组织中，也可进入乳汁，体内不贮存。肝内代谢，经肾排泄。

【应用】①防治维生素 B_1 缺乏症，如多发性神经炎及各种原因引起的疲劳和衰竭。②用于高热、牛酮血症、心肌炎、食欲不振、胃肠功能障碍等辅助治疗。

【药物相互作用】①在碱性溶液中易分解，与碱性药物(如碳酸氢钠、枸橼酸钠等)配伍时易发生变质。②吡啶硫胺素、氨丙啉可拮抗本品的作用。③可增强神经肌肉阻断剂的作用。④妊娠或者哺乳期动物甲状腺功能亢进、烧伤、慢性腹泻、高热、重度使役所引起的疲劳或者衰弱、小肠系统疾病及大量输入葡萄糖液时，因糖代谢增高，对维生素 B_1 的需求量也增加，应适当补充。

【应用注意】①吡啶硫胺素、氨丙啉是本品的拮抗物，日粮中此类物质添加过多会引起维生素 B_1 的缺乏。②与其他 B 族维生素或维生素 C 合用，可对代谢发挥综合疗效。③注射给药时偶尔见过敏反应，甚至休克。不宜静脉注射，肌内注射可致疼痛，宜深部注射。

【制剂】维生素 B_1 片、维生素 B_1 注射液。

维生素 B_2（Vitamin B_2，核黄素）

【理化性质】维生素 B_2 天然存在于酵母、肝、肾及肉类中。目前，治疗多用人工合成品。本品为橙黄色结晶性粉末。遇光易破坏（尤其水溶液），遇碱或加热时也易分解，遇还原剂引起变质而褪色，故应遮光、密封保存。

【作用与应用】能参与机体正常的生物氧化过程，是一种主要用于黏膜及皮肤炎症的水溶性维生素。在体内可转化为活性磷酸化代谢物黄素单核苷酸（FMN）和黄素腺嘌呤二核苷酸（FAD）。二者均为组织呼吸的重要辅酶，可参与碳水化合物、蛋白质、脂肪的代谢，维持正常的视觉功能、促进生长，并对中枢神经系统营养、毛细血管功能具有重要影响。此外，FMN 和 FAD 还可激活维生素 B_6，维持红细胞的完整性。临床用于维生素 B_2 缺乏症，如口炎、皮炎、角膜炎等。

本品缺乏时，机体的生物氧化过程受到影响，正常的代谢发生障碍，即可出现典型的维生素 B_2 缺乏症状。雏鸡出现独特的足趾蜷缩，腿软弱无力，生长迟缓，母鸡产蛋量下降；猪则腿肌僵硬，特征性眼角膜炎，晶状体浑浊，皮肤粗糙，母猪则出现早产、死胎及畸胎；犊、羔羊表现为口炎、嘴角破裂、食欲不振、脱毛、腹泻等。反刍动物一般不易缺乏。

【应用注意】①妊娠动物需要量较大。②动物内服后，尿液呈黄色。③可使氨苄西林、黏菌素、链霉素、红霉素和四环素等的抗菌活性下降，故不能混合注射。

【制剂】维生素 B_2 片、维生素 B_2 注射液。

维生素 B_6（Vitamin B_6）

【理化性质】维生素 B_6 包括吡多醇、吡多醛、吡多胺，三者在体内可以互相转化，是具有解毒止呕等作用的水溶性维生素。酵母、谷物、豆类、种子外皮及禾本科等天然食物中含量丰富，动物性食物及块根、块茎中相对较少。本品为白色或类白色的结晶或结晶性粉末，在水中易溶。

【药理作用】在体内经酶作用生成具有生理活性的磷酸吡多醛和磷酸吡多醇，它们是氨基转移酶、脱羧酶及消旋酶的辅酶，参与体内氨基酸、蛋白质、脂肪和糖的代谢。此外，还在亚油酸转变为花生四烯酸等过程中发挥重要作用。

自然条件下家畜极少发生维生素 B_6 缺乏症，但犊牛缺乏时可出现厌食、腹泻、呕吐、生长缓慢或停止、视觉受损、小红细胞低色素性贫血及因外周神经脱鞘而出现神经功能紊乱；犬、猴、猫等动物出现食欲不振、体重减轻、共济失调、惊厥和心肌损害，以及严重的红细胞、血红蛋白过少性贫血，生长不良；家禽则出现肌肉震颤、强直和痉挛等症状。

【药动学】内服后经胃肠道吸收，在肝中代谢，经肾排出。磷酸吡哆醛可透过胎盘，并经乳汁泌出。天然存在的维生素 B_6 很容易被动物利用，食物中蛋白质和能量含量高时，维生素 B_6 需要量增加。幼龄、妊娠动物和服用某些磺胺类药和抗生素的情况下，维生素 B_6 需要量增加。提高日粮维生素 B_6 添加量可增强动物免疫力和抗应激能力。

【应用】①用于维生素 B_6 缺乏症的治疗。②治疗氰化乙酰肼、异烟肼、青霉胺、环丝氨酸等中毒引起的胃肠道反应和痉挛等兴奋症状。③混饲用作猪、鸡饲料添加剂。

【应用注意】与维生素 B_{12} 合用可促进后者吸收。

【制剂】维生素 B_6 片、维生素 B_6 注射液。

维生素 C（Vitamin C，抗坏血酸）

【理化性质】维生素 C 天然存在于新鲜的橘子、柠檬、卷心菜等多种食物中。其合成品是一种白色的结晶性粉末，味酸；其水溶液在空气中很快变质，尤其在碱性溶液中遇光或热更易变质，溶液通常由无色到浅黄色、黄色、棕色。片剂在放置过程中遇光、遇热也易变色而失去疗效，故本品应密封在遮光处保存。

【药理作用】①参与氧化还原反应。本品极易氧化脱氢，具有很强的还原性，在体内参与氧化还原反应而发挥递氢作用。②解毒。本品在谷胱甘肽还原酶作用下，使氧化型谷胱甘肽还原为还原型谷胱甘肽。还原型谷胱甘肽的巯基能与重金属（如铅、砷离子）和某些毒素相结合而排出体外，保护含巯基酶和其他活性物质不被毒物破坏。维生素 C 也可用于磺胺类或巴比妥类中毒的解救。③参与体内活性物质和组织代谢。④增强机体抗病能力。本品能提高白细胞和吞噬细胞功能，促进网状内皮系统和抗体形成，增强抗应激的能力，维护肝解毒，改善心血管功能。⑤抗炎、抗过敏。主要通过拮抗缓激肽、组胺而实现该作用。

哺乳动物中除人、猴和豚鼠外，大多数能在体内合成，不需由食物中取得。人缺乏时可引起坏血病，其特征是毛细血管脆性增加，出现广泛的皮下出血和内脏出血，齿龈出血、肿胀、贫血、牙齿松动、易脱落、骨骼生长不良、创伤愈合缓慢、抗病力下降。家畜极少发生坏血病，偶尔见于猪、犊牛和犬。但家畜在发热性传染病、严重创伤时常见血液中维生素 C 水平下降。

【药动学】内服后易被小肠吸收，在体内分布广泛，以肾上腺皮质、垂体、黄体、视网膜中含量最高，其次为肝、肾、肌肉和脂肪。大部分经肝代谢分解成草酸后排出体外。

【应用】①防治缺乏症。②常用于动物各种传染病和高热、外伤或烧伤，以增强抗病力和促进创伤愈合。③用于贫血、有出血倾向、高铁血红蛋白血症和过敏反应性皮肤病。④用于砷、汞、铅和某些化学药品的中毒，以提高解毒能力。

【药物相互作用】①与水杨酸类和巴比妥类合用能增加本品排泄，长期使用阿司匹林则需补充本品。②与维生素 K_3、维生素 B_2、碱性药物和铁离子等的溶液配伍可影响药效。③可破坏食物中的维生素 B_{12}。与食物中的铜、锌离子发生络合，阻断其吸收。④利尿药与本品联用可增强利尿作用。⑤抑制庆大霉素的抗菌活性。⑥可使 β-内酰胺类、四环素类和氨基糖苷类抗生素分解，效价降低。⑦钙剂可与本品大剂量在尿中形成草酸钙结晶，故避免同服。也不能与钙剂混合注射。⑧与重金属解毒剂联用，解毒能力增强。

【应用注意】①大剂量应用可酸化尿液，使某些有机碱类药物排泄增加，并减弱氨基糖苷类药物的抗菌作用。②注射液不宜与维生素 K_3、维生素 B_2、碱性药物溶液混合注射。③注射液不宜与 β-内酰胺类、四环素类和氨基糖苷类抗生素混合注射。④本品在光照下颜色加深，轻度变色不影响药物活性，变黄色后不能再用。⑤大剂量使用后突然停药可引起维生素 C 缺乏症症状，故应逐渐减量。⑥对半胱氨酸尿症、痛风症、高草酸盐尿症、草酸盐沉积症、尿酸盐性肾结石、糖尿病、葡萄糖-6-磷酸脱氢酶缺乏症（可引起溶血性贫血）、镰形红细胞贫血（可致溶血危险）、胃肠溃疡的动物慎用。⑦在瘤胃内易破坏，故反刍动物不宜内服。

【制剂】维生素 C 片、维生素 C 注射液、维生素 C 可溶性粉、维生素 C 钠粉（水产用）。

烟酰胺（Nicotinamide）

【理化性质】本品为白色结晶或结晶性粉末。在水或乙醇中易溶，在甘油中溶解。

【作用与应用】本品与烟酸统称为维生素 PP 或抗癞皮病维生素。烟酰胺为烟酸在体内的活性形式，是辅酶 I 和辅酶 II 的组成成分，作为许多脱氢酶的辅酶，在体内氧化还原反应中起传递氢的作用，它与糖酵解、脂肪代谢、丙酮酸代谢以及高能磷酸键的生成有密切关系，在维持皮肤和消化器官正常功能方面也起着重要作用。临床用于防治烟酸缺乏症。

【制剂】烟酰胺片、烟酰胺注射液。

烟酸（Nicotinic Acid，尼克酸）

【理化性质】烟酸天然存在于动物肝、肉类、米糠、麦麸、酵母、番茄、鱼中，现主要用人工合成品。本品为白色结晶或结晶性粉末，水溶液呈酸性反应。在沸水或沸乙醇中溶解，在水中略溶，在碳酸氢钠和氢氧化钠溶液中均易溶。

【药理作用】①本品在体内转化为烟酰胺后，进一步生成辅酶 I 和辅酶 II 而起作用，参与体内脂质代谢、组织呼吸的氧化过程和糖原分解的过程。②本品还可降低辅酶 A 的利用。③通过抑制密度蛋白的合成而影响胆固醇的合成，大剂量尚可降低血清胆固醇及甘油三酯的浓度，且有周围血管扩张作用。

本品缺乏时，犬表现为"黑舌病"，症状包括厌食、体重减轻、唇干裂、舌炎等。禽缺乏时发生口炎，偶尔有皮炎，雏鸡发生腿骨弯曲、肿胀，羽毛生长不良和坏死性肠炎。猪表现口炎、腹泻、食欲不振、生长不良、轻度贫血、表皮脱落性皮炎和脱毛，与人的"糙皮病"相似。其他动物表现为生长缓慢，食欲下降。反刍动物一般不发生缺乏症，但补充本品可提高氮的利用率，促进生长及提高泌乳动物瘤胃内微生物蛋白质的合成和奶产量。

【应用】①用于烟酸缺乏症。玉米中烟酸和色氨酸含量少，而且这少量的烟酸还是呈结合状态，没有活性，难以吸收。故以玉米为主要饲料时，应在饲料中补充烟酸。②常与维生素 B$_1$ 和维生素 B$_2$ 合用，对各种疾病进行综合性辅助治疗，烟酰胺不能代替这一作用。③对日光性皮炎也有一定疗效。

【应用注意】①大量应用可致硫胺素、核黄素和胆碱缺乏。②异烟肼可降低本品的疗效。③与氨苄西林钠、磺胺嘧啶钠、氨茶碱、肝素、碳酸氢钠等药物禁忌配伍。

【制剂】烟酸片。

泛酸（Pantothenic Acid）

【理化性质】本品广泛存在于动物内脏、牛肉、蛋黄、花生、包心菜、谷子中。临床常用泛酸钙，为白色粉末，在水中易溶。

【作用与应用】①泛酸是辅酶 A 的组成成分，辅酶 A 在物质代谢中传递酰基，参与糖、脂肪、蛋白质代谢。②在脂肪酸、胆固醇及乙酰胆碱的合成中起十分重要的作用，并参与维持皮肤和黏膜的正常功能和毛皮的色泽，增强机体对疾病的抵抗力。常混饲用于泛酸缺乏症，对防治维生素 B 缺乏症有协同作用。

犬缺乏时表现为呕吐、胃肠炎、肾出血、肾上腺功能不良、肝脂肪浸润等。禽缺乏时除产蛋率和孵化率下降外，还表现为皮炎、被皮角化、羽毛易折断和生长不良。猪缺乏时表现为出血性腹泻、食欲不振、生长不良、皮炎和运动障碍，特别是后肢运动障碍等症状。成年反刍动物瘤胃和马属动物大肠内的微生物可合成泛酸，一般不易发生缺乏症。

【药动学】天然泛酸易于从小肠经被动转运吸收，而以辅酶A或酰基载体蛋白形式存在的泛酸需在肠内经酶水解后才能被吸收。在体内肝、肾、肌肉、心和脑等组织含量较高。

生物素(Biotin，Vitamin H，维生素H)

【理化性质】生物素在绿色饲料、米糠、豆饼、鱼粉、酵母和蛋黄中含量丰富。本品为白色针状结晶性粉末，极微溶于水和乙醇，不溶于其他常见的有机溶媒。

【作用与应用】生物素是动物体内四种羧化酶的辅酶，催化羧化或脱羧反应。生物素还参与肝 α 糖原异生，促进脂肪酸和蛋白质代谢的中间产物合成葡萄糖或糖原，以维持正常的血糖浓度。也参与氨基酸的降解与合成、嘌呤和核酸的生成、长链脂肪酸的合成。只有当动物摄入抗生物素蛋白，动物才发生生物素缺乏症，主要表现为脂肪肝肾综合征。成年反刍动物和马很少出现缺乏症，禽和猪易发，火鸡最易发。常混饲用于防治生物素缺乏症。

胆碱 (Choline)

【理化性质】常用氯化胆碱，70%氯化胆碱水溶液为无色透明的黏性液体；稍有特异臭味。50%氯化胆碱粉为白色或黄褐色(视赋形剂不同)干燥的流动性粉末或颗粒，在水中极易溶。

【作用与应用】①胆碱是卵磷脂的重要成分，是维护细胞膜正常结构和功能的关键物质。②胆碱是一种"抗脂肪肝因子"，能提高肝对脂肪酸的利用，促进脂蛋白合成和脂肪酸转运，防止脂肪在肝中蓄积。③是神经递质乙酰胆碱的重要组分，能维持神经纤维正常传导。④胆碱和蛋氨酸还都是甲基供体，参与一碳基团代谢。在集约化养殖中主要添加于饲料中，防治胆碱缺乏症及脂肪肝、骨短粗症等；还可用于家禽的急、慢性肝炎，马的妊娠毒血症。

饲料中足量的胆碱可节约蛋氨酸的添加量，叶酸和维生素 B_{12} 可促进蛋氨酸和丝氨酸转变成胆碱，这两种维生素不足时可引起胆碱缺乏。体内胆碱不足可致脂肪的代谢和转运障碍，发生脂肪变性、脂肪浸润、生长缓慢、骨和关节畸变，产蛋率下降，并加重因叶酸缺乏引起的高胱氨酸血症。猪胆碱缺乏时主要表现为生长速率下降，运动失调，关节僵硬，繁殖性能下降，肝脂肪沉积。处于生长期仔猪会出现特征性"劈叉腿"。

【制剂】氯化胆碱。

10.2　矿物元素

矿物元素也称无机盐，是构成机体组织的重要物质。在动物体内约有55种矿物元素，占动物体重的4%，绝大部分分布于毛、蹄、角、肌肉、血液和上皮组织中。占动物体重0.01%以上、需求量大的矿物元素称为常量元素(macro elements)，包括钙、磷、钠、钾、氯、镁、硫7种，是动物体生命必需的。占动物体重0.01%以下、需求量小的矿物元素称为微量元素(trace elements)。动物体所必需的微量元素有碘、铁、铜、锌、硒、氟、钴、铬、锰、钼、镍、钒、锡、硅、砷15种。

　　矿物元素对保障动物健康、提高生产性能和畜产品质量具有重要作用，有些是动物生理过程和代谢必不可少的必需矿物元素，须由外界供给，当外界供给不足时便会引发相应的缺乏症。

10.2.1　常量元素

本节主要介绍钙、磷、镁，其他见本书 9.2 水和电解质平衡药。

钙（Calcium）

　　钙、磷是机体必需的常量元素之一，占体内矿物元素总量的 70%，除维持动物骨骼和牙齿的正常硬度外，还是维持机体正常生理机能不可缺少的物质。在现代畜牧业生产中常以骨粉或钙、磷制剂的形式按适当比例混合在动物饲料中，以保证畜禽健康生长。常用含钙的矿物质饲料有石粉、牡蛎粉和蛋壳粉，同时含钙、磷的饲料有骨粉。常用的钙、磷药物有氯化钙、碳酸钙、乳酸钙、磷酸氢钙、磷酸二氢钠、磷酸氢二钠、磷酸钙、磷酸镁等。

　　【药理作用】①促进骨骼和牙齿钙化，保证骨骼正常发育，维持骨骼正常结构和功能。钙是蛋壳结构的重要组成成分，也是牛奶的主要矿物质成分。②维持神经肌肉的正常兴奋性。③促进血液凝固。钙是重要的凝血因子，为正常的凝血过程所必需。④对抗镁离子作用。如发生硫酸镁中毒时，可用钙盐解救。⑤抗过敏和消炎。Ca^{2+} 能降低毛细血管的通透性和增加致密度，从而减少炎性渗出和防止组织水肿。⑥参与神经递质的释放。当神经冲动到达末梢时，突触前膜的通透性改变，Ca^{2+} 进入细胞内，促进囊泡与突触前膜互相融合，形成小孔，使神经递质排入突触间隙。

　　【药动学】钙主要在小肠前段以简单扩散和主动转运方式吸收，反刍动物的瘤胃可吸收较少量磷。影响其吸收的因素有：①胃肠道的酸碱度。在酸性环境中磷酸钙、碳酸钙溶解度增加，易于吸收。碱性环境可使钙的溶解度降低，妨碍吸收。②日粮中钙、磷比例。钙盐必须转变成可溶性磷酸盐形式才能被吸收，所以日粮中钙、磷比例比较重要，一般认为钙、磷比例以 1:1~2:1 为宜，比例过大则形成难溶性磷酸钙，妨碍钙、磷的吸收。③饲料的组成与胃肠内容物的相互作用。如果饲料中含有过多的草酸、植酸和脂肪酸时，因与钙形成不溶性钙盐而影响其吸收。反刍动物瘤胃内微生物可分解草酸、植酸和脂肪酸，故对其吸收的影响不明显；氨基酸与钙形成可溶性钙盐，利于钙的吸收；一些金属离子(如铁、锌、镁等)可抑制钙的吸收，铁、铝、镁能与磷酸根结合成不溶性磷酸盐，妨碍磷的吸收；维生素 D 可促进钙、磷的吸收；如果在饲料中加入较多的乳糖、阿拉伯糖、葡萄糖醛酸、甘露糖、山梨醇，可提高钙的吸收率，胆碱与钙易形成可溶性复合物，有利于钙的吸收。

　　钙、磷主要存在于动物骨骼中，约 15% 的磷主要以核蛋白和磷脂化合物形式存在于细胞内和细胞膜中。正常的血钙浓度为 90~100 mg/L，约 45% 以游离的离子形式存在，约 5% 以磷酸盐或其他盐的形式存在，其余 5% 与血浆蛋白结合。游离的 Ca^{2+} 在维持血钙浓度和骨骼钙化中起重要作用。缺钙时机体总是先维持血钙，再满足骨钙需要。体内的钙、磷代谢受降钙素（CT）、甲状旁腺激素（PTH）和 $1\alpha,25$-二羟维生素 D_3 的三元调节。PTH 促进钙自肠道吸收，减少钙的肾排泄，CT 则相反。PTH 对维生素 D 的活化有间接调节作用。$1\alpha,25$-二羟维生素 D_3 促进小肠中钙、磷的吸收，对 PTH 的释放也有间接反馈调节作用。

PTH 和 CT 的释放又受血钙反馈调节。

饲料中未被吸收的钙、磷(外源性粪钙)和从肠黏膜排出的未被吸收的内源性钙经粪排泄，血钙磷经尿排泄，但泌乳动物体内的钙磷不易分泌到乳中。

【应用】①动物急、慢性缺钙，如乳牛产后瘫痪、母畜产后子痫、动物维生素 D 缺乏性骨软症或佝偻病。②用作荨麻疹、血清病、肺水肿、胸膜炎及其他各种局部或全身毛细血管壁渗透性增加的过敏性、渗出性炎症疾病的辅助治疗，对抗链霉素的急性中毒。③解救硫酸镁中毒。④作为止血药，用于血斑病等出血性疾病。对上述疾病常用葡萄糖酸钙或氯化钙静脉注射，直至症状消失，也可配合维生素 D 以提高疗效。但骨骼变形往往不易恢复。

【药物相互作用】①头孢菌素类药与 Ca^{2+} 易产生沉淀。②四环素类药与 Ca^{2+} 可发生络合反应，使其吸收减少 50%~80%，故两者联用时应间隔 3 h 以上。③喹诺酮类药与 Ca^{2+} 可形成络合物而影响前者的吸收。④维生素 C 可与钙剂在尿中形成草酸钙结晶，故不宜混合注射。⑤降钙素与钙剂联用可提高对骨质疏松症的疗效。⑥钙剂可拮抗镁盐的神经肌肉麻痹作用，用于治疗镁中毒。⑦枸橼酸钠可与 Ca^{2+} 结合为钙盐，降低或完全消除其抗凝血作用。⑧维生素 D 促进钙剂吸收，联用可治疗骨质疏松症、骨软症及氟骨症，但长期联用可发生高钙血症。⑨用洋地黄治疗时静脉注射钙剂易引起心律失常。⑩与噻嗪类利尿药合用可引起高钙血症。

【不良反应】①骨骼因钙化不全可导致软骨异常增生、退化，骨骼畸形，关节僵硬和肿大，运动失调。慢性钙、磷缺乏，幼龄动物发生佝偻病，成年动物出现骨软症，还表现为昏睡、异食癖、厌食、体重降低、乳汁分泌不足、繁殖机能及神经肌肉功能障碍。严重时母畜可因骨质疏松而易发生骨折、脊柱压缩性骨折或瘫痪症。产蛋禽缺钙时蛋壳变薄、易碎，蛋孵化率降低。牛出现血红蛋白尿(溶血性贫血、尿血等)。急性缺钙症主要表现为神经肌肉和心血管功能异常。神经肌肉兴奋性升高，可引起肌肉的强直性痉挛，如牛低血镁症、分娩抽搐综合征、泌乳奶牛产后瘫痪。反之，血钙过高时，神经肌肉兴奋性降低，表现为肌肉软弱无力等。同时，低血钙还可导致心肌收缩无力，心脏抑制。②日粮中添加过量的钙能干扰其他矿物质(如磷、镁、铁、碘和锰)的吸收而引起缺乏症。在育成猪日粮中，钙、磷比例大于 1.3∶1 时会导致生长减缓及骨骼受损。钙剂或长时间摄入过量的钙可能导致钙沉积过多、骨石化病或诱发高钙血症，尤其对心、肾功能不良患畜。高钙不仅影响磷的吸收导致骨骼发育不良，还可损害肾脏功能，使尿酸排泄障碍而引起尿酸盐沉积、痛风症、蛋壳粗糙、尿石症等。摄入过量的钙，同时采食过量的日粮磷，可导致产奶量和蛋壳质量及产蛋量显著下降。③由于 Ca^{2+} 对心脏的直接作用，快速注射钙剂，或剂量过大可引起心脏抑制和心室纤维性颤动而死亡。犬还出现呕吐症状。④临床上使用的钙剂如氯化钙、乳酸钙和葡萄糖酸钙，其静脉注射制剂以氯化钙的刺激性和毒性较大。

【应用注意】①钙盐特别是氯化钙溶液刺激性强，不宜肌内或皮下注射。静脉注射时不能漏注于血管外，以免引起局部肿胀、坏死。若漏注，可吸出漏注的药液，并注入 25% 硫酸钠溶液 10~25 mL，形成不溶性硫酸钙，缓解局部的刺激性。②静脉注射速度要慢，剂量不宜过大，以免引起心室纤颤或骤停于收缩期。③用药期间不能使用洋地黄或肾上腺素。④患有痛风症、肾功能障碍等疾病的动物应慎重使用钙剂。

【制剂】

①葡萄糖酸钙注射液　主要用于急、慢性钙缺乏症，如猪、牛等产前或产后瘫痪、骨

软症及佝偻病；也可用于毛细血管渗出性增高的过敏性疾病，如血管神经渗出性水肿、荨麻疹、皮肤瘙痒病和解除镁离子中毒引起的中枢抑制。

②氯化钙注射液　与葡萄糖酸钙应用相同，但刺激性强，含钙量较高，安全性较小。应用时先用等量葡萄糖注射液稀释，缓缓静脉注射。不得皮下或肌内注射，也不得溢出血管外，否则导致剧痛或组织坏死。

③氯化钙葡萄糖注射液　本品是内含 5% 氯化钙、10%～20% 葡萄糖的注射液，用于消炎、抗过敏，治疗急性或慢性钙缺乏症和解救硫酸镁中毒。

④硼葡萄糖酸钙注射液　用于钙缺乏症，如牛和羊临产瘫痪、犬和猫的临产惊厥。缓慢注射，禁与强心苷并用。

⑤碳酸钙和乳酸钙　主要供内服补充钙，用于产后瘫痪、骨软症等钙缺乏症。碳酸钙也用作抗酸药，中和胃酸，或用于吸附剂止泻等。

磷（Phosphorus）

【作用与应用】①构成骨骼、牙齿的成分，单纯缺磷也能引起佝偻病和骨软症。②磷是磷脂的组成部分，参与维持细胞膜的结构和功能。③磷是三磷酸腺苷、二磷酸腺苷和磷酸肌醇的组成成分，参与机体的能量代谢，在能量的释放、贮存和利用中起着极为重要的作用。④磷是核糖核酸和脱氧核糖核酸的组成部分，参与蛋白质的合成。⑤磷是体液中构成磷酸盐缓冲液的成分，对酸碱平衡的调节起重要作用。⑥参与体内脂肪转运和贮存，肝中的脂肪酸与磷结合形成磷脂后离开肝，进入血液，与血浆蛋白结合成脂蛋白而被转运至全身组织。临床用于：①钙、磷代谢障碍性疾病。②急性低血磷或慢性缺磷症。

【药动学】日粮中的磷主要以无机磷酸盐和有机磷酸酯两种形式存在，肠道主要吸收无机磷，有机含磷物则经在肠管内磷酸酶的作用水解释放出无机磷酸盐而被吸收。磷的吸收部位遍及小肠，以空肠吸收率最高。一般磷吸收率达 70%，机体低磷时吸收率可达 90%。肠道中酸碱性、食物成分以及血钙和血磷浓度均可影响钙和磷的吸收。肾排出的磷占总磷排出量的 70%，30% 经粪排出。

【不良反应】牛和水牛常发生低血磷症，表现为食欲不振、卧地、溶血性贫血和血红蛋白尿。缺磷地区家畜的慢性缺磷症表现为厌食、不孕和跛行。

【制剂】

①磷酸氢钙　兼有补充钙和磷的作用，用于钙、磷缺乏症。多用于治疗佝偻病、骨软症及骨发育不全。家禽混饲内服，应根据日粮中磷的最少需要量 0.4%，最适需要量 0.6%，进行计算磷酸氢钙的需要量。

②磷酸二氢钠　为磷补充剂，主要用于磷代谢障碍引起的佝偻病和骨软症及急性低血磷症或慢性缺磷症，可内服或注射。

镁（Magnesium）

兽医临床常用的含镁制剂有硫酸镁、氯化镁、碳酸镁和氧化镁，其中硫酸镁的利用率较高。

【作用与应用】镁为体内必需矿物元素，有多种功能：①作为酶的活化因子或构成酶的辅基。如磷酸酶、激酶、氧化酶、肽酶和精氨酸酶等。葡萄糖 UDPG 焦磷酸化酶的催化活性功能必须有 Mg^{2+} 参与。②参与 DNA、RNA 和蛋白质的合成。③参与骨骼和牙齿的组成。④镁与钙相互制约保持神经肌肉兴奋与抑制平衡。Mg^{2+}通过减少或阻断神经递质(如乙酰胆碱),阻断神经冲动,而 Ca^{2+} 促进神经递质的释放;Mg^{2+} 对肌肉收缩有抑制作用,而 Ca^{2+} 对肌肉收缩有兴奋作用。临床用于镁缺乏症,如牛低血镁性痉挛、抽搐等。

正常条件下,动物对镁的需要量较低,通常不会发生镁缺乏症。但代谢紊乱或胃肠道内的物质不平衡而降低镁的吸收,可造成镁缺乏症。动物镁缺乏主要表现为厌食、生长受阻、过度兴奋、痉挛、肌肉震颤、反射亢进、抽搐、角弓反张和惊厥,严重者昏迷死亡。牛主要表现为缺镁痉挛症。家禽表现为生长缓慢,蛋鸡产蛋率下降,蛋白质量减轻。鱼类则生长迟缓,肾钙质沉着等症状。

【药动学】镁在非反刍动物主要经小肠被动吸收,而反刍动物主要经前胃壁主动吸收,在大肠内极少或不被吸收。故大剂量内服镁盐常被用作泻药,如硫酸镁(见本书 5.6.1 泻药)。镁的吸收率受多种因素影响。不同种属动物镁的吸收率不同,猪、禽一般可达 60%,奶牛只有 5%~30%。饲料中含量高的钙、磷、钾、氨可抑制胃肠对镁的吸收,而食盐、容易发酵的糖类可提高镁的吸收。

镁吸收后约 60% 存在于骨骼内,其余大部分存在于细胞内,尤其是肌肉组织的细胞内,大约 1% 存在于细胞外液,镁在血浆中约 1/3 与蛋白结合。除主要经肾排泄外,也可经乳汁、蛋等途径排泄。非蛋白结合的镁可自由通过肾小球滤过,滤过的镁有 25%~30% 在近曲小管可被动重吸收。甲状旁腺激素(PTH)通过负反馈机制促进肾小管对镁的重吸收,低镁血症激发 PTH 释放,而高镁血症抑制 PTH 的释放。

【不良反应】镁过量会引起鸡、猪、牛、羊、马等动物中毒,主要表现为采食量下降、昏睡、运动失调和腹泻,严重者死亡。绵羊和马出现呼吸麻痹、心脏骤停和发绀。当鸡饲粮镁含量高于 0.6% 时,生长速度减慢、产蛋率下降和蛋壳变薄。用钙盐(如硼葡萄酸钙)可缓解镁的急性毒性。畜禽对日粮中镁的最大耐受量为:牛、绵羊 0.5%,猪、禽、马、兔 0.3%。

10.2.2　微量元素

微量元素在动物体内虽然"微不足道",但与动物的生长、发育和健康紧密相关。缺乏时会影响动物的代谢机能,引起疾病。它们是许多生化酶的必需组分或激活因子,在酶系统中起催化作用;有些是激素、维生素的构成成分,起特异的生理作用。有些对机体免疫功能有重要影响。此外,一些核酸中也含有微量元素,在遗传中可能起到某种传递作用。然而,微量元素在动物体内过多时可导致中毒,甚至死亡。

铁、铜、锌、锰、钴、钼、铬、镍、钒、锡、氟、碘、硒、硅、砷是动物体所必需的 15 种微量元素,另有 15~20 种元素存在于体内,但生理作用不明,甚至对身体有害,可能是随饲料或环境污染进入,如铅、铝、汞。

铜(Copper)

【理化性质】常用硫酸铜,为灰白色斜方结晶或无定形粉末。无水硫酸铜为蓝色的结晶性粉末。可溶于水,含铜 25.44%,含硫 12.84%。

【药理作用】①铜是多种酶的辅基或活性成分。它是赖氨酰氧化酶和氧化物歧化酶的必需离子,还是细胞色素氧化酶、酪氨酸酶、多巴-β-羟化酶、单胺氧化酶、黄嘌呤氧化酶等氧化酶的组分,起电子传递作用或促进酶与底物结合,稳定酶的空间构型等。高剂量铜还能刺激磷脂酶 A 的活性，提高其消化利用脂肪的能力。②促进毛皮生长，参与色素沉着，促进骨和胶原形成。缺铜时黑色素的形成受阻，皮毛褐色呈现灰色，绵羊皮毛稀疏，毛质发硬变直，出现"铜毛"。③促进骨髓生成红细胞，维持铁的正常代谢，促进血红蛋白合成和红细胞成熟。日粮中铜缺乏时，影响机体正常的造血机能，引起贫血。④促进骨骼的发育。幼龄动物缺铜时可影响骨骼发育，长骨变薄，软骨基质骨化迟缓或停止，骨关节肿大，骨质松而变脆。

【药动学】当饲料铜浓度低时主要经易化扩散吸收，浓度高时可经简单扩散吸收。多数动物对铜的吸收能力较差，但断奶动物高达 40%～65%。消化道各段都能吸收铜，不同动物吸收铜的主要部位不同，犬在空肠，猪在小肠和结肠，雏鸡在十二指肠，绵羊在大肠和小肠。吸收入血的铜，大部分与铜蓝蛋白紧密结合，少部分与清蛋白疏松结合，以铜蓝蛋白和清蛋白铜复合物的形式存在，清蛋白铜复合物是铜分布到各种组织的转运形式。肝内的铜在肝实质细胞中贮存，以铜清蛋白形式释放入血，供其他组织利用。主要从胆汁经肠道排泄，少量经尿排出。

【应用】①常用硫酸铜添加剂，防治铜缺乏症，如被毛褪色，贫血，骨生长不良，新生幼畜生长迟缓，发育不良，生长异常，心力衰竭，肠道机能紊乱等。②解毒及驱虫作用。硫酸铜是磷中毒的解毒剂，可还原磷并阻碍磷的氧化及吸收。1%硫酸铜可作为抗蠕虫药，用于绵羊及山羊肠道绦虫病的治疗。③浸泡腐蹄，用于奶牛腐蹄病的辅助治疗。

【药物相互作用】饲料中的锌、硫、钼、铁和钙可降低铜的吸收。无机硫酸盐及钼盐还能促进体内铜的排出。

【应用注意】注意用法和用量，防止中毒。绵羊和犊牛对铜较敏感，灌服或摄取大量铜能引起急性或慢性中毒。急性中毒时有呕吐、流涎、腹痛、惊厥、麻痹和虚脱，最后死亡。慢性中毒时食欲下降，体内巯基酶活性下降，早期可见肝损害，后期出现血红蛋白尿、黄疸。铜中毒时，绵羊每日给予钼氨酸 50～100 mg，硫酸钠 0.1～1 g 内服，连用 3 周，猪的饲料中加 0.004%硫酸锌，可减少小肠对铜的吸收，加速血液和肝中铜的排泄。

锌（Zinc）

【作用与应用】锌的生物学功能极其重要而复杂：①是碳酸酐酶、碱性磷酸酶、乳酸脱氢酶等的组成成分，决定酶的特异性；也能激活精氨酸酶、组氨酸脱氢酶、卵磷脂酶的活性。②是维持皮肤、黏膜的正常结构与功能，以及促进伤口愈合的必要因素。③参与蛋白质和核糖核酸的合成，维持 RNA 的结构和构型，影响体内蛋白质的生物合成和遗传信息的传递。④参与激素的合成和调节活动。⑤与维生素和矿物质产生相互拮抗和促进作用。⑥维持正常的味觉功能。⑦与免疫功能密切相关。主要混饲用于锌缺乏症；也可用作收敛药，治疗结膜炎等。

动物体内锌缺乏时对感染的易感性和发病率增高，生长缓慢，血浆碱性磷酸酶的活性降低，精子的产生及其运动性降低；奶牛的乳房及四肢出现皲裂；猪的上皮细胞角化、变厚，伤口及骨折愈合不良，家禽发生皮炎和羽毛缺乏。

【药动学】单胃动物锌的吸收主要在小肠，反刍动物在真胃、小肠均可吸收，成年单胃动物对锌的吸收率较低，为 7.5%～15%。动物机体通过主动转运吸收锌，血清蛋白与原浆蛋白相互作用使锌转入血液。血浆中的锌有两种存在形式：一种是与血清蛋白结合比较牢固的锌，占血浆锌的 30%～40%，主要起酶的作用；另一种是与清蛋白结合疏松的锌，占血浆锌的 60%～70%，是锌的转运形式。肝是锌贮存的主要场所，肾、胰、脾起辅助作用。日粮中未被吸收的锌经粪排出体外，内源性锌主要经胆汁、胰液及其他消化液经粪排出，仅有极少量经尿排泄。动物的汗液、蹄、皮屑、毛等也能排出一定量的锌。生产动物可随产品排出一定量的锌。

【药物相互作用】①钙、铜、铁、铬、锶等可降低锌的吸收。②植物和纤维素能与锌形成不溶于水的螯合物而降低锌的吸收。③多种维生素、有机酸、氨基酸可促进锌的吸收。动物处于应激状态时，锌的吸收降低。

【应用注意】锌对哺乳动物和禽类的毒性较小，但摄入过多可影响蛋白质代谢和钙的吸收，并可导致铜缺乏。猪可发生骨关节周围出血、步态僵硬、生长受阻。绵羊和牛发生食欲减退和异食癖。

【制剂】硫酸锌、氯化锌、氧化锌、蛋氨酸锌。

锰（Manganese）

【理化性质】常用硫酸锰，为淡红色结晶。易溶于水，不溶于乙醇。

【药理作用】①促进骨骼的形成和发育。锰的主要生理机能是形成硫酸黏多糖软骨素。后者是软骨组织的必要成分之一，也是骨质形成的最基本要素。体内缺锰时，骨的形成和代谢发生障碍，主要表现为腿短而弯曲、跛行、关节肿大。②锰为许多酶的激活剂，对糖、蛋白质、氨基酸、脂肪、核酸、细胞呼吸、氧化还原反应等都十分重要。③维持动物的正常繁殖机能。

体内缺锰时，母畜发情障碍，不易受孕；公畜生殖器官发育不良，性欲降低，不能生成精子；鸡的产蛋率下降，蛋壳变薄，孵化率降低。

【药动学】锰的吸收主要在十二指肠。动物对锰的吸收很少，平均为 2%～5%，成年反刍动物可吸收 10%～18%。锰在吸收过程中常与铁、钴竞争吸收位点。它在体内含量较低，在骨骼、肾、肝、垂体、胰腺含量高。骨中锰占机体总锰量的 25%。在细胞线粒体中浓度高，在此有极重要的功能。体内锰主要经胆汁、胰液和十二指肠及空肠的分泌进入肠腔，经粪排出。

【应用】混饲用于锰缺乏症，如幼畜骨骼变形，腿短而弯曲，运动失调，跛行和关节肿大；采食量和生产性能下降，生长缓慢，共济失调和繁殖功能障碍；母鸡产蛋率下降，蛋壳变薄，蛋的孵化率降低。

【药物相互作用】饲料中过量的钙、磷和铁可降低锰的吸收。动物处于妊娠期及鸡患球虫病时，对锰的吸收增加。

【应用注意】动物对锰的耐受力较高，禽对锰的耐受力最强，可高达每千克饲料 2 000 mg，牛、羊可耐受 1 000 mg，猪对锰敏感，只能耐受 400 mg。锰过量可引起动物生长受阻，对纤维的消耗能力降低，抑制体内铁的代谢而发生缺铁性贫血，并影响动物对钙、磷的利用，以致出现佝偻病或骨软症。

硒（Selenite）

【理化性质】常用亚硒酸钠，为白色性粉末，无臭。易溶于水，不溶于乙醇，在空气中稳定。

【作用与应用】①抗氧化。硒是谷胱甘肽过氧化物酶（GSH-PX）的组成成分，此酶可分解细胞内过氧化物，防止对细胞膜的氧化破坏，保护生物膜。加强维生素 E 的抗氧化作用，二者对此生理功能有协同作用。在饲料中添加维生素 E 可以减轻缺硒症状，或推迟死亡时间，但不能从根本上消除病因。②维持畜禽正常生长。硒与蛋白结合形成硒蛋白，是肌肉组织的重要组成部分。③降低毒物毒性。硒可与重金属离子形成不溶性的硒化合物，减轻汞、铅、镉、银、铊等重金属对机体毒害作用。④维持精细胞的结构和机能。⑤促进抗体生成，增强机体免疫力。⑥参与维持胰腺的完整性，保护心脏和肝的正常功能。⑦参与辅酶 A 和辅酶 Q 的合成，在体内三羧酸循环及电子传递过程中起重要作用。临床用于防治犊牛、羔羊、驹、仔猪的白肌病和雏鸡渗出性素质。

动物硒缺乏时发生营养性肌肉萎缩，早期症状为呼吸困难，骨骼肌僵硬，幼畜发生白肌病。猪则发生营养性肝坏死；雏鸡发生渗出性素质、脑软化和肌肉萎缩。成年动物对疾病的易感性增高，母畜出现繁殖机能障碍，公猪可导致睾丸曲精细胞发育不良，精子减少。

【药动学】主要吸收部位在十二指肠。瘤胃中微生物能将无机硒变成硒代甲硫氨酸和硒代胱氨酸，使之吸收。硒的吸收比其他微量元素高，吸收入血后，与血浆蛋白结合运到全身各组织中，其中肝、肾、胰、脾、肌肉中含量较高。硒可透过胎盘进入胎儿体内，也易经卵巢和乳腺进入鸡蛋或乳汁中。体内的硒主要经肾、消化道和乳汁排泄。砷促进硒经胆汁排泄，可用于慢性硒中毒的解救。

【不良反应】毒性较大，猪单次内服亚硒酸钠的最小致死剂量为 17 mg/kg；羔羊一次内服 10 mg 可引起精神抑郁、呼吸困难、尿频、发绀、瞳孔散大、膨胀和死亡。

【应用注意】①亚硒酸钠的治疗量与中毒量很接近，应谨慎使用。急性中毒可用二巯丙醇解毒。慢性中毒时，除改用无硒饲料外，犊牛和猪可以在饲料中添加 50～100 mg/kg 对氨基苯胂酸，促进硒由胆汁排出。②补硒的猪在屠宰前至少停药 60 d。③肌内或皮下注射亚硒酸钠有明显的局部刺激性，动物表现不安，注射部位肿胀、脱毛。马臀部肌内注射后，往往引起注射侧后肢跛行，但一般能自行恢复。④补硒时添加维生素 E，防治效果更佳。⑤硫、砷能影响动物对硒的吸收和代谢。⑥硒和铜在动物体内存在相互拮抗效应，可诱发饲喂低硒日粮的动物发生缺硒症。

【制剂】亚硒酸钠注射液、亚硒酸钠维生素 E 注射液。

本章小结

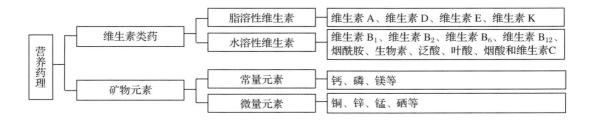

思考题

1. 举例说明营养药对动物机体作用的两重性。
2. 试述水溶性维生素与脂溶性维生素在理化性质、体内代谢等方面的主要异同点。

3. 简述维生素 A 的药理作用及缺乏症。

4. 试述维生素 C 有什么药理作用？在临床应用时应注意什么？

5. 水溶性维生素包括哪些？各自的缺乏症是什么？

6. 硒与维生素 E 有何关系？两者之间的关系在临床上有何意义？

7. 试述维生素 D 的代谢过程及其在钙、磷代谢调节上的作用。

8. 钙、磷在体内如何保持稳态？有哪些作用？

9. 当犬、猫出现佝偻病时用什么药物进行治疗？为什么？在使用过程中应注意什么问题？

10. 试述微量元素铜的药理作用及应用。

11. 锌有何生物学意义？动物缺乏时会有什么异常表现？

（吴俊伟）

第 11 章

抗微生物药理

11.1 概述

11.1.1 抗微生物药的定义

抗微生物药(antimicrobial drugs)是指对细菌、真菌、支原体、立克次体、衣原体、螺旋体和病毒等病原微生物具有抑制或杀灭作用的一类化学物质。该类药物对病原微生物具有明显的选择性作用,对动物机体没有或仅有轻度的毒性作用,称为化学治疗药(chemotherapeutic agents)。化学治疗药(简称化疗药)还包括抗寄生虫药和抗肿瘤药等。抗微生物药可分为抗菌药、抗真菌药、抗病毒药等。抗菌药又可分为抗生素和合成抗菌药。

11.1.2 抗微生物药、机体、病原微生物之间的相互关系

感染性疾病的发生、发展与康复是微生物与动物机体相互斗争的过程。化疗药在防治动物疾病的过程中,药物、机体和病原体三者之间存在复杂的相互作用关系,被称为"化疗三角"关系(图 11-1)。病原微生物进入机体引起疾病,机体的康复是病原微生物与机体相互作用的过程。正常机体具有防御病原微生物的免疫功能,当机体免疫功能降低时,导致病原微生物感染而引发疾病;在动物发病时,增强机体的免疫功能可促进康复。病原微生物在疾病的发生上起着主要作用,加强环境的消毒,降低病原微生物的数量,可减少动物的发病;当病原微生物数量增加或毒力增强,则易

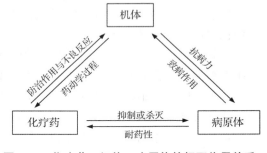

图 11-1 化疗药、机体、病原体的相互作用关系

引起机体发病。抗微生物药作用于机体不但可发挥预防或治疗疾病的效果,也可能产生不良反应。应全面掌握药物的不良反应,合理选择药物,避免不必要的机体损伤。同时,还应熟悉掌握抗微生物药在机体的吸收、分布、转化和排泄等过程,应根据病因、病情和机能状态,选择合理给药途径、给药间隔时间和联合用药。抗微生物药的抑菌或杀菌作用是制止疾病发展与促进机体康复的外来因素,为机体彻底消灭病原体和促进疾病痊愈创造有利条件。但使用药物不当时,病原微生物可产生耐药性,使药物失去抗菌效果,导致治疗的延误和病情的加重,甚至危害公共卫生安全。

11.1.3 理想的抗微生物药应具备的条件

理想的抗微生物药应具备对病原微生物有高度选择性,抗菌作用强,抗菌谱广,不易产生耐药性,抗菌效力不受体液、渗出液的影响,对机体无毒或毒性极低,作用时间长,

并能激活机体的防御机能等特点。随着细胞生物学与分子生物学的迅速发展，将会有更多的新型化疗药的出现和使用。

11.1.4 抗菌谱与抗菌活性

【抗菌谱】抗菌谱(antibacterial spectrum)是指抗菌药抑制或杀灭病原微生物的范围，它是临床选药的基础。广谱抗菌药是指对多种病原微生物有效的抗菌药，如四环素类、酰胺醇类、磺胺类和氟喹诺酮类药物。窄谱抗菌药是指仅对一类细菌或局限于某几类病原微生物具有抗菌作用的药物，如黏菌素仅对革兰阴性杆菌有作用，异烟肼仅对分枝杆菌有作用，而对其他细菌无效。

【抗菌活性】抗菌活性(antibacterial activity)是指抗菌药抑制或杀灭病原微生物的能力。不同种类抗菌药的抗菌活性有所差异，表明各种病原微生物对不同的抗菌药具有不同的敏感性。最低抑菌浓度(minimum inhibitory concentration，MIC)和最低杀菌浓度(minimum bactericidal concentration，MBC)是衡量抗菌药抗菌活性大小的重要指标，可以通过稀释法(包括试管法、微量法、平板法等)测定。纸片法是通过测定抑菌圈直径的大小来判定病原菌对药物的敏感性，此法比较简单，应用较为广泛，但只能半定性和半定量。兽医临床在选用抗菌药之前，一般均应做药敏试验，以选择对病原菌最敏感的药物，预期取得最佳的治疗效果。

根据抗菌活性的强弱，可将抗菌药分为抑菌药和杀菌药。抑菌药(bacteriostatic drugs)是指仅具有抑制细菌生长繁殖而无杀灭细菌作用的抗菌药，如四环素类、大环内酯类、磺胺类药物等。杀菌药(bactericidal drugs)是指不但具有抑制细菌生长繁殖的作用，而且具有杀灭细菌作用的抗菌药，如青霉素类、头孢菌素类、氨基糖苷类抗生素等。杀菌药和抑菌药的概念是相对的，高浓度的抑菌药对敏感菌可起到杀菌作用，而低浓度的杀菌药对非敏感菌也只能起到抑菌作用。

时间依赖性药物是指抗菌药的杀菌活性与其同细菌接触的持续时间成正比，即药物的抗菌效果取决于药物在组织中浓度维持在 MIC 以上的持续时间。一般来说，血药浓度超过 MIC 的 4 倍后，即不再增加药效。代表药物有 β-内酰胺类、大环内酯类、四环素类、磺胺类药物等。浓度依赖性抗菌药又称剂量依赖性，是指抗菌药的杀菌活性与其药物浓度(或给药剂量)成正比，即药物的抗菌效果取决于其在组织中的分布浓度。可通过提高峰浓度和 AUC/MIC 来提高临床疗效，对于革兰阴性菌需 AUC/MIC_{90} 大于 125，而 C_{max}/MIC_{90} 大于 8~10，其抗菌效果较好，且可减缓耐药性的产生。代表药物有喹诺酮类、氨基糖苷类、氟苯尼考等。氨基糖苷类抗生素的药效为浓度依赖性，而副作用为时间依赖性，喹诺酮类药物的药效与副作用均为浓度依赖性。

11.1.5 首次抗菌效应与抗菌药后效应

【首次接触效应】首次接触效应(first expose effect)是指抗菌药在初次接触细菌时具有强大的抗菌效应，再度接触或连续与细菌接触，并不明显地增强或再次出现这种明显的效应，需要间隔相当时间(数小时)以后才会再起作用，如氨基糖苷类抗生素具有明显的首次接触效应。

【抗菌药后效应】抗菌药后效应(post antibiotic effect，PAE)又称抗生素后效应，是指细菌接触抗菌药一定时间后，当抗菌药被清除或浓度低于最低抑菌浓度时，细菌的生长仍受到持续抑制的现象。抗菌药后效应以时间的长短来表示。几乎所有的抗菌药都具有抗菌药后效应，且抗菌药后效应随药物浓度的升高而延长。抗菌药后效应产生的机制包括：①细菌细胞壁可逆的非致死性损伤的恢复需要一定时间。②细菌合成新的酶类需要一定时间。③抗菌药的血药浓度虽低，但持续停留在结合位点或细胞质周围间隙中，完全消除需要一定时间。

11.1.6　耐药性及其产生机制

耐药性（resistance）又称抗药性，可分为固有耐药性和获得耐药性。固有耐药性（intrinsic resistance）是由细菌遗传基因决定而代代相传的耐药性，如革兰阴性杆菌对青霉素的不敏感，铜绿假单胞菌对多数抗生素具有固有耐药性。获得耐药性（acquired resistance）是指对抗菌药敏感的细菌在多次接触药物后，产生结构、生理和生化功能的改变，从而形成具有抵抗药物而不能被抑制或杀灭的能力，如金黄色葡萄球菌产生 β-内酰胺酶而对 β-内酰胺类抗生素耐药。细菌的获得性耐药性可因不再接触抗生素而消失，也可由质粒将耐药基因转移给染色体而遗传后代，成为固有耐药性。细菌对某种药物产生耐药性后，对同一类药物或其他药物也具有耐药性的现象被称为交叉耐药性，其发生机制与药物结构相似或抗菌机制相关。交叉耐药性可分为完全交叉耐药性和部分交叉耐药性。如四环素类药物之间以及链霉素与双氢链霉素之间属于完全交叉耐药性。对卡那霉素、庆大霉素、新霉素耐药的细菌则耐链霉素，而耐链霉素的细菌对卡那霉素、庆大霉素、新霉素依然很敏感，此种现象称为部分交叉耐药性。所以，在临床轮换使用抗菌药时，应选择不同类型的药物。病原菌对药物产生耐药性是兽医临床和食品安全的一个严重问题，不合理使用和滥用抗菌药是耐药性流行的重要原因。

临床常见的细菌耐药性是平行地从另一种耐药菌转移而来，即通过质粒介导的耐药性，但也可通过染色体介导。质粒介导的耐药性基因易于传播，在临床上具有更重要的意义。耐药质粒在微生物间可通过下列方式转移：①转导（transduction）。耐药菌通过噬菌体将耐药基因转移给敏感菌。由于噬菌体的蛋白外壳上掺有细菌 DNA，如这些遗传物质含有耐药基因，则新感染的细菌将获得耐药性，并将此特点传至后代，此为金黄色葡萄球菌耐药性转移的唯一方式。②转化（transformtation）。耐药菌株死亡溶解后，释放出耐药基因 DNA，被敏感菌株获得，耐药基因与敏感菌株中的同种基因重新组合，使敏感菌株成为耐药菌株。常见于革兰阳性菌和嗜血杆菌，如肺炎链球菌耐青霉素即是转化的典型表现。③接合（conjugation）。耐药菌株表面有纤毛与敏感菌结合时，以纤毛为桥，将耐药因子单向传递给敏感菌。此方式在革兰阴性菌，尤其肠道杆菌中表现明显。编码多重耐药基因的 DNA 可能经此途径转移，是耐药性扩散的极其重要的机制之一。④易位（translocation）或转座（transposition）。某些编码耐药性蛋白的基因位于转座子，可在细菌基因组或质粒 DNA 的不同位置间移动，即从质粒到质粒、从质粒到染色体、从染色体到质粒。由于耐药基因的多种方式在同种和不同种细菌之间转移，促进了耐药性及多重耐药性的发展。⑤整合子基因盒转移。基因盒是附着在一个小的识别部位的一个耐药基因，数个基因盒可被包装成一个多基因盒阵列，并依次被整合进入一个易于快速流动的较大的 DNA 单位，称为整合子（integron，In）。整合子携带着重组的基因盒插入到转座子或接合质粒中，在不同的细菌中运动而传播耐药性。细菌产生耐药性的机制主要有以下几种方式。

（1）细菌产生灭活酶使药物失活

细菌产生水解酶或合成酶而将药物灭活是微生物产生耐药性的最重要机制之一。β-内酰胺酶是最重要的水解酶，由染色体或质粒介导，使青霉素或头孢菌素的 β-内酰胺环裂解，从而使该类抗生素丧失抗菌作用。红霉素酯化酶也是水解酶，水解红霉素结构中内酯环，使之失效。合成酶又称钝化酶，可催化某些基团结合到抗生素的羟基或氨基上，使抗生素失活。常见的氨基糖苷类合成酶有乙酰化酶、腺苷化酶和磷酸化酶，这些酶的基因经质粒介导合成，可以将乙酰基、腺苷酰基和磷酰基连接到氨基糖苷类的氨基或羟基上，使氨基糖苷类的结构改变而失去抗菌活性。此外，细菌可产生氯霉素乙酰转移酶灭活氯霉素，金黄色葡萄球菌产生核苷酸转移酶灭活林可霉素。

(2)抗菌药作用靶位发生改变

耐药细菌的抗菌药作用靶位发生变化，主要表现在以下方面：①细菌改变了与抗菌药结合部位的靶蛋白，降低其与抗菌药的亲和力，使抗菌药不能与其结合，导致药物失效。链霉素耐药株细菌的核糖体30S亚基上链霉素作用靶位P10蛋白发生改变；利福平的耐药性是细菌RNA多聚酶的 β-亚基发生改变，使其与药物的结合力降低而耐药。由质粒介导的对林可霉素和红霉素的耐药性，为细菌核糖体23S亚基腺嘌呤甲基化，使药物不能与细菌结合所致。②细菌与抗菌药接触之后产生一种新的、原来敏感菌没有的靶蛋白来取代原有靶蛋白的功能，使抗菌药不能与新的靶蛋白结合，产生高度耐药。如耐甲氧西林金黄色葡萄球菌(MRSA)对 β-内酰胺类抗生素耐药的主要机制是由于金黄色葡萄球菌胞质膜诱导产生了一种特殊的青霉素结合蛋白PBP-2A，与 β-内酰胺类抗生素的亲和力极低。③靶蛋白数量的增加，即使药物存在时仍有足够量的靶蛋白可以维持细菌的正常功能和形态，使细菌继续生长繁殖，从而对抗菌药产生耐药性。如肠球菌对 β-内酰胺类的耐药性，则是既产生 β-内酰胺酶又增加青霉素结合蛋白的数量，同时也降低青霉素结合蛋白与抗生素的亲和力，形成多重的耐药机制。

(3)改变细菌外膜通透性

多数抗菌药都对铜绿假单胞菌无效或作用很弱，主要是抗菌药不能进入铜绿假单胞菌的菌体内而产生固有耐药性。敏感细菌接触抗菌药后，可以通过改变通道蛋白(porin)的性质和数量来降低细菌的外膜通透性而产生获得性耐药。正常情况下，细菌外膜的通道蛋白以OmpF和OmpC组成非特异性跨膜通道，允许抗菌药等药物分子进入菌体。当细菌多次接触抗生素后，菌株发生突变，产生OmpF蛋白的结构基因失活而发生障碍，结果OmpF通道蛋白丢失， β-内酰胺类、喹诺酮类药物进入菌体减少。

(4)影响主动外排系统

某些细菌能将进入菌体的药物泵出体外，这种泵因需要能量，故称主动外排系统(active efflux system)。由于此系统的存在及它对抗菌药物具有选择性的特点，使大肠杆菌、金黄色葡萄球菌、表皮葡萄球菌、铜绿假单胞菌、空肠弯曲杆菌对四环素类、氟喹诺酮类、大环内酯类、酰胺醇类、 β-内酰胺类产生多重耐药性。细菌的外排系统主要由3个蛋白组成，即转运子、附加蛋白和外膜蛋白，三者缺一不可，又称三联外排系统。外膜蛋白类似于通道蛋白，位于革兰阴性菌细胞壁的外膜或革兰阳性菌细胞壁，是药物被泵出细胞的外膜通道。附加蛋白位于转运子与外膜蛋白之间发挥桥梁作用，转运子位于细胞膜上产生泵的作用。

(5)改变代谢途径

磺胺类药物通过与对氨基苯甲酸(PABA)竞争二氢叶酸合成酶而产生抑菌作用。金黄色葡萄球菌多次接触磺胺类药物后，其自身的PABA产量增加，可高达原敏感菌产量的

20~100 倍。后者与磺胺类药物竞争二氢叶酸合成酶,使磺胺类药物的抗菌作用下降甚至消失。

为了克服细菌对药物产生耐药性,临床上要注意抗菌药的合理应用,给予足够的剂量与疗程,必要的联合用药和有计划的轮换供应。此外,还应努力开发新的抗菌药,改造化学结构,使其具有耐酶特性或易于进入菌体。

11.2 抗生素

抗生素(antibiotics)是微生物(包括细菌、真菌、放线菌属等)在生长繁殖过程中产生的代谢产物,在低浓度下即能抑制或杀灭病原微生物的化学物质。抗生素分为天然品和人工半合成品,前者采用微生物发酵的方法进行生产,如青霉素、红霉素和土霉素等;后者是对天然抗生素进行结构改造获得的半合成产品,如氟苯尼考、头孢噻呋和泰万菌素等。化学合成的方法具有增加抗生素的来源、改善抗菌性能和扩大临床应用范围等优点。有些抗生素除了具有抗微生物作用外,还具有抗寄生虫作用,如伊维菌素、越霉素和莫能菌素。

根据抗生素的化学结构,可将其分为以下几类:① β-内酰胺类。包括青霉素类(如青霉素、苯唑西林、氨苄西林、阿莫西林等)和头孢菌素类(如头孢氨苄、头孢赛曲、头孢噻呋、头孢洛宁、头孢维星、头孢喹诺等)。近年来开发了非典型 β-内酰胺类,如碳青霉烯类(亚胺培南)、β-内酰胺酶抑制剂(克拉维酸和舒巴坦)、单环 β-内酰胺类(氨曲南)及氧头孢烯类(拉氧头孢),除克拉维酸被批准用于动物外,其他非典型 β-内酰胺类仅限于人医临床应用。②氨基糖苷类。包括链霉素、双氢链霉素、庆大霉素、卡那霉素、新霉素、大观霉素、安普霉素和越霉素 A 等。③大环内酯类。包括红霉素、吉他霉素、泰乐菌素、泰万菌素、加米霉素、替米考星、泰拉菌素、泰地罗新等。④林可胺类。包括林可霉素。⑤截短侧耳素类。泰妙菌素、沃尼妙林。⑥多肽类。包括黏菌素、杆菌肽、维吉尼霉素、恩拉霉素等。⑦四环素类。包括土霉素、金霉素、四环素、多西环素等。⑧酰胺醇类。甲砜霉素、氟苯尼考。⑨多烯类。包括制霉菌素、两性霉素 B 等(见本书 11.3.1 抗真菌药)。⑩寡糖类。包括阿维拉霉素。⑪聚醚类(离子载体类)。包括盐霉素、莫能菌素、马杜霉素和拉沙里菌素(见本书 13.3.1 抗球虫药)。⑫其他。如利福昔明等。

【抗菌效价】抗菌效价(antibacterial potency)为抗生素的作用强度,是指产生一定效应所需的药物剂量大小。根据抗生素的性质,可用质量单位或效价单位(Unit,U)来计量。多数抗生素(如链霉素、土霉素、红霉素、新霉素、卡那霉素、庆大霉素等)以纯游离碱 1 μg 作为一个效价单位。少数抗生素(如金霉素和四环素)以其特定盐的 1 μg 或一定质量作为一个效价单位,青霉素钠盐则以 0.6 μg 为 1 个国际单位(IU),青霉素钾盐是以 0.625 μg 为 1 个 IU。也有的抗生素不采用质量单位,只以特定的单位表示效价,如硫酸黏菌素(1 μg 为 30 U)和制霉菌素(1 μg 为 3.7 U)等。上述抗生素纯品的效价单位与质量(一般是 mg)的折算比例称为理论效价,但实际生产的抗生素都含有一些许可存在的杂质,不可能是纯品,故产品的实际效价需另行标示。例如,乳糖酸红霉素纯品 1 mg 为 672 U,而《中国兽药典》规定此药按干燥品计算,每 1 mg 不得少于 610 个红霉素 U,故产品的实际效价应在 610~672 U/mg 之间具体标示。兽医临床上使用的抗生素制剂,为了考虑开处方的习惯,在其标签上除了以单位标示外,还注明了 mg 或 g。

【**作用机制**】抗生素通过干扰细菌的生理生化系统，影响其结构和功能，使其失去生长繁殖能力，而达到抑制或杀灭病原菌的作用。依据作用靶位的不同，抗生素作用机制可分为以下 4 种类型。

(1)抑制细菌细胞壁的合成

细菌细胞膜外是一层坚韧的细胞壁，能抵御菌体内强大的渗透压，维持细菌正常形态和功能。细菌、立克次体、衣原体等原核生物细胞有细胞壁，哺乳动物及大多数生物是真核生物则无细胞壁。这也是抑制细菌细胞壁合成的抗菌药对哺乳动物细胞几乎没有毒性的原因。细胞壁的主要成分是糖类、蛋白质和类脂质组成的聚合物。这种异质多聚成分(肽聚糖)构成了细胞壁的基础成分黏肽，其由 N-乙酰葡萄糖胺(GNAc)和与五肽相连的 N-乙酰胞壁酸(MNAc)重复交替联结而成。

细胞壁黏肽的生物合成分为细胞质内、细胞质膜和细胞质外 3 个步骤。磷霉素主要在细胞质内抑制黏肽前体物质核苷的形成。杆菌肽可抑制细胞膜阶段线形多糖肽链的合成。青霉素与头孢菌素的化学结构相似，均属于 β-内酰胺类，其作用机制之一是与 β-内酰胺类的作用靶位——青霉素结合蛋白(penicillin binding proteins，PBPs)结合，抑制转肽作用，阻碍了肽聚糖的交叉联结，导致细菌细胞壁合成受阻、缺损、丧失屏障作用，使细菌细胞肿胀、变形、破裂而死亡。PBPs 的数目、种类、分子大小及与抗生素的亲和力均因细菌种类的不同而有较大的差异，此即青霉素对不同细菌的敏感性不同的原因。另外，β-内酰胺类也可由于细胞壁自溶酶(cell wall autolytic enzyme)的活性增加，产生自溶或黏肽水解，使细菌裂解死亡。

(2)增加细菌细胞膜的通透性

细菌细胞膜主要是由类脂质和蛋白质分子构成的半透膜，具有渗透屏障和运输物质的功能。此外，膜上还黏附有许多重要的酶(细胞色素酶、琥珀酸脱氢酶)和参与蛋白质合成的核糖体等，为能量合成、蛋白质合成及细胞壁合成的场所。抗菌药通过以下几种方式使菌体细胞膜受损：①黏菌素含有多个阳离子极性基团和一个脂肪酸直链肽，其阳离子能与细胞膜中的磷脂结合，使膜功能受损。②制霉菌素和两性霉素 B 能选择性地与真菌细胞膜中的麦角固醇结合，形成孔道，使膜通透性改变。③氨基糖苷类通过离子吸附作用，细胞膜受损后通透性增加。④咪唑类药物抑制真菌细胞膜中类固醇的生物合成，损伤细胞膜而增加其通透性。它们均能使细胞膜通透性增加，导致菌体内的核苷酸、嘌呤、嘧啶、磷脂和无机盐类等外漏，从而使细菌死亡。

(3)抑制细菌蛋白质的合成

细菌蛋白质的合成场所是细胞质内的核糖体。细菌(原核细胞)的核糖体的沉降系数为70S，是由 30S 与 50S 亚基组成。而哺乳动物细胞(真核细胞)的核糖体的沉降系数为 80S，由 40S 与 60S 亚基组成。二者生理、生化与功能不同，抗菌药对细菌核糖体有高度的选择性毒性，而不影响哺乳动物的核糖体和蛋白质合成。但在哺乳动物的线粒体上也发现有70S 核糖体，说明有些抗菌药对动物也有一定的毒性。细菌蛋白质合成可分为起始阶段、延长阶段和终止阶段，在细胞质内通过核糖体循环完成。抑制蛋白质合成的抗菌药分别作用于细菌蛋白质合成的不同阶段：①起始阶段。氨基糖苷类阻止 30S 亚基和 70S 亚基合成始动复合物。②肽链延伸阶段。四环素类能与核糖体 30S 亚基结合，阻止氨基酰 tRNA 与30S 亚基 A 位结合，阻碍肽链的形成而产生抑菌作用；氯霉素和林可霉素抑制肽酰基转移酶；大环内酯类抑制移位酶。③终止阶段。氨基糖苷类阻止终止因子与 A 位结合，使合成的肽链不能从核糖体释放出来，致使核糖体循环受阻，合成不正常无功能的肽链，因而具有杀菌作用。

（4）影响细菌核酸的代谢

新生霉素、灰黄霉素、利福昔明和抗肿瘤的抗生素（丝裂霉素、放线菌素）等可抑制或阻碍细菌细胞 DNA 或 RNA 的合成。例如，新生霉素主要影响 DNA 聚合酶的作用，从而影响 DNA 合成；灰黄霉素可阻碍鸟嘌呤进入 DNA 分子，而阻碍 DNA 的合成；喹诺酮类抑制细菌 DNA 拓扑异构酶 Ⅱ 和 Ⅳ，从而抑制细菌的 DNA 复制；利福昔明特异性地抑制细菌 DNA 依赖的 RNA 聚合酶（转录酶）的亚单位结合，从而抑制 mRNA 的转录。上述药物由于抑制细菌细胞的核酸合成而发挥抗菌作用。

11.2.1　β-内酰胺类

β-内酰胺类抗生素（β-lactam antibiotics）是指化学结构中具有 β-内酰胺环的一类抗生素，兽医临床常用青霉素类、头孢菌素类与 β-内酰胺酶抑制剂。此类抗生素具有抗菌活性强、毒性低、应用广及临床疗效好的优点，其作用机制是抑制细菌细胞壁的肽聚糖合成。本类药物化学结构特别是侧链结构的改变，形成了许多不同抗菌谱和抗菌作用及各种临床药理学特性的抗生素。

11.2.1.1　青霉素类

青霉素类（penicillins）可由青霉菌发酵液提取或半合成法制得，是第一个用于医疗领域的抗生素，具有重要的历史地位。在青霉素母核 6-氨基青霉烷酸（6-aminopenicillanic acid，6-APA）基础上改造而成的各种衍生物仍然在不断推出，成为许多感染性疾病的治疗药物。根据来源不同，分为天然青霉素和半合成青霉素。

（1）天然青霉素

天然青霉素即从青霉菌（*Penicillinun notatum*）的培养液中提取而制得，含多种有效成分，主要有青霉素 G、青霉素 F、青霉素 K、青霉素 X 和双氢青霉素 F。它们的基本化学结构是由一个 6-氨基青霉烷酸和侧链（R—CO）组成。其中，以青霉素 G 产量最高，并具有性质稳定、抗菌力强、疗效高、毒性低等特点。但其过敏反应也是最严重的，临床上常用的青霉素是指青霉素 G。天然青霉素具有不耐酸、不耐青霉素酶、抗菌谱窄、半衰期短、易引起过敏反应等缺点。为克服青霉素在动物体内有效血药浓度维持时间短的缺点，制成了一些难溶于水的有机碱复盐，如普鲁卡因青霉素、苄星青霉素（二苄基乙二胺青霉素）。

青霉素（Benzylpenicillin，苄青霉素、青霉素 G）

【理化性质】本品为有机酸，性质稳定，难溶于水，可与多种有机碱结合成复盐（如普鲁卡因青霉素和乙二胺青霉素）。常用其钠盐或钾盐，为白色结晶性粉末，微有特异性臭，有引湿性，遇酸、碱或氧化剂等迅速失效。在乙醇中溶解，在水中极易溶，水溶液 pH 6.0~6.5 时最稳定，在室温中放置不稳定而易失效，同时可生成具有抗原性的降解产物，应用时宜新鲜配制。

【药理作用】本品为窄谱杀菌性抗生素，对革兰阳性球菌和杆菌、革兰阴性球菌、放线菌及螺旋体等高度敏感，常作为首选药。抗菌作用很强，低浓度时呈抑菌作用，一般治疗浓度呈强大杀菌作用，有脓汁、血液、组织分解产物存在时也不降低其抗菌活力。对青霉素 G 敏感的致病菌主要包括：①革兰阳性球菌。如链球菌、不产酶金黄色葡萄球菌、非耐药肺炎链球菌和厌氧阳性球菌。②革兰阴性球菌。如脑膜炎奈瑟菌、淋病奈瑟菌。但近来发现较多的淋病奈瑟菌对本药耐药，故不作首选药。③革兰阳性杆菌。如白喉棒状杆菌，炭疽芽孢杆菌，厌氧的破伤风杆菌、产气荚膜杆菌、肉毒杆菌、放线菌属。④螺旋体。如钩端螺旋体、鼠咬热螺旋体。但对革兰阴性杆菌如大肠杆菌、沙门菌、布鲁菌等作用很弱，而对分枝杆菌、支原体、衣原体、立克次体、真菌和病毒等无效。青霉素主要作用于细菌细胞壁成分黏肽合成的第三阶段，抑制细菌细胞壁的合成而发挥抗菌作用。

【药动学】内服易被胃酸和消化酶破坏，生物利用度仅为 15%～30%，故一般不内服给药。但雏鸡或新生仔猪内服大剂量时吸收较多，可达到有效血药浓度。青霉素钠(钾)盐肌内注射或皮下注射后吸收迅速，对多数敏感菌的有效血药浓度维持 0.5 μg/mL 以上的时间为 6～7 h。通过被动扩散方式广泛分布到全身各组织，并可进入胎儿循环。当中枢神经系统或其他组织发生炎症时则较易进入，并可达到有效浓度。在动物体内的消除半衰期较短，乳室注入在最初几小时可大量吸收，乳中可维持抗菌浓度至相当长的时间，给药后要遵守弃奶期的规定。在肾功能正常情况下以原形经肾排出迅速，尿中浓度很高。半衰期较短，所有家畜的半衰期 0.5～1.2 h。表观分布容积也较小，故血浆浓度较高，组织浓度较低。丙磺舒、磺胺药、阿司匹林等可抑制青霉素的肾小管分泌，提高其血药浓度，延长半衰期。

【耐药性】一般细菌不易产生耐药性，如溶血性链球菌对其敏感性至今很少改变。但某些敏感细菌的部分菌株对青霉素有天然耐药性，如对青霉素耐药的金黄色葡萄球菌能产生青霉素酶(一种 β-内酰胺酶)，可分解青霉素，使之失活；也由于青霉素的长期广泛应用，金黄色葡萄球菌可渐进性地产生耐药菌株，且比例逐年增高。现多将青霉素酶抑制剂(如克拉维酸)与青霉素合用，用于对青霉素耐药的细菌感染。

【应用】适用于敏感菌所致的各种疾病，是治疗革兰阳性菌、革兰阴性球菌、放线菌及螺旋体感染的首选药。如革兰阳性球菌所致马腺疫、链球菌病、猪淋巴结脓肿、葡萄球菌病以及乳腺炎、子宫内膜炎、化脓性腹膜炎和创伤感染等。革兰阳性杆菌所致猪丹毒、气性坏疽、恶性水肿、肾盂肾炎、膀胱炎等尿路感染。此外，对放线菌病、钩端螺旋体病、败血症等均有良好疗效。治疗破伤风时宜与破伤风抗毒素合用。

【药物相互作用】①与克拉维酸合用有协同增效作用，并防止耐药性的产生。②大环内酯类、酰胺醇类、四环素类等速效抑菌药对本品的杀菌活性有干扰作用，不宜合用。③与氨基糖苷类抗生素联用有协同作用，青霉素破坏细菌细胞壁，有利于氨基糖苷类进入细菌内发挥作用。但用药剂量应基本平衡，大剂量的青霉素类抗生素可使氨基糖苷类抗生素活性降低，两药给药宜间隔 1 h 以上。④胺类与青霉素可形成不溶性盐，可延缓青霉素的吸收，如普鲁卡因青霉素。⑤利巴韦林与青霉素溶液混合后抗微生物作用有所减弱，稳定性稍有降低，不宜联用。⑥丙磺舒、阿司匹林、保泰松、吲哚美辛、呋塞米、磺胺类药物对青霉素的排泄有阻滞作用，合用可提高青霉素的血药浓度，但也可能增加毒性。

【不良反应】①本品毒性极小，其不良反应除局部刺激产生疼痛外，主要是过敏反应，致敏原有青霉噻唑蛋白、青霉烯酸等降解产物和青霉素或 6-APA 高分子聚合物。动物表现为皮肤过敏，如荨麻疹、接触性皮炎等，也有发生血清病样反应，如发热、关节肿痛、嗜酸性粒细胞增多、血管神经性水肿等，严重者出现过敏性休克(表现为有效循环血量减少、血压下降、呼吸困难)，抢救不及时可导致迅速死亡。②对某些动物可诱发胃肠道的二重感染。

　　【应用注意】①本品钠盐或钾盐的水溶液不稳定易水解，水解率随温度升高而加速。因此，注射液应在临用前配制。必要时 4 ℃冰箱保存，以当天用完为宜。②本品钠盐或钾盐一般不宜与其他药物配伍注射，宜用注射用水或生理盐水溶解青霉素粉针应用。③大剂量注射可能出现高钾血症和高钠血症。对肾功能减退或心功能不全病畜可产生不良后果。用大剂量青霉素钾静脉注射尤为禁忌。④少数家畜可发生严重的青霉素过敏反应，可静脉或肌内注射肾上腺素抢救。

　　【制剂与休药期】注射用青霉素钠或钾：0 d；弃奶期 72 h。

普鲁卡因青霉素(Procaine Benzylpenicillin)

　　【理化性质】本品为白色结晶性粉末，遇酸、碱或氧化剂等即迅速失效。在甲醇中易溶，在乙醇或三氯甲烷中略溶，在水中微溶。

　　【作用与应用】肌内注射后在局部水解释放出青霉素后被缓慢吸收，达峰时间较长，血中药物浓度较低，但作用时间较青霉素持久。限用于对青霉素高度敏感的病原菌，不宜用于治疗严重感染。为能在较短时间内升高血药浓度，可与青霉素钠联合应用，以兼顾长效和速效作用。临床用于预防或需长期用药的慢性感染，如复杂骨折、乳腺炎；动物长途运输时用于预防呼吸道感染、肺炎等。

　　【应用注意】①四环素类、大环内酯类和酰胺醇类等速效抑菌药对青霉素的杀菌活性有干扰作用，不宜合用。②重金属离子(尤其是铜、锌、汞)、醇类、酸、碘、氧化剂、还原剂、羟基化合物及呈酸性的葡萄糖注射液或四环素注射液都可破坏青霉素的活性。③本品与盐酸氯丙嗪、盐酸林可霉素、酒石酸去甲肾上腺素、盐酸土霉素、盐酸四环素、B 族维生素或维生素 C 不宜混合，否则可产生浑浊、絮状物或沉淀。

　　【制剂与休药期】注射用普鲁卡因青霉素：牛、羊 4 d，猪 5 d；弃奶期 72 h。普鲁卡因青霉素注射液：牛 10 d，羊 9 d，猪 7 d；弃奶期 48 h。

苄星青霉素(Benzathine Benzylpenicillin)

　　【理化性质】本品为二苄基乙二胺青霉素，白色结晶性粉末。在甲酰胺或二甲基甲酰胺中易溶，在乙醇中微溶，在水中极微溶解。

　　【作用与应用】本品为长效青霉素，吸收和排泄缓慢，血中药物浓度低。限用于对青霉素高度敏感的病原菌所致的轻度或慢性感染，如预防或长期用药，动物长途运输时用于预防呼吸道感染、犬的复杂骨折、奶牛的子宫蓄脓、乳腺炎等。因血药浓度较低，对急性重度感染不宜单独使用，须注射青霉素钠(钾)显效后，再用本品维持药效。

　　【制剂与休药期】注射用苄星青霉素：牛、羊 4 d，猪 5 d；弃奶期 72 h。

　　(2)半合成青霉素

　　用酰胺酶或化学方法裂解青霉素母核 6–APA 后，再向其 6 位氨基上引入各种侧链，合成一系列新型半合成青霉素，具有耐酸、耐酶、广谱等特点。据此可将半合成青霉素分为下列类型：①耐酸、耐酶青霉素。包括甲氧苯青霉素(甲氧西林、新青霉素Ⅰ)、苯唑青霉素(苯唑西林、新青霉素Ⅱ)、邻氯苯唑青霉素(氯唑西林)、双氯苯唑青霉素、乙氧萘青霉素(新青霉素Ⅲ)等。具有大分子的酰基侧链结构，通过结构位障作用，保护了 β–内酰胺环不被青霉素酶水解失活而发挥抗菌效能。主要特点是耐酸、抗青霉素酶，能够内服或肌内注射，主要用于防治耐青霉素 G 的金黄色葡萄球菌所引起的各种感染，但对青霉素敏感菌的作用不如青霉素。②广谱青霉素。可分为氨苄青霉素类(如氨苄青霉素、缩酮氨苄青霉素、羟氨苄青霉素)和羧苄青霉素类(如羧苄青霉素、磺苄青霉素等)。对革兰阳性菌和革兰阴性菌均有抗菌作用，但抗菌强度较青霉素弱。耐酸、不耐酶，对金黄色葡萄球菌感染无效。③抗铜绿假单胞菌青霉素。如羧苄西林(Carbenicillin)、哌拉西林(Piperacillin)。④抗革兰阴性杆菌青霉素。如美西林(Mecillinam)、替莫西林(Temocillin)。

苯唑西林(Oxacillin，苯唑青霉素、青霉素Ⅱ)

【理化性质】本品为半合成的耐酸、耐酶的异噁唑类青霉素，为白色粉末或结晶性粉末。其钠盐在水中易溶，丙酮或丁醇中极微溶解，在醋酸乙酯或石油醚中几乎不溶。2%水溶液 pH 5.0~7.0。

【作用与应用】抗菌谱比青霉素窄，但不易被青霉素酶水解，对产酶金黄色葡萄球菌有效。但对不产酶菌株及溶血链球菌、肺炎链球菌、草绿色链球菌、表皮葡萄球菌等革兰阳性球菌的抗菌活性比青霉素弱。粪肠球菌对本品耐药。主要用于耐青霉素金黄色葡萄球菌引起的败血症、肺炎、乳腺炎、烧伤创面感染等。

【药动学】本品耐酸，内服不被胃酸灭活，但仅有部分自肠道吸收，食物可降低其吸收速率和数量。肌内注射后吸收迅速，在体内分布广泛，在肝、肾、脾、肠、胸水和关节液中可达治疗浓度，腹水中浓度较低。可部分代谢为活性和无活性代谢物，主要经肾排泄，少量经粪排出。

【应用注意】①本品不适用于青霉素敏感菌感染的治疗。②本品与青霉素存在交叉过敏现象，青霉素过敏者禁用。③苯唑西林钠水溶液不稳定，易水解，水解率随温度升高而加速，故注射液应在临用前配制；必需保存时置 2~8 ℃冰箱中，可保存 7 d，室温下只能保存 24 h。④大剂量注射可能出现高血钠症，对肾功能减退或心功能不全病畜可产生不良后果。

【制剂与休药期】注射用苯唑西林钠：牛、羊 14 d，猪 5 d；弃奶期 72 h。

氯唑西林(Cloxacillin，邻氯青霉素)

【理化性质】本品为半合成的耐酸、耐酶的异噁唑类青霉素，为白色粉末或结晶性粉末，有引湿性。其钠盐在水中易溶，在乙醇中溶解，10%水溶液 pH 5.0~7.0。

【药理作用】抗菌谱及抗菌活性与苯唑西林类似，对青霉素耐药的菌株有效，尤其对耐药金黄色葡萄球菌有很强的杀菌作用，被称为"抗葡萄球菌青霉素"。对不产酶菌株和其他对青霉素敏感的革兰阳性菌杀菌作用不如青霉素。

【药动学】本品耐酸，内服吸收较苯唑西林快，但不完全，生物利用度仅为 37%~60%，食物可降低其吸收速率和数量，宜空腹给药。吸收后全身分布广泛，在肝、肾、胸水和腹水中有较高的浓度，能渗入急性骨髓炎的骨组织、脓液和关节液中，脑脊液中含量低。部分可代谢为活性或无活性代谢物，与原形药物一起迅速经肾排出，犬的半衰期为 0.5 h。

【应用】用于耐青霉素葡萄球菌引起的各种严重感染，如败血症、骨髓炎、呼吸道感染、心内膜炎及化脓性关节炎等，也用于奶牛乳腺炎。注意肾功能严重减退时应适当减少剂量。

【制剂与休药期】注射用氯唑西林钠：牛 10 d；弃奶期 48 h。

氨苄西林（Ampicillin，氨苄青霉素、安比西林）

【理化性质】本品是最早发现并应用的半合成广谱青霉素，为白色结晶性粉末。在水中微溶，在稀盐酸或氢氧化钠溶液中溶解。10%钠盐水溶液 pH 8.0~10.0。

【作用与应用】具有广谱抗菌作用，对大多数革兰阳性菌（如链球菌、葡萄球菌、棒状杆菌、放线菌、李氏杆菌）的抗菌活性稍弱于青霉素，能被青霉素酶破坏，对耐青霉素金黄色葡萄球菌、铜绿假单胞菌无效。对多种革兰阴性菌（如布鲁菌、变形杆菌、沙门菌、大肠杆菌、嗜血杆菌等）有较强的抑杀作用，但易产生耐药性。临床用于敏感菌引起的肺部、肠道、胆道、尿路等多重感染、败血症及钩端螺旋体病等。

【药动学】本品耐酸，内服或注射吸收迅速，血药浓度高。吸收后可分布于肝、肺、前列腺、肌肉、胆汁、胸水、腹水、关节液中，可进入脑脊髓液和易透过胎盘。当发生脑膜炎时，其浓度可达血清浓度的 10%~60%。本品血清蛋白结合率较青霉素低，主要经肾排出，消除半衰期较短。

【药物相互作用】①与氨基糖苷类抗生素合用，可提高后者在菌体内的浓度，呈现协同作用。②大环内酯类、四环素类和酰胺醇类等速效抑菌药对本品杀菌作用有干扰作用，不宜合用。③丙磺舒可阻碍肾小管对本品的分泌，使其血药浓度升高、半衰期延长。④本品与青霉素均作用于青霉素结合蛋白而发挥抗菌效应，两药联用可因竞争同一结合位点产生拮抗，甚至导致耐药菌的产生，故不宜联用。⑤本品与林可霉素有拮抗作用，配伍在同一溶液中可发生沉淀，两药不宜联用。⑥本品与甲硝唑混合溶液颜色变黄，pH 值降低，含量降低，故不宜配伍。

【应用注意】①不宜用于耐青霉素的金黄色葡萄球菌感染。②对青霉素过敏的动物禁用，成年反刍动物禁止内服，马属动物不宜长期内服。③用注射用水溶解后应立即使用，其浓度和温度越高，稳定性越差。④在酸性葡萄糖溶液中分解较快，有乳酸和果糖存在时也使稳定性降低，故宜以中性液体作溶剂。⑤刺激性较强，宜静脉滴注给药；肌内注射时应做深部注射，速度宜慢，否则可引起局部疼痛。

【制剂与休药期】注射用氨苄西林钠：猪 15 d，牛 6 d；弃奶期 48 h。氨苄西林钠可溶性粉、氨苄西林可溶性粉：鸡 7 d，蛋鸡产蛋期禁用。

阿莫西林（Amoxicillin，羟氨苄青霉素）

【理化性质】本品属半合成的耐酸广谱青霉素，为白色或类白色结晶性粉末，在水中微溶，在乙醇中几乎不溶。常用其钠盐，在水或乙醇中易溶，在乙醚中不溶。10%水溶液 pH 8.0~10.0。

【作用与应用】抗菌谱及抗菌活性与氨苄西林基本相同，但体内效果则增强 2~3 倍。用于敏感菌感染，如敏感金黄色葡萄球菌、链球菌、大肠杆菌、巴氏杆菌和变形杆菌引起的呼吸道、泌尿生殖道和胃肠道多重感染及多种细菌引起的皮炎和软组织感染性疾病。

【药动学】对胃酸稳定，单胃动物内服后吸收比氨苄西林好，胃肠道内容物影响其吸收速度，但不影响吸收程度，故可与食物同服。同等剂量内服后其血清浓度比氨苄西林大 1.5~3 倍。吸收后在多种组织和体液中广泛分布。主要经肾通过尿中排泄，丙磺舒可延缓本品经肾排泄，严重肾功能不全动物的消除半衰期则明显延长。

【不良反应】偶见过敏反应，对注射部位有刺激性，对胃肠道正常菌群有较强的干扰作用。

【制剂与休药期】阿莫西林可溶性粉、阿莫西林片：鸡 7 d，鸡产蛋期禁用。注射用阿莫西林钠：牛、猪 14 d。

11. 2. 1. 2　头孢菌素类

头孢菌素类(cephalosporins)又称先锋霉素类，为半合成广谱抗生素，系从头孢菌(*Cephalosporium acremonium*)培养液中提取的头孢菌素 C 经水解生成头孢菌素母核 7-氨基头孢烷酸(7-ACA)，经对其侧链进行修饰而合成的一系列化合物。与青霉素一样具有 β-内酰胺环，所以统称为 β-内酰胺类抗生素。根据发现的时间先后、抗菌谱、对 β-内酰胺酶的稳定性及抗革兰阴性杆菌活性的不同，以及对肾毒性和临床应用的差异，将头孢菌素类分为四代：

①第一代。抗菌谱与青霉素相似，对革兰阳性菌的抗菌作用较第二、三、四代强，对革兰阴性菌的作用较差，对铜绿假单胞菌和厌氧菌无效。对青霉素酶稳定，但仍可被多数革兰阴性菌的 β-内酰胺酶分解，故主要用于革兰阳性菌感染，有一定肾毒性。常用头孢噻吩(Cefalotin，先锋霉素 Ⅰ)、头孢氨苄(Cephalexin，先锋霉素 Ⅳ)、头孢唑啉(Cefazolin，先锋霉素 Ⅴ)、头孢拉定(Cefradine，先锋霉素 Ⅵ)、头孢羟氨苄(Cefadroxil)、头孢洛宁(Cefalonium)和头孢赛曲(Cefacetrile)等。

②第二代。对革兰阳性菌的抗菌活性与第一代相似或稍弱，但抗菌谱较广，多数品种能耐受 β-内酰胺酶，对革兰阴性菌的抗菌活性增强，部分对厌氧菌有效，但对铜绿假单胞菌仍无效。对多种 β-内酰胺酶比较稳定，肾毒性较第一代有所降低。常用头孢西丁(Cefoxitin)、头孢呋辛(Cefuroxime)、头孢孟多(Cefamandole)、头孢克洛(Cefaclor)。

③第三代。抗菌谱更广，对革兰阴性菌包括肠杆菌和铜绿假单胞菌及厌氧菌的作用优于第二代，但对金黄色葡萄球菌等革兰阳性菌的活性不如第一、二代。血浆半衰期较长，体内分布广，组织穿透力强，可渗入脑脊液中。对 β-内酰胺酶有较高稳定性。对肾基本无毒性。常用头孢噻肟(Cefotaxime)、头孢曲松(Ceftriaxone)、头孢维星(Cefovecin)、头孢噻呋(Ceftiofur)、头孢唑肟(Ceftizoxime)、头孢哌酮(Cefoperazone)、头孢他啶(Ceftazidime)等。

④第四代。20 世纪 90 年代后新问世的头孢菌素的统称，如头孢吡肟(Cefepime)、头孢喹肟(Cefquinome)。除了具有第三代对革兰阴性菌强大的抗菌作用外，对金黄色葡萄球菌等革兰阳性球菌的抗菌活性增强，抗菌谱更广。对 β-内酰胺酶高度稳定，半衰期长，无肾毒性。

本类抗生素具有抗菌谱广、杀菌力强、毒性小、过敏反应少、对胃酸和 β-内酰胺酶稳定等特点。对多数耐青霉素的细菌仍然敏感，但与青霉素之间存在部分交叉耐药现象。与青霉素类、氨基糖苷类合用有协同作用。兽医临床应用的品种包括人畜均可用的头孢氨苄和头孢赛曲，以及动物专用的头孢洛宁、头孢噻呋、头孢维星和头孢喹肟。

头孢氨苄(Cephalexin，先锋霉素 Ⅳ)

【理化性质】本品为白色或微黄色结晶性粉末。在水中微溶，在乙醇、三氯甲烷或乙醚中不溶。0.5% 水溶液的 pH 3.5~5.5。

【作用与应用】抗菌谱广，对革兰阳性抗菌活性较强，但肠球菌除外。对部分大肠杆菌、奇异变形杆菌、克雷伯菌、沙门菌和志贺菌有抗菌作用，其他肠杆菌科细菌和铜绿假单胞菌均耐药。本品内服后吸收迅速而完全，以原形经尿排出。消除半衰期为 1~2 h。临床用于敏感菌所致的消化道、呼吸道、泌尿道、皮肤和软组织感染，对严重感染不宜应用。

【应用注意】 ①可引起犬流涎、呼吸急促和兴奋不安及猫呕吐、体温升高等不良反应。②应用本品虽极少见肾毒性，但患病动物肾功能严重损害或合用其他对肾有害的药物时则易于发生。③犬肌内注射有时出现严重的过敏反应，甚至引起死亡。对头孢菌素过敏动物禁用，对青霉素过敏动物慎用。

【制剂与休药期】 头孢氨苄片（犬用）。头孢氨苄乳剂：弃奶期 2 d。头孢氨苄注射液：猪 28 d。

头孢赛曲（Cefacetrile）

【理化性质】 本品是由氰乙酰氯和 7-氨基头孢霉烷酸制得的第一代头孢菌素，为白色结晶性粉末，溶于水，性质较稳定。

【作用与应用】 抗菌谱与头孢氨苄相似，但对大肠杆菌的抗菌作用较强。对大肠杆菌和产气杆菌等产生的 β-内酰胺酶特别稳定，对金黄色葡萄球菌（包括耐药菌株）、肺炎链球菌、溶血链球菌等革兰阳性菌高度敏感，对大肠杆菌、肺炎克雷伯菌、奇异变形杆菌和某些沙门菌等革兰阴性菌也较敏感，但对铜绿假单胞菌、吲哚阳性变形杆菌及脆弱类杆菌不敏感。临床应用头孢赛曲乳房注入剂治疗泌乳期奶牛乳腺炎。

【药动学】 内服生物利用度很低，在牛仅有 3% 的药物被胃肠道吸收。以推荐剂量乳房给药，4 h 后最大血药浓度可达到 170 μg/L，消除迅速，54.6% 经乳汁排泄，21% 经尿和粪排泄。

头孢洛宁（Cefalonium）

本品是动物专用的第一代头孢菌素，对酸和 β-内酰胺酶稳定，杀菌力强，抗菌谱广，对大多数革兰阴性菌和革兰阳性菌均有效，尤其对引起奶牛乳腺炎的大多数病原菌有效，如金黄色葡萄球菌、无乳链球菌、停乳链球菌、乳房链球菌、化脓性隐秘杆菌、大肠杆菌和克雷伯菌等。用于防治奶牛干乳期乳腺炎的头孢洛宁制剂多为长效乳房灌注剂，药物通过乳房缓慢分布进入乳腺组织，乳管注入。头孢洛宁眼膏主要用于敏感菌所致的牛角膜炎、结膜炎感染。

头孢噻呋（Ceftiofur）

【理化性质】 本品为第三代动物专用的头孢菌素，为类白色至淡黄色粉末。在丙酮中极微溶解，在水或乙醇中几乎不溶。制成钠盐和盐酸盐供注射用，其钠盐有引湿性，在水中易溶。其盐酸盐在 N,N-二甲基乙酰胺中易溶，在甲醇中微溶，在水中不溶。

【药理作用】 本品具有广谱杀菌作用，抗菌活性强，对革兰阳性菌、革兰阴性菌（包括产 β-内酰胺酶菌株）及部分厌氧菌均有效。敏感菌主要有多杀性巴氏杆菌、溶血性巴氏杆菌、胸膜肺炎放线杆菌、沙门菌、大肠杆菌、链球菌和葡萄球菌等，某些铜绿假单胞菌、肠球菌耐药。本品抗菌活性比氨苄西林强，对链球菌的活性比喹诺酮类强。

【药动学】 内服不吸收，肌内和皮下注射吸收迅速且分布广泛，但不能透过血脑屏障。

血液和组织中药物浓度高，有效血药浓度维持时间长。猪、绵羊、牛多剂量肌内注射后在肾中浓度最高，其次为肺，再次为肝、脂肪和肌肉，一般可维持高于 MIC 的浓度。在体内能生成具有活性的代谢物脱氧呋喃甲酰头孢噻呋，并进一步代谢为无活性的产物。排泄较缓慢，半衰期长，大部分可在肌内注射后 24 h 经尿和粪排出。

【药物相互作用】与青霉素和氨基糖苷类抗生素合用有协同作用。

【应用】用于各种敏感菌引起的牛急性呼吸道感染（如巴氏杆菌引起的支气管肺炎）、牛乳腺炎、猪放线杆菌胸膜肺炎、犬大肠杆菌与奇异变形杆菌引起的泌尿道感染、马兽疫链球菌引起的呼吸道感染及雏鸡大肠杆菌、沙门菌感染等；还可治疗由坏死性梭杆菌和产黑色素拟杆菌感染引起的牛腐蹄病。

【不良反应】①可引起牛的特征性脱毛和瘙痒，过敏反应主要表现为皮疹，一般在用药后数天内出现。已知对青霉素或头孢菌素敏感的人应避免接触本品，远离儿童。②有一定的肾毒性，对肾功能不全动物要注意调整剂量。③偶尔会引起以粒细胞减少为特征的骨髓抑制，提示有扰乱免疫功能的作用。④可引起肠道菌群紊乱和二重感染，也可引起 B 族维生素和维生素 K 缺乏。⑤马在应激条件下使用易发生急性腹泻，可致死。

【制剂与休药期】注射用头孢噻呋：猪 1 d。注射用头孢噻呋钠：牛、猪 4 d；弃奶期 12 h。盐酸头孢噻呋乳房注入剂（干奶期）：牛 16 d；产犊前 60 d 给药；弃奶期 0 d。

头孢维星（Cefovecin）

【理化性质】本品是动物专用的第三代头孢菌素，为可溶性粉末，遇光变质。

【药理作用】对革兰阳性菌、革兰阴性菌均有杀菌作用。对引起犬、猫皮肤感染的中间葡萄球菌的 MIC_{90} 为 0.25 μg/mL，多杀巴氏杆菌的 MIC_{90} 为 0.12 μg/mL。对引起犬脓肿的拟杆菌属的 MIC_{90} 为 4 μg/mL，梭菌属的 MIC_{90} 为 1 μg/mL。对犬牙周感染分离的单胞菌的 MIC_{90} 为 0.062 μg/mL，中间普氏菌的 MIC_{90} 为 0.5 μg/mL。对引起犬、猫泌尿道感染的大肠杆菌的 MIC_{90} 为 1 μg/mL。

【药动学】猫、犬皮下注射给药时生物利用度可达 99%、100%，吸收较快，半衰期长。与其他头孢菌素类抗生素相比，显著特点是具有极高的血浆蛋白结合率和长效作用，用于犬和猫时，可广泛地与血浆蛋白结合，犬的蛋白结合率为 96%～98.7%，猫为 99.5%～99.8%。

【应用】用于犬和猫治疗皮肤和软组织感染。如治疗犬的脓皮病、创伤，以及中间葡萄球菌、β-溶血性链球菌、大肠杆菌或巴氏杆菌引起的脓肿；治疗猫的皮肤及软组织脓肿，以及多杀性巴氏杆菌、梭杆菌属引起的伤口感染。

【应用注意】①尚未见头孢维星不良反应的报道，但对头孢菌素类敏感的犬或猫禁用。②8 月龄以下和哺乳期的犬或猫禁用。③有严重肾功能不全的犬或猫禁用。④配种后 12 周内禁用。⑤禁用于豚鼠和兔等动物。

【制剂】注射用头孢维星钠。

头孢喹肟（Cefquinome，头孢喹诺）

【理化性质】本品为动物专用的第四代注射用头孢菌素，常用其硫酸盐，为白色、类白色至淡黄色粉末。水中易溶，在甲醇中微溶，在乙醇和丙酮中几乎不溶。

【作用与应用】具有广谱抗菌活性，对 β-内酰胺酶稳定。对革兰阳性菌、革兰阴性菌

包括产 β-内酰胺酶菌株均有效。敏感菌主要有大肠杆菌、克雷伯菌、巴氏杆菌、变形杆菌、沙门菌、铜绿假单胞菌、黏质沙雷菌、化脓放线菌、棒状杆菌、金黄色葡萄球菌、链球菌、肠球菌、类杆菌、丹毒杆菌、胸膜肺炎放线杆菌、芽孢杆菌属细菌和梭杆菌属细菌等。抗菌活性强于恩诺沙星和头孢噻呋。临床主要用于治疗敏感菌引起的牛、猪呼吸系统感染及奶牛乳腺炎，如牛、猪溶血性巴氏杆菌或多杀性巴氏杆菌引起的支气管肺炎，猪放线杆菌性胸膜肺炎、渗出性皮炎等。

【药动学】内服吸收很少，肌内和皮下注射后吸收迅速，达峰时间为 0.5~2 h，生物利用度大于 90%。与血浆蛋白结合率仅为 5%~15%，体内分布并不广泛。乳管注入可快速分布于整个乳腺组织，并维持较高浓度。主要以原形经肾随尿排出。

【制剂与休药期】注射用硫酸头孢喹肟、硫酸头孢喹肟注射液：猪 3 d。硫酸头孢喹肟乳房注入剂（干奶期）：干奶期超过 5 周，弃奶期为产犊后 1 d；干奶期不足 5 周，弃奶期为给药后 36 d。硫酸头孢喹肟乳房注入剂（泌乳期）：弃奶期 4 d。

11.2.1.3　β-内酰胺酶抑制剂

β-内酰胺酶抑制剂分为竞争性和非竞争性两类。非竞争性抑制剂不与底物竞争酶的活性部位，而是与酶的某些位点结合，使酶改变后失活，此类酶抑制剂为数不多。竞争性抑制剂分为可逆性和不可逆性两类，可逆的 β-内酰胺酶抑制剂是指抑制剂与底物竞争 β-内酰胺酶的活性部位而起抑制作用，当抑制剂消除后，酶可以复活，耐酶青霉素即属此类。不可逆的 β-内酰胺酶抑制剂是指抑制剂与酶牢固结合而使酶失活，清除抑制剂后也不能使酶复活，舒巴坦和克拉维酸皆属此类。此类抑制剂作用强，对葡萄球菌和多种革兰阴性菌产生的 β-内酰胺酶均有作用。把 β-内酰胺类药物与一个特定的 β-内酰胺酶抑制剂联合使用，是克服酶介导耐药性的一个策略。如阿莫西林/克拉维酸和氨苄西林/舒巴坦，可使抗生素 MIC 明显下降，抗菌力增强，并可使产酶菌株对药物恢复敏感。

克拉维酸（Clavulanic Acid，棒酸）

【理化性质】本品是由棒状链霉菌（*Streptomyces clavuligerus*）产生的抗生素。临床常用其钾盐，为无色针状结晶。在水中易溶，水溶液极不稳定。

【药理作用】抗菌活性微弱，是一种革兰阳性和革兰阴性菌所产生的 β-内酰胺酶的"自杀"抑制剂。本品内服吸收良好，也可注射给药。通常与其他 β-内酰胺抗生素合用以克服细菌的耐药性，很少或不单独使用，现已有氨苄西林或阿莫西林与克拉维酸钾组成的复方制剂，如阿莫西林+克拉维酸钾（2∶1~4∶1）用于兽医临床。

【应用】主要用于对阿莫西林敏感的畜禽细菌性感染和产 β-内酰胺酶耐药金黄色葡萄球菌感染，如禽霍乱、鸡白痢、大肠杆菌病、葡萄球菌病等，家畜的巴氏杆菌病、肺炎、乳腺炎、子宫炎、大肠杆菌病、沙门菌病等。

【制剂与休药期】阿莫西林与克拉维酸钾注射液：牛、猪 14 d；弃奶期 60 h。复方阿莫西林粉：鸡 7 d，蛋鸡产蛋期禁用。

11.2.2　氨基糖苷类

氨基糖苷类抗生素（aminoglycosides antibiotics）是由链霉菌、小单孢菌或芽孢杆菌产生或半合成的一类由氨基环醇和氨基糖以苷键相连接而形成的碱性抗生素，包括从链霉菌培养滤液中获得的链霉素、卡那霉素、妥布霉素、大观霉素、新霉素、安普霉素等，从小单孢菌培养滤液中获得的庆大霉素、小诺霉素、阿司米星等，以及半合成品如阿米卡星、地贝卡星、奈替米星、异帕米星等抗生素。我国批准用于兽医临床的有链霉素、双氢链霉素、卡那霉素、庆大霉素、新霉素、大观霉素和安普霉素等。

本类抗生素的共同特点：①均为有机碱，常用制剂为硫酸盐，易溶于水，水溶液稳定，在碱性环境中抗菌作用增强。②抗菌谱广，对需氧革兰阴性杆菌及分枝杆菌作用强大，对厌氧菌无效，对革兰阳性菌作用较弱，但金黄色葡萄球菌(包括耐药菌株)较敏感。对革兰阴性杆菌和阳性球菌存在明显的抗生素后效应。③作用机制为抑制细菌细胞蛋白质的合成，也可通过损伤细菌细胞膜，使膜通透性增加，细胞内钾离子、腺嘌呤核苷酸、酶等重要物质外漏，从而导致细菌死亡。低浓度抑菌，高浓度杀菌，对静止期细菌的杀灭作用较强，属静止期杀菌剂。④内服难吸收，仅用于肠道感染；注射给药吸收迅速而完全，体内分布广泛，主要分布于细胞外液，大部分以原形随尿排出，家畜的半衰期较短(1~2 h)。⑤不良反应较大，主要为肾毒性、耳毒性、神经肌肉阻断作用及胃肠道反应或过敏反应。⑥细菌易产生耐药性，本类药物之间有部分或完全交叉耐药性。

链霉素(Streptomycin)

【理化性质】 本品是由放线菌属的灰链霉菌(*Streptomyces griseus*)培养液中提取的一种有机碱。临床常用其硫酸盐，为白色或类白色粉末。有引湿性，在水中易溶，在乙醇中不溶。性质稳定，室温中干燥品的抗菌效能可保持一年以上，pH 4.5~7.0 水溶液效价可保持一周，置冰箱中可保持一年，若室温偏高或 pH>8 或 pH<3 时易失去抗菌效能。

【药理作用】 抗菌谱较广，对分枝杆菌具有强大的杀灭作用(MIC 为 0.5 μg/mL)，对多种革兰阴性杆菌(如大肠杆菌、沙门菌、布鲁菌、巴氏杆菌、变形杆菌、痢疾志贺菌、鼠疫杆菌和鼻疽杆菌等)有效，对金黄色葡萄球菌等革兰阳性球菌效果差，对放线菌和钩端螺旋体有效，对铜绿假单胞菌、链球菌、厌氧菌、立克次体、真菌和病毒无效。

细菌极易产生耐药性，速度比青霉素 G 快，且呈跃进式，短时间内即可达到很高水平。多数菌株对本品耐药后，常持久不变。本品常与其他抗菌药联合应用以阻止病原菌染色体突变耐药。链球菌、铜绿假单胞菌和厌氧菌对本品耐药。与双氢链霉素间有完全交叉耐药性，与新霉素、卡那霉素和巴龙霉素仅有部分交叉耐药性。

【药动学】 内服难吸收，适用于治疗肠道感染。肌内注射吸收良好，可治疗全身性感染。吸收后分布于体内各组织、脏器，主要存在于细胞外液，不易透入细胞内。肾中浓度高，肺及肌肉内含量较少，脑组织中几乎不能测出。可到达胆汁、胸水、腹水及结核性脓腔和干酪样组织中，能透过胎盘屏障。在体内很少被代谢灭活，大部分以原形经肾小球过滤排出，在尿中浓度高，故可治疗泌尿道感染。在弱碱性(pH 7.8)环境中抗菌活性最强，酸性(pH<6)时则下降，故可加服碳酸氢钠碱化尿液，增强治疗效果，此法对杂食及肉食动物用药尤为重要。

【应用】 治疗各种敏感菌引起的急性感染，如家畜的呼吸道感染(肺炎、支气管炎)、泌尿道感染、牛放线菌病、钩端螺旋体病、细菌性胃肠炎、乳腺炎，以及家禽的呼吸系统病(传染性鼻炎等)和细菌性肠炎等；也可用于控制奶牛结核病的急性爆发。

【药物相互作用】 ①与其他氨基糖苷类同用或先后连续进行局部或全身应用，可能增加对耳、肾及神经肌肉接头等的毒性作用，使听力减退、肾功能降低及骨骼肌软弱、呼吸抑制等。后者可用抗胆碱酯酶药(新斯的明)、钙剂等进行解救。②与黏菌素合用，或先后连续局部或全身应用，可能增加对肾和神经肌肉接头的毒性作用。③与头孢菌素、右旋糖酐、强利尿药(如呋塞米、依地尼酸等)、红霉素等合用，可增强本类药物的耳毒性。④与青霉素类或头孢菌素类合用有协同杀菌作用。⑤在碱性环境中抗菌作用增强，与碱性药物(如碳酸氢钠、氨茶碱等)合用可增强抗菌效力，但毒性也增强。当 pH>8.4 时，抗菌作用反而减弱。⑥Ca^{2+}、Mg^{2+}、Na^+、NH_4^+、K^+ 等阳离子可抑制本类药物的抗菌活性。⑦肌松药(如琥珀胆碱)或具有此种作用的药物可增强本类药物的神经肌肉阻滞作用。

【不良反应】①肾毒性。长期应用对肾有轻度的损伤，可出现管型和蛋白尿。故用药期间应注意给动物足量饮水；患畜出现失水(可致血药浓度增高)或肾功能损害时慎用。②耳毒性。可损伤前庭神经和听神经，使动物出现耳聋、行走不稳、共济失调等症状。前庭损害较为常见，并呈剂量依赖性。③神经肌肉阻滞作用。具有类箭毒样作用，阻断神经肌肉接头，本身作用不强，大剂量用药或在应用过肌松药和麻醉药之后再应用本品可发生。④胃肠道反应。内服可能损害肠壁绒毛而影响肠道对脂肪、蛋白质、糖、铁等的吸收，也可引起肠道菌群失调，发生厌氧菌或真菌等二重感染，兔禁用。⑤过敏反应。猫对链霉素较敏感，常规剂量即可造成恶心、呕吐、流涎和共济失调。

【制剂与休药期】注射用硫酸链霉素：猪、羊、牛 18 d；弃奶期 72 h。

双氢链霉素 (Dihydrostreptomycin)

本品抗菌谱、抗菌机制、抗菌活性、药动学特点和与链霉素相似，主要用于革兰阴性菌和分枝杆菌感染。耳毒性较链霉素强，常用制剂为注射用硫酸双氢链霉素：休药期猪、羊、牛 18 d；弃奶期 72 h。

卡那霉素 (Kanamycin)

【理化性质】本品是由卡那链霉菌(*Streptomyces kanamyceticus*)的培养液中提取，常用其硫酸盐，为白色或类白色粉末，有引湿性。在水中易溶，在乙醇、丙酮、三氯甲烷或乙醚中几乎不溶。水溶液较稳定，100 ℃灭菌 30 min 不降低活性。

【药理作用】抗菌谱与链霉素相似，但抗菌活性稍强。主要对大多数革兰阴性杆菌有效，如大肠杆菌、变形杆菌、沙门菌、多杀性巴氏杆菌等有强大抗菌作用，对金黄色葡萄球菌和分枝杆菌也有效，但铜绿假单胞菌、革兰阳性菌(金黄色葡萄球菌除外)、立克次体、厌氧菌、真菌等对其耐药。

【药动学】内服很少吸收，大部分以原形经粪排出，故可用于消化道感染。肌内注射后吸收迅速，可广泛分布于胸水、腹水和实质器官中，但很少渗入唾液、支气管分泌物和正常脑脊液中。脑膜炎时脑脊液中药物浓度可提高 1 倍左右，在胆汁和粪便中浓度很低。主要通过肾小球过滤排出，注射量的 40%~80%以原形经尿排出，尿中浓度高，适于治疗尿路感染。乳中可排出少量药物。

【应用】内服用于治疗敏感菌所致的肠道感染(特别是动物不同型大肠杆菌病的高效药物)；肌内注射用于敏感菌所致的各种严重感染，如败血症、泌尿生殖道感染、呼吸道感染、皮肤和软组织感染等；也可用于缓解猪气喘病症状。

【制剂与休药期】硫酸卡那霉素注射液：28 d；弃奶期 7 d。注射用硫酸卡那霉素：牛、羊、猪 28 d；弃奶期 7 d。

庆大霉素（Gentamycin）

【理化性质】本品是由放线菌属小单孢菌（*Micromonospora purpura*）培养液中提取的含 C_1、C_{1a} 及 C_2、C_{2a} 4 种成分的复合物，它们的抗菌活性及毒性基本一致。常用其硫酸盐，为白色或类白色粉末，有引湿性。在乙醇、丙酮或乙醚中不溶，在水中易溶，4%水溶液 pH 4.0~6.0。

【药理作用】在本类抗生素中抗菌谱较广，抗菌活性最强。对多种革兰阴性菌（如大肠杆菌、克雷伯菌、变形杆菌、铜绿假单胞菌、巴氏杆菌、沙门菌等）均有良好抗菌作用，其中以抗肠道菌和铜绿假单胞菌作用最为显著。在革兰阳性菌中，金黄色葡萄球菌（含耐药菌株）对本品高度敏感，比卡那霉素强 4 倍。此外，对炭疽杆菌和支原体也较敏感。多数链球菌（化脓链球菌、肺炎链球菌、粪链球菌等）、厌氧菌（胸膜肺炎放线杆菌、类杆菌或梭状芽孢杆菌）、分枝杆菌、立克次体、真菌和病毒对本品耐药。细菌对低于抑菌浓度的庆大霉素易产生耐药性，但维持时间较短，可在停药一定时间后逐渐恢复敏感性。

【药动学】内服或子宫内灌注很难吸收。肌内注射后吸收迅速而完全。吸收后主要分布于细胞外液，可渗入胸腹腔、心包、支气管分泌物、胆汁、关节液、脓液中。也进入到淋巴结和肌肉组织中。不易透过正常血脑屏障，可透过胎盘组织。吸收后很少被代谢，40%~80%以原形通过肾小球滤过经尿排出。新生畜排泄慢，尤其肾功能不全时半衰期明显延长，用药时应调整给药方案。

【应用】主要用于耐药性金黄色葡萄球菌、铜绿假单胞菌、变形杆菌、大肠杆菌等敏感菌所引起的各种严重感染，如呼吸道、消化道、泌尿道、乳腺及皮肤、软组织等部位感染和败血症等。

【药物相互作用与应用注意】①与地塞米松、普鲁卡因青霉素、三甲氧苄氨嘧啶合用，疗效明显增强。②有呼吸抑制作用，不可静脉推注。③本类药物在碱性环境中抗菌作用较强，与碱性药（如碳酸氢钠、氨茶碱等）联用可增强抗菌效力，但毒性也相应增强。④有一定的肾毒性和听神经损害，应予注意，但只要按治疗量用药仍是安全的。⑤与四环素、红霉素等合用可能出现拮抗作用。⑥本品可与羧苄西林联合治疗严重肺感染，但在体外存在配伍禁忌，故合用时不能在体外混合。

【制剂与休药期】硫酸庆大霉素注射液：牛、羊、猪 40 d。硫酸庆大霉素可溶性粉：鸡 28 d。硫酸庆大-小诺霉素注射液：猪、鸡 40 d。

新霉素（Neomycin）

【理化性质】本品是由弗氏链霉菌（*Streptomyces fradiae*）的培养液中提取而得。常用其硫酸盐，为白色或类白色粉末，极易引湿。在乙醇、乙醚、丙酮或三氯甲烷中几乎不溶，在水中极易溶解，水溶液呈右旋光性，10%水溶液 pH 5.0~7.0。

【药理作用】抗菌谱与链霉素、卡那霉素相似，对金黄色葡萄球菌、大肠杆菌、变形杆菌、沙门菌、布鲁菌等有良好抗菌作用。对链球菌、巴氏杆菌及分枝杆菌也有效。对铜绿假单胞菌无效。本品对放线菌、钩端螺旋体、阿米巴原虫则有一定作用，对真菌、病毒、立克次体等均无效。细菌对新霉素可产生耐药性，但较缓慢，且在链霉素、卡那霉素和庆大霉素间有部分或完全的交叉耐药性。

【药动学】内服与局部用药很少被吸收，内服只有总量的 3%经尿排出，大部分不经变化经粪排出。黏膜发炎或有溃疡时可使吸收增加。注射给药吸收快，其体内过程与卡那霉素相似。

【应用】内服主要用于畜禽、犬、猫敏感的革兰阴性菌所致的胃肠道感染。子宫或乳管内注入用于治疗奶牛、母猪的子宫内膜炎和乳腺炎；局部外用（0.5%溶液或软膏）治疗葡萄球菌或革兰阴性杆菌引起的皮肤、眼、耳、黏膜等化脓性感染。

【应用注意】①本品在本类药物中毒性最大，内服给药和局部给药很少出现中毒反应，禁止注射，人医已淘汰。②引起心肌抑制和呼吸衰竭等神经肌肉阻滞现象时可静脉注射新斯的明与钙剂对抗。③蛋鸡产蛋期禁用。

【制剂与休药期】硫酸新霉素可溶性粉：鸡 5 d，火鸡 14 d。硫酸新霉素溶液：鸡 5 d。硫酸新霉素片。

大观霉素（Spectinomycin，壮观霉素）

【理化性质】本品是由中性糖和氨基环醇以苷键结合而成的一种氨基环醇类抗生素。常用其二盐酸盐五水合物，为白色或类白色结晶性粉末。在水中易溶，在乙醇、乙醚中几乎不溶。1%水溶液的 pH 3.8~5.6。

【药理作用】对多种革兰阴性杆菌（如大肠杆菌、沙门菌、变形杆菌、志贺菌等）有中度抑制作用。A 群链球菌、肺炎链球菌、表皮葡萄球菌和某些支原体（鸡毒支原体、滑液支原体、猪鼻支原体、猪滑膜支原体）常对其敏感，草绿色链球菌和金黄色葡萄球菌多不敏感，铜绿假单胞菌和痢疾短螺旋体对本品耐药。肠道菌对大观霉素耐药性较广泛，但与链霉素不表现交叉耐药性。

【药动学】内服仅吸收 7%，在胃肠道内保持较高浓度。皮下或肌内注射吸收良好，约 1 h 达到血药峰浓度。药物的组织浓度低于血药浓度。不易进入脑脊液或眼内，与血浆蛋白结合率不高。多以原形药物经肾小球滤过排出。

【药物相互作用】①与林可霉素合用，可显著增加对支原体的抗菌活性，用于仔猪腹泻、猪支原体肺炎和败血支原体引起的鸡慢性呼吸道病。②与四环素合用有拮抗作用。其他参见链霉素。

【应用】主要用于猪和鸡的革兰阴性菌和支原体感染。防治仔猪大肠杆菌病、鸡慢性呼吸道病和传染性滑液囊炎。对 1~3 日龄雏火鸡和刚出壳的雏鸡皮下注射用于防治火鸡气囊炎和鸡慢性呼吸道病（鸡毒支原体与大肠杆菌并发感染），也可控制滑液支原体、鼠伤寒沙门菌和大肠杆菌感染的死亡率，降低感染的严重程度。常与林可霉素联合用于仔猪腹泻、猪支原体肺炎和鸡慢性呼吸道病。

【不良反应】①林可霉素-大观霉素复方制剂在牛注射给药可诱发严重的肺水肿。②很少引起肾毒性及耳毒性，但同其他氨基糖苷类一样，可引起神经肌肉阻断作用。

【应用注意】①内服吸收较差，仅限用于肠道感染，对急性严重感染宜注射给药。②注射应用的安全性大于其他氨基糖苷类抗生素，但不得静脉给药。③蛋鸡产蛋期禁用。

【制剂与休药期】盐酸大观霉素可溶性粉：鸡 5 d。盐酸大观霉素可溶性粉：鸡 5 d，猪 21 d。盐酸大观霉素盐酸林可霉素可溶性粉：0 d。盐酸大观霉素注射液（犬用）。

安普霉素（Apramycin）

【理化性质】常用其硫酸盐，为微黄色或黄褐色粉末，有引湿性。在水中易溶，在甲醇、丙酮、三氯甲烷或乙醚中几乎不溶。1% 水溶液的 pH 5.0~8.0。

【作用与应用】抗菌谱广，对多种革兰阴性菌(大肠杆菌、沙门菌、铜绿假单胞菌、变形杆菌、克雷伯菌、巴氏杆菌、支气管败血波氏杆菌)和葡萄球菌、猪痢疾短螺旋体以及某些支原体均具有杀菌活性，尤其是革兰阴性菌对其较少耐药，与其他氨基糖苷类不存在交叉耐药性。临床用于治疗畜禽大肠杆菌、沙门菌或其他敏感菌所致的疾病，也可用于猪的短螺旋体性痢疾和畜禽支原体病。

【不良反应】①内服可损害小肠绒毛，而影响肠道对脂肪、蛋白质、糖和铁等营养物质的吸收。②可引起肠道菌群失调，发生厌氧菌或真菌的二重感染。其他参见氨基糖苷类抗生素。

【应用注意】①遇铁锈易失效，混饲器械要注意防锈，也不要与微量元素补充剂相混合。②可溶性粉应在饮水给药当天配制。③蛋鸡产蛋期禁用。

【制剂与休药期】硫酸安普霉素可溶性粉：猪 21 d，鸡 7 d。硫酸安普霉素预混剂：猪 21 d。硫酸安普霉素注射液：猪 28 d。

11.2.3　大环内酯类

大环内酯类抗生素(macrolides antibiotics)是由多种链霉菌产生或半合成的一类弱碱性抗生素，具有 14~16 元环内酯结构。我国用于兽医临床的有红霉素、吉他霉素、泰乐菌素、替米考星、泰万菌素、泰拉霉素、加米霉素(Gamithromgein)和泰地罗新(Tildipirosin)。除红霉素、吉他霉素也用于人医外，其他均为动物专用。

本类抗生素抗菌谱和抗菌活性基本相似，主要对革兰阳性菌、革兰阴性球菌、厌氧菌及军团菌、支原体、衣原体等具有良好作用，常作为青霉素治疗无效或青霉素过敏时青霉素的替代药。本类抗生素仅作用于分裂活跃的细菌，属生长期抑菌剂，且在碱性环境中抗菌活性增强，在极高浓度时(为常规剂量的 10~20 倍)也可显示出杀菌作用。与原核生物的核糖体 50S 亚基可逆性结合，抑制 tRNA 从氨基酸受体位点的移位，阻断新肽链的形成，从而妨碍细菌蛋白质的合成。由于本类药物对革兰阳性球菌的渗透作用比对革兰阴性杆菌强 100 倍，且能进入细胞内发挥抗菌作用，因此临床上主要用于抗革兰阳性球菌感染的治疗。本类药物能与线粒体核糖体结合，但不能穿过线粒体膜，不会造成哺乳动物的骨髓抑制，是一类较安全的兽用药物。

红霉素(Erythromycin)

【理化性质】本品是由红链霉菌(*Streptomyces erythrreus*)培养液中提取的抗生素，为白色或类白色结晶或粉末，微有引湿性。在甲醇、乙醇或丙酮中易溶，在水中极微溶解。药用其游离碱及盐类，如乳糖酸红霉素(供注射用)、硫氰酸红霉素(动物专用)、琥乙红霉素(琥珀酸乙酯红霉素)、依托红霉素(十二烷基硫酸红霉素)等。

【药理作用】本品为窄谱抑菌药，高浓度对敏感菌有杀菌作用。抗菌谱近似于青霉素，但其抗菌谱较广。敏感的革兰阳性菌有金黄色葡萄球菌(包括耐青霉素菌株)、链球菌、丹毒杆菌、炭疽杆菌、李氏杆菌、棒状杆菌、破伤风梭菌、产气荚膜梭菌和腐败梭菌等。敏感的革兰阴性菌有流感嗜血杆菌、脑膜炎球菌、布鲁菌、巴氏杆菌等。此外，对弯曲菌、钩端螺旋体、支原体、立克次体和衣原体等也有效。不敏感菌多为肠道杆菌，如大肠杆菌、沙门菌、克雷伯菌等。红霉素在碱性溶液中抗菌活性增强，当 pH 值从 5.5 上升到

8.5 时，抗菌活性逐渐增加；当 pH<4 时，抗菌作用很弱。

细菌极易通过染色体突变对红霉素产生高水平耐药，由细菌质粒介导的红霉素耐药也较普遍，主要通过甲基化药物靶位造成。红霉素可与其他大环内酯类及林可霉素产生交叉耐药性。

【药动学】皮下或者肌内注射会引起疼痛和刺激，内服是最佳的选择。但红霉素碱和硬脂酸盐内服易被胃酸破坏，红霉素盐的种类、剂型、胃肠道酸碱度和胃中内容物均影响其生物利用度，内服常采用红霉素肠溶片或耐酸的依托红霉素、琥乙红霉素，维持有效血药浓度约 8 h，反刍动物内服无效。吸收后能广泛分布到各种组织和体液中，并高于血清中的药物浓度，尤其在肺，通常用来治疗呼吸道感染。它不会透过血脑屏障，但能透过胎盘屏障。在肝内有相当量被灭活，经胆汁排泄，部分在肠道中重吸收，少量以原形经尿排泄。

【药物相互作用】①对酰胺醇类和林可胺类有拮抗作用，不宜同用。②β-内酰胺类与本品(作为抑菌剂)联用时，可干扰前者的杀菌效能，故在治疗需要发挥快速杀菌作用的疾病时，两者不宜同用。③与青霉素合用对马红球菌有协同抑制作用。④因其有抑制细胞色素氧化酶系统的作用，与某些药物合用时可能抑制其代谢。⑤四环素与本品针剂配伍后，溶液效价降低，并有浑浊沉淀，两药联用尚可加剧肝功能损害。⑥阿司匹林可使本品的抗菌作用降低，不宜同服。⑦维生素 B_6 与本品联合静脉用药可使本品效价降低。⑧维生素 C 不宜与本品混合静脉滴注，易出现浑浊。⑨本品与氨基糖苷类抗生素有协同作用。

【应用】主要用于耐青霉素金黄色葡萄球菌及其他革兰阳性菌所致的各种轻度和中度感染，如肺炎、子宫内膜炎、乳腺炎、败血症和猪丹毒等；对鸡慢性呼吸道病、鸡传染性鼻炎及猪气喘病也有较好的疗效。本品疗效不如青霉素，但常作为青霉素过敏动物的替代药物。

【不良反应与应用注意】①忌与酸性物质配伍。内服虽易被吸收，但能被胃酸破坏，可应用肠溶片或耐酸的依托红霉素，注射溶液的 pH 值应维持在 5.5 以上。②注射用乳糖酸红霉素局部刺激性较强，宜作深部肌内注射；静脉注射的浓度过高或速度过快时，易发生局部疼痛和血栓性静脉炎；乳腺给药后可引起炎症反应。③许多动物(尤其是犬、猫)内服后常出现剂量依赖性胃肠道紊乱，出现恶心、呕吐、腹泻、肠疼痛等症状，马属动物腹泻症状尤其严重。但红霉素仍常用于治疗马的许多感染，特别是马驹。④因新生仔畜肝代谢率低，本品对新生仔畜毒性大。2~4 月龄驹用药后可出现体温过高、呼吸困难，在高热环境中尤易出现。⑤应避免直接用生理盐水或其他无机盐类溶媒溶解红霉素粉针，以防产生沉淀。临用时先用灭菌注射用水溶解，然后用 5% 葡萄糖注射液稀释，浓度不超过 0.1%，注射速度应缓慢。⑥蛋鸡产蛋期禁用。

【制剂与休药期】红霉素片：犬、猫 0 d。注射用乳糖酸红霉素：猪 7 d，羊 3 d，牛 14 d；弃奶期 72 h。硫氰酸红霉素可溶性粉：鸡 3 d。

泰乐菌素(Tylosin)

【理化性质】本品是由弗氏链霉菌(*Streptomyces fradiae*)培养液中提取而得，属畜禽专用抗生素，为白色至浅黄色粉末。在甲醇中易溶，在乙醇、丙酮或三氯甲烷中溶解，在水中微溶。临床常用其酒石酸盐和磷酸盐，易溶于水，水溶液在 25 ℃、pH 5.5~7.5 时保存 3 个月效价不变。

【药理作用】抗菌机制、抗菌谱与红霉素相似，对革兰阳性菌和少数革兰阴性菌、螺旋体和支原体有抑制作用。敏感的革兰阳性菌有金黄色葡萄球菌(包括耐青霉素金黄色葡萄球菌)、肺炎链球菌、炭疽杆菌、棒状杆菌、李氏杆菌、腐败梭菌、气肿疽梭菌等。敏感的革兰阴性菌有流感嗜血杆菌、脑膜炎球菌和巴氏杆菌等。对支原体有特效，是大环内酯类中抗支原体作用最强的药物之一。敏感菌对本品可产生耐药性。本品与红霉素有部分交叉耐药现象。

【药动学】本品酒石酸盐内服可从肠道吸收，磷酸盐则较少被吸收。猪内服1 h可达血药峰浓度。皮下或肌内注射吸收迅速，在体内广泛分布，注射给药的脏器浓度比内服高2~3倍，有效浓度持续时间也较长，但不易透过血脑屏障。在乳汁中的浓度为血清浓度的20%。主要以原形经尿和胆汁排泄，猪的排泄速度比家禽快。

【应用】①用于防治猪、禽的革兰阳性菌感染和支原体感染，如鸡的慢性呼吸道病、坏死性肠炎，猪的支原体肺炎、支原体关节炎和弧菌性痢疾。②用于治疗牛巴氏杆菌引起的肺炎和化脓放线菌引起的腐蹄病。③用于浸泡种蛋以预防鸡支原体传播。

【药物相互作用】①其他大环内酯类和林可胺类抗生素因作用靶点相同而有拮抗作用，不宜合用。②与β-内酰胺类联用时可干扰后者的杀菌效能，故在治疗需要发挥快速杀菌作用的疾病时，两者不宜同用。③有抑制细胞色素氧化酶系统的作用，与某些药物合用时可能抑制其代谢。

【不良反应】①本品较为安全。犬能耐受800 mg/kg剂量，长期(2年)内服400 mg/kg未见器官毒性。但马属动物注射可能会发生严重性腹泻和胎儿性腹泻，甚至死亡，故禁用。牛静脉注射后可产生震颤、呼吸困难及抑郁等。②细菌对其他大环内酯类耐药后，对本品会产生交叉耐药。③具有刺激性，肌内注射可引起剧烈的疼痛，静脉注射可引起血栓性静脉炎及静脉周围炎。④可引起兽医接触性皮炎。⑤禁止与聚醚类抗生素合用，可导致后者毒性增强。

【制剂与休药期】注射用酒石酸泰乐菌素：猪21 d，禽28 d。酒石酸泰乐菌素可溶性粉：鸡1 d。磷酸泰乐菌素预混剂：猪、鸡5 d。

泰万菌素(Tylvalosin，乙酰异戊酰泰乐菌素)

【理化性质】本品是泰乐菌素的衍生物，为新型动物专用大环内酯类抗生素。常用其酒石酸盐，为白色或类白色粉末。在甲醇中易溶，在水、丙酮和三氯甲烷中溶解，在乙醚或乙酸乙酯中微溶。

【作用与应用】抗菌谱与泰乐菌素相近，对多种革兰阳性菌有抗菌活性，如金黄色葡萄球菌(包括耐青霉素菌株)、链球菌、炭疽杆菌、丹毒杆菌、李氏杆菌、弯曲菌、肠球菌、腐败梭菌和气肿疽梭菌等；对支原体和螺旋体也有很强的抗菌活性，且高浓度作用更佳；但对多数革兰阴性菌无作用。本品具有用量少、吸收迅速、分布广泛、消除快、残留低、感染部位聚集、疗效好、不易产生耐药性等优点，并且不会产生大环内酯类抗生素之间的交叉耐药，是一种较好的治疗呼吸道和消化道感染的大环内酯类抗生素。临床用于防治由猪肺炎支原体引起的猪气喘病、由猪痢疾短螺旋体引起的猪痢疾、由胞内劳森菌引起的猪增生性肠炎和由鸡毒支原体引起鸡慢性呼吸道病。

【应用注意】①不宜与青霉素类抗生素联合应用。②有刺激性，应避免眼睛和皮肤直接接触，严禁儿童接触本品。③蛋鸡产蛋期禁用。

【制剂与休药期】酒石酸泰万菌素可溶性粉：猪 3 d，鸡 5 d。酒石酸泰万菌素预混剂：猪 3 d，鸡 5 d。

加米霉素(Gamithromycin)

【理化性质】本品是新型动物专用的 15 元环的半合成氮杂内酯类抗生素，为白色或类白色结晶性粉末。无臭，味苦，略有引湿性。

【作用与应用】主要通过与细菌核糖体 50S 亚基结合，阻止多肽链延长，抑制细菌蛋白质的合成。体外试验数据表明本品以抑菌方式对胸膜肺炎放线杆菌、多杀巴氏杆菌和副猪嗜血杆菌起作用。肌内注射用于治疗这些敏感菌引起的猪、牛呼吸道疾病。

【药动学】本品内酯环的 7a 位为烷基化氮，在生理 pH 值条件下能快速吸收，并在靶动物肺组织中维持长时间的作用。猪颈部单剂量以 6 mg/kg 肌内注射可迅速吸收，达峰时间(t_{max})和峰浓度(C_{max})约为 1.66 h 和 1.01 mg/mL，平均药时曲线下面积(AUC)约为 5 156.67 h·ng/mL，绝对生物利用度为 83.85%，消除半衰期($t_{1/2\beta}$)约为 29.92 h，药物主要以原形经胆汁排泄。

【不良反应】猪肌内注射时，注射部位可能会出现短暂的肿胀，并偶尔伴有轻微疼痛。

【应用注意】①禁用于对大环内酯类抗生素过敏的动物。②禁与其他大环内酯类或林可胺类抗生素同时使用。③对妊娠母畜未进行安全性评估，请根据兽医的风险评估使用。④可能对眼睛和/或皮肤有刺激性，应避免接触皮肤和/或眼睛。如不慎接触，应立即用水冲洗。⑤若不慎注入人体，需立即就医，并向医生提供本品标签或说明书。⑥用后需洗手。⑦置于儿童不可触及处。

【制剂与休药期】加米霉素注射液：猪 23 d。

泰拉菌素(Tulathromycin，瑞可欣)

【理化性质】本品是动物专用的半合成 15 元环状结构的氮杂内酯类药物，为白色或类白色粉末，在甲醇、丙酮和乙酸乙酯中易溶，在乙醇中溶解。

【作用与应用】抗菌作用与泰乐菌素相似，主要抗革兰阳性菌，对少数革兰阴性菌和支原体有效。对胸膜肺炎放线杆菌、巴氏杆菌病及畜禽支原体的活性比泰乐菌素强，95% 的溶血性巴氏杆菌对本品敏感。用于治疗或预防溶血性巴氏杆菌、多杀性巴氏杆菌、嗜血杆菌和支原体引起的牛呼吸道疾病；胸膜肺炎放线杆菌、多杀性巴氏杆菌和肺炎支原体引起的猪呼吸道疾病。

【药动学】皮下或肌内注射在动物体内吸收快速，分布广泛，代谢少，排泄慢，并且在肺中蓄积良好，从而对猪、牛呼吸道疾病具有良好的治疗效果。药物通过快速集聚后缓慢从肺组织中释放，半衰期长达 60~90 h，90% 药物以原形经粪和尿排泄。

【不良反应】正常使用剂量对牛、猪的不良反应很少。当使用剂量远远高于治疗剂量时，可产生心脏毒性，牛偶见暂时的多涎和呼吸困难现象，猪会出现轻微的多涎，但时间很短，一般低于 4 h。

【应用注意】①对大环内酯类抗生素过敏的动物禁用。②不能与其他大环内酯类抗生素或林可霉素同时使用。③供生产人用乳品的泌乳期奶牛禁用，预计在 2 个月内分娩的可能生产人用乳品的妊娠母牛或小母牛禁用。④注射液在首次开启或抽取药液后应在 28 d 内使用。⑤对眼睛有刺激性，可引起过敏反应，避免直接接触。⑥牛皮下注射给药时，仅注射 1 次，每个注射点不超过 7.5 mL；猪肌内注射给药时，仅注射 1 次，每个注射点不超过 2 mL。内服给药会出现轻度急性毒性，静脉注射给药会出现中度的毒性。

【制剂与休药期】泰拉菌素注射液：牛 49 d，猪 33 d。

泰地罗新(Tildipirosin)

【作用与应用】本品为新型动物专用抗生素，主要通过与细菌核糖体 50S 亚基结合，阻止多肽链延长，抑制细菌蛋白质的合成。可有效抑制猪胸膜肺炎放线杆菌、多杀性巴氏杆菌、副猪嗜血杆菌，用于治疗这些敏感菌引起的猪呼吸道疾病。

【药动学】猪肌内注射泰地罗新 4 mg/kg，吸收迅速，达峰时间(t_{max})约为 0.35 h，峰浓度(C_{max})为 0.848 μg/mL，消除半衰期($t_{1/2\beta}$)约为 3.5 d。

【不良反应】①猪肌内注射可能会引起注射部位出现短暂性疼痛和局部肿胀。②极少数仔猪病例(发生率小于 1/10 000)出现短暂昏迷，个别动物发生休克甚至死亡。

【注意事项】①不得用于对大环内酯类抗生素或其辅料过敏的动物。②不得与其他大环内酯类、林可胺类抗生素同时使用。③单个注射部位的注射量不超过 5 mL。④对于妊娠期和泌乳期的动物，应在兽医指导下使用。⑤不得静脉注射。⑥首次开启或抽取药液后应在 28 d 内使用。当多次取药时，建议使用专用吸取针头或多剂量注射器，以避免在瓶塞上扎孔过多。⑦使用人员皮肤接触可引起过敏反应。如果皮肤意外接触到本品，应立即用肥皂和水清洗。如果眼睛意外接触到本品，应立即用清水冲洗。⑧使用人员应避免出现自我注射的情况。一旦发生，立即就医并向医生提供产品说明书。⑨用后要洗手。⑩应放在远离儿童的地方。

【制剂与休药期】泰地罗新注射液：猪 10 d。

吉他霉素(Kitasamycin，柱晶白霉素、北里霉素)

【理化性质】本品是由北里链霉菌(*Streptomyces kitasatoensis*)培养液中提取的碱性 16 元大环内酯抗生素，为吉他霉素 A_5、A_4、A_1、A_{13} 等组分为主的混合物，为白色或类白色粉末。在甲醇、乙醇、丙酮或乙醚中极易溶解，在水中极微溶解，在石油醚中不溶。

【药理作用】抗菌谱、抗菌机制与红霉素相似，对多数革兰阳性菌的抗菌作用略弱于红霉素，对支原体的抗菌作用近似于泰乐菌素，对某些革兰阴性菌、立克次体、螺旋体也有效。葡萄球菌对本品产生耐药性的速度较红霉素慢。对耐青霉素和红霉素的金黄色葡萄球菌有效是本品的特点。

【药动学】内服吸收良好，广泛分布于主要脏器，其中以肝、肾、肺和肌肉中浓度较高，常超过血药浓度。主要经肝胆系统排泄，在胆汁和粪中浓度高，少量经肾排泄。

【应用】主要用于防治革兰阳性菌(包括耐青霉素金黄色葡萄球菌)所致感染及猪、鸡支原体病和猪的弧菌性痢疾等，蛋鸡产蛋期禁用。

【制剂与休药期】吉他霉素片：鸡、猪 7 d。酒石酸吉他霉素可溶性粉：鸡 7 d。

替米考星(Tilmicosin)

【理化性质】本品是泰乐菌素的一种水解产物半合成的动物专用大环内酯类抗生素，为白色或类白色粉末。在甲醇、乙腈或丙酮中易溶，在水中不溶。常用其磷酸盐。

【作用与应用】抗菌作用与泰乐菌素相似，主要抗革兰阳性菌，对少数革兰阴性菌和支原体也有效。对胸膜肺炎放线杆菌、巴氏杆菌及畜禽支原体的抗菌活性比泰乐菌素更强。主要用于防治由胸膜肺炎放线杆菌、溶血性巴氏杆菌、多杀性巴氏杆菌等敏感菌引起的家畜肺炎和乳腺炎，也用于猪、鸡支原体病的防治。

【药动学】内服或皮下注射吸收快，组织穿透力较强，分布容积大，可较完全地进入肺和乳房，在注射后 3 d，肺/血药物峰浓度比为 60∶1。奶牛静脉注射后 1.5 h 乳/血药物峰浓度比为 10∶1 ~ 30∶1，乳中半衰期为 22.6 h。皮下注射 0.5 h 后乳中药物浓度高于血药浓度近 50 倍，半衰期为 33.8 h。

【不良反应】①对心脏有毒性作用，引起心动过速和收缩力减弱，禁止静脉注射。牛静脉注射 5 mg/kg 即致死，对猪、灵长类动物和马也有致死的危险性。肌内注射可发生局部组织反应，本品仅供内服和皮下注射。②与肾上腺素联用可促进猪的死亡。③对眼睛有刺激性，可引起过敏反应，避免直接接触。

【制剂与休药期】替米考星注射液：牛 35 d。替米考星预混剂：猪 14 d。替米考星溶液：鸡 12 d。替米考星可溶性粉：鸡 10 d。蛋鸡产蛋期、泌乳奶牛和肉牛犊禁用。

11.2.4　林可胺类

林可胺类（lincosamides）是由链丝菌（*Streptomyces lincolnensis*）发酵液中提取的一类抗生素，含有类似氨基酸侧链的单糖结构，主要包括林可霉素和克林霉素。两者具有相同的抗菌谱，对革兰阳性菌和支原体具有较强的抗菌活性，对厌氧菌也有一定的作用，但对大多数需氧革兰阴性菌不敏感。该类抗生素与大环内酯类、截短侧耳素类抗生素在结构上有很大差异，但在药动学、抗菌谱、抗菌机制上具有许多相似的特点。我国批准用于兽医临床的仅有林可霉素。

林可霉素（Lincomycin，洁霉素）

【理化性质】其盐酸盐为白色结晶性粉末，性质稳定，遇光、遇酸以及暴露在空气中效价不降低。在水或甲醇中易溶，在乙醇中略溶，20% 水溶液 pH 3.0 ~ 3.5。

【药理作用】抗菌谱与大环内酯类相似。革兰阳性菌如金黄色葡萄球菌（包括耐青霉素菌株）、链球菌、肺炎球菌、炭疽杆菌、钩端螺旋体均对本品敏感。本类药物最大特点是对厌氧菌有良好抗菌活性，如破伤风梭菌、产气荚膜梭菌及大多数放线菌均对本类抗生素敏感。本品是抑菌剂，高浓度时对高度敏感细菌也有杀菌作用。葡萄球菌可缓慢地产生耐药性。与克林霉素有完全的交叉耐药性，与红霉素可产生部分交叉耐药性。

抗菌机制与红霉素相同，作用于细菌核糖体 50S 亚基，通过抑制肽链延长而抑制蛋白质的合成。与红霉素相互竞争结合位点，呈现出拮抗作用。

【药动学】内服吸收不完全，食物可降低其吸收速度和数量。猪内服 1 h 达血药峰浓度，生物利用度为 20% ~ 50%。肌内注射吸收迅速，短时间即可取得比内服高几倍的血药峰浓度。在体内分布较广，能透过胎盘，也能分布于乳汁，其浓度与血浆浓度相等或偏高。主要在肝内代谢，经胆汁和粪排泄，少量经尿排泄。

【应用】①主要用于革兰阳性菌引起的各种感染，如肺炎、支气管炎、败血症、骨髓炎、蜂窝织炎、化脓性关节炎和乳腺炎等，特别适用于耐青霉素、红霉素菌株的感染或对青霉素过敏的犬、猫，是治疗金黄色葡萄球菌引起骨髓炎的首选药。②常用于支原体或副嗜血杆菌引起的猪肺炎、关节炎等。与大观霉素合用（1∶2），对禽类的支原体和大肠杆菌感染, 疗效较泰乐霉素强。

【药物相互作用】①与庆大霉素等联用对葡萄球菌、链球菌等革兰阳性菌呈协同作用, 但也增加了庆大霉素的肾毒性。②不宜与抗肠蠕动止泻药同用, 因可使肠内毒素延迟排出, 从而导致腹泻期延长和加剧。也不宜与含白陶土止泻药同时内服, 后者将减少林可霉素的吸收达90%以上。③本类药物具有神经肌肉阻断作用, 与其他具有此种效应的药物(如氨基糖苷类和多肽类等)合用时应予注意。④与酰胺醇类或红霉素合用有拮抗作用; 与卡那霉素、新生霉素同瓶静脉注射时有配伍禁忌。⑤可与四环素、大观霉素、新霉素、恩诺沙星合用。⑥与头孢菌素类、酰胺醇类或大环内酯类抗生素可产生拮抗作用, 不宜联用。

【不良反应】①内服可引起牛呕吐、厌食、腹泻、酮血症、产乳量减少; 马和家兔等草食动物可致死。肌内注射在注射局部引发疼痛, 快速静脉注射能引起血压升高和心肺功能停顿。②可排入乳汁中使哺乳仔畜腹泻。③有神经阻断作用。

【制剂与休药期】盐酸林可霉素片: 猪6 d。盐酸林可霉素注射液: 猪2 d。盐酸林可霉素可溶性粉: 猪、鸡5 d, 蛋鸡产蛋期间禁用。盐酸林可霉素乳房注入剂: 弃奶期7 d。

11.2.5　截短侧耳素类

截短侧耳素类是由侧耳菌产生的具有较好抗菌活性的广谱双萜烯类抗生素, 能够有效抑制大部分革兰阳性菌以及部分革兰阴性菌。目前, 本类抗生素主要有泰妙菌素、沃尼妙林和瑞他帕林, 其中泰妙菌素和沃尼妙林为动物专用抗生素。

泰妙菌素(Tiamulin, 泰妙灵、支原净)

【理化性质】本品是由伞菌科的北风菌(*Pleurotus mutilis*)培养液中提取制得。常用其延胡索酸盐, 为白色或类白色结晶性粉末。在乙醇中易溶, 在水或甲醇中溶解, 在丙酮中略溶, 在正己烷中几乎不溶。

【药理作用】本品为抑菌性抗生素, 高浓度对敏感菌具有杀菌作用。与大环内酯类一样, 它也是通过与细菌核糖体50S亚单位结合, 从而抑制细菌蛋白质的合成。对葡萄球菌、链球菌等多种革兰阳性菌具有良好的抗菌活性, 对支原体和猪痢疾短螺旋体也有较好的抗菌活性。除对胸膜肺炎放线杆菌、一些大肠杆菌和克雷伯菌的某些菌株有一定作用外, 对革兰阴性菌的抗菌活性较弱。

【药动学】猪内服易吸收, 吸收后在体内广泛分布, 以肺中浓度最高。在体内被代谢成20多种代谢物, 有的具有抗菌活性。其代谢物主要经胆汁、经粪排泄, 约30%经尿排泄。

【应用】主要用于防治支原体引起的鸡慢性呼吸道病、猪气喘病、猪传染性胸膜肺炎, 也可用于猪痢疾和猪增生性肠炎(回肠炎)。与金霉素以1∶4配伍, 可治疗猪细菌性肠炎、细菌性肺炎、密螺旋体性痢疾, 对支原体肺炎、支气管败血波氏杆菌和多杀性巴氏杆菌引起混合感染所引起的肺炎疗效显著。

【不良反应】①与聚醚类离子载体抗生素(如莫能菌素、拉沙菌素、那拉霉素或盐霉素)配伍用可影响上述抗生素代谢, 使鸡生长缓慢、运动失调、麻痹瘫痪, 甚至死亡。故禁止与聚醚类抗生素合用。②可导致马肠道菌群紊乱, 易引起结肠炎, 故禁用。③猪正常剂量应用有时出现皮肤红斑, 过量时可出现短暂流涎、呕吐和中枢神经系统抑制。

【制剂与休药期】延胡索酸泰妙菌素可溶性粉：猪 7 d，鸡 5 d，蛋鸡产蛋期间禁用。延胡索酸泰妙菌素预混剂：猪 7 d。

沃尼妙林（Valnemulin）

【理化性质】本品为白色结晶性粉末，极微溶于水，溶于甲醇、乙醇、丙酮，其盐酸盐溶于水。

【作用与应用】抗菌谱广，对革兰阳性菌、厌氧菌和少数革兰阴性菌有效，对支原体和螺旋体有高效。主要对金黄色葡萄球菌、链球菌、肺炎支原体、滑液囊支原体、猪胸膜肺炎放线杆菌、猪痢疾短螺旋体、胞内劳森菌等均有很强的抑制作用，对革兰阴性菌（如大肠杆菌、沙门菌）效力较弱。作用机制是与细菌核糖体 50S 亚基结合而抑制细菌等微生物蛋白质合成，高浓度时也抑制 RNA 的合成。主要用于防治鸡慢性呼吸道病、猪气喘病、猪传染性胸膜肺炎、猪痢疾、猪结肠螺旋体病（结肠炎）、猪增生性肠炎（回肠炎）。

【药动学】内服吸收迅速，猪的生物利用度为 57% ~ 90%，血药浓度达峰时间在 1~4 h，血浆药物浓度与给药剂量呈线性关系。体内分布广泛，在肺和肝脏组织中药物浓度高，常高出血浆浓度几倍。在体内代谢广泛，其代谢物主要经胆汁、经粪排泄，约 30% 经尿排泄。血浆半衰期 1.3~2.7 h。

【不良反应】①猪主要表现为发热、食欲不振，严重时共济失调，喜卧，浮肿或红斑（主要在臀部），眼睑水肿。②与聚醚类抗生素配伍使用，可增加后者的毒性。故使用本品前后至少 5 d 内不能使用聚醚类药物。

【制剂与休药期】盐酸沃尼妙林预混剂：猪 1 d。

11.2.6 多肽类

多肽类抗生素是通过肽键（—CONH—）将各种氨基酸结合成环状或链状的高分子多肽化合物。兽医临床应用的本类药物包括黏菌素、杆菌肽、维吉尼霉素、恩拉霉素，但后两种主要作猪、禽的促生长添加剂，现该用途已被禁用。人医中使用的还有万古霉素和去甲万古霉素。

黏菌素（Colistin，多黏菌素 E、抗敌素）

【理化性质】本品是由多黏芽孢杆菌变种（*Bacillus polymyxa* var. *colistimus*）的培养液中提取而得。常用其硫酸盐，为白色结晶性粉末。在水中易溶，2% 水溶液 pH 5.7 左右。

【药理作用】本品为窄谱慢效杀菌剂，对革兰阴性菌有强大抗菌作用，敏感菌有铜绿假单胞菌、大肠杆菌、克雷伯菌、沙门菌、志贺菌、巴氏杆菌和弧菌等。作为一种碱性阳离子表面活性剂，当与细菌细胞膜接触时，其亲水基团与细胞外膜磷脂上的磷酸基形成复合物，而亲脂链则可插入膜内脂肪链之间，破坏细胞膜结构而增加膜通透性，使细菌细胞内的重要物质外漏而造成细菌死亡。另外，本品进入细菌细胞后，也影响核质和核糖体的功能。细菌对本品不易产生耐药性，且与其他抗生素无交叉耐药现象，但与多黏菌素 B 之间有完全交叉耐药性。所有革兰阳性菌和变形杆菌属、布鲁菌属、沙雷菌属对其耐药。

【药动学】内服很少吸收，可用于肠道感染。注射后在体内分布广，肝、肾中含量较高，但不易透过脑脊液、胸腔、关节腔和感染灶。主要经肾排泄，肾功能不全时易在体内蓄积。

【应用】内服用于治疗革兰阴性杆菌引起的畜禽肠道感染；外用于烧伤和外伤引起的铜绿假单胞菌感染和眼、耳等部位敏感菌的感染。

【药物相互作用】①磺胺药、甲氧苄啶和利福平均可增强本品对大肠杆菌、肠杆菌属、肺炎杆菌、铜绿假单胞菌的抗菌作用。②能增强两性霉素B对球孢子菌的抗菌作用。③与肌松药和神经肌肉阻滞剂(如氨基糖苷类抗生素等)合用可能引起肌无力和呼吸暂停。④与杆菌肽锌1∶5配合有协同作用。⑤与螯合剂(EDTA)和阳离子清洁剂联用对铜绿假单胞菌有协同作用，常联合用于局部感染的治疗。⑥与能损伤肾功能的药物合用，可增强其肾毒性。

【不良反应】①内服很少吸收，不用于全身感染。②全身应用可引起肾毒性、神经毒性和肌肉阻断效应，肾功能不全的患畜应减量。③因可能引起呼吸抑制，一般不采用注射用药。

【制剂与休药期】硫酸黏菌素可溶性粉：猪、鸡7 d，蛋鸡产蛋期禁用。

杆菌肽(Bacitracin)

【理化性质】本品是由苔藓样杆菌(*Bacillus licheniformis*)培养液中获得，为含噻唑环的多肽化合物。常用杆菌肽锌，为淡黄色至淡棕黄色粉末。在吡啶中易溶，在水、甲醇、丙酮、三氯甲烷或乙醚中几乎不溶。

【药理作用】本品为慢效杀菌药，抗菌谱与青霉素相似。对葡萄球菌、链球菌、肠球菌、梭状芽孢杆菌和棒状杆菌等革兰阳性菌具有良好的抗菌活性，对放线菌和螺旋体也有效，对革兰阴性杆菌无效。抗菌机制与青霉素相似，主要抑制细菌细胞壁的黏肽合成。此外，也可与敏感菌的细胞膜结合，损害细菌细胞膜的完整性，使细胞内营养物质与离子外漏，导致细菌死亡。由于抗菌机制的特殊性，因而不易与其他抗菌药产生交叉耐药性，细菌对本品产生耐药性缓慢，但金黄色葡萄球菌较其他菌易产生耐药性。内服几乎不被吸收，大部分在2 d内经粪排出。

【应用】①常与抗革兰阳性菌药物(如黏菌素和新霉素)合用，治疗家畜的细菌性腹泻及密螺旋体所致的猪血痢。②局部外用其眼膏、软膏治疗敏感菌所致的皮肤伤口、软组织、眼、耳、口腔等部位感染。③内服治疗耐青霉素金黄色葡萄球菌感染。

【不良反应】注射给药后可引起较强的肾毒性，不宜注射给药。能引起肾功能衰竭。

【制剂与休药期】亚甲基水杨酸杆菌肽可溶性粉：鸡0 d，蛋鸡产蛋期禁用，仅用于种禽。

11.2.7 四环素类

四环素类(tetracyclines)是一类具有共同多环并四苯羧基酰胺母核的衍生物，仅是母核的5、6、7位上取代基团不同。可分为天然品和半合成品两大类，前者从不同链霉菌的培养液中提取获得，包括四环素、土霉素、金霉素和地美环素(去甲金霉素)；后者为半合成衍生物，如美他环素(甲烯土霉素)、多西环素(脱氧土霉素)和米诺环素(二甲胺四环素)等。2005年美国FDA批准了用于抑制广泛耐药的金黄色葡萄球菌和万古霉素耐药菌感染的替加环素(Tigecylcine)上市，以它为代表的甘氨酰环素类抗生素的出现标志着第三代四环素的诞生。我国批准用于兽医临床的本类药物有四环素、土霉素、金霉素和多西环素。

本类药物为广谱速效抑菌药，高浓度对某些细菌呈杀菌作用。对多种革兰阳性菌和革兰阴性菌、立克次体、支原体、衣原体、螺旋体和某些原虫等均有效，半合成四环素类对许多厌氧菌有良好作用。抗菌作用的强弱次序为米诺环素>多西环素>美他环素>金霉素>四环素>土霉素。本类药物对革兰阳性菌的作用优于革兰阴性菌，但对革兰阳性菌的作用不及青霉素，对革兰阴性菌作用不及氨基糖苷类和酰胺醇类抗生素。另外，产气荚膜梭菌、变形杆菌、铜绿假单胞菌对本类抗生素敏感性差异较大。本类抗生素抗菌作用也不一致，如土霉素对铜绿假单胞菌、立克次体效力较佳，但对一般细菌不如四环素。

本类药物的抗菌机制是通过细胞外膜的亲水性膜孔，由内膜上能量依赖性转移系统进入细胞，可逆性与核糖体 30S 亚基的 A 位结合，阻止氨基酰-tRNA 与 A 位结合；还可阻碍释放因子与核糖体结合，使已合成的多肽链或蛋白质不能从核糖体上释放，抑制肽链延长和蛋白质合成，从而使细菌生长繁殖受到抑制。此外，也可改变细菌细胞膜通透性，导致细胞内重要成分外漏，迅速抑制 DNA 的复制。

细菌在体外对本类药物的耐药性产生较慢，天然品种间呈交叉耐药，但与半合成品交叉耐药性不明显。主要是通过耐药质粒介导产生耐药性：①携带耐药质粒的细菌对药物的摄入减少或主动外排药物增加。②通过核糖体保护蛋白（Tet M 和 Tet O）在蛋白质合成过程中保护核糖体而耐药。另外，本类药物可被酶灭活而使细菌产生耐药性。

土霉素（Oxytetracycline，氧四环素）

【理化性质】本品是由土壤链霉菌（Streptomyces rimosus）的培养液中提取而得，为淡黄色至暗黄色的结晶性或无定形粉末。在水中极微溶，在氢氧化钠溶液和稀盐酸中溶解。临床常用其盐酸盐，为黄色结晶性粉末。易溶于水，10%水溶液 pH 2.3~2.9。

【药理作用】具广谱抑菌作用，除对革兰阴性菌和革兰阳性菌有效外，对支原体、衣原体、立克次体、螺旋体和某些原虫等也有一定程度的抑制作用。在革兰阳性菌中，对葡萄球菌、肺炎链球菌、溶血链球菌、炭疽杆菌、破伤风梭菌和产气荚膜梭菌作用较强，但不及青霉素和头孢菌素。在革兰阴性菌中，对大肠杆菌、巴氏杆菌、沙门菌、布鲁菌、克雷伯菌、嗜血杆菌和鼻疽杆菌等较敏感，但不如氨基糖苷类和酰胺醇类抗生素。

【药动学】内服易吸收，但不完全。肌内注射后达峰时间为 30 min 至数小时，吸收后广泛分布于肝、肾、肺等组织和体液中，易渗入胸水、腹水、母胎循环及乳汁中，不易透过血脑屏障。能沉积于骨、齿等组织内，主要以原形经尿中排出。一部分在肝、胆汁中浓缩，排入肠内，部分再被吸收形成肝肠循环。肾功能减退时可在体内蓄积。

【应用】用于治疗革兰阳性菌、革兰阴性菌、立克次体和支原体等感染：①大肠杆菌或沙门菌引起的犊牛白痢、羔羊痢疾、仔猪黄痢和白痢、雏鸡白痢等。②多杀性巴氏杆菌引起的牛出血性败血症、猪肺疫、禽霍乱等。③支原体引起的牛肺炎、猪气喘病、鸡慢性呼吸道病等。④血孢子虫感染引起的泰勒焦虫病、放线菌病、钩端螺旋体病。⑤局部用于坏死杆菌引起的坏死、子宫蓄脓、子宫内膜炎等。

【药物相互作用】①与碳酸氢钠同用，可升高胃内 pH 值，而使本品吸收减少及活性降低。与茶碱类药物合用会增加胃肠道的不良反应。②与钙盐、铁盐或含金属离子钙、镁、铝、铋、铁等的药物（包括中草药）同用时可形成不溶性络合物，减少药物吸收，且降低抗菌活性。③与强利尿药（如呋塞米等）同用可使肾功能损害加重。④本类药物属快效抑菌药，可干扰青霉素类对细菌繁殖期的杀菌作用，宜避免同用。⑤与大环内酯类、黏菌素合用呈协同作用。

【不良反应】①局部刺激。本类药物的盐酸盐水溶液有较强的刺激性，小动物内服后可引起呕吐、恶心、厌食和腹泻，猫还可能出现绞痛、发热、脱毛和抑郁症状。肌内注射可引起注射部位疼痛、炎症和坏死，静脉注射可引起静脉炎和血栓。②二重感染。成年反刍动物内服剂量过大或疗程过长时，易引起肠道菌群紊乱，轻者出现维生素缺乏症，重者造成二重感染。可引起氮血症，且可因类固醇类药物的存在而加剧，还可引起代谢性酸中毒及电解质失衡。

【应用注意】①应在凉暗的干燥处遮光密闭保存，忌与含氯量多的自来水和碱性溶液混合，不用金属容器盛药。②避免与乳制品和含钙、镁、铝、铁、铋等药物及含钙量较高的食物同服。③静脉注射宜缓慢注射，勿漏注血管外。④患病动物肝、肾功能严重损害时忌用。⑤成年反刍动物、马属动物和兔不宜内服。马注射后可发生胃肠炎，慎用。

【制剂与休药期】盐酸土霉素可溶性粉：猪 7 d，鸡 5 d；弃蛋期 2 d。土霉素片：牛、羊、猪 7 d，禽 5 d，弃奶期 72 h；弃蛋期 2 d。土霉素注射液：牛、猪、羊 28 d，弃奶期 7 d。注射用盐酸土霉素：牛、猪、羊 8 d；弃奶期 48 h。

四环素(Tetracycline)

【理化性质】本品是由金色链霉菌(*Streptomyces aureofaciens*)的培养液中提取而得。临床常用其盐酸盐，为黄色结晶性粉末。在碱性浓度中易破坏失效。在水中溶解，1%水溶液 pH 1.8~2.8。

【作用与应用】与土霉素相似，但对一般革兰阴性菌(如大肠杆菌和变形杆菌)的抑制作用较土霉素强。内服后血药浓度较土霉素略高，对组织的透过率也较高。主要用于治疗革兰阳性菌、革兰阴性菌、螺旋体、衣原体、立克次体和支原体等感染。

【不良反应】①肝、肾损害。过量四环素可致严重的肝损害，尤其患有肾衰竭的动物；偶尔可见致死性的肾毒性。②心血管效应。牛静脉注射速度过快可出现急性心功能衰竭。③局部刺激作用。④二重感染。

【制剂与休药期】注射用盐酸四环素：牛、羊、猪 8 d；弃奶期 48 h。四环素片：牛 12 d，猪 10 d，鸡 4 d。盐酸四环素可溶性粉：牛 12 d，猪 10 d，鸡 4 d，蛋鸡产蛋期禁用。

金霉素(Chlortetracycline)

【理化性质】本品是由金色链霉菌培养液中提取而得，是首个发现的四环素类抗生素。常用其盐酸盐，为黄色或金黄色结晶性粉末。在水中或乙醇中微溶，在丙酮、三氯甲烷或乙醚中几乎不溶。其水溶液不稳定，超过 1%易析出，37 ℃放置 5 h 效价降低 50%。

【药理作用】与土霉素相似，但抗菌作用较四环素、土霉素强。对葡萄球菌、溶血链球菌、炭疽杆菌、破伤风梭菌和产气荚膜梭菌等革兰阳性菌作用较强，但不如 β-内酰胺类抗生素。对大肠杆菌、沙门菌、布鲁菌和巴氏杆菌等革兰阴性菌较敏感，但不如氨基糖苷类和酰胺醇类抗生素。本品对立克次体、衣原体、支原体、螺旋体和某些原虫也有抑制作用。药动学与土霉素相似，但在消化道中的吸收较土霉素少，半衰期短，肉鸡为 5.8 h。

【应用】用于预防或治疗鸡慢性呼吸道病、大肠杆菌病、火鸡传染性鼻窦炎、滑膜炎、鸭巴氏杆菌病、猪细菌性肠炎、猪气喘病、增生性肠炎、犊牛细菌性痢疾、肉牛和干乳期奶牛肺炎。

【制剂与休药期】金霉素预混剂：猪 7 d。盐酸金霉素可溶性粉：鸡 7 d，蛋鸡产蛋期禁用。

多西环素（Doxycycline，强力霉素、脱氧土霉素）

【理化性质】本品是由土霉素 6 位上的羟基脱氧而制成的半合成四环素类抗生素。常用其盐酸盐，为淡黄色或黄色结晶性粉末，室温中稳定，遇光易变质。在水或甲醇中易溶，在乙醇或丙酮中微溶，在三氯甲烷中几乎不溶。1% 水溶液 pH 2.0~3.0。

【作用与应用】抗菌谱与土霉素相似，但抗菌作用较四环素强 2~8 倍，对耐四环素的细菌有效。敏感的革兰阳性菌包括葡萄球菌、链球菌、炭疽杆菌、破伤风梭菌和棒状杆菌等；敏感的革兰阴性菌包括大肠杆菌、巴氏杆菌、沙门菌、布鲁菌、克雷伯菌、嗜血杆菌和鼻疽杆菌等。主要用于治疗畜禽的支原体病、大肠杆菌病、沙门菌病和巴氏杆菌病，尤其适用于肾功能减退的患病动物。

【药动学】内服易于吸收，生物利用度高。且进食对其吸收的影响较小。吸收后广泛分布于各组织、器官和体液中，包括脑脊液、前列腺和眼。排泄有独特性，主要以非活性形式沿非胆汁途径排入粪便内，即药物在肠组织内以螯合形式部分被灭活，随之排入肠腔。犬约有 75% 的用药量以此种方式排泄，肾排泄仅占用药量的 25%。由于经肾排泄不占主要地位，故本品在肾功能损害动物体内不易蓄积。

【药物相互作用】与链霉素合用，治疗布鲁菌病有协同作用，其他参见土霉素。

【不良反应】①本品在四环素类中毒性最小，但犬、猫内服常引起恶心、呕吐反应，进食可缓解此种反应。大剂量长期连续使用可引起肠道正常菌群失调和维生素缺乏。②马属动物静脉注射后可能出现心律不齐、休克和死亡。③具有一定的肝、肾毒性，过量可致严重的肝损害，致死性肾中毒偶尔可见。

【制剂与休药期】盐酸多西环素片：牛、羊、猪、禽 28 d，蛋鸡产蛋期和泌乳奶牛禁用。盐酸多西环素可溶性粉：禽 28 d，蛋鸡产蛋期禁用。盐酸多西环素注射液：猪 28 d。

11.2.8　酰胺醇类

酰胺醇类（amphenicols）又称氯霉素类抗生素，包括氯霉素、甲砜霉素和氟苯尼考。氯霉素（Chloromycetin）是从委内瑞拉链霉菌（*Streptomyces venezuelae*）培养液中提取获得，是第一个人工全合成的抗生素，曾在我国畜牧业中广泛应用，对畜禽疾病控制及治疗发挥了重要作用。但由于氯霉素可严重干扰动物造血功能，引起粒细胞及血小板生成减少，导致不可逆性再生障碍性贫血，国际上几乎所有国家都禁止用于食品动物。甲砜霉素和氟苯尼考是将氯霉素的对位硝基用甲磺酰基取代，这种不良反应消失，同时又保持了氯霉素广谱的抗菌活性，因此临床上仍在使用。另外，氟苯尼考为动物专用抗生素，抗菌活性优于氯霉素和甲砜霉素，毒副作用也小，是目前使用最广泛的酰胺醇类抗生素。

本类药物的抗菌机制是与核糖体 50S 亚基的 A 位结合，抑制肽酰基转肽酶的活性，使肽链不能延长，从而抑制菌体蛋白的合成，产生抗菌作用。但由于哺乳动物骨髓造血细胞线粒体与细菌核糖体结构非常相似（两者均为 70S），因此氯霉素在一定程度上抑制哺乳动物蛋白质的合成，尤其以骨髓核糖体对氯霉素最为敏感。动物若长期连续使用氯霉素，则会引起一种与剂量相关的骨髓抑制毒性，猫尤为明显。

细菌对本类药物能缓慢产生耐药性，主要是通过质粒传递，诱导产生乙酰转移酶。某些细菌也能改变细菌细胞膜的通透性，使药物难于进入菌体。甲砜霉素和氟苯尼考之间存在完全交叉耐药性。

甲砜霉素(Thiamphenicol，甲砜氯霉素、硫霉素)

【理化性质】本品是人工合成的氯霉素的同类物，为白色结晶性粉末。在 N,N-二甲基甲酰胺中易溶，在无水乙醇中略溶，在水中微溶。

【药理作用】具有广谱抗菌作用，低浓度抑菌，高浓度杀菌。对革兰阴性菌作用较革兰阳性菌强。对多数肠杆菌科细菌，包括伤寒杆菌、副伤寒杆菌和大肠杆菌高度敏感。对其敏感的革兰阴性菌还有巴氏杆菌、布鲁菌等。敏感的革兰阳性菌有炭疽杆菌、链球菌、棒状杆菌、葡萄球菌等。衣原体、钩端螺旋体、立克次体对本品也敏感。但对分枝杆菌、铜绿假单胞菌、真菌、病毒无效。

【药动学】内服后吸收迅速而完全，连续用药在体内无蓄积，同服丙磺舒可使排泄延缓，血药浓度增高。体内广泛分布，在组织、器官的含量较高，因此体内抗菌活性也较强。以原形药经肾排泄。

【应用】主要用于治疗畜禽肠道、呼吸道的细菌性感染。如幼畜副伤寒、白痢、肺炎及家畜肠道感染，禽的大肠杆菌病、沙门菌病、呼吸道细菌性感染；也用于防治鱼类由嗜水气单孢菌等细菌引起的败血症、肠炎、赤皮病等多种细菌性疾病以及河蟹、鳖、虾、蛙等特种水生生物的细菌性疾病。

【药物相互作用】①大环内酯类和林可胺类抗生素与本品发生拮抗而不宜联合应用。②本品为抑制细菌蛋白质合成的抑菌剂，对青霉素类杀菌剂的杀菌效果有干扰作用，应避免两类药物同用。③对肝微粒体药物代谢酶有抑制作用，可影响其他药物代谢，提高血药浓度，增强药效或毒性，如可显著延长戊巴比妥钠的麻醉时间。

【不良反应】①血液系统毒性。引起可逆性的红细胞生成抑制，但不引起再生障碍性贫血。②胚胎毒性。妊娠期和哺乳期的家畜慎用。③免疫抑制作用。对疫苗接种期间的动物或免疫功能严重缺损的动物禁用。④消化机能紊乱。动物长期应用可能由于菌群失调引起维生素缺乏和二重感染。⑤胚胎毒性。妊娠期及哺乳期家畜慎用。

【制剂与休药期】甲砜霉素片：28 d；弃奶期7 d。甲砜霉素粉：28 d；弃奶期7 d。甲砜霉素可溶性粉：鸡28 d，蛋鸡产蛋期禁用。甲砜霉素注射液：猪28 d。

氟苯尼考(Florfenicol，氟甲砜霉素)

【理化性质】本品为白色或类白色粉末或结晶性粉末。在二甲基甲酰胺中极易溶，在甲醇中溶解，在冰醋酸中略溶，在三氯甲烷中极微溶，在水中几乎不溶。

【药理作用】抗菌机制与甲砜霉素相同，但抗菌活性、抗菌谱及不良反应方面明显优于甲砜霉素，其抗菌活性可达甲砜霉素的 10 倍之多。溶血性巴氏杆菌、多杀性巴氏杆菌和猪胸膜肺炎放线杆菌对本品高度敏感。对链球菌及耐甲砜霉素的伤寒沙门菌、克雷伯菌和大肠杆菌均敏感。但分枝杆菌和铜绿假单胞菌对本品不敏感。

细菌对本品可产生获得性耐药，并与甲砜霉素存在交叉耐药性。但无由质粒介导的乙酰转移酶灭活甲砜霉素而产生的耐药性。对其他抗菌药已产生耐药性的病原菌仍有强大杀灭作用。本品动物专用不与人类形成交叉耐药性，对环境无危害。

【药动学】内服和肌内注射吸收迅速，分布广泛，半衰期长，血药浓度高，能较长时间维持血药浓度。药物 50%~65% 以原形经肾从尿中排泄。

【应用】主要用于动物细菌性疾病，如巴氏杆菌、嗜血杆菌引起的牛呼吸道疾病、牛感染性角膜结膜炎、猪放线菌性胸膜肺炎、由蛙产气单胞杆菌引起的蛙鱼疖病等；也可用于治疗各种病原菌引起的奶牛乳腺炎。本品推荐作为猪肺疫、猪传染性胸膜肺炎和副猪嗜血杆菌病的首选药物，特别适用于对氟喹诺酮类及其他抗菌药物有耐药性细菌的治疗。

【药物相互作用】不推荐氟苯尼考与阿莫西林、泰乐菌素、泰妙菌素合用，但可与强力霉素联用。

【应用注意】①不会产生再生障碍性贫血或骨髓抑制，但有胚胎毒性，哺乳期和妊娠期动物禁用。②本品用于食品动物的优势在于分子中没有对位硝基基团，不会诱发人类产生再生障碍性贫血。但大剂量或长期用药仍可能引起与剂量相关的可逆的骨髓抑制。③高于推荐剂量使用时有较强的免疫抑制作用，疫苗接种期或免疫功能严重缺损的动物禁用。④肾功能不全患病动物要减量或延长给药间隔时间。

【制剂与休药期】氟苯尼考可溶性粉：鸡 5 d。氟苯尼考粉：猪 20 d，鸡 5 d。氟苯尼考溶液：鸡 5 d。氟苯尼考注射液：猪 14 d，鸡 28 d。氟苯尼考预混剂：猪 14 d；蛋鸡产蛋期禁用。

11.2.9　寡糖类

阿维拉霉素(Avilamycin，阿美拉霉素、卑霉素)

【理化性质】本品为棕褐色粉末。有霉味，微溶于水，易溶于丙酮、丙醇、乙酸乙酯、苯和乙醚等有机溶剂。

【作用与应用】对葡萄球菌、链球菌、肠球菌等革兰阳性菌有抗菌作用；能提高肠道对葡萄糖的吸收，增加挥发性脂肪酸产量并减少乳酸的产生；能有效地辅助控制由大肠杆菌引起的断奶仔猪腹泻的发生和恶化，同时能降低大肠杆菌表面黏附菌毛的产生及在肠黏膜上的吸附，减轻肠道的损伤，从而控制腹泻的发生。临床用于辅助控制由大肠杆菌引起的断奶仔猪腹泻及产气荚膜梭菌引起的肉鸡坏死性肠炎。本品经内服给药，几乎不被肠道吸收，因而在猪组织中残留极微。

【制剂与休药期】阿维拉霉素预混剂：鸡、猪 0 d。

11.2.10　其他

利福昔明(Rifaximin)

【作用与应用】本品为利福霉素 SV 的半合成衍生物。主要通过与细菌依赖 DNA 的 RNA 聚合酶 β-亚单位不可逆地结合，抑制细菌 RNA 的合成，达到杀菌目的。敏感菌包括厌氧菌、革兰阳性菌(如葡萄球菌、链球菌、隐秘杆菌)、革兰阴性菌(如大肠杆菌)。兽医临床用于治疗由葡萄球菌、链球菌、大肠杆菌、隐秘杆菌及厌氧菌等敏感菌引起的奶牛乳腺炎及子宫内膜炎(见本书 14.3 乳房用药和 14.4 子宫腔内用药)。

【制剂与休药期】利福昔明乳房注入剂(泌乳期)：弃奶期 96 h。利福昔明乳房注入剂(干奶期)、利福昔明子宫注入剂：0 d。

11.3　化学合成抗菌药

化学合成抗菌药可分为磺胺类、抗菌增效剂、喹诺酮类、喹噁啉类、硝基咪唑类等药物。目前,兽医临床应用最多的是磺胺类和喹诺酮类药物。

11.3.1 磺胺类

磺胺类药物是至今仍在广泛使用的最早的化学合成抗菌药,具有抗菌谱广、疗效确实、性质稳定、使用方便、制备简单、便于合成、价格低廉等优点,但同时也具有抗菌作用较弱、不良反应较多、细菌易产生耐药性、用量较大和疗程偏长等缺点。由于抗菌增效剂甲氧苄啶的出现,提高了磺胺类药物的临床疗效,使得磺胺类药物在新抗微生物药不断涌现的今天,仍然在临床上广泛应用。

【理化性质】本类药物为白色或淡黄色结晶性粉末,略溶于水(磺胺醋酰除外),表现为酸碱两性,在强酸或碱中可成盐,制剂多用其钠盐,易溶于水。各种磺胺类药物之间遵守独立溶解性规律,即一种药物的浓度不影响另一种药物的溶解度。

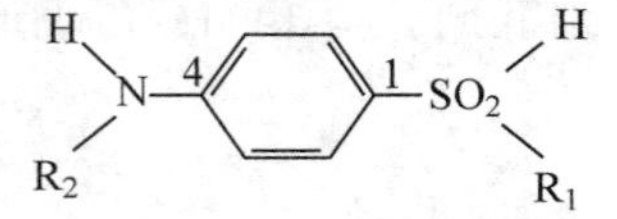

图 11-2 磺胺类药物的基本结构

【构效关系】本类药物均是对氨基苯磺酰胺(简称磺胺,Sulfanilamide,SN)的衍生物。磺胺分子中含一个苯环、一个对位氨基和一个磺酰胺基(图 11-2),R 代表不同的基团,由于引入的基团不同,因此合成了一系列的磺胺类药物,构效关系如下:①磺酰胺基上的氢原子(R_1)被不同杂环基团取代时,可得到一系列内服易吸收、增效作用显著的多种磺胺,用于防治全身性感染。如磺胺噻唑(ST)、磺胺嘧啶(SD)等。②磺酰胺基对位的氨基是抗菌活性的必需基团,如氨基上的氢原子(R_2)被酰胺化,则失去抗菌活性。如琥珀酰磺胺噻唑,在体外无抗菌作用,内服后在肠道内分解出具有游离氨基的磺胺噻唑,才能出现抑菌作用,用于肠道感染。③对位氨基一个氢原子被其他基团取代,则成为内服难吸收的用于肠道感染的磺胺药。如酞磺胺噻唑等在肠道内水解,使氨基游离后,才能发挥抑菌作用。

【分类】磺胺类药物根据其吸收情况和应用部位可分为肠道易吸收、肠道难吸收及外用 3 类:①肠道易吸收的磺胺药。氨苯磺胺(SN)、ST、SD、磺胺喹噁啉(SQ)、磺胺二甲嘧啶(SM_2)、磺胺异噁唑(SIZ)、磺胺甲噁唑(新诺明、SMZ)、磺胺间甲氧嘧啶(SMM)、磺胺对甲氧嘧啶(SMD)、磺胺-2,6-二甲氧嘧啶(SDM)、周效磺胺(磺胺多辛,SDM′)、磺胺氯吡嗪(SPZ)等。②肠道难吸收的磺胺药。磺胺脒(SG)、琥磺噻唑(SST)、酞磺噻唑(PST)、酞磺醋胺(PSA)等。③外用磺胺药。磺胺醋酰钠(SA-Na)等。

【抗菌作用】本类药物属广谱慢作用型抑菌药,能抑制大多数革兰阳性菌及革兰阴性菌。主要是抑制细菌繁殖,一般无杀菌作用。对其高度敏感的细菌有溶血性链球菌、肺炎球菌、淋球菌、沙门菌、化脓棒状杆菌等;中度敏感菌如葡萄球菌、大肠杆菌、巴氏杆菌、布鲁菌、肺炎杆菌、变形杆菌、痢疾杆菌、李氏杆菌等;某些放线菌对磺胺药也敏感。对少数真菌如组织胞浆菌、奴卡菌及衣原体也有抑制作用。有些药物还能选择性地抑制某些原虫,如 SQ、SDM 用于球虫病。但对螺旋体、分枝杆菌完全无效,对立克次体,不但不能抑制反而刺激其生长。

不同磺胺药对病原菌的抑制作用存在着差异,抗菌活性大小为:SMM>SMZ>SIZ>SD>SDM>SMD>SM₂>SDM′>SN。

【抗菌机制】本类药物通过干扰敏感菌的叶酸代谢而抑制其生长繁殖(图 11-3)。对磺胺类药物敏感的细菌不能直接摄取环境中的叶酸,必须利用对氨基苯甲酸(PABA),在菌体内二氢叶酸合成酶的参与下,与二氢喋啶一起合成二氢叶酸,再经二氢叶酸还原酶的作用形成四氢叶酸。四氢叶酸是一碳基团转移酶的辅酶，进一步参与嘌呤、嘧啶和核苷酸等物质的合成，从而参与核酸代谢。

本类药物的化学结构与 PABA 相似，二者竞争二氢叶酸合成酶。当磺胺类药物与二氢叶酸合成酶结合后，抑制该酶的活性，使二氢叶酸的合成受阻，不能进一步形成四氢叶酸，四氢叶酸为"一碳基团"转移酶的辅酶，其功能是供给甲基、甲酰基或亚甲基，从而影响腺苷酸及嘌呤等重要代谢物质的合成，引起 DNA 代谢障碍，使细菌的生长繁殖受到抑制而产生抑菌作用。但细菌的酶系统与对 PABA 的亲和力远比对磺胺类药物的亲和力强，当 PABA 的浓度高于磺胺类药物浓度的 $1/5\ 000 \sim 1/25\ 000$ 时就可消除磺胺药的抑菌作用，所以药物浓度必须显著地高于对 PABA 的浓度才能有效。脓汁或组织分解产物中含有大量的 PABA，可减弱磺胺类药物的抗菌作用，对局部感染用药时应注意排脓清创。

动物机体由于能直接利用食物中的叶酸，不需自身合成叶酸，故其代谢不受磺胺类药物干扰。对磺胺类药物不敏感的细菌，可能是由于代谢过程中不需叶酸或能直接利用外源性叶酸进行繁殖。

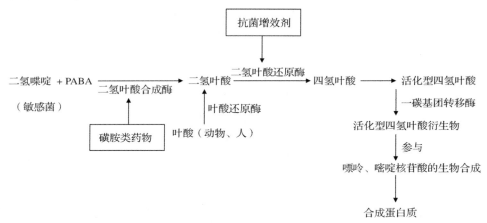

图 11-3　磺胺类及抗菌增效剂的作用机制

【药动学】

①吸收　用于全身感染的药物内服后迅速在小肠上段吸收，吸收率可达 $70\% \sim 90\%$；用于肠道感染的药物则难吸收，在小肠下段及结肠形成高浓度而发挥肠道内抑菌作用。各种药物的吸收率常因药物和动物种类不同而有所差异，通常吸收率顺序为：禽>犬>猪>马>羊>牛，$SM_2 > SDM' > SN > SMP > SD > ST$。肌内、腹腔注射吸收迅速，子宫内注入数小时后 90% 以上的药物进入血液循环。

②分布　吸收入血后分布于全身组织、体液，以肝、肾、尿中含量最高。大部分与血浆蛋白结合率高，其中 SD 与血浆蛋白的结合率很低，因而进入脑脊液的浓度高（为血药浓度的 $50\% \sim 80\%$），为脑部细菌感染的首选药。血浆蛋白结合率高的磺胺类排泄缓慢，有效血药浓度维持时间较长。本类药物比抗生素类更易通过胎盘屏障。

③代谢　磺胺类主要在肝内进行代谢，最常见方式是对位氨基（R_2）经乙酰化灭活。乙酰化产物无抗菌作用且仍保留原药毒性，且因溶解度低而易在肾小管析出结晶。肉食及杂食动物，由于尿中酸度比草食动物为高，较易引起磺胺及乙酰磺胺的沉淀，导致尿结晶的产生，损害肾功能。乙酰化程度多与时间呈正比，药物在体内停留时间越长（如肾功能障碍时），乙酰化产物越多。

④排泄　用于肠道感染的磺胺难于吸收,主要经粪排出;用于全身感染的磺胺,内服量的73%~85%经尿排出。磺胺类在尿中的排泄速度取决于肾小管的重吸收率,重吸收低者排泄快、半衰期短。当肾功能障碍时,磺胺类排泄减慢,半衰期延长。在肝内乙酰化率低者多以原形经尿排泄,故对泌尿系统感染的疗效较高,如SMM、SMD是治疗泌尿系统感染的首选药物。

【耐药性】对本类药物敏感的细菌无论在体内或体外均易获得耐药性,耐药性发展快慢与强弱决定于细菌的种属、给药频率、药物浓度和作用时间等因素。葡萄球菌最易产生耐药性,链球菌、痢疾志贺菌、大肠杆菌次之。细菌对各类磺胺类药物具有不同程度的交叉耐药性,但与其他抗菌药之间无交叉耐药性。耐药机制可能是:①细菌二氢叶酸合成酶经突变或质粒转移,导致对磺胺类药物亲和力降低,使之不能有效地与PABA竞争。②某些耐药菌株降低对磺胺类药物的通透性。③细菌通过选择或突变而产生更多的PABA,削弱磺胺类药物对二氢叶酸合成酶的抑制作用。④细菌可直接利用外源性叶酸。

【应用】①全身感染。常用药有SD、SM₂、SMM、SMZ、SMD等,用于敏感菌引起的乳腺炎、子宫内膜炎、腹膜炎、败血症,以及呼吸道、消化道、泌尿道感染。一般与甲氧苄啶合用以提高疗效,缩短疗程。对于病情严重者或首次用药,可静脉或肌内注射给药。②肠道感染。选用肠道难吸收的磺胺药,如SG、PST、SST,可用于仔猪黄白痢、大肠杆菌病等的治疗,常与二甲氧苄啶合用以提高疗效。③泌尿道感染。选用抗菌作用强,经肾排泄快,尿中药物浓度高的磺胺药,如SMM、SMD、SMZ和SM₂,也常与甲氧苄啶合用。④局部软组织和创面感染。选外用磺胺药较合适,如SN常用其结晶性粉末,撒于新鲜伤口,发挥抗菌防腐作用,但现已少用。SD-Ag对铜绿假单胞菌作用较强,且有收敛作用,可促进创面干燥结痂。⑤原虫感染。选用SQ、磺胺氯吡嗪、SM₂和SMM,用于禽、兔球虫病、鸡卡氏白细胞原虫病、猪弓形虫病。⑥其他。治疗脑部细菌性感染宜采用SD;治疗乳腺炎宜采用在乳汁中含量较高的SM₂。

【药物相互作用】①丙磺舒可使本类药物肾排泄减慢。②局部麻醉药、对氨基水杨酸和叶酸可拮抗磺胺类药物的抗菌活性。③氨茶碱与本类药物竞争蛋白结合位点,两药合用时使氨茶碱血药浓度升高,应注意调整剂量。④因可减少β-内酰胺类抗生素的排泄,避免与青霉素类药物同时使用,以免干扰后者的杀菌作用。⑤本类药物之间配伍使用可使药效相加而提高疗效(此时处方中各组成药的剂量相应减少)。与抗菌增效剂合用,抗菌作用增强。⑥液体型药物不能与酸性药物(如维生素C、麻黄碱、氯化钙、四环素、青霉素等)配伍,否则析出沉淀;固体型药物与氯化钙、氯化铵合用会增加对泌尿系统的毒性。⑦磺胺嘧啶钠注射液除可与复方氯化钠注射液、20%甘露醇、硫酸镁注射液配伍外,与多种药物均为配伍禁忌。⑧本类药物使巴比妥、苯妥英钠代谢减慢,中枢抑制作用增强。⑨与噻嗪类或呋塞米等利尿药同用,可加重肾毒性。⑩与黏菌素合用可增强对变形杆菌的抗菌作用。

【不良反应】本类药物的不良反应一般不严重,主要表现为急性和慢性中毒两种。

急性中毒多由于静脉注射过快或剂量过大引起,常表现为神经症状,如共济失调、痉挛性麻痹、呕吐、昏迷、食欲下降和腹泻等,严重者迅速死亡。牛和山羊还可见视物障碍、散瞳。雏鸡出现大批的死亡。慢性中毒见于剂量较大或连续用药超过1周以上。主要症状为:①消化系统反应。抑制肠道菌群,导致消化系统障碍,引起食欲减退、呕吐、便秘、腹泻、腹痛等症状。②泌尿系统损伤。高剂量或低剂量长期给药时,磺胺类药物及其代谢物易在尿中产生沉淀,引起结晶尿、蛋白尿、血尿、少尿和肾水肿等症状。③血液系统反应。出现白细胞减少、血小板减少和溶血性贫血等，使造血机能破坏，凝血时间延长和毛细血管渗血。④免疫系统抑制。幼畜和雏鸡出现免疫器官出血、萎缩等症状。⑤家禽可见增重缓慢、蛋鸡产蛋率下降、蛋壳变薄和软壳蛋增多。

【应用注意】①首次剂量加倍，并要有足够的剂量和疗程（一般应连用 3~5 d）。急性或严重感染时，为使血中药物迅速达到有效浓度，宜选用本类药物的钠盐注射液。但因其碱性强，宜深层肌内注射或缓慢静脉注射。②脓汁与坏死组织中含大量 PABA，可减弱磺胺类药的抗菌作用，故对局部感染应注意排脓清创。某些局麻药（如普鲁卡因、丁卡因等）在体内能分解产生 PABA，也可使磺胺类药物的疗效降低。③本类药物易引起肠道菌群失调，使维生素 B、维生素 K 合成和吸收减少，应适当给予补充。④动物用药时，应大量增加饮水并给予等量碳酸氢钠，以减少磺胺乙酰化后结晶析出和促进排泄。⑤连用 3 d 疗效不明显时应及时改用其他抗感染药。⑥静脉注射时需用生理盐水稀释，若用葡萄糖液易析出结晶。⑦在疫苗接种前后禁用，以免影响疫苗的主动免疫作用。⑧注意应用，肾功能减退、严重溶血性贫血、全身酸中毒时禁用。⑨家畜出现过敏反应时，立即停药并给予对症治疗。⑩蛋鸡产蛋期禁用。

【常用药物】

①磺胺嘧啶（Sulfadiazine，SD）　本品为磺胺类药物中抗菌作用较强的品种之一。对溶血性链球菌、肺炎双球菌、沙门菌、大肠杆菌作用较强，对球虫、弓形体等原虫也有效，对葡萄球菌作用稍差。内服或注射用于各种动物敏感菌所致的全身感染，为脑部细菌感染的首选药。可用于巴氏杆菌病、乳腺炎、子宫炎、腹膜炎、败血症等；还可治疗弓形体病、诺卡氏菌病等。常用制剂与休药期为磺胺嘧啶片：猪 5 d，牛、羊 28 d；弃奶期 7 d。磺胺嘧啶钠注射液：猪 10 d，牛 10 d，羊 18 d；弃奶期 3 d。

②磺胺二甲嘧啶（Sulfadimidine，SM_2）　抗菌作用及疗效较磺胺嘧啶稍弱，但对球虫、弓形虫有良好的抑制作用。具有不良反应少、在动物体内有效浓度维持时间长等特点。内服后吸收迅速而且完全，排泄较慢，在肾小管内沉淀的发生率较低，不易引起结晶尿或血尿。内服或注射用于巴氏杆菌病、乳腺炎、子宫炎、呼吸道及消化道感染；也用于兔、禽球虫病、猪弓形体病和立克次体感染。应注意该药可诱发甲状腺肿。常用制剂与休药期为磺胺二甲嘧啶片：猪 15 d，牛 10 d，禽 10 d；弃奶期 7 d。磺胺二甲嘧啶钠注射液：家畜 28 d；弃奶期 7 d。

③磺胺甲噁唑（Sulfamethoxazole，SMZ）　又名新诺明、新明磺。抗菌谱与磺胺嘧啶相近，但抗菌活性最强，临床用于呼吸道和泌尿道感染。与抗菌增效剂（如甲氧苄啶）合用抗菌活性增至数十倍。排泄较慢，乙酰化率高，且溶解度较低，动物较易出现结晶尿和血尿等。常用制剂与休药期为磺胺甲噁唑片：家畜 28 d；弃奶期 7 d。

④磺胺间甲氧嘧啶（Sulfamonomethoxine，SMM，制菌磺）　本品是体内外抗菌活性最强的磺胺药，对大多数革兰阳性菌和革兰阴性菌都有较强的抑制作用，临床用于敏感菌所引起的各种疾病及猪弓形体病和禽、兔球虫病。内服吸收良好，血中浓度高，乙酰化率低，动物不易发生尿结晶。常用制剂与休药期为磺胺间甲氧嘧啶片：家畜 28 d。磺胺间甲氧嘧啶粉：家畜 28 d；弃奶期 7 d。磺胺间甲氧嘧啶预混剂：鸡 28 d。磺胺间甲氧嘧啶钠注射液：家畜 28 d；弃奶期 7 d。

⑤磺胺对甲氧嘧啶（Sulfamethoxydiazine，SMD，消炎磺）　本品对大多数革兰阳性菌和阴性菌都有较强的抑制作用，抗菌作用较磺胺间甲氧嘧啶弱。内服吸收良好，血中浓度

高，乙酰化率低，不易发生尿结晶。常用于敏感菌所引起的尿道生殖系统、呼吸系统及皮肤感染；与二甲氧苄啶合用可防治畜禽肠道感染和球虫病。常用制剂与休药期为磺胺对甲氧嘧啶片：家畜 28 d；弃奶期 7 d。

⑥磺胺氯哒嗪(Sufachlorpyridazine)　抗菌谱与 SMM 相似，抗菌作用较强，但比磺胺间甲氧嘧啶稍弱。静脉注射后迅速自血浆消除。主要经肾排泄，肾小管分泌是其一个重要的排泄途径。猪肌内注射本品后 30 min 达血药峰浓度，并能维持 3 h。主要用于畜禽大肠杆菌、沙门菌和巴氏杆菌感染。制剂与休药期为复方磺胺氯哒嗪钠粉：猪 4 d，鸡 2 d。磺胺氯哒嗪钠乳酸甲氧苄啶可溶性粉：鸡 2 d。

⑦磺胺噻唑(Sulfathiazole，ST)　对本品比较敏感的细菌有链球菌、沙门菌、化脓棒状杆菌、大肠杆菌和副鸡嗜血杆菌等；一般敏感的细菌有葡萄球菌、变形杆菌、巴氏杆菌、产气荚膜杆菌、克雷伯菌、炭疽杆菌和铜绿假单胞菌等。内服吸收不完全，其可溶性钠盐肌内注射后迅速吸收和排泄。单胃动物内服后，在 12 h 内经肾排出约 50%，24 h 约 90%。其半衰期短，不易维持有效血浓度。在体内与血浆蛋白的结合率和乙酰化程度均较高，其乙酰化物溶解度比原药低，易产生结晶尿而损害肾。临床用于敏感菌所致的肺炎、出血性败血症、子宫内膜炎及禽霍乱、雏白痢等。对感染创可外用其软膏剂。常用制剂与休药期为磺胺噻唑片：家畜 28 d；弃奶期 7 d。磺胺噻唑钠注射液：家畜 28 d；弃奶期 7 d。

⑧酞磺胺噻唑(Phthalylsulfathiazole，PST)　本品体外无抗菌作用。内服后肠道极少吸收，经肠道细菌的作用，释出游离磺胺噻唑而产生抑菌作用。主要用于幼畜和中小动物的肠道细菌感染，也可预防肠道手术前后的感染。长期服用可能影响肠道菌群，引起消化道功能紊乱。常用制剂与休药期为酞磺胺噻唑片：家畜 28 d。

11.3.2　抗菌增效剂

抗菌增效剂是一类人工合成的二氨基嘧啶类化合物，不仅能加强磺胺类药物作用，也能增强多种抗生素的抗菌作用。主要有甲氧苄啶(TMP)和二甲氧苄啶(DVD)。国外应用的还有奥美普林(OMP)、阿地普林(ADP)、巴喹普林(BQP)。复方制剂有 SM_2+BQP 用于牛、猪，SDM+BQP 用于犬。

甲氧苄啶(Trimethoprim，TMP，三甲氧苄啶)

【理化性质】本品为白色或类白色结晶性粉末。在三氯甲烷中略溶，在乙醇或丙酮中微溶，在水中几乎不溶，在冰醋酸中易溶。

【药理作用】抗菌谱广，与磺胺类药物相似而活性较强，主要呈现抑菌作用。对多种革兰阳性菌及革兰阴性菌有效，敏感菌有溶血链球菌、葡萄球菌、大肠杆菌、变形杆菌、巴氏杆菌和沙门菌，但对铜绿假单胞菌、分枝杆菌、丹毒杆菌和钩端螺旋体无效。单一用药易产生耐药性。

作用机制是 TMP 可抑制细菌二氢叶酸还原酶，使二氢叶酸不能还原成四氢叶酸，阻止细菌核酸的合成(图 11-3)。与磺胺类药物合用，可使细菌的叶酸代谢受到双重阻断，抗菌作用增加数倍至数十倍，并可出现强大的杀菌作用及减少耐药菌株的形成。TMP 还能增强抗菌药(如黏菌素、土霉素、氨苄西林、四环素、庆大霉素、卡那霉素和林可霉素等)的抗菌作用。TMP 对细菌二氢叶酸还原酶的亲和力比对动物体内二氢叶酸还原酶的亲和力大 $5\sim10^5$ 倍，故治疗量能阻断菌体内的叶酸代谢过程，而不干扰动物体内的叶酸代谢。

【药动学】内服或注射后吸收迅速而完全，1~2 h 血药浓度达峰值。本品脂溶性高，广泛分布各组织和体液中，肺、肾、肝中药物浓度较高，组织中药物浓度比血浆中高，乳中浓度为血药浓度的 1.3~3.5 倍。血浆蛋白结合率 30%~40%。主要经尿排出，排泄较快，其中 6%~15% 以原形排出。

【应用】常与磺胺类药物按 1:5 配伍，用于敏感菌引起的呼吸道、消化道、泌尿生殖道感染，以及败血症、蜂窝组织炎等。

【不良反应】①毒性低，副作用小，但偶尔引起白细胞、血小板减少等。②妊娠和初生动物应用易引起叶酸摄取障碍，用药时应慎重或合用叶酸制剂。③实验动物可出现畸胎，妊娠初期最好不用。④与磺胺钠盐用于肌内注射时，刺激性较强，宜深部注射。⑤易产生耐药性，不宜单独应用。常与磺胺药及某些抗生素合用以增强疗效。

【制剂与休药期】复方磺胺嘧啶钠注射液：猪 20 d，牛、羊 12 d；弃奶期 48 h。复方磺胺二甲嘧啶片：猪 15 d。复方磺胺二甲嘧啶可溶性粉：鸡 10 d，蛋鸡产蛋期禁用。复方磺胺二甲嘧啶钠注射液：猪 28 d。复方磺胺甲噁唑片、复方磺胺甲噁唑粉、复方磺胺甲噁唑注射液、复方磺胺间甲氧嘧啶可溶性粉、复方磺胺间甲氧嘧啶预混剂、复方磺胺间甲氧嘧啶注射液、复方磺胺间甲氧嘧啶钠注射液、复方磺胺间甲氧嘧啶钠粉、复方磺胺对甲氧嘧啶片、复方磺胺对甲氧嘧啶注射液、复方磺胺对甲氧嘧啶注射液、复方磺胺对甲氧嘧啶粉：家畜 28 d；弃奶期 7 d。

二甲氧苄啶(Diaveridine，DVD)

本品为畜禽专用药，抗菌作用较弱，对磺胺药和抗生素也有明显的增效作用。内服吸收较少，其最高血药浓度仅为 TMP 的 1/5，但在肠道内的浓度较高，故仅适用于肠道细菌感染，常与磺胺药按一定比例配合使用。主要经粪排出，排泄较 TMP 慢。不宜大剂量长期应用，以免引起骨髓造血机能抑制。妊娠初期动物不推荐使用。常用制剂与休药期为磺胺喹噁啉二甲氧苄啶预混剂：鸡 10 d，蛋鸡产蛋期禁用。

11.3.3　喹诺酮类

喹诺酮类(quinolones)是用化学方法人工合成的一类具有 4-喹诺酮环结构的抗菌药。从 1962 年合成第一代产品萘啶酸以来，许多学者致力于研制开发本类药物。目前，喹诺酮类药物已成为一类研究进展快、品种多、有良好开发前途的化学治疗药物。

【分类及作用特点】喹诺酮类药物按照研发时间和抗菌活性可分为 4 代。

第一代(1962—1969 年)：主要有萘啶酸和吡咯酸等。抗菌谱窄，仅对部分革兰阴性杆菌(如大肠杆菌、沙门菌、志贺菌、克雷伯菌、变形菌)有弱抗菌作用，而对铜绿假单胞菌、葡萄球菌无效。内服吸收差，不良反应多，目前已被淘汰。

第二代(1970—1978 年)：主要有吡哌酸和动物专用氟甲喹。前者于 1974 年制成，在临床上偶有应用，后者仅用作鱼虾的抗菌药。此外，国外还生产有新噁酸和甲氧噁喹酸等品种。抗菌谱和抗菌活性上比第一代药物有所扩大和增强。虽对铜绿假单胞菌有作用，但活性不高。而葡萄球菌、链球菌等革兰阳性球菌仍然耐药。内服后可少量吸收，不良反应明显减少，多用于泌尿道和肠道感染。

第三代(1979—1996 年)：又名氟喹诺酮类，在喹诺酮结构中加入氟原子后，抗菌谱进一步扩大，抗菌活性显著提高。对革兰阴性菌包括肠杆菌和铜绿假单胞菌及厌氧菌的作用优于第二代，但对金黄色葡萄球菌等革兰阳性菌的活性不如第一、二代。其血浆半衰期较长，体内分布广，组织穿透力强，可渗入脑脊液中。对β-内酰胺酶有较高稳定性。对肾基本无毒性。我国批准应用于兽医临床的氟喹诺酮类药物：环丙沙星、恩诺沙星、二氟沙星、达氟沙星、沙拉沙星和马波沙星，除了环丙沙星是人医有条件地移植兽用外，其他药物均为动物专用品种。国外上市的动物专用药物还有奥比沙星(Orbifloxacin)和依巴沙星(Ibafloxacin)。

第四代(1997—2020年)：与前三代喹诺酮类相比，本类药物基本结构中的萘啶环被进行了各种修饰，并对其所含的氟基团加以改变，增强了抗厌氧菌的活性，对多数病原菌的疗效达到或超过β-内酰胺类抗生素。代表药物有加替沙星、莫西沙星、巴洛沙星、帕珠沙星、吉米沙星、普卢利沙星、西他沙星、加雷沙星、贝西沙星和安妥沙星，以及因严重不良反应而退市的格帕沙星和克林沙星等。加雷沙星以及临床研究阶段的奈诺沙星、奥泽沙星均为6位结构无氟原子的喹诺酮类新药。

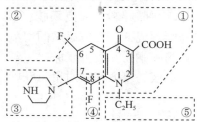

图11-4　喹诺酮类构效关系示意

【**构效关系**】喹诺酮类药物的母核结构为4-喹诺酮环，在其1、3、6、7、8位引入不同基团，即形成本类各种药物(图11-4)，其构效关系如下：①C-2位多为H，引入取代基团可导致药物活性下降或消失。②C-3位的羧基和C-4位的酮基被认为是喹诺酮类药物与其作用靶酶细菌DNA回旋酶(gyrase，属拓扑异构酶Ⅱ)相结合的必要部分，是抗菌活性所必需的基团。③C-6位引入氟原子，不仅可增强该化合物的脂溶性及对细菌细胞壁的穿透力，而且还可提高该化合物与细菌组织之间亲和力及与细菌DNA回旋酶之间的亲和力。④C-7位的结构主要影响药物的药动学、抗菌谱及抗菌作用强度等。如可使抗革兰阴性菌的范围扩大，提高对铜绿假单胞菌和金黄色葡萄球菌的抗菌活性。此外，还影响药物的亲水性及与药物神经毒性的强弱有关。⑤C-8位引入F或Cl可减少对中枢神经系统的不良反应，且增加内服的生物利用度，提高抗革兰阳性菌和厌氧菌的活性。⑥当N-1位和C-8位连接成环(即三环喹诺酮)，明显延长了药物的半衰期，如司帕沙星。但同时含此类结构的药物光毒性也在增强。⑦N-1取代基团直接影响喹诺酮类药物的抗菌活性。从立体体积、电子供给和空间效应等方面综合考虑，环丙基取代N-1位，比乙基更有利，可进一步扩大抗菌谱和增强了抗菌活性，增强了抗衣原体和支原体的作用，如环丙沙星、恩诺沙星和奥比沙星。

【**共同特点**】①抗菌谱广、杀菌力强。对革兰阳性菌、革兰阴性菌、衣原体、支原体等均有效。②药动学性质优良。内服、注射均易吸收，体内分布广泛。给药后除中枢神经系统外，大多数组织中的药物浓度高于血清药物浓度，也能渗入脑和乳汁中，对全身感染和深部感染均有治疗作用。③作用机制独特。与其他抗菌药物无交叉耐药性，但应注意本类药物之间存在交叉耐药性。④使用方便。供临床应用的有散剂、口服液、可溶性粉、片剂、胶囊、注射剂等多种剂型。⑤毒性较小。治疗剂量无致畸或致突变作用，临床使用较安全。

【**药理作用**】本类药物为广谱杀菌药，对革兰阳性菌、革兰阴性菌、支原体、某些厌氧菌均有抗菌活性。如对大肠杆菌、沙门菌、巴氏杆菌、克雷伯菌、变形杆菌、铜绿假单胞菌、嗜血杆菌、丹毒杆菌、金黄色葡萄球菌、链球菌、化脓放线菌和支原体等均敏感。

一般对革兰阳性球菌效力不及革兰阴性杆菌，抗支原体的活性也较优越。环丙沙星和马波沙星对分枝杆菌有一定抗菌作用，有些品种还具有抗寄生虫作用或抗癌作用。

本类药物为浓度依赖性杀菌药，理想的杀菌浓度为 $0.1 \sim 10 \ \mu g/mL$。一般认为血药峰浓度在 $10 \sim 12$ 倍 MIC 或 24 h 的 AUC/MIC 超过 125 时抗菌效果最佳。对革兰阴性杆菌和革兰阳性球菌均有较长的抗菌药后效应（PAE），如环丙沙星对金黄色葡萄球菌和大肠杆菌的 PAE 分别为 2.66 h 和 3.06 h。而且 PAE 与药物浓度及细菌与药物接触时间呈正相关，一般可维持 $1 \sim 3$ h。如环丙沙星对金黄色葡萄球菌的 PAE 在 1、2、4 倍 MIC 浓度下分别为 1.4 h、1.5 h 和 3.1 h。

【作用机制】本类药物作用机制是抑制细菌 DNA 回旋酶，即药物与 DNA 双链中非配对碱基结合，形成药物-DNA-拓扑异构酶复合物，进而抑制 DNA 回旋酶中的 A 亚基（极少抑制 B 亚基），使 DNA 不能形成负超螺旋结构，阻止 DNA 的复制，DNA 单链暴露，引起 mRNA 与蛋白合成失控，导致细菌死亡。细菌细胞（原核细胞）的 DNA 呈裸露状态，而动物细胞（真核细胞）的 DNA 呈包被状态，故药物易与细菌的 DNA 结合而呈现选择性作用，对动物毒性很低。

【耐药性】随着本类药物的广泛应用，细菌对其耐药性日益严重。常见的耐药菌有金黄色葡萄球菌、链球菌、大肠杆菌和沙门菌。与其他抗菌药无交叉耐药性，但本类药物之间存在交叉耐药性。细菌产生耐药性的机制如下：①药物作用靶位的改变。编码 DNA 回旋酶的 gyrA 基因突变引起的细菌 DNA 回旋酶 A 亚基改变，阻止药物与回旋酶结合，降低了药物的亲和力。这种基因突变造成的喹诺酮类药物作用靶位的改变与细菌高度耐药有关。②细菌外膜通透性降低。细菌外膜孔蛋白改变或缺失，使外膜对药物的通透性降低，阻碍药物进入菌体内，与药物的低浓度耐药有关。细菌外膜上存在某些特殊蛋白名为膜孔蛋白（Omp），抗菌药可通过这些膜孔蛋白进入菌体内部发挥效用。由于膜孔蛋白基因的突变，使特异膜孔蛋白（本类进入菌体的通道）的表达减少，细菌细胞膜通透性下降，致使药物在菌体内积蓄量减少。③主动外排增强。本类药物耐药性的主动外排系统多为多重耐药泵。当较长时间受到环境中的作用底物诱导时，主动泵蛋白的合成增多，将药物泵出菌体，使药物在菌体内积蓄减少。

【药物相互作用】①与含阳离子（Al^{3+}、Mg^{2+}、Ca^{2+}、Fe^{2+}、Zn^{2+}）的药物同时内服时，可发生螯合作用而减少吸收，使血药浓度下降，从而减弱或失去抗菌活性。②利福平（RNA 合成抑制药）和甲砜霉素、氟苯尼考（蛋白质合成抑制剂）均可使本类药物的抗菌作用降低，有的甚至完全消失（如萘啶酸）。③抑制茶碱和咖啡因的代谢，联合应用时可使茶碱和咖啡因的血药浓度升高。④丙磺舒能通过阻断肾小管分泌而与某些喹诺酮类药物发生相互作用，延迟后者的消除。⑤与杀菌性抗菌药及 TMP 在治疗特定细菌感染方面有协同作用，如环丙沙星与青霉素合用对金黄色葡萄球菌呈协同抗菌作用；与氨基糖苷类合用对大肠杆菌有协同作用。⑥可与磺胺类药联合应用，如环丙沙星与磺胺二甲嘧啶合用对大肠杆菌和金黄色葡萄球菌的杀灭有相加作用。但注意毒性作用也可增加。⑦与林可霉素配伍，可用于猪气喘病和其他细菌混合感染治疗。

【不良反应】①骨骼损害。对负重关节的软骨组织生长有不良影响，导致疼痛和跛行。②泌尿道损伤。在尿中可形成结晶，损伤尿道，尤其是剂量过大或饮水不足时更易发生。③胃肠道反应。剂量过大会导致动物食欲下降或废绝、饮欲增加、腹泻等。④中枢神经系统反应。犬、猫出现兴奋不安。⑤肝细胞损害。环丙沙星尤为明显。⑥皮肤反应。出现红斑、瘙痒、荨麻疹及光敏反应等。

【应用注意】①蛋鸡产蛋期和妊娠、幼龄动物禁用(尤其是马和8周龄以下幼犬)。②癫痫患犬、肉食动物及肝、肾功能不全的患畜慎用。③为减少细菌耐药性产生,不应长期亚治疗剂量使用。

恩诺沙星(Enrofloxacin,乙基环丙沙星)

【理化性质】本品为微黄色或淡橙黄色结晶性粉末,遇光色渐变为橙红色。在三氯甲烷中易溶,在二甲基甲酰胺中略溶,在甲醇中微溶,在水中极微溶解,在氢氧化钠溶液中易溶。其盐酸盐和乳酸盐易溶于水,一般其酸盐较稳定,其钠盐溶解度高。

【药理作用】本品为动物专用的广谱杀菌药,对多种革兰阴性杆菌和葡萄球菌(包括产青霉素酶和甲氧西林耐药菌株)均有良好抗菌作用;对支原体有特效,其效力强于泰乐菌素和泰妙菌素;对铜绿假单胞菌、链球菌作用较弱,对多数厌氧菌作用微弱。本品抗菌作用强,对绝大多数敏感菌菌株的MIC均低于$1\ \mu g/mL$,血药浓度大于8倍MIC时可发挥最佳治疗效果,敏感菌接触本品后在$20\sim30\ min$内死亡。对增效磺胺耐药菌、青霉素耐药金黄色葡萄球菌及泰乐菌素或泰妙菌素耐药的支原体均有效。本品对敏感菌呈现明显的抗菌药后效应(PAE),且呈浓度依赖性,即药物浓度越大,PAE越长。

【药动学】内服或肌内注射后吸收迅速和完全,在体内广泛分布,除脑和皮肤外,所有组织的药物浓度均高于血药浓度,以胆汁、肾、肝、肺和生殖系统(包括前列腺)的浓度最高。在骨、关节液、肌肉、房水和胸水中也能达到治疗浓度。这种分布有利于全身感染和深部组织感染的治疗。经肾和非肾途径消除,近15%~50%以原形通过肾小管分泌和肾小球滤过而排入尿中。

【应用】主要用于畜禽细菌性疾病和支原体感染,尤其是深部组织感染和泌尿生殖道感染。如①牛。犊牛大肠杆菌病、牛支原体引起的呼吸道感染和乳腺炎等。牛内服给药生物利用度低,应采用注射给药。②猪。链球菌病、水肿病、沙门菌病、支原体肺炎、传染性胸膜肺炎、乳腺炎-子宫炎-无乳综合征、仔猪白痢和黄痢等疾病。③禽。沙门菌、大肠杆菌、巴氏杆菌、嗜血杆菌、葡萄球菌、链球菌及支原体所引起的感染。④犬、猫。由细菌或支原体引起的呼吸、消化、泌尿、生殖等系统及皮肤的感染。

【制剂与休药期】恩诺沙星片:鸡8 d。恩诺沙星注射液:羊、肉牛14 d,奶牛28 d,猪10 d,兔14 d。恩诺沙星溶液:鸡8 d。盐酸恩诺沙星可溶性粉:鸡11 d。恩诺沙星可溶性粉:鸡8 d;蛋鸡产蛋期禁用。

达氟沙星(Danofloxacin,单诺沙星、达诺沙星)

【理化性质】常用其甲磺酸盐,为白色至淡黄色结晶性粉末。易溶于水,在甲醇中微溶,在三氯乙烷中几乎不溶。

【作用与应用】本品为动物专用杀菌药,抗菌谱与恩诺沙星相似,尤其对畜禽溶血性巴氏杆菌、多杀性巴氏杆菌、胸膜肺炎放线杆菌和支原体等呼吸道致病菌均有很好的抗菌活性。对链球菌(尤其是D群)、肠球菌、厌氧菌几乎或没有抗菌活性。主要用于治疗猪、禽的敏感细菌或支原体引起的各种疾病,如鸡的慢性呼吸道病、大肠杆菌病、巴氏杆菌病等;猪的传染性胸膜肺炎、支原体病;牛的巴氏杆菌病、支原体病等。

【药动学】内服、肌内注射吸收良好,体内分布广泛,尤其在肺中药物浓度较高,可达血药浓度的 5~7 倍。主要经尿排出。

【制剂与休药期】甲磺酸达氟沙星注射液：猪 25 d。甲磺酸达氟沙星粉：鸡 5 d。甲磺酸达氟沙星溶液：鸡 5 d。蛋鸡产蛋期、妊娠和泌乳母畜禁用本品。

二氟沙星(Difloxacin)

【理化性质】常用其盐酸盐，为白色或淡黄色结晶性粉末，遇光色渐变深，有引湿性。在水、冰醋酸中微溶，在乙醇中极微溶。

【药理作用】本品为动物专用杀菌药，抗菌谱与恩诺沙星相似，抗菌活性略低。对多种革兰阴性菌及革兰阳性菌、支原体等均有良好抗菌活性，如大肠杆菌、克雷伯菌、巴氏杆菌、变形杆菌、葡萄球菌、弯曲菌、志贺菌等，尤其对金黄色葡萄球菌抗菌活性较强。对大多数厌氧菌的抗菌活性很弱。铜绿假单胞菌和大多数肠球菌对本品耐药，敏感菌对本品也可产生耐药性。

【药动学】内服、肌内注射或皮下注射吸收迅速而完全，血药浓度达峰时间为 1~3 h。体内分布广泛。主要经肾排泄，尿中药物浓度高，半衰期长。

【应用】用于治疗猪、禽的敏感菌及支原体所致的各种感染性疾病，如猪传染性胸膜肺炎、猪肺疫、猪气喘病和鸡慢性呼吸道病等。

【应用注意】①犬、猫内服可出现胃肠反应(拒食、呕吐、腹泻)，犬空腹给药易蓄积，导致中毒甚至死亡。②肝、肾功能不全和脱水患畜慎用。

【制剂与休药期】盐酸二氟沙星片：鸡 1 d。盐酸二氟沙星注射液：猪 45 d。盐酸二氟沙星粉：鸡 1 d。盐酸二氟沙星溶液：鸡 1 d，蛋鸡产蛋期禁用。

沙拉沙星(Sarafloxacin)

【理化性质】常用其盐酸盐，为类白色至淡黄色结晶性粉末，有引湿性，遇光、遇热色渐变深。本品在水或乙醇中几乎不溶，在氢氧化钠溶液中溶解。

【作用与应用】本品为动物专用杀菌药，抗菌谱、作用机制与恩诺沙星相似，抗菌活性略低。对多数革兰阴性菌和革兰阳性菌有较强的抗菌作用，敏感菌有大肠杆菌、沙门菌、克雷伯菌、变形杆菌、巴氏杆菌、弯曲菌、嗜血杆菌、李氏杆菌、葡萄球菌(包括耐青霉素菌株)、链球菌、支原体等。对厌氧菌的作用强于环丙沙星，对支原体的效果略差于二氟沙星。此外，对鱼的杀鲑产气单胞菌、杀鲑弧菌、鳗弧菌也有效。临床常用于治疗猪、禽的敏感细菌或支原体引起的各种疾病，如鸡慢性呼吸道病、大肠杆菌病、沙门菌病和葡萄球菌感染等；也用于鱼敏感菌引起的感染性疾病。

【药动学】内服或混饲吸收缓慢且生物利用度低。混饮或注射吸收迅速且生物利用度高。体内分布广泛，组织中药物浓度常超过血药浓度，主要以原形经肾排出。

【制剂与休药期】盐酸沙拉沙星片、盐酸沙拉沙星可溶性粉、盐酸沙拉沙星溶液：鸡 0 d。盐酸沙拉沙星注射液：猪、鸡 0 d，蛋鸡产蛋期禁用。

马波沙星(Marbofloxacin)

【理化性质】本品为淡黄色结晶性粉末，易溶于水，微溶于甲醇。

【药理作用】本品为动物专用广谱杀菌药，对革兰阳性菌、革兰阴性菌均有较强作用，对厌氧菌作用弱。对多数肠杆菌、多杀性巴氏杆菌、铜绿假单胞菌、金黄色葡萄球菌的抗菌作用与恩诺沙星或环丙沙星相当；对溶血性巴氏杆菌、多杀性巴氏杆菌及昏睡嗜血杆菌也有较高活性；对耐红霉素、林可霉素、多西环素、磺胺类药物的病原菌依然有效。

【药动学】内服吸收迅速，生物利用度高。肌内注射吸收迅速而完全，体内分布广泛，除中枢神经系统外，所有组织的药物浓度均高于血药浓度，使该药成为可治疗深部组织感染、肺部感染及脓皮病的首选药。部分药物在肝内转化为 N-脱甲基马波沙星和 N-氧马波沙星两种无活性代谢产物，经肾排泄。

【应用】主要用于治疗犬、猫的急性上呼吸道感染，泌尿道感染，深部及浅表皮肤感染和软组织感染；猪的呼吸系统感染、乳腺炎-子宫炎-无乳综合征；牛呼吸道感染和泌乳期乳腺炎。用于治疗皮肤和软组织感染时，临床症状消除后继续用药 2~3 d，最多不超过30 d。治疗尿路感染时用药至少 10 d。猪、牛推荐颈部肌内注射。

【制剂与休药期】马波沙星片：牛 6 d，弃奶期 36 h，猪 2 d。马波沙星注射液：猪4 d，牛肌内注射 3 d，弃奶期 72 h；皮下注射 6 d，弃奶期 36 h。

奥比沙星(Orbifloxacin)

【理化性质】本品为微黄色或淡黄色粉末。无臭，味微苦，微溶于水，在酸性或碱性介质中溶解度增大。

【药理作用】本品为动物专用杀菌药，有明显的浓度依赖性。抗菌谱、抗菌活性与二氟沙星相似，对革兰阳性菌(如葡萄球菌、链球菌)和革兰阴性菌(如大肠杆菌、肠球菌、奇异变形杆菌、铜绿假单胞菌等)都有较强的抗菌作用，对大多数厌氧菌作用微弱。对某些耐药菌，如耐庆大霉素的铜绿假单胞菌、耐青霉素的金黄色葡萄球菌及耐泰乐菌素或泰妙菌素的支原体也有良效。

【药动学】肌内注射或内服吸收良好且迅速，生物利用度高于恩诺沙星和二氟沙星。在体内快速而广泛地分布，表观分布容积较大，组织药物浓度明显高于血浆浓度，有利于全身感染和深部组织感染的治疗。主要经肾消除，约 50% 药物以原形排出，其次由胆汁经粪排出。

【应用】用于治疗各种敏感菌引起的呼吸系统、消化系统、泌尿生殖系统、皮肤及软组织等感染，如牛的溶血性巴氏杆菌、牛支原体引起的呼吸道感染、胸膜肺炎放线杆菌感染；猪的肺炎与腹泻；犬、猫的软组织感染，如内外耳炎、化脓性皮炎等。

【相互作用】①与茶碱合用可使血液中茶碱浓度升高。②丙磺舒阻断肾小管分泌的作用，与本品合用会使其血药浓度升高，半衰期延长。③与氨基糖苷类、头孢菌素类和广谱青霉素有协同作用。

【不良反应】犬、猫按常量的 5 倍投服未见明显不良反应，猫内服较高剂量可出现软粪及体重下降等。

【制剂】奥比沙星片、奥比沙星注射液、奥比沙星滴耳液。

11.3.4　喹噁啉类

喹噁啉类药物为合成抗菌药，均属喹噁啉-N-1,4-二氧化物的衍生物，包括乙酰甲喹、喹乙醇和喹烯酮。其中，喹乙醇和喹烯酮是由我国合成的，主要用于抗菌促生长剂，但该用途在我国已经被禁用。目前，兽医临床常用的治疗药物是乙酰甲喹。

乙酰甲喹(Mequindox，痢菌净)

【理化性质】本品为鲜黄色结晶或黄色粉末，遇光色渐变深。在丙酮、三氯甲烷或苯中溶解，在水、乙醚、甲醇或石油醚中微溶。

【作用与应用】具有广谱抗菌作用，对革兰阴性菌作用强于革兰阳性菌，对猪痢疾短螺旋体的作用尤为突出。对大肠杆菌、巴氏杆菌、沙门菌、变形杆菌的抗菌作用较强，对某些革兰阳性菌(如金黄色葡萄球菌和链球菌)也有抑制作用。抗菌机制为抑制细菌脱氧核糖核酸的合成。目前，未发现与其他抗菌药有交叉耐药性。临床用于猪痢疾、仔猪黄白痢、犊牛腹泻、犊牛副伤寒及禽霍乱、雏鸡白痢等，是治疗猪痢疾短螺旋体引起猪痢疾的首选药。

【药动学】内服及肌内注射吸收良好，广泛分布于全身组织，体内破坏少。猪内服给药约75%以原形经尿排出，尿中药物浓度高。猪肌内注射 10 min 即可分布全身，在体内消除较快，猪肌内注射半衰期为 2 h。

【不良反应】治疗剂量对鸡、猪无不良影响，但使用高于临床治疗量 3~5 倍，或长期应用可引起毒性反应，甚至死亡，尤其家禽更为敏感。

【制剂与休药期】乙酰甲喹片：牛、猪 35 d，蛋鸡产蛋期禁用。乙酰甲喹注射剂：猪 35 d。

11.3.5　硝基咪唑类

本类药物具有抗原虫和抗菌活性，同时也具有很强的抗厌氧菌的作用，包括甲硝唑、地美硝唑、替硝唑、氯丙硝唑、硝唑吗啉和氟硝唑等。兽医临床常用甲硝唑、地美硝唑。由于本类药物有致癌作用，许多国家包括我国禁止本类药物用于食品动物的促生长。

甲硝唑(Metronidazole，灭滴灵)

【理化性质】本品为白色至微黄色的结晶或结晶性粉末。在水或三氯乙烷中微溶，在乙醇中略溶，在乙醚中极微溶解。

【药理作用】①对多数专性厌氧菌(如拟杆菌、梭状芽孢杆菌、产气荚膜梭菌、粪链球菌等)具有较强的作用，抗厌氧菌的作用机制是本品的硝基可被厌氧菌还原产生细胞毒物质，抑制了敏感菌的脱氧核糖核酸代谢过程，使细菌死亡。对需氧菌或兼性厌氧菌则无效。②具有抗滴虫、贾第虫和阿米巴原虫的作用。

【药动学】内服吸收迅速，并在组织中很快达到峰浓度。广泛分布于全身组织，易透过血脑屏障，进入中枢神经系统。在脓肿及脓胸部位均可达有效浓度。在肝内代谢，经肾排泄，少量出现在唾液和乳汁中。

【应用】①用于治疗手术后厌氧菌感染、肠道和全身的厌氧菌感染，如腹膜炎、脑膜炎、急性结肠炎、生殖道感染、关节炎、蜂窝织炎以及犬猝死症等，为治疗厌氧菌性脑膜炎的首选药物。②用于治疗阿米巴痢疾、牛毛滴虫病、犬贾第虫病、肠道原虫病等及生殖道毛滴虫病。

【药物相互作用】①能增强华法林等抗凝血药的作用。②与土霉素合用，有干扰本品清除阴道滴虫的作用。③糖皮质激素可加速甲硝唑从体内排泄，可使血药浓度降低 31%，合用时需加大甲硝唑用量。④苯巴比妥、利福平诱导肝药酶，加速甲硝唑消除，合用可降低甲硝唑疗效。

【不良反应】①剂量过大可出现以震颤、抽搐、共济失调、惊厥等为特征的神经系统紊乱症状。②引起食欲不振、腹部绞痛、呕吐等消化系统反应。③可能对啮齿动物有致癌作用，对细胞有致突变作用。

【应用注意】①本品毒性虽较小，其代谢产物常使尿液呈红棕色。如剂量过大则出现消化道反应，甚至神经症状，但通常均能耐过。②可透过胎盘屏障和乳腺屏障，哺乳及妊娠早期的母畜不宜使用。③肝损伤动物慎用，用药期间注意血象变化。④静脉注射时速度应缓慢。⑤可诱发白色念珠菌病，必要时要并用抗白色念珠菌药。

【制剂与休药期】甲硝唑片剂：牛 28 d。

地美硝唑(Dimetridazole，二甲硝唑、二甲硝咪唑)

本品不仅能抗厌氧菌、大肠弧菌、链球菌、葡萄球菌和密螺旋体，而且能抗组织滴虫、纤毛虫、阿米巴原虫等。常用地美硝唑预混剂，混饲用于猪密螺旋体性痢疾、鸡组织滴虫病及肠道和全身厌氧菌感染。休药期：猪、禽 3 d，蛋鸡产蛋期禁用。鸡较为敏感，大剂量可引起平衡失调及肝、肾功能损害。

11.4 抗真菌药与抗病毒药

11.4.1 抗真菌药

病原性真菌的种类繁多，分布广泛，感染后可引起不同的临床症状。按感染部位可将真菌感染分为浅表真菌(或皮肤真菌)感染和深部真菌感染两大类。浅表真菌感染是由毛癣菌、表皮癣菌、小孢子菌等引起的，主要侵害皮肤、被毛、趾甲(爪)、鸡冠、肉髯等处，引起头癣、体癣、被毛癣、爪趾癣等各种癣病，有的皮肤真菌感染为人畜共患。深部真菌感染主要侵害机体深部组织和内脏器官，由白色念珠菌、新隐球菌、假皮疽组织胞浆菌、球孢子菌、皮炎芽生菌、曲霉菌等引起，临床常见有念珠菌病、犊牛真菌性胃肠炎、牛真菌性子宫炎和雏鸡曲霉菌性肺炎等。如白色念珠菌为动物消化道、呼吸道及泌尿生殖道黏膜的常在菌，是条件性致病菌，只有当饲养管理不良、维生素缺乏、大剂量长期使用广谱抗菌药或免疫抑制剂使机体抵抗力下降时才引起内源性感染。

兽医临床应用的抗真菌药有多烯类抗生素(两性霉素 B、制霉菌素)、非烯类抗生素(灰黄霉素)以及咪唑类(克霉唑、酮康唑、咪康唑和伊曲康唑)等，但目前国内外批准的兽用制剂很少。按抗真菌感染部位可将本类药物分成抗深部真菌感染药(两性霉素 B、酮康唑)和浅表应用的抗真菌药(制霉菌素、灰黄霉素、克霉唑)。

11.4.1.1 抗深部真菌感染药

两性霉素 B(Amphotericin B，庐山霉素)

【理化性质】本品是由链霉菌培养液中提取的多烯类抗生素，含 A、B 两种成分，由于 B 的作用较强而应用于临床，故称为两性霉素 B。微黄色粉末，不溶于水及乙醇。低温时稳定，超过 37 ℃则不稳定，pH 6.0~7.5 时抗真菌作用最强。

【作用与应用】本品为广谱抗真菌药，对荚膜组织胞浆菌、新隐球酵母菌、球孢菌、白色念珠菌、黑曲霉菌等均有较强的抑菌作用，是治疗深部真菌感染的首选药，主要用于敏感菌感染，如犬组织胞浆菌病、芽生菌病、球孢子菌病等；也可预防白色念珠菌感染及各种真菌引起的局部炎症，如爪的真菌感染等。作用机制是通过与真菌细胞膜麦角固醇结合而增强细胞膜通透性，使细胞内电解质外流，导致细菌死亡。

【药动学】内服、肌内注射均不易吸收。内服时胃肠保持高浓度，是胃肠道真菌感染的有效药物。肌内注射刺激性大，一般进行缓慢静脉注射，有效浓度维持 24 h 以上。体内分布广泛，但不易进入脑脊液，大部分经肾缓慢排泄。

【不良反应与应用注意】①毒性较大，不良反应较多。因静脉注射毒性较强，所以剂量不宜过大，浓度不宜过高，注射速度不宜过快，以免引起寒战、高热和呕吐等。②治疗过程中可引起肝肾损伤、贫血、白细胞减少等，故注意观察，定期检测肾功能及血象等变化，发现异常及时停药。③静脉注射时配合解热镇痛药、抗组胺药和糖皮质激素可减轻毒性反应。④用药期间避免使用氨基糖苷类(肾毒性)、洋地黄类(心脏毒性)、箭毒(神经肌肉阻断)、噻嗪类利尿药(低血钾、低钠症)等。⑤与氟胞嘧啶联合用药对隐球菌感染有协同作用；与咪唑类抗真菌药咪唑类(克霉唑、酮康唑等)合用产生拮抗作用。⑥应在 15 ℃以下严格遮光保存，配制溶液应立即使用，在 24 h 内用完。粉针剂临用前使用注射用水溶解，用生理盐水溶解时易析出沉淀，用 5% 葡萄糖注射液稀释成 0.1% 注射液后注入，其 pH 值不得低于 4.2。

【制剂】注射用两性霉素 B。

酮康唑(Ketoconazole)

【理化性质】本品为人工合成的咪唑类广谱抗真菌药，为白色结晶性粉末。在三氯甲烷中易溶，在甲醇中溶解，在乙醇中微溶，在水中几乎不溶。

【药理作用】常用剂量下为抑真菌药，大剂量长时间应用对敏感真菌具有杀灭作用。对隐球菌、念珠菌、球孢子菌、组织胞浆菌、皮炎芽生菌、小孢子菌和毛癣菌均具有良好抗菌活性，大剂量对曲霉菌、孢子丝菌也有作用，白色念珠菌对本品耐药。此外，在体外对金黄色葡萄球菌、放线菌、肠球菌等革兰阳性菌也有抗菌活性。

【药动学】内服吸收良好，可分布到胆管、唾液、尿液和脑脊液，但脑脊液中浓度不到血药浓度的 10%。患脑膜炎时，脑中浓度升高。在肝、肾上腺、脑垂体中浓度最高，其次为肾、肺、膀胱、骨髓和心肌。主要经胆管由粪便排出，部分经肾由尿排出。

【应用】用于治疗动物表皮和深部真菌病，包括皮肤和指甲癣(局部治疗无效者)、胃肠道酵母菌感染、局部用药无效的阴道白色念珠菌病，以及白色念珠菌、类球孢子菌、组织胞浆菌等引起的全身感染；还可用于预防白色念珠菌病的再发，以及因免疫功能低下而引起的真菌感染。

【药物相互作用】①可降低泼尼松龙和甲泼尼松龙的体内消除和代谢，联用时应减少皮质激素的用量。②酸性条件下可促进本品吸收。③苯妥英钠、苯巴比妥可使本品血药浓度降低，必要时增加用量。④利福平、异烟肼与本品联用可降低各自的血药浓度，须间隔 12 h 服用。⑤抗胆碱药可抑制胃酸分泌，减少本品吸收。

【不良反应】①常伴有厌食症、恶心、呕吐等胃肠道反应，猫更为普遍。②有肝毒性，患肝病的动物禁用。③具胚胎毒性，妊娠动物禁用。④本品吸收与胃液分泌密切相关，因此不宜与抗酸药、抗胆碱药和 H_2 受体阻断药合用，以免降低酮康唑的吸收。

【制剂】酮康唑片。

11.4.1.2　浅表应用的抗真菌药

制霉菌素(Nystatin)

【理化性质】本品是从链霉菌的培养液中提取而得，为淡黄色粉末。不溶于水，略溶于乙醇、甲醇，性质不稳定，光、热、氧、酸、碱等可破坏之。其晶体冷冻干燥品可保持药效数年，多聚醛制霉菌素钠是我国研制水溶性较好的制剂。

【作用与应用】抗真菌作用与两性霉素 B 基本相同，但其毒性更大，不宜用于全身感染。对念珠菌属真菌作用显著，对曲霉菌、毛癣菌、表皮癣菌、小孢子菌、组织胞浆菌、皮炎芽生菌、球孢子菌也有效。临床内服给药治疗消化道真菌感染或外用于表面皮肤真菌感染，如牛的真菌性胃炎、鸡的嗉囊真菌病及曲霉菌、毛霉菌引起的乳腺炎和子宫炎。对烟曲霉引起的雏鸡肺炎，喷雾吸入也有效，也可用于长期服用广谱抗生素所致的真菌性二重感染。

【药动学】内服不易吸收，几乎全部经粪排出；局部用药也不易被皮肤和黏膜吸收；静脉、肌内注射毒性较强，不宜注射给药。

【应用注意】①用量过大可引起呕吐、腹泻等消化道反应。②片剂、混悬剂应密闭保存于 15~30 ℃环境中。③阴道和体表感染时外用方有效。

【制剂】制霉菌素片、制霉菌素混悬剂。复方制霉菌素软膏、制霉菌素滴耳液(见本书14.6 耳科用药)。

灰黄霉素(Griseofulvin)

【理化性质】本品是由灰黄青霉菌(*Penicillium griseofulvum*)的培养液中分离获得，为白色或类白色粉末。在二甲基甲酰胺中易溶，在水中极微溶，在无水乙醇中微溶，对热稳定。

【药理作用】本品为内服的抑制真菌药，对各种皮肤真菌(如小孢子菌、表皮癣菌、毛癣菌属)具有强大的抑菌作用，对白色念珠菌、放线菌属、深部真菌及细菌无效，对曲霉菌属作用很小。灰黄霉素的化学结构与鸟嘌呤相类似，能竞争地抑制和阻止鸟嘌呤进入DNA，干扰真菌细胞的 DNA 合成，破坏细胞有丝分裂的纺锤体的结构，阻止细胞中期分裂，从而抑制其生长。

灰黄霉素易沉积在皮肤、毛发的角蛋白的前体细胞内，能促使角蛋白抵抗真菌的侵入，当已感染真菌的角蛋白脱落后，以健康组织取代之而治愈。由于不能立即杀菌，故对已感染的病灶无控制作用。需较长时间(一周以上)治疗，敏感菌株对本品能产生耐药性。

【药动学】内服后主要在小肠前段吸收，可分布于全身组织，以皮肤、毛发、爪、甲、肝、肌肉和脂肪中含量较高，部分沉积于皮肤角质层，与皮肤被毛囊、爪、趾角蛋白结合，抑制真菌活性，使皮癣菌不能继续侵入组织深部，然后病体随被毛和皮屑脱落而离开机体。药物经肝脏代谢后，经肾排出，少数原形药物直接经尿和乳汁排出，未被吸收的则经粪排出。

【应用】主要用于浅表真菌病的治疗，对小动物毛发、趾甲等皮肤真菌病如毛癣(金钱癣)有较好疗效，疗程的长短决定于真菌感染的种类和部位。

【药物相互作用】①维生素 B₆ 可使其代谢失活。②维生素 E 可促进本品吸收，使疗效增强 2 倍。③苯巴比妥类可降低或完全抑制其抗菌作用。④可加快异烟肼毒性代谢物的形成而增加其肝毒性作用。

【不良反应与应用注意】①大剂量有致癌和致畸作用，禁用于妊娠动物，尤其是猫。有些国家已将其淘汰。②能抑制敏感菌菌丝的生长，不能杀死病原性真菌，故须持续用药，至受感染的角质层完全被健康组织替代为止。③以内服为主，由于不易透过表皮角质层，外用无效。④在 15~30 ℃密闭遮光处保存。⑤可能与青霉素类存在交叉过敏，青霉素过敏者慎用。⑥用药期间必须加强饲养管理，改善卫生条件，用能杀真菌的消毒药液(2%甲醛溶液、1%硫酸铜或 0.25%氢氧化钠的溶液)定期消毒环境和用具等，杜绝其传播扩散。

【制剂】灰黄霉素片。

克霉唑(Clotrimazole，抗真菌 1 号、三苯甲咪唑)

【理化性质】本品为人工合成的咪唑类广谱抗真菌药，为白色或微黄色的结晶性粉末。在甲醇或三氯甲烷中易溶，在乙醇或丙酮中溶解，在水中几乎不溶。

【作用与应用】具有广谱抗真菌活性，对表皮癣菌、毛发癣菌、小孢子菌、着色真菌、隐球菌属和念珠菌属均有较好抗菌作用；对皮炎芽生菌、粗球孢子菌属、组织胞浆菌属等也有一定抗菌活性。对浅表真菌的作用与灰黄霉素相似，对深部真菌的作用较两性霉素 B 差。内服可吸收，约 4 h 达到血药峰浓度，主要在肝内代谢，大部分经胆汁排出。临床用于皮肤真菌感染及消化道、呼吸道、尿路的真菌感染。

【应用注意】①长期服用可出现肝功能不良反应，停药后可恢复。②配合两性霉素 B 局部外用可增强疗效。③内服对胃肠道有刺激性。④在弱碱性环境中抗菌效果好，酸性介质中则缓慢水解失效。

【制剂】常用克霉唑片、克霉唑软膏。

氟康唑(Fluconazole)

【理化性质】本品为白色或类白色结晶性粉末，在甲醇中易溶，在乙醇中溶解，在二氯甲烷、水或醋酸中微溶，在乙醚中不溶。

【作用与应用】抗菌谱与酮康唑相近似，抗菌活性在体外不及酮康唑，但在体内比酮康唑强 10~20 倍，且毒性低。对念珠菌、隐球菌最为敏感，对表皮癣菌、皮炎芽生菌和组织胞浆菌也有较强的作用，对曲霉菌效果较差。临床用于浅表、深部敏感真菌的感染，治疗犬、猫的念珠菌和隐球菌病。

【药动学】单胃动物内服吸收好，其生物利用度达 90%。内服 1~4 h 达血药峰值，吸收快，分布广，各种体液中浓度与血浓度相当，进入脑脊液中浓度也高，达血药浓度的 50%~90%。血浆蛋白的结合率较低(63%)。本品以原形经尿排出，血浆半衰期达 30 h。

【不良反应】不良反应在本类药中最低，发生率为 10%左右。主要以消化系统症状为主，如恶心、腹痛、腹泻，其次是皮疹。

【应用注意】①肾功能障碍时应调整使用剂量。②可引起苯妥英钠血药浓度迅速升高，故同用时应降低苯妥英钠的用量。③应室温或冷藏保存，避免冰冻，药液发生浑浊、沉淀时不可使用。

【制剂】氟康唑片。

11.4.2 抗病毒药

动物病毒性疾病主要以免疫预防为主，至今尚无理想的抗病毒药。虽有一些抗病毒药在临床实践中应用,但其疗效多不肯定,如金刚烷胺、吗啉胍、利巴韦林、阿昔洛韦与干扰素等,仅试用于宠物疱疹病毒感染的治疗或病毒性眼病的局部治疗。对食品动物不主张使用抗病毒药,以免产生耐药性。我国目前也试用中草药对某些病毒感染性疾病进行防治,如板蓝根、金银花、大青叶和黄芪等,但抗病毒机理尚未完全清楚。

阿昔洛韦(Aciclovirin,无环鸟苷)

【理化性质】本品为去氧鸟苷类化合物,白色结晶性粉末,在水中极微溶解,其钠盐易溶于水,5%水溶液 pH 11。

【药理作用】体外试验证明,本品对 DNA 病毒(如单纯疱疹病毒、带状疱疹病毒、细胞巨化病毒等)有抑制作用,对 I 型单纯疱疹病毒的效应比阿糖腺苷强 100 倍,比碘苷强 10 倍。能干扰病毒 DNA 多聚酶,抑制病毒的复制,也可在 DNA 多聚酶作用下与增长的 DNA 链结合,引起 DNA 链的延伸中断。已发现伪狂犬病毒和牛传染性鼻气管炎病毒对本品不敏感。本品安全性大,对疱疹病毒的毒性比对脊椎动物细胞大 300~3 000 倍。

【应用】兽医临床试用于治疗猫疱疹病毒 I 型引起的猫眼部和呼吸道疾病,效果不确定。对马疱疹病毒引起的结膜炎和角膜炎较为有效,症状在几天内可见缓解。

【药物相互作用】①与干扰素、免疫增强剂、糖皮质激素、酮康唑等配伍使用可产生协同作用,但应注意毒性反应。②与氨基糖苷类、两性霉素 B 及其他肾毒性药物合用,发生肾功能损害的危险性加大。③丙磺舒可使其血药浓度增加。

【应用注意】①本品溶于浓度超过 10%的葡萄糖溶液中,溶液会变成蓝色,但不影响药物活性。②静脉滴注时给药时间不少于 1 h,快速滴入易发生肾小管内药物结晶沉积。③严重肝、肾功能障碍者使用时应减量。

利巴韦林(Ribavirin,病毒唑、三氮唑核苷)

【理化性质】本品为鸟苷类化合物,白色结晶性粉末。在水中易溶。2%水溶液 pH 4.0~6.5。

【作用与应用】本品为广谱抗病毒药,对多种 RNA 病毒和 DNA 病毒均有抑制作用,体外可抑制痘病毒、流感病毒、副流感病毒、环状病毒(如蓝舌病病毒)、疱疹病毒(如牛鼻气管炎病病毒)、新城疫病毒、水泡性口炎病毒、轮状病毒和猫嵌杯样病毒。临床试用于犬、猫的病毒性感染,尝试用于禽流感、乙型脑炎、禽痘、传染性支气管炎、病毒性腹泻、疱疹性口炎等多种病毒性疾病。

本品有多个作用位点,在被核苷激酶单磷酸化后可间接抑制鸟嘌呤核苷酸的合成,进一步磷酸化后能完全阻止 ATP 和 GTP 与 RNA 聚合酶的结合,导致细胞内鸟苷三磷酸减少,损害病毒 RNA 和蛋白质合成,抑制病毒的复制。

【应用注意】①猫内服可出现骨髓抑制、体重下降、肝酶升高及黄疸等不良反应。②有致畸作用,种鸡产蛋期间禁用。③猪的安全范围较小,易中毒,导致皮肤苍白,酱油样腹泻等症状。④可出现食欲减退、胃部不适、呕吐、腹泻、便秘等胃肠道功能紊乱。

金刚烷胺(Amantadine)

本品抗病毒谱较窄,对某些 RNA 病毒(黏病毒、副黏病毒)有抑制作用,对亚洲甲型流感病毒选择性高;也能抑制丙型流感病毒、假性(伪)狂犬病病毒的复制,但是对乙型流感病毒、疱疹病毒、麻疹病毒、腮腺炎病毒等无效。其抗病毒机制为作用于膜蛋白，改变宿主细胞膜表面的电荷，抑制病毒穿入宿主细胞，并抑制病毒的脱壳及核酸释放的过程，从而抑制病毒的增殖。临床试用于禽流感、猪传染性胃肠炎的防治，与抗生素合用可提高疗效。本品的抗病毒作用无宿主特异性。动物试验有致畸胎作用。

吗啉胍（Moroxydine，ABOB，吗啉双胍、病毒灵）

本品为广谱抗病毒药，通过抑制 RNA 聚合酶活性和蛋白质的合成，对多种病毒增殖期的各个环节都起抑制作用，但对游离病毒颗粒无直接作用。对流感病毒、副流感病毒、呼吸道合胞体病毒等 RNA 型病毒有作用，对 DNA 型的某些腺病毒、鸡马立克病毒、鸡痘病毒和鸡传染性支气管病毒也有一定的抑制作用。临床可内服试用于犬瘟热和犬细小病毒的防治。

黄芪多糖（Astragalan）

本品是从多年生草本豆科植物膜荚黄芪或蒙古黄芪的干燥根中提取的多糖物质，为纯天然中药制成的广谱抗菌抗病毒药，无毒副作用，调节机体免疫能力，具有极强的增加免疫力作用，诱导机体产生干扰素，促进抗体的形成。临床用于抗病毒和调节并增强机体免疫力。

11.5　抗微生物药的合理应用

抗微生物药，特别是抗生素，是临床上使用最广泛和最重要的一类药物，同时滥用现象也很严重。虽然它们在防治细菌传染性疾病中发挥了巨大的作用，但任何一种抗菌药不仅仅作用于病原菌，而且对机体和正常菌群也有不同程度的影响。随着抗菌药的广泛应用，也带来许多新的问题，如动物对药物产生毒性反应、二重感染、过敏反应、细菌耐药性及药物残留等，常导致抗菌药临床治疗的失败，并影响动物源性食品的安全，给畜牧业、公共卫生及人民健康带来的不良后果。因此，既要看到抗菌药对病原微生物感染有治疗作用的有利方面，又不可忽视产生不良反应的可能性。为了充分发挥抗菌药的治疗效果，降低对畜禽的不良反应，减少细菌耐药性的产生，提高药物治疗水平，必须切实合理使用抗菌药，加强对抗菌药的安全使用监管。

（1）正确诊断，严格按照应用和抗菌谱选用药物

合理用药的先决条件是正确的诊断，根据患病动物的发病过程、临床症状、病理剖检、实验室检查或影像学等结果，诊断为细菌性感染时才能应用抗菌药进行治疗。由支原体、衣原体、螺旋体、立克次体等病原微生物所致的感染也可应用抗菌药。除了并发细菌感染，病毒性和真菌感染时不宜选用抗菌药。动物不明原因发热时，除了病情危急外，不要轻易使用抗菌药。否则可导致疾病临床症状不典型，难以确诊而延误治疗。例如，动物腹泻可由多种原因引起，细菌、病毒、原虫等均可引起腹泻，有些腹泻还可能是由于饲养管理不善引起，所以不能凡是腹泻都使用抗菌药。

各种抗菌药有各自的抗菌谱和应用，应根据致病菌及其引起的疾病，选择作用强、疗效好、不良反应少的药物。确定病原微生物后，根据药物的抗菌谱、抗菌活性、药动学特征、不良反应、药源、价格等情况，选用合适药物。当病原菌确定时，应优先选用窄谱抗

菌药。如革兰阳性菌感染可选用青霉素类、大环内酯类或林可胺类抗生素；革兰阴性菌感染宜选用氨基糖苷类、多黏菌素类和喹诺酮类药物；支原体引起的猪喘气病和鸡慢性呼吸道病首选泰乐菌素、泰妙菌素、替米考星、林可霉素等；猪痢疾短螺旋体感染首选乙酰甲喹。混合感染或并发感染时，则选用广谱抗菌药或联合使用抗菌药，如肺炎支原体和呼吸道细菌混合感染时，可选择喹诺酮类药物与林可霉素、氨基糖苷类与 β-内酰胺类抗生素联用。

（2）掌握药动学特征，制定合理的给药方案

不同抗菌药的体内过程差异很大，药物在不同组织中浓度的高低也是决定抗菌药物疗效的重要因素之一。只有掌握抗菌药在动物体内的药动学特征及其影响因素，结合动物的病情和体况，才能做到正确选药并制订合理的给药方案，如治疗动物肠道感染应选用内服吸收少的氨基糖苷类、黏菌素等药物；对动物的细菌性或支原体性肺炎的治疗，除选择对致病菌敏感的药物外，还应考虑选择能在肺组织中达到较高浓度的药物，如大环内酯类、泰妙菌素、达氟沙星等；在泌尿道感染时，应选择主要以原形经尿排出的抗菌药，如青霉素、链霉素、土霉素和氟苯尼考等。脑膜炎、脑脓肿等中枢神经系统的葡萄球菌感染时，常选用青霉素、磺胺嘧啶，因它们在脑脊液中浓度相对高于其他抗生素，易发挥疗效。

合适的给药途径是保证药物疗效的重要因素，应根据药物的剂型和病情的需要而定。危重病例应以静脉注射或肌内注射给药，慢性疾病，特别是消化道感染或驱虫以内服为主。严重消化道感染与并发败血症、菌血症时，除内服外，可配合注射给药。患病动物食欲下降或废绝时，内服给药不能使血中达到药物的有效浓度，影响治疗效果，此时宜选择注射给药。禽类饮水给药方便、效果较好。局部给药用软膏剂、滴剂，多见于子宫、乳腺内注入或眼、耳内滴入。

各种抗菌药都规定了合适的使用剂量，不要随意改变。使用剂量过大，不仅造成药物浪费，增加成本，而且造成药物残留超标，严重时可引起毒性反应。但使用剂量过小，特别是价格高的新产品，不仅达不到防治效果，而且易诱发细菌产生耐药性。

给药间隔是由药物的药动学、药效学和维持药物有效浓度作用时间决定的，每种抗菌药有其特定的作用维持时间，如头孢噻呋比青霉素在猪体内的半衰期长，药物有效浓度作用时间较长，所以前者的给药间隔较长，可每日给药 1 次。多数细菌病必须反复多次给药才能达到治疗效果，疗程应充足，不能在动物体温下降或病情好转时就停止给药，否则引起疾病复发或诱导细菌产生耐药性，给后续的治疗带来困难。一般的感染性疾病可连续用药 2~3 d；磺胺类药物首次剂量需加倍，疗程 4~5 d；支原体病的治疗要求疗程较长，一般需 5~7 d。症状消失后，最好再用药巩固 1~2 d 或增加一个疗程，以防复发。

（3）防止滥用，避免产生细菌耐药性

随着抗菌药在兽医临床和畜牧养殖业中的广泛应用，细菌耐药性问题日益严重，其中以金黄色葡萄球菌、大肠杆菌、沙门菌、副猪嗜血杆菌、痢疾杆菌、铜绿假单胞菌及分枝杆菌等易产生耐药性。某一细菌对某一抗生素所获得的耐药性具有特异性，且常可遗传给下一代。为了减少耐药菌株的产生，应注意以下几点：①严格掌握应用，不滥用抗菌药。禁止将兽医临床治疗用的或人畜共用的抗菌药用作动物促生长剂，用单一抗菌药有效的就不宜联合用药。②严格掌握用药指征，剂量要足，疗程要恰当。按《中华人民共和国兽药典》规定的作用与用途、剂量和疗程用药，可根据患病动物情况在规定范围内做必要的调整。③尽可能避免局部用药，并杜绝不必要的预防应用。④病因不明者，不要轻易使用抗菌药。⑤发现耐药菌株感染，应改用对病原菌敏感的药物或采取联用用药。⑥尽量减少长

期用药；局部地区不要长期固定使用某一类或某几种药物，要有计划地分期、分批交替使用不同类别或不同作用机制的抗菌药。

（4）考虑患病动物全身情况，防止发生药物不良反应

在用药过程中除要密切关注药物疗效外，同时应注意观察可能出现的不良反应，一经发现应及时停药、更换药物和采取相应解救措施。有些抗菌药在常用剂量时也能产生不良反应，如氨基糖苷类和磺胺类药物有较强的肾毒性，故肝、肾功能不全的患病动物易因肝代谢（如红霉素、氟苯尼考等）或肾清除（如 β-内酰胺类、氨基糖苷类、四环素类、磺胺类）障碍引起药物在体内蓄积，产生不良反应，对于这些患病动物应调整给药剂量或延长给药间隔时间。不同年龄、性别或妊娠动物对同一抗菌药的反应也有差别。老龄动物肝、肾功能减退，对抗菌药较为敏感；营养不良、体质衰弱或妊娠动物对药物的敏感性较高，容易产生不良反应，临床用药时应适当调整剂量。新生仔猪或幼龄动物，由于肝药酶系发育不全，血浆蛋白结合率和肾小球滤过率较低，血脑屏障机能尚未完全形成，对抗菌药的敏感性较高，故对幼龄动物用药时应谨慎。

（5）合理联合使用抗菌药

临床联合使用抗菌药的目的在于提高治疗效果、扩大抗菌谱、减少临床用药量、降低或避免不良反应、防止或延缓耐药菌株的产生等。不恰当的联合用药不但可使药效降低、毒性增强，甚至可促进细菌耐药菌株的产生。因此，在兽医临床用药时，应尽量减少联合用药种类，一般用两药联用即可。因为多种抗菌药的同时使用极大地增加了药物相互作用的概率，也给患病动物增加产生不良反应的风险。

联合应用抗菌药必须有明确的指征：①病因不明的严重感染，先进行联合用药，待确诊后再调整用药。②用一种抗菌药不能控制的严重感染或混合感染，如慢性泌尿道感染、腹膜炎、严重创伤感染、败血症、亚急性细菌性心内膜炎等。③较长期使用一种抗菌药易使细菌产生耐药性，为减少或延缓耐药性的产生，应联合用药，如慢性乳腺炎、子宫内膜炎。④联合应用增强抗菌药的抗菌作用，扩大抗菌谱等。如青霉素和链霉素合用治疗肺炎或心内膜炎；林可霉素和大观霉素合用治疗鸡呼吸道、消化道细菌性疾病。⑤减少毒性较大抗菌药的使用剂量，如两性霉素 B 和氟胞嘧啶合用治疗深部真菌，前者用量可减少，从而减少毒性反应。

为了获得联合应用抗菌药的协同作用，必须根据抗菌药的作用特性和机制进行选择和组合。目前，依据作用特性将抗菌药分为 4 类：Ⅰ类为繁殖期杀菌药，如青霉素类和头孢菌素类。Ⅱ类为静止期杀菌药，如氨基糖苷类、多黏菌素类和喹诺酮类药物。Ⅲ类为速效抑菌药，如四环素类、酰胺醇类和大环内酯类抗生素。Ⅳ类为慢效抑菌药，如磺胺类和抗菌增效剂。Ⅰ类与Ⅱ类合用可产生协同作用，如青霉素和链霉素合用，青霉素使细菌细胞壁的完整性破坏，使链霉素更易进入菌体内发挥作用。Ⅰ类与Ⅲ类合用则可出现拮抗作用，如青霉素和四环素或红霉素合用，由于后者使细菌蛋白质合成迅速受抑制，细菌进入静止状态，青霉素不能发挥抑制细胞壁合成的作用。Ⅰ类与Ⅳ类合用，可出现相加或无关，因Ⅳ类对Ⅰ类的抗菌活性无重要影响，如在治疗脑膜炎时，青霉素与磺胺嘧啶合用可获得相加作用而提高疗效。Ⅱ类与Ⅲ类合用常表现为相加作用或协同作用。在联合用药时也可能出现毒性的协同或相加作用，在临床上应认真考虑联合用药的利弊，不要盲目组合，得不偿失。此外，联合用药时应注意药物之间的理化性质、药动学和药效学之间的相互作用与配伍禁忌，不同菌种和菌株、药物的剂量和给药顺序等因素均可影响联合用药的结果。

（6）避免动物源性食品中抗菌药的残留

动物使用抗菌药后，抗菌药的原形或代谢物可蓄积或残存在动物的肌肉、脂肪和内脏

中，从而造成抗菌药在动物源性食品中的残留。人长期食用含有抗菌药残留超标的动物源性食品，可破坏肠道菌群平衡，导致潜在致病菌繁殖，也可导致耐药菌株的增加。抗菌药残留对人类的危害越来越被人们所重视，防止抗菌药残留超标，保证动物源性食品的安全，是合理使用抗菌药应该遵循的重要原则。为了避免动物源性食品中抗菌药残留，应遵循以下原则：①严格执行兽药使用登记制度。②严格遵守休药期的规定。③避免标签外用药。④严禁非法使用违禁药物。⑤避免环境污染。具体参考本书第1章(1.4.2兽药的合理使用)。

本章小结

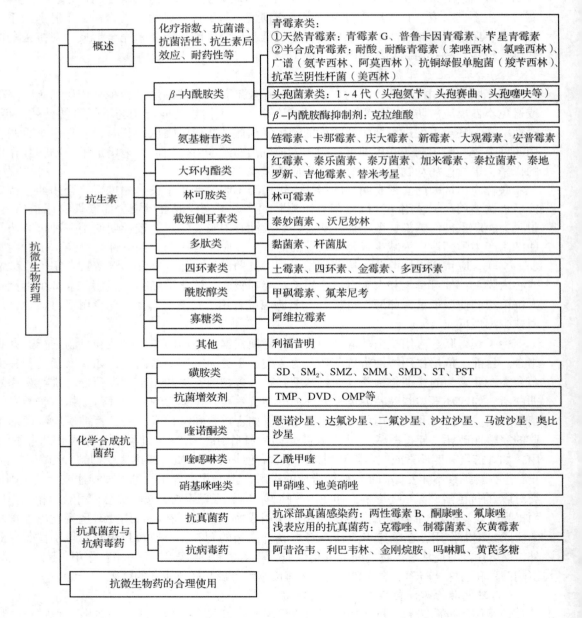

	概述	化疗指数、抗菌谱、抗菌活性、抗生素后效应、耐药性等	青霉素类：①天然青霉素：青霉素G、普鲁卡因青霉素、苄星青霉素 ②半合成青霉素：耐酸、耐酶青霉素（苯唑西林、氯唑西林）、广谱（氨苄西林、阿莫西林）、抗铜绿假单胞菌（羧苄西林）、抗革兰阴性杆菌（美西林）

β-内酰胺类 —— 头孢菌素类：1～4代（头孢氨苄、头孢赛曲、头孢噻呋等）

β-内酰胺酶抑制剂：克拉维酸

氨基糖苷类 —— 链霉素、卡那霉素、庆大霉素、新霉素、大观霉素、安普霉素

大环内酯类 —— 红霉素、泰乐菌素、泰万菌素、加米霉素、泰拉菌素、泰地罗新、吉他霉素、替米考星

林可胺类 —— 林可霉素

截短侧耳素类 —— 泰妙菌素、沃尼妙林

多肽类 —— 黏菌素、杆菌肽

四环素类 —— 土霉素、四环素、金霉素、多西环素

酰胺醇类 —— 甲砜霉素、氟苯尼考

寡糖类 —— 阿维拉霉素

其他 —— 利福昔明

磺胺类 —— SD、SM$_2$、SMZ、SMM、SMD、ST、PST

抗菌增效剂 —— TMP、DVD、OMP等

喹诺酮类 —— 恩诺沙星、达氟沙星、二氟沙星、沙拉沙星、马波沙星、奥比沙星

喹噁啉类 —— 乙酰甲喹

硝基咪唑类 —— 甲硝唑、地美硝唑

抗真菌药 —— 抗深部真菌感染药：两性霉素B、酮康唑、氟康唑 浅表应用的抗真菌药：克霉唑、制霉菌素、灰黄霉素

抗病毒药 —— 阿昔洛韦、利巴韦林、金刚烷胺、吗啉胍、黄芪多糖

抗微生物药的合理使用

思考题

1. 论述抗菌药、病原微生物和动物机体之间的相互关系。

2. 阐明细菌产生耐药性的机制和水平传播的方式。

3. 简述抗菌药的抗菌作用机制。

4. 论述抗菌药在兽医临床的合理应用的原则，如何合理联合应用抗菌药？

5. 简述抗生素按照化学结构的分类，每类各列举 2~3 个药名。

6. 天然青霉素和半合成青霉素各有何优缺点？

7. 论述青霉素的抗菌作用、作用机制和耐药性。

8. 阐述青霉素在兽医临床的应用、不良反应及其应该注意哪些问题？

9. 简述氨苄西林和阿莫西林的抗菌作用和兽医临床的应用。

10. 试述头孢菌素类抗生素的分类及特点，并列举出兽医专用药物的名称。

11. 阐明头孢噻呋的体内过程、抗菌作用和兽医临床的应用。

12. 阐明大环内酯类抗生素的共同特点。

13. 试述大环内酯类抗生素的抗菌谱及其抗菌作用机制。

14. 论述红霉素的体内过程、抗菌作用、临床应用和不良反应。

15. 简述泰乐菌素、替米考星、加米霉素、泰拉菌素和泰万菌素的作用特点及临床应用。

16. 简述林可霉素的抗菌作用及兽医临床的应用，为什么不能与红霉素合用？

17. 简述泰妙菌素的药理作用与应用。

18. 阐明氨基糖苷类抗生素的共同特点、抗菌机制和不良反应。

19. 阐明链霉素的体内过程、抗菌作用和兽医临床应用。

20. 简述链霉素、庆大霉素和安普霉素的抗菌作用、临床应用及不良反应。

21. 简述黏菌素、杆菌肽的抗菌谱、抗菌机制及临床应用。

22. 阐明四环素类药物的抗菌谱与作用机制。

23. 论述四环素类药物的体内过程及不良反应。

24. 论述土霉素的体内过程、抗菌作用和兽医临床的应用。

25. 试述多西环素的体内过程、抗菌作用特点及临床应用。

26. 阐明氟苯尼考的抗菌作用、临床应用、不良反应和应用注意。

27. 阐述磺胺类药物的构效关系及抗菌机制。

28. 试述磺胺类药物的分类及体内过程。

29. 简述磺胺类药物的不良反应及应用注意。

30. 简述氟喹诺酮类药物的共同特点。

31. 试述喹诺酮类药物的分类、抗菌作用及作用机制。

32. 简述氟喹诺酮类药物的不良反应及临床应用注意。

33. 比较恩诺沙星、环丙沙星和达氟沙星的在兽医临床的应用特点。

34. 简述乙酰甲喹的抗菌作用、抗菌机制和兽医临床的应用。

35. 简述两性霉素 B、灰黄霉素和酮康唑的主要作用、应用及应用注意。

36. 常用的硝基咪唑类抗生素有哪些？应用于哪些疾病的治疗？

37. 简述抗生素在病毒性疾病治疗中的作用。

38. 列举几种用于宠物病毒感染的药物，简述其主要作用。

39. 简述病毒性疾病治疗的注意事项。

（王　新、张荣民）

第 12 章

消毒防腐药理

消毒防腐药是具有杀灭病原微生物或抑制其生长繁殖的一类药物。与抗生素和其他抗菌药不同，本类药物没有明显的抗菌谱和选择性。在临床应用达到有效浓度时往往也对机体组织产生损伤作用，一般不作全身给药。但在防治动物疫病、保障畜牧生产和水产养殖上具有重要的现实意义。

12.1 概述

12.1.1 消毒防腐药的定义

消毒药（disinfectants）是指能杀灭病原微生物的药物，主要用于环境、厩舍、动物排泄物、用具和器械等非生物表面的消毒。防腐药（antiseptics）是指能抑制病原微生物生长繁殖的药物，主要用于抑制局部皮肤、黏膜和创伤等生物体表的微生物感染，也用于食品及生物制品等的防腐。但二者并无绝对的界限，低浓度的消毒药仅能抑菌，而高浓度的防腐药也能杀菌。绝大部分的消毒防腐药只能使病原微生物的数量减少到公共卫生标准所允许的限量范围内，而不能达到完全灭菌。发生传染病时对环境进行随时消毒和终末消毒，无疫病时对环境进行预防性消毒，都可选用消毒药，它在医学临床和公共卫生上均具有重要价值。

12.1.2 理想的消毒防腐药应具备的条件

理想的消毒防腐药具备的条件如下：①抗微生物范围广、活性强，对革兰阴性菌、革兰阳性菌、芽孢、病毒、霉菌等均有作用，而且在有体液、脓液、坏死组织和其他有机物质存在时仍能保持抗菌活性。②作用产生迅速，其溶液的有效寿命长。③对黏膜和组织无刺激性。④对人和动物安全，防腐药不应对组织有毒，也不妨碍伤口愈合。消毒药应不具有残留表面活性。⑤受温度、pH 值等因素影响小，能与去污剂配伍应用。⑥具有较高的脂溶性和分布均匀的特点。⑦药物本身应无臭、无色和无着色性，性质稳定，作用持久，可溶于水。⑧无易燃性和易爆性。⑨对金属、橡胶、塑料、衣物等无腐蚀作用，便于运输、贮存和应用。⑩价格低廉易得。这些是消毒防腐药应具备的良好性能，也是消毒防腐药的发展方向。

12.1.3 杀菌效力的检定

消毒防腐药的杀菌效力曾经用酚系数来表示。酚系数（phenol coefficient）是指消毒防腐药在 10 min 内杀死某标准数量的细菌所需的稀释倍数与具有相等杀菌效力的苯酚的稀释倍数之比。

目前，对于消毒防腐药的效力主要从其对革兰阳性菌、革兰阴性菌、芽孢、分枝杆菌、无囊膜病毒和囊膜病毒的杀灭作用来测定。此外，从其作用时间的长短、是否具有局部毒性或全身毒性、是否易被有机物灭活、是否污染环境和价格等方面来判断其实用性。

12.1.4　消毒防腐药的作用机理

各类消毒防腐药的作用机理各不相同，可归纳为：①使菌体蛋白变性或沉淀。酚类、醛类、醇类、重金属盐类是通过这一机理起作用的，其作用不具选择性，可损害一切生物机体物质，故称为"一般原浆毒"。由于不仅能杀菌，也能破坏宿主组织，因此只适用于环境消毒。②改变菌体细胞膜的通透性。表面活性剂的杀菌作用是通过降低菌体的表面张力，增加菌体细胞膜的通透性，从而引起重要的酶和营养物质漏失，水分向菌体内渗入，使菌体溶解和破裂。③干扰或损害细菌生命必需的酶系统。当消毒防腐药的化学结构与菌体内的代谢物相似时，可竞争性地或非竞争性地与酶结合，从而抑制酶的活性，导致菌体的生长抑制或死亡；也可通过氧化、还原等反应损害酶的活性基团，如氧化剂的氧化、卤化物的卤化等。

12.1.5　影响消毒防腐药作用的因素

影响消毒防腐药作用的因素：①病原微生物类型。不同类型的和处于不同状态的病原微生物，对同一种消毒防腐药的敏感性不同。②浓度和作用时间。当其他条件一致时，消毒药的杀菌效力一般随其溶液浓度的增加而增强。另外，呈现相同杀菌效力所需的时间一般随消毒药浓度的增加而缩短。③环境温度。消毒药的效果与环境温度呈正相关，即温度越高，杀菌力越强，一般规律是温度每升高 10℃时消毒效果增强 1~1.5 倍。④相对湿度。相对湿度可直接影响到微生物的含水量，对许多气体消毒剂的作用有显著的影响。用环氧乙烷消毒时，若细菌含水量太大，则需要延长消毒时间。⑤pH 值。环境或组织的 pH 值对有些消毒防腐药作用的影响较大，因为 pH 值可以改变其溶解度、解离程度和分子结构。含氯消毒剂作用的最佳 pH 值为 5.0~6.0。⑥有机物的存在。消毒环境中的粪、尿等或创面上的脓血、体液等有机物的存在会影响抗菌效力。⑦水质。硬水中的 Ca^{2+} 和 Mg^{2+} 能与季铵盐类、氯己定或碘伏等结合形成不溶性盐类，从而降低其抗菌效力。⑧生物被膜。存在于金属或其他物质表面的细菌可能会形成一层生物被膜，包被在生物被膜中的细菌对消毒剂的敏感性降低。⑨联合应用。两种消毒药合用时可出现增强或减弱的效果。消毒药与清洁剂或除臭剂合用时，消毒效果降低，如阴离子清洁剂肥皂与阳离子季铵盐消毒剂合用时消毒效果减弱，甚至完全消失。合理的联合用药能增强消毒效果，如氯己定（洗必泰）和季铵盐类消毒剂用 70%乙醇配制比用水配制穿透力强，杀菌效果也更好。酚在水中虽溶解度低，制成甲酚的肥皂液可杀灭大多数繁殖型微生物。⑩其他因素。被消毒物品表面的形状、结构和化学活性，消毒液的表面张力，消毒药的剂型以及在溶液中的解离度等均能影响消毒作用。

12.2　常用药物

本类药物根据临床应用可分为环境消毒药和皮肤、黏膜消毒防腐药两大类，其中环境消毒药用于环境、厩舍、动物排泄物、用具和器械等非生物表面的消毒；皮肤、黏膜消毒防腐药用于外科清创和减少微生物污染或兽医常规手部消毒等。按其化学结构可分为酚类、醛类(挥发性烷化剂类)、醇类、卤素类、季铵盐类、过氧化物类(氧化剂)、酸类、碱类、染料类等。

12.2.1　酚类

酚类包括苯酚、甲酚、间苯二酚、六氯酚等。抗菌作用的强弱与化学结构紧密相关,随着羟基的增加,其作用逐渐减弱,所以现多用一元酚。酚类是一种表面活性物质(带极性的羟基为亲水基团,苯环为亲脂基团),可损害菌体细胞膜,较高浓度时也是蛋白变性剂,故有杀菌作用。此外,酚类还通过抑制细菌脱氢酶和氧化酶等酶的活性而产生抑菌作用。在适当浓度下,对大多数不产生芽孢的繁殖型细菌和真菌均有杀灭作用,但对芽孢和病毒作用不强。抗菌活性不易受环境中有机物和细菌数目的影响,故可用于消毒排泄物等。其化学性质稳定,因而贮存或遇热等不会改变药效。目前,市售的酚类消毒药大多含两种或两种以上具有协同作用的化合物,以扩大其抗菌作用范围。一般酚类化合物仅用于环境及用具消毒。由于酚类消毒剂的应用对环境有污染,目前有些国家限制其使用。这类消毒剂在我国的应用也趋向逐步减少,故低毒高效的酚类消毒剂的研究开发受到重视。

苯酚(Phenol,石炭酸)

【理化性质】本品为无色至微红色的针状结晶或结晶性块。有特臭和引湿性。水溶液显弱酸性反应。遇光或在空气中颜色逐渐变深。在乙醇、三氯甲烷、乙醚、甘油、脂肪油或挥发油中易溶,在水中溶解。

【作用与应用】苯酚为原浆毒。0.1%~1%溶液有抑菌作用;1%~2%溶液有杀灭细菌和真菌作用;5%溶液可在48 h内杀死炭疽芽孢,对病毒的作用较弱。常用制剂为复合酚,用于器具、厩舍消毒,排泄物和污物处理等。0.3%~1%水溶液喷洒消毒;1.6%水溶液进行浸涤消毒。

【不良反应】①浓度大于0.5%时具有局部麻醉作用,5%溶液对组织产生强烈的刺激和腐蚀作用。②动物意外吞服或皮肤、黏膜大面积接触本品会引起全身性中毒,表现为中枢神经先兴奋后抑制,心血管系统受抑制,严重者可因呼吸麻痹致死。③本品被认为是一种致癌物。

【应用注意】①本品毒性大,皮肤消毒浓度不宜超过2%,不宜用于黏膜消毒,高浓度对组织有强烈的刺激性和腐蚀性,可用乙醇擦拭去除或者用水、甘油、植物油清洗。眼可先用温水冲洗,再用3%硼酸溶液冲洗。②禁用于食物或食具的消毒。③忌与碘、溴、高锰酸钾、过氧化氢等配伍应用。④动物中毒时可用植物油(忌用液状石蜡)洗胃或内服硫酸镁导泻;对症治疗则给予中枢兴奋剂和强心剂等。⑤碱性环境、脂类、皂类等能减弱其杀菌作用。

12.2.2　醛类

本类消毒药的化学活性很强,在常温、常压下很容易挥发,又称挥发性烷化剂。杀菌机制主要是通过烷基化反应,使菌体蛋白变性,酶和核酸的功能发生改变呈现强大的杀菌作用。常用的有甲醛溶液、聚甲醛、戊二醛等。

甲醛溶液(Formaldehyde Solution)

【理化性质】本品为无色或几乎无色的澄明液体,有刺激性特臭、能刺激鼻喉黏膜。

在水和乙醇中易溶，其 40% 水溶液称福尔马林（Fomalin），在冷处久存生成多聚甲醛而变浑浊，析出沉淀后不可药用。加入 10%～15% 甲醇可防止甲醛的聚合反应。

【作用与应用】本品在气态或溶液状态下均能凝固蛋白和溶解类脂，发挥强大的广谱杀菌作用。不仅能杀死细菌的繁殖型，也能杀死芽孢（如炭疽杆菌芽孢）及抵抗力强的分枝杆菌、病毒及真菌等。如甲醛浓度为 1:2 000 可杀死炭疽杆菌，1:1 000 浓度可杀死其芽孢；对细菌毒素也有破坏作用，如 5% 甲醛溶液在 30 min 内可破坏肉毒梭菌和葡萄球菌肠毒素。本品对皮肤和黏膜的刺激性很强，但不损坏金属、皮毛、纺织物和橡胶等；穿透力差，不易透入物品深部发挥作用；具滞留性，消毒结束后即应通风或用水冲洗。甲醛的刺激性气味不易散失，故消毒空间仅需相对密闭。①用于厩舍、仓库、孵化室、皮毛、衣物、器具等的熏蒸消毒，标本、尸体防腐。②内服用于肠道制酵，如治疗瘤胃臌胀。

【不良反应】①对动物皮肤、黏膜有强刺激性，药液污染皮肤时应立即用肥皂和水清洗。②甲醛气体有强致癌作用，尤其肺癌。③动物误服后应迅速灌服稀氨水解毒。

聚甲醛（Polymerized Formaldehyde，Paraformaldehyde）

本品为甲醛的聚合物 $[H(CH_2O)_nOH]$，为白色疏松粉末。在冷水中溶解缓慢，热水中很快溶解。溶于稀碱和稀酸溶液。含甲醛 91%～99%。本身无消毒作用，常温下缓慢解聚，放出甲醛。加热（低于 100 ℃）熔融时很快产生大量甲醛气体，呈现强大的杀菌作用，主要用于环境熏蒸消毒。

戊二醛（Glutaral，Glutaraldehyde）

【理化性质】本品为无色油状液体，味苦，有微弱的甲醛臭，挥发性较低。可与水或醇以任何比例混溶，溶液呈弱酸性。pH 值高于 9.0 时可迅速聚合。

【作用与应用】本品原为病理标本固定剂，后来发现其碱性水溶液具有较好的杀菌作用。pH 7.5～8.5 时作用最强，可杀灭细菌的繁殖体和芽孢、真菌、病毒，较甲醛强 2～10 倍。有机物对其作用影响不大。对组织刺激性弱，碱性溶液可腐蚀铝制品。主要用于动物厩舍及器具消毒，2% 碱性溶液也可用于疫苗制备时的鸡胚消毒。由于价格昂贵，一般用于不宜加热处理的医疗器械、塑料及橡胶制品、生物制品器具等的浸泡消毒。

【应用注意】①避免与皮肤、黏膜接触，如接触后应及时用水冲洗干净。②不应接触金属器具。

【制剂】浓戊二醛溶液、稀戊二醛溶液、稳定化浓戊二醛溶液、复方戊二醛溶液、戊二醛苯扎溴铵溶液（水产用）、戊二醛癸甲溴铵溶液、复方季铵盐戊二醛溶液。

12.2.3 醇类

醇类使用较早，各种脂族醇类都有不同程度的杀菌作用。多元醇杀菌作用微弱，丙醇以上的醇类很难配成适当浓度的溶液使用，因此高级醇一般不作消毒防腐药，常用乙醇。此类消毒药的优点是：①性质稳定。②无腐蚀性。③基本无毒。④作用迅速。⑤无残留。可与其他药物配成酊剂，起增效作用。缺点是：①不能杀灭细菌芽孢。②受蛋白质影响大。③抗菌有效浓度较高。

乙醇（Alcohol，酒精）

【理化性质】本品为无色澄清液体，易挥发，易燃烧，加热至约 78 ℃ 即沸腾。能与水、甘油、三氯甲烷或乙醚按任意比例混合。处方上未指明浓度时均为95%乙醇。

【作用与应用】本品是临床应用最广泛，也是效果较好的一种皮肤消毒药。能使菌体蛋白迅速凝固、变性并脱水；可溶解类脂质，不仅易渗入菌体破坏其细胞膜，且能溶解动物的皮脂分泌物，从而发挥机械性除菌作用。以70%～75%乙醇杀菌作用最强，相当于3%苯酚的作用效果，可杀死细菌繁殖体、囊膜病毒、结核分枝杆菌，但不能杀灭细菌芽孢。因此，乙醇只能用于消毒，不能用于灭菌。当浓度>75%时，消毒作用减弱。这是由于高浓度乙醇使菌体表面蛋白质凝固过快，形成了保护膜，阻止了乙醇向菌体内渗透。75%乙醇用于手指、皮肤、注射针头及小件医疗器械等消毒。

乙醇能扩张局部血管，改善局部血液循环，用稀乙醇涂擦卧病日久动物的局部皮肤，可预防褥疮的形成；浓乙醇涂擦或热敷可促进炎性产物吸收，减轻疼痛，用于急性关节炎、腱鞘炎、肌炎等；无水乙醇纱布压迫手术出血创面5 min，可立即止血。

【应用注意】①使用浓度不应超过80%。②不可作为灭菌剂使用。③应保存在有盖的容器内，防止有效成分挥发。④对黏膜的刺激性大，不应用于黏膜和创面抗感染。

12.2.4　卤素类

卤素类消毒剂具有强大的杀菌作用，主要是氯和碘。其中，氯的杀菌力强，主要用作环境消毒药；碘作用较弱，主要用于皮肤消毒。它们性质活泼，通过氯化作用能破坏菌体或改变细胞膜的通透性，或者通过氧化作用抑制各种巯基酶或其他对氧化作用敏感的酶类，从而导致细菌死亡。含氯消毒剂是以次氯酸形式发挥作用，因此消毒作用强弱与次氯酸的浓度有关。浓度越高，消毒作用越强。

12.2.4.1　含氯消毒剂

含氯消毒剂能有效杀死细菌、病毒、真菌、阿米巴包囊和藻类，作用迅速，合成工艺简单，能大量生产和供应，价格低廉，便于推广使用。但易受有机物及酸碱度影响，能漂白、腐蚀物品，有的种类不稳定。本类药物包括无机氯消毒剂和有机氯消毒剂：①无机氯消毒剂以氯胺类为主，如含氯石灰、二氧化氯。性质稳定，但作用慢。②有机氯消毒剂以次氯酸盐为主，如二氯异氰尿酸盐、溴氯海因。作用快，但不稳定。

含氯石灰(Chlorinated Lime，漂白粉)

【理化性质】本品是由氯通入消石灰制得，为次氯酸钙、氯化钙和氢氧化钙的混合物，为灰白色颗粒状粉末，有氯臭。在水中微溶，遇酸分解，久置空气中因吸收水分而潮解失效。在水或乙醇中部分溶解。新制的漂白粉含有效氯25%～30%，低于16%时不宜用作消毒剂。

【作用与应用】本品遇水分解释放出次氯酸，后者释放活性氯和新生氧而呈现杀菌作用。杀菌谱广，对细菌繁殖体、芽孢、病毒、真菌孢子都有杀灭作用，并可破坏肉毒杆菌毒素。1%澄清液作用0.5～1 min即可抑制炭疽杆菌、沙门菌、猪丹毒杆菌和巴氏杆菌等多数繁殖细菌的生长；1～5 min可抑制葡萄球菌和链球菌。对分枝杆菌和鼻疽杆菌效果较差。30%含氯石灰混悬液作用7 min后，炭疽芽孢即停止生长。实际消毒时，含氯石灰与被消毒物的接触至少需15～20 min。含氯石灰的杀菌作用受有机物的影响。含氯石灰中所含的氯可与氨和硫化氢发生反应，故有除臭作用。

本品为价廉有效的消毒药，广泛用于饮水消毒和厩舍、场地、车辆、排泄物等的消毒。其 1%～5%澄清液也可用于消毒玻璃器皿和非金属用具。由于含氯石灰和水生成的次氯酸能迅速散失而不留臭味，还可用于肉联厂和食品厂的设备消毒。

【不良反应】使用时可释放出氯气，引起流泪、咳嗽，并可刺激皮肤和黏膜。严重时动物可产生氯气急性中毒，表现为对黏膜有刺激作用、躁动、呕吐、呼吸困难。

【应用注意】①对皮肤和黏膜有刺激作用，消毒人员应注意防护。②对金属有腐蚀作用，不能用于金属制品。③可使有色棉织物褪色，不可用于有色衣物的消毒。④现配现用，久贮易失效，保存于阴凉干燥处。

二氧化氯（Chlorine Dioxide）

【理化性质】本品常态下为黄至红黄色气体，沸点 11 ℃，具氯臭。固态二氧化氯为黄红色晶体；液态二氧化氯为红棕色。在日光下不稳定，纯品在暗处稳定。遇有机物反应剧烈。较易溶于水，但不产生次氯酸。溶于碱和硫酸溶液。

【作用与应用】本品为非常活泼的强氧化剂，其纯品经折算相当于含有效氯 263%。可杀灭细菌的繁殖体及芽孢、病毒、真菌及其孢子，对原虫（隐孢子虫卵囊）也有较强的灭活作用。具有以下优点：①用量小，可同时除臭、去味。②可氧化酚等污染物质。③易从水中除去，不具残留毒性。一般多用于水体消毒，常用亚氯酸钠制成二元型包装，用前混合并溶于水或 50%乙醇中。

【应用注意】由于本品沸点低，高于 10%浓度的二氧化氯气体极易引起爆炸，因而贮存、运输不便，使用受到一定限制。

次氯酸钠溶液（Sodium Hypochlorite Solution）

本品为次氯酸钠溶液与表面活性剂等配制而成，含有效氯不得少于 5%，为淡黄色澄清液体。主要用于：①畜禽舍、器具及环境的消毒。②养殖水体消毒，防治鱼、虾、蟹等水产养殖动物由细菌性感染引起的出血、烂鳃、腹水、肠炎、疖疮、腐皮等疾病。应用注意：①对金属有腐蚀作用，对织物有漂白作用。②可伤害皮肤，置于儿童不能触及处。③养殖水体消毒时，应注意环境条件，在水温偏高、pH 值较低、施肥前使用效果较好，水深超过 2 m 时按 2 m 水深计算用药量。

次氯酸钙粉（Calcium Hypochlorite Powder）

本品为次氯酸钙与适量辅料配制而成，含有效氯不得少于 40%，为白色或灰白色粉末，有氯臭。用于蚕体蚕座消毒。应用注意：①禁与其他消毒剂混用。②避免儿童接触。③禁与农药一起存放。④废弃包装应妥善处理。

复合亚氯酸钠（Composite Chlorite Sodium）

【理化性质】本品为白色粉末或颗粒，有弱漂白粉气味。

【作用与应用】本品溶于水后可形成次氯酸，从而起到杀菌作用。对细菌繁殖体和芽孢、病毒及真菌都有杀灭作用，并可破坏肉毒梭菌毒素。次氯酸形成的多少与溶液的 pH 值有关，pH 值越低，次氯酸形成越多，杀菌作用越强。用于厩舍、饲喂器具及饮水等消毒，并有除臭作用。

【应用注意】①应用本品时应避免与强还原剂及酸性物质接触。注意防爆。②本品浓度为 0.01% 时对铜、铝有轻度腐蚀性，对碳钢有中度腐蚀。③现配现用。

二氯异氰尿酸钠(Sodium Dichloroisocyanurate，优氯净)

【理化性质】本品含有效氯 60%~64.5%，属氯胺类化合物，在水溶液中水解为次氯酸。为白色结晶性粉末，有浓厚的氯臭。性质稳定，在高温、潮湿地区贮存一年，有效氯含量下降很少。在水中易溶，溶液呈弱酸性，水溶液稳定性较差，在 20℃ 左右时，一周内有效氯约丧失 20%。

【作用与应用】本品杀菌谱广，杀菌力较大多数氯胺类消毒剂强。对繁殖型细菌和芽孢、病毒、真菌孢子有较强的杀灭作用。溶液的 pH 值越低，杀菌作用越强。加热可加强杀菌效力。有机物对杀菌作用影响较小。用于厩舍、排泄物、水等消毒。本品 0.5%~1% 水溶液用于杀灭细菌和病毒，5%~10% 水溶液用于杀灭芽孢，临用前现配。可采用喷洒、浸泡和擦拭方法消毒，也可用其干粉直接处理排泄物或其他污染物品。

【应用注意】①近年来报道，有机氯毒性的危害大于无机氯，在病房不宜应用。②现配现用。③有腐蚀和漂白作用。

溴氯海因(Bromochlorodimethylhydantion)

【理化性质】本品为类白色或淡黄色结晶或结晶性粉末，有次氯酸的刺激性气味，有引湿性。在水中微溶，在二氯甲烷或三氯甲烷中溶解。

【作用与应用】本品为有机溴氯复合型消毒剂，有广谱杀菌作用，药效持久。对细菌繁殖体、细菌芽孢、真菌和病毒也有杀灭作用。其杀菌机理为：①在水中释放次氯酸或次溴酸，发挥氧化作用。②次氯酸和次溴酸分解形成新生态氧的作用。③释放出的活化氯和活化溴与含氯的物质发生反应形成氯化铵和溴化铵，干扰细菌细胞代谢的作用。主要用作厩舍、场地和水体等多方面的广谱杀菌消毒剂。

本品的杀菌作用受温度、pH 值和有机物等因素的影响。通常情况下，含氯消毒剂在偏酸性环境中的杀菌作用较强，含氯的甲基海因衍生物在偏酸性的环境中更容易释放出次氯酸(pH 值最佳范围为 5.8~7.0)。若 pH>9 时，本类消毒剂会迅速分解失去杀菌作用。

本品属于低毒类消毒剂，腐蚀性小，性质稳定。在释放出溴、氯以后，生成的 5,5-二甲基海因，在自然条件下被光、氧、微生物在较短时间内分解为氨和二氧化碳，不会残留而污染环境。

【应用注意】①本品对炭疽芽孢无效。②禁用金属容器盛放。

12.2.4.2　含碘消毒剂

碘(Iodine)

【理化性质】本品为灰黑色或蓝黑色、有金属光泽的片状结晶或块状物，有特臭，在常温中能挥发。在乙醇、乙醚或二氧化硫中易溶，在三氯甲烷中溶解，在四氯化碳中略溶，在水中几乎不溶，在碘化钾或碘化钠的水溶液中溶解。

【药理作用】碘具有强大的消毒作用，也可杀灭细菌芽孢、真菌、病毒及部分原虫。碘主要以分子(I_2)形式发挥杀菌作用，其原理可能是碘化和氧化菌体蛋白的活性基团，并与蛋白的氨基结合而导致蛋白变性和抑制病原微生物的代谢酶系统。在碘水溶液中具有杀菌作用的成分为元素碘(I_2)、三碘化物的离子(I_3^-)和次碘酸(HIO)，其中 HIO 的量较少，但杀菌作用最强；I_2 次之；解离的 I_3^- 杀菌作用极微弱。在酸性条件下，游离碘增多，杀菌作用较强，在碱性条件下则相反。

碘在水中溶解度很小，且有挥发性，但有碘化物存在时，因形成可溶性的三碘化合物，其溶解度可提高数百倍，还能降低其挥发性。故在配制碘溶液时，常加适量的碘化钾，可促进碘在水中的溶解度，并提高其稳定性。

【应用】本品是最有效的常用皮肤消毒药。①一般皮肤消毒用 2% 碘酊，大家畜皮肤和术野消毒用 5% 碘酊。由于碘对组织有较强的刺激性，其强度与浓度成正比，故碘酊涂抹皮肤待稍干后，宜用 75% 乙醇擦去，以免引起发泡、脱皮和皮炎。10% 浓碘酊具有很强的刺激作用，可用于局部皮肤慢性炎症（如肌腱炎、腱鞘炎、关节炎、骨膜炎或淋巴腺肿）的治疗。②碘甘油（使用浓度为 1%～3%）刺激性较小，用于黏膜表面消毒，治疗口腔、舌、齿龈、阴道等黏膜炎症与溃疡。③2% 碘（水）溶液不含乙醇，适用于皮肤浅表破损和创面，以防止细菌感染。在紧急条件下可用于饮水消毒，每升水中加入 2% 碘溶液 5～6 滴，15 min 后水可供饮用，水无不良气味，且可杀死水中各种致病菌、原虫和其他微生物。④复合碘溶液，1%～3% 溶液用于厩舍、屠宰场地消毒；0.5%～1% 溶液用于器械消毒；用水稀释后全池遍洒，用于防治水产养殖动物细菌性和病毒性疾病。

【药物相互作用】含汞药物（包括中成药）无论以何种途径用药，如与碘剂（碘化钾、碘酊、含碘食物海带和海藻等）相遇，均可产生碘化汞而呈现毒性作用。碘与淀粉接触即显蓝色。

【不良反应】①低浓度碘的毒性很低，使用时偶尔引起过敏反应。②长时间浸泡金属器械，会产生腐蚀性。

【应用注意】①对碘过敏的动物禁用。②必须涂于干的皮肤上，如涂于湿皮肤上不仅杀菌效力降低，且易引起发泡和皮炎。③配制碘液时，若碘化物过量加入，可使游离碘变为碘化物，反而导致碘失去杀菌作用。④碘可着色，沾有碘液的天然纤维织物不易洗除。⑤配制的碘溶液应存放在密闭容器内。若存放时间过久，颜色变淡，应测定碘含量，并将碘浓度补足后再使用。⑥小动物用碘酊涂擦皮肤消毒后，宜用 70% 乙醇脱碘，避免引起发泡或发炎。

聚维酮碘（Povidone Iodine）

【理化性质】本品为 1-乙烯基-2-吡咯烷酮均聚物与碘的复合物，含有效碘应为 9%～12%，为黄棕色至红棕色无定形粉末，在水或乙醇中溶解。

【作用与应用】本品通过不断释放游离碘，破坏病原微生物的新陈代谢而使之死亡。它是一种高效低毒的消毒剂，对细菌、病毒和真菌均有良好的杀灭作用。杀菌力比碘强，兼有清洁剂作用。毒性低，对组织刺激性小，贮存稳定。常用制剂聚维酮碘溶液，用于手术部位、皮肤和黏膜消毒。

【药物相互作用】酸性条件下杀菌作用较强，碱性时杀菌作用减弱。有机物过多可使本品的杀菌作用减弱甚至消失。

【应用注意】①对碘过敏动物禁用。②当溶液变为白色或淡黄色即失去消毒活性。③不应与含汞药物配伍。

碘仿（Iodoform）

本品为黄色、有光泽的叶状结晶或结晶性粉末。在三氯甲烷或乙醚中易溶，在沸乙醇、挥发油或脂肪油中溶解，在乙醇、甘油中略溶，在水中几乎不溶。本身无防腐作用，当与组织液接触时，能缓慢地分解出游离碘而发挥防腐作用，但这种分解过程徐缓，作用持续 1~3 d。对组织刺激性小，能促进肉芽形成。具有防腐、除臭和防蝇作用。用撒布剂或 5%~15% 软膏涂敷创伤患处；与乙醚配成 5%~10% 溶液，治疗瘘管。

碘伏(Iodophor，碘附)

本品是碘、碘化钾、硫酸、磷酸等配成的水溶液，为红色黏稠液体。用于手术部位和手术器械消毒及厩舍、饲喂器具、种蛋消毒；水产养殖动物机体、受精卵和养殖用器具的浸泡消毒。

激活碘粉(Active Iodine Powder)

本品是由 A 组分和 B 组分组成。A 组分中含碘化钠、碘酸钾，B 组分为山梨醇、枸橼酸、食用色素、十二烷基磺酸钠及辅料适量。本品的活性成分为游离碘。A 组分为类白色粉末，B 组分为粉红色粉末；A、B 组分均无臭、无味；易吸潮；在水中易溶。对金黄色葡萄球菌、大肠杆菌、链球菌等病原微生物具有杀灭和抑制作用。用于奶牛乳头皮肤消毒，预防和控制细菌性乳腺炎的发生。

【应用注意】将本品一次性全部加入规定体积的水中(如每 600 g 加水 20 kg)，充分搅拌使溶解，静置 40 min 后使用，溶液有效期为 20 d。

12.2.5　季铵盐类

表面活性剂是一类能降低水溶液表面张力的物质，包含疏水基和亲水基。疏水基一般是烃链，亲水基有离子型和非离子型两类，后者对细菌无抑制作用。离子型表面活性剂根据其在水中溶解后在活性基团上电荷的性质，分为阴离子表面活性剂(如肥皂)、阳离子表面活性剂(如苯扎溴铵、醋酸氯己定、癸甲溴铵和度米芬等)、非离子表面活性剂(如吐温类化合物)和双性离子表面活性剂(如汰垢类消毒剂)。表面活性剂的杀菌作用与其去污力不是平行的，其中阴离子表面活性剂去污力强，但抗菌作用很弱，消毒不可靠；阳离子表面活性剂的去污力较差，但抗菌作用强。非离子表面活性剂具有良好的洗涤作用，但杀菌作用很微弱。双性离子表面活性剂既有阴离子化合物的去污性能，又有阳离子化合物的杀菌作用。

季铵盐类为最常用的阳离子表面活性剂，可杀灭大多数种类的繁殖型细菌、真菌以及部分病毒，但不能杀死芽孢、分枝杆菌和铜绿假单胞菌。季铵盐类处于溶液状态时，可解离出季铵盐阳离子，后者可与细菌的膜磷脂中带负电荷的磷酸基结合，低浓度呈抑菌作用，高浓度呈杀菌作用。对革兰阳性菌的作用比对革兰阴性菌的作用强。病毒(尤其是无囊膜病毒，如口蹄疫病毒、猪水疱病病毒、鸡法氏囊病病毒等)对季铵盐类的敏感性不如细菌。苯扎溴铵、醋酸氯己定杀菌作用迅速、刺激性很弱、毒性低，不腐蚀金属和橡胶，但杀菌效果受有机物影响较大，故不适用于厩舍和环境消毒。在消毒器具前，应先机械清除其表面的有机物。阳离子表面活性剂不能与阴离子表面活性剂同时使用。

辛氨乙甘酸溶液(Octicine Solution，菌毒清)

【理化性质】本品为黄色澄明液体，有微腥臭，强力振摇则产生多量泡沫。

【作用与应用】本品为双性离子表面活性剂，属汰垢类消毒药，对化脓链球菌、肠道杆菌及真菌等有良好的杀灭作用，对细菌芽孢无杀灭作用。用 1% 溶液杀灭分枝杆菌需作用 12 h。杀菌作用不受血清、牛奶等有机物的影响。用于畜舍、场地、器械、种蛋和手的消毒。

【应用注意】①忌与其他消毒药合用。②不宜用于粪便、污秽物及污水的消毒。

癸甲溴铵溶液（Deciquan Solution，百毒杀）

【理化性质】本品为癸甲溴铵的丙二醇溶液，无色或微黄色黏稠性液体，振摇时有泡沫产生。

【作用与应用】本品是双性离子表面活性剂，对多数细菌、真菌和藻类有杀灭作用，对亲脂性病毒也有一定作用。其在溶液状态时可解离出季铵盐阳离子，与细菌细胞膜磷脂中带负电荷的磷酸基结合。低浓度呈抑菌作用，高浓度起杀菌作用。溴离子使分子的亲水性和亲脂性增强，能迅速渗透到细胞膜脂质层及蛋白质层，改变膜的通透性，达到杀菌作用。本品残留药效强，对光和热稳定，其表面活性功能使药物可以渗透到缝隙和裂纹中，对金属、塑料、橡胶和其他物质均无腐蚀性。

用于动物厩舍、饲喂器具消毒（配成 0.015% ~ 0.05% 溶液），饮水消毒（配成 0.002 5% ~ 0.005% 溶液）；癸甲溴铵碘复合溶液（0.005%）用于畜禽养殖场、水产养殖场的厩舍、器具消毒、喷雾消毒；也用于防治水产养殖动物细菌性和病毒性疾病。

【应用注意】①使用时小心操作，原液对皮肤和眼睛有轻微刺激性，避免与眼睛、皮肤和衣服直接接触，如溅及眼部和皮肤立即以大量清水冲洗至少 15 min。②内服有毒性，如误服立即用大量清水或牛奶洗胃。

月苄三甲氯铵（Halimide）

【理化性质】本品为氯化三甲基烷基苄基铵的混合物。在常温下为黄色胶状体，几乎无臭，水溶液振摇时产生多量泡沫。在水或乙醇中易溶，在非极性有机溶剂中不溶。

【作用与应用】本品属阳离子型表面活性剂，具有较强的杀灭病原微生物作用，金黄色葡萄球菌、猪丹毒杆菌、鸡白痢沙门菌、炭疽芽孢杆菌、化脓性链球菌、鸡新城疫病毒、口蹄疫病毒以及细小病毒等对其较敏感。用于厩舍（1：300 倍稀释后喷洒）及器具消毒（1：1 000 ~ 1：1 500 倍稀释后浸洗）。注意禁与肥皂、酚类、盐酸盐类、酸类、碘化物等合用。

苯扎溴铵（Benzalkonium Bromide，新洁尔灭）

【理化性质】本品常温下为黄色胶状液体，低温时可逐渐形成蜡状固体。在水和乙醇中易溶，水溶液呈碱性反应，振摇时产生大量泡沫，具有表面活性作用。

【作用与应用】本品为阳离子表面活性剂，对细菌如化脓杆菌、肠道菌具有较好的杀灭能力，对革兰阳性菌的杀灭能力比革兰阴性菌强。对病毒作用较弱，对亲脂性病毒（如流感病毒、疱疹病毒等）有一定杀灭作用；对亲水性病毒无效。对分枝杆菌、真菌的杀灭效果甚微；对细菌芽孢只能起到抑制作用。0.1% 溶液用于皮肤、手术器械的消毒；0.01% ~ 0.05% 溶液用于冲洗眼、阴道、膀胱、尿道及深部感染创。300 ~ 500 倍稀释后全池遍洒，用于养殖水体消毒，防治鱼、虾、蟹等水产养殖动物由细菌性感染引起的出血、烂腮、腹水、肠炎、疖疮、腐皮等疾病。

【**药物相互作用**】①对阴离子表面活性剂，如肥皂、卵磷脂、洗衣粉、吐温-80 等有拮抗作用。②碘、碘化钾、蛋白银、硝酸银、水杨酸、硫酸锌、硼酸（5%以上）、过氧化物、升汞、磺胺等药物以及钙、镁、铁、铝等金属离子都对本品有拮抗作用。

【**应用注意**】①不能与肥皂或其他阴离子洗涤剂、碘或碘化物、过氧化物、盐类消毒药配伍用，术者用肥皂洗手后，务必用水冲洗干净后再用本品。②不宜用于眼科器械和合成橡胶制品的消毒。③浸泡器械时需加入 0.5%亚硝酸钠防止生锈。④不适用于粪便、污水和皮革等消毒。⑤水溶液不得贮存于由聚乙烯制作的瓶内，以避免与其中的增塑剂起反应而使药液失效。⑥可引起人的药物过敏。⑦消毒时，若水质硬度过高，应加大浓度 0.5~1 倍。⑧软体动物、鲑等冷水性鱼类慎用。

醋酸氯己定（Chlorhexidine Acetate，洗必泰）

【**理化性质**】本品属阳离子型的双胍化合物，为白色或几乎白色的结晶性粉末，无臭，味苦，无吸湿性。在乙醇中溶解，在水中微溶，在酸性溶液中解离。

【**作用与应用**】抗菌作用强于苯扎溴铵，作用迅速且持久，毒性低，无局部刺激性。对革兰阳性菌、革兰阴性菌和真菌均有杀灭作用，但对分枝杆菌、细菌芽孢及某些真菌仅有抑菌作用。常用制剂为醋酸氯己定外用片，用于皮肤、黏膜、术野、创面、器械、用具等的消毒。消毒效力与碘酊相当，但对皮肤无刺激性，也不染色。

【**药物相互作用**】与苯扎溴铵联用对大肠杆菌有协同杀菌作用，两药混合液呈相加消毒效力。本品不易被有机物灭活，但易被硬水中的阴离子沉淀而失去活性。

【**应用注意**】①不能与肥皂、碱性物质和其他阴离子表面活性剂混合使用，金属器械消毒时加 0.5%亚硝酸钠防锈。②禁与汞、甲醛、碘酊、高锰酸钾等消毒剂配伍应用。

【**制剂**】醋酸氯己定栓、醋酸氯己定子宫注入剂（见本书 14.4 子宫腔内用药）、醋酸氯己定。

12.2.6　过氧化物类

过氧化物类消毒剂又称氧化剂，依靠强大的氧化能力杀灭微生物。通过氧化反应直接与菌体或酶蛋白中的氨基、羧基、巯基发生反应而损伤细胞结构或抑制代谢能力，导致细菌死亡；或者通过氧化还原，加速细菌代谢，损害生长过程而致死。本类药物的缺点是易分解、不稳定；具有漂白和腐蚀作用。

过氧化氢溶液（Hydrogen Peroxide Solution，双氧水）

【**理化性质**】本品含过氧化氢应为 2.5%~3.5%。市售品浓过氧化氢溶液，含过氧化氢 26.0%~28.0%。本品为无色澄清液体，无臭或有类似臭氧的臭气。遇氧化物或还原物即迅速分解并发生泡沫，遇光、热易变质。

【**作用与应用**】本品有较强的氧化作用，在与组织或血液中的过氧化氢酶接触时，迅速分解，释出新生态氧，对病原微生物产生氧化作用，干扰其酶系统功能而发挥抗微生物作用。作用时间短，且有机物能大大减弱其作用，因此杀病原微生物能力很弱。在接触创面时，由于分解迅速，会产生大量气泡，机械地松动脓块、血块、坏死组织及与组织粘连的敷料，有利于清洁创面。此外，还有除臭和止血作用。3%过氧化氢溶液常用于化脓性创面、皮肤、黏膜、瘘管的清洗，去除痂皮，尤其对厌氧性感染更有效。5%溶液(用浓过氧化氢溶液稀释而成)涂于出血的细小创面止血。

【应用注意】①避免用手直接接触本品高浓度溶液，因可发生刺激性灼伤。②禁与有机物、碱、生物碱、碘化物、高锰酸钾或其他强氧化剂合用。③不能注入胸腔、腹腔等密闭体腔或腔道及气体不易逸散的深部脓疡，以免产气过速，可导致栓塞或扩大感染。

高锰酸钾(Potassium Permanganate)

【理化性质】本品为黑紫色、细长的棱形结晶或颗粒，带蓝色的金属光泽，无臭。与某些有机物或易氧化的化合物研磨或混合时，易引起爆炸或燃烧。在水中溶解，在沸水中易溶，水溶液呈深紫色。

【作用与应用】本品为强氧化剂，遇有机物、加热、加酸或加碱等均可释放出新生态氧(非游离态氧，不产生气泡)而呈现杀菌、除臭、氧化等作用。在发生氧化反应时，其本身还原为棕色的二氧化锰，后者可与蛋白结合成蛋白盐类复合物。因此，本品在低浓度时有收敛、止泻、止血等作用，高浓度时有刺激和腐蚀作用。本品的抗菌作用较过氧化氢强，但它极易被有机物分解而使作用减弱。在酸性环境中杀菌作用增强，如2%~5%溶液能在 24 h 内杀死芽孢；在 1%溶液中加入 1.1%盐酸，则能在 30 s 内杀死炭疽芽孢。0.1%~0.2%溶液用于创伤冲洗；0.05%~0.1%溶液用于腔道冲洗及洗胃，也可用于有机药物(如巴比妥、士的宁、生物碱、苯酚、氨基比林、氰化物和有机磷等)中毒的解救。

【药物相互作用】①可使生物碱(如士的宁)、化学药物(如苯酚、氯丙嗪)、磷和氰化物等氧化而失去毒性。②有机物极易使本品分解而使作用减弱。

【不良反应】①高浓度高锰酸钾有刺激和腐蚀作用。②内服可引起胃肠道刺激症状，严重时出现呼吸和吞咽困难。

【应用注意】①应存放于密闭的容器中，贮存于阴凉干燥处。②水溶液不稳定，最好现用现配。③本品具有强腐蚀性，勿用手直接接触。④严格掌握不同的应用，采用不同浓度的溶液。⑤高浓度对胃肠道有刺激作用，不应反复用其溶液洗胃。⑥动物内服中毒时，应用温水或添加3%过氧化氢溶液洗胃，并内服牛奶、豆浆或氢氧化铝凝胶，以延缓吸收。

过氧乙酸(Peracetic Acid，过醋酸)

【理化性质】本品为过氧乙酸和乙酸的混合物，市售为 20%过氧乙酸溶液。本品为无色透明液体，呈酸性，具有强烈刺激性醋酸气味。易溶于水和有机溶剂，易挥发，高浓度(>45%)遇热易爆炸，浓度<2%无危险。本品不稳定，可自然分解，应现配现用。

【作用与应用】本品兼具酸和氧化剂特性，为高效杀菌剂，其气体和溶液均具有较强的杀菌作用，并较一般的酸和氧化剂作用强。抗菌谱广，作用产生快，对细菌、霉菌、芽孢、病毒均有杀灭作用。用于厩舍、器具等消毒。

【应用注意】①本品对金属有腐蚀性，对有色棉织品有漂白作用，对皮肤、黏膜有刺激性。②市售品浓度为20%，应现配现用。③对大理石和水磨石等材料有明显的损坏作用，禁用其水溶液擦拭。④有机物可降低其杀菌效力。

12.2.7　酸类

酸类包括无机酸和有机酸。无机酸类为原浆毒，具有强烈的刺激和腐蚀作用，其应用受限。盐酸和硫酸具有强大的杀菌和杀芽孢作用。2 mol/L 硫酸可用于消毒排泄物。2%盐酸中加食盐 15%，并加温至 30 ℃，常用于消毒污染炭疽芽孢皮张的浸泡消毒(6 h)。食盐可增强杀菌作用，并可减少皮革因受酸的作用膨胀而降低质量。有机酸类主要用作防腐药。醋酸、苯甲酸、山梨酸、戊酮酸、甲酸、丙酸和丁酸等许多有机酸广泛用于药品、粮食和饲料的防腐；水杨酸、苯甲酸等具有良好的抗真菌作用。向饲料中加入一定量的甲酸、乙酸、丙酸和戊酮酸等，可使沙门菌及其他肠道菌对动物胴体的污染明显下降。丙酸等还用于防止饲料霉败。

醋酸(Acetic Acid，乙酸)

【理化性质】本品为含醋酸 36%~37%的水溶液，无色澄明液体，有刺激性特臭。可与水或乙醇任意混合。

【作用与应用】本品用于消毒防腐。其溶液对细菌、真菌、芽孢和病毒均有较强的杀灭作用，但对各种微生物作用的强弱不尽相同。一般来说，对细菌繁殖体作用最强，依次为真菌、病毒、分枝杆菌及细菌芽孢。用 1%醋酸杀灭抵抗力最强的微生物，最多只需10 min，对真菌、肠病毒及芽孢均能杀灭。但芽孢被有机物保护时，用 1%醋酸须将作用时间延长至 30 min，才能使杀灭效果可靠。阴道冲洗用 0.1%~0.5%溶液；感染创面冲洗用 0.5%~2%溶液；口腔冲洗用 2%~3%溶液。内服用于治疗消化不良和瘤胃臌胀。

【应用注意】①本品有刺激性，高浓度对皮肤、黏膜有腐蚀性。避免与眼睛接触，若与高浓度醋酸接触，立即用清水冲洗。②避免接触金属器械，以免产生腐蚀作用。③禁与碱性药物配伍。

12.2.8　碱类

碱类杀菌作用的强度取决于其解离的 OH⁻浓度，解离度越大，杀菌作用越强。碱对病毒和细菌的杀灭作用均较强，高浓度溶液可杀灭芽孢。高浓度的 OH⁻能水解菌体蛋白和核酸，使酶系和细胞结构受损，并能抑制代谢机能，分解菌体中的糖类，使细菌死亡。遇有机物可使碱类消毒药的杀菌力稍微降低。碱类无臭、无味，除可消毒厩舍外，可用于肉联厂、食品厂、牛奶厂等处的地面、饲槽、车船等消毒。但碱溶液能损坏铝制品、油漆漆面和纤维织物。

氢氧化钠(Sodium Hydroxide，苛性钠)

【理化性质】本品含 96%氢氧化钠和少量的氯化钠和碳酸钠。消毒用氢氧化钠又名烧碱或火碱。本品为熔制的白色干燥颗粒、块、棒或薄片，质坚脆，折断面显结晶性。吸湿性强，易从空气中吸收二氧化碳，渐变成碳酸钠。在水中极易溶，在乙醇中易溶。

【作用与应用】本品属细胞原浆毒，对病毒和细菌的杀灭作用均较强。高浓度溶液可杀灭芽孢，还能皂化脂肪和清洁皮肤。2%~4%溶液可杀死病毒和繁殖型细菌；4%溶液45 min 杀死芽孢；30%溶液 10 min 可杀死芽孢。加入 10%食盐能增强杀死芽孢能力，这可能是因为增加 Na⁺抑制氢氧化钠的解离，从而增加其分子透过芽孢外膜，发挥更强的杀死芽孢作用。分枝杆菌对本品有较大抵抗力。用于厩舍、运输工具等的消毒，也可用于牛、羊新生角的腐蚀。

【应用注意】①遇有机物可使其杀灭病原微生物的能力降低。②消毒厩舍前应驱出家畜。③对组织有强腐蚀性，能损坏织物和铝制品等。④消毒时应注意防护，消毒后适时用清水冲洗。

氧化钙（Calcium Oxide，生石灰）

【理化性质】本品为白色的块或粉。加水生成氢氧化钙，俗称熟石灰或消石灰，后者具强碱性，几乎不溶于水，吸湿性很强。石灰易从空气中吸收二氧化碳形成碳酸钙而失效。

【作用与应用】本品是一种价廉易得的消毒药，石灰水溶性小，解离出来的 OH^- 不多，对繁殖型细菌有良好的消毒作用，而对芽孢和分枝杆菌无效。临用前加水配成 20% 石灰乳涂刷厩舍墙壁、畜栏、地面等，也可直接将石灰撒于潮湿地面、粪池周围和污水沟等处。防疫期间，畜牧场门口可放置浸透 20% 石灰乳的垫草对进出车辆轮胎和人员鞋底进行消毒。

【应用注意】①熟石灰可从空气中吸收二氧化碳变成碳酸钙失效，故现配现用。②直接将生石灰粉撒布在干燥地面上不产生消毒作用，反而会使动物蹄部干燥开裂。

12.2.9　染料类

染料分为碱性（阳离子）染料和酸性（阴离子）染料。前者在解离时，分子上带正电荷，对革兰阳性菌有选择作用，在碱性环境中有杀菌作用，碱度越高，杀菌力越强，故称之为碱性染料。后者分子上带负电荷，对革兰阴性菌有特殊亲和力，在酸性环境中有较好的抗菌作用，故称为酸性染料。一般碱性染料比酸性染料抗菌作用强，所以酸性染料很少用于消毒防腐。染料类的抗菌机理可能是由于其分别与细菌蛋白的羧基或氨基结合，影响菌体代谢，抑制酶的活性。染料类对机体细胞有一定毒性，但对病原微生物毒性更强。

乳酸依沙吖啶（Ethacridine Lactate，利凡诺、雷佛奴尔）

【理化性质】本品为黄色结晶性粉末，无臭，味苦。在水中略溶，热水中易溶，水溶液不稳定，遇光渐变色。在乙醇中微溶，在沸无水乙醇中溶解，在乙醚中不溶。

【作用与应用】本品属吖啶类碱性染料，为染料类中最有效的防腐药。碱基在未解离成阳离子前，不具抗菌活性，即当乳酸依沙吖啶解离出依沙吖啶，在其碱性氮基上带正电荷时才对革兰阳性菌呈现最大的抑制作用。对各种化脓菌均有较强的作用，而产气荚膜梭菌和酿脓链球菌对其最敏感。抗菌活性与溶液的 pH 值和药物解离常数有关。其作用缓慢持久，且不受有机物的影响。本品的特点为穿透力强，对组织无刺激和毒性低，但抗菌作用产生较慢，药物可牢固地吸附在黏膜和创面上，作用可持续 1 d 之久。当遇有机物存在时活性增强。常以 0.1%～0.3% 水溶液冲洗或以浸泡纱布湿敷，治疗皮肤和黏膜的创面感染。

【应用注意】①溶液在保存过程，尤其曝光下，本品可分解生成毒性产物，若肉眼观察本品变为褐绿色，则证实已分解，不可再用。②与碱类和碘溶液混合易析出沉淀，当有高于 0.5% 浓度的氯化钠存在时，本品可从溶液中沉淀出来，故不能用氯化钠溶液配制。③长期使用可能延缓伤口愈合。

本章小结

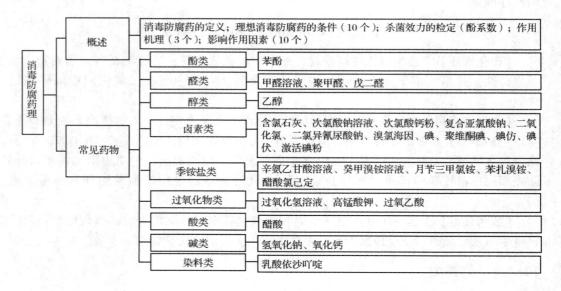

概述：消毒防腐药的定义；理想消毒防腐药的条件（10个）；杀菌效力的检定（酚系数）；作用机理（3个）；影响作用因素（10个）

常见药物	
酚类	苯酚
醛类	甲醛溶液、聚甲醛、戊二醛
醇类	乙醇
卤素类	含氯石灰、次氯酸钠溶液、次氯酸钙粉、复合亚氯酸钠、二氧化氯、二氯异氰尿酸钠、溴氯海因、碘、聚维酮碘、碘仿、碘伏、激活碘粉
季铵盐类	辛氨乙甘酸溶液、癸甲溴铵溶液、月苄三甲氯铵、苯扎溴铵、醋酸氯己定
过氧化物类	过氧化氢溶液、高锰酸钾、过氧乙酸
酸类	醋酸
碱类	氢氧化钠、氧化钙
染料类	乳酸依沙吖啶

消毒防腐药理

思考题

1. 什么是消毒药和防腐药？二者有什么区别？消毒防腐药的作用机理是什么？
2. 从影响消毒防腐药作用的因素考虑如何合理使用此类药物。
3. 对病毒和芽孢有高效作用的消毒药有哪些？如何合理使用？
4. 消毒防腐药配伍使用时应注意哪些问题？
5. 新型高效的消毒防腐药有哪些？各有何优缺点？
6. 表面活性剂分成哪几种类型？各有何消毒防腐作用和特点？应用苯扎溴铵时应注意哪些问题？
7. 举例说明卤素类消毒药有什么特点？如何合理使用？

（刘芳萍）

第 13 章

抗寄生虫药理

寄生虫在寄生生活过程中，夺取宿主的营养、破坏机体组织细胞、释放毒素和有害物质、干扰宿主机体生理机能，传播病原微生物及其他寄生虫等，严重危害动物健康，并且对人类公共卫生也带来极大危害。因此，积极有效地防治动物寄生虫病，对于保护人类和动物健康具有重要意义。在防治寄生虫病的综合措施中，药物防治仍然是一个重要环节。然而，随着抗寄生虫药物的长期而广泛应用，耐药虫种不断出现，在临床用药过程中应加以重视。

13.1　概述

13.1.1　抗寄生虫药的定义

抗寄生虫药是指能驱除或杀灭动物体内外寄生虫的药物。根据药物的作用特点和作用对象，分为抗蠕虫药(包括驱线虫药、驱绦虫药和驱吸虫药)、抗原虫药(包括抗球虫药、抗锥虫药、抗梨形虫药和抗滴虫药)和杀虫药(包括杀昆虫药和杀蜱螨药)。

13.1.2　理想的抗寄生虫药应具备的条件

理想的抗寄生虫药应具备以下几个条件：①安全。凡是对虫体毒性大，对宿主毒性小或无毒性的抗寄生虫药是安全的。②高效、广谱。高效是指应用剂量小、驱杀寄生虫的效果好，而且对成虫、幼虫，甚至对虫卵也有较高的驱杀效果。广谱是指驱虫范围广。动物寄生虫病多系混合感染，不仅有不同种属科寄生虫的混合感染，甚至有不同目纲门寄生虫的混合感染。因此，在生产实践中更需要能够同时驱杀多种不同类别寄生虫的抗寄生虫药。③具有适于群体给药的理化特性。如内服药物应无味、无特臭、适口性好，可混饲给药；能溶于水，可通过饮水给药；用于注射给药者，应对局部组织无刺激性；驱杀体外寄生虫的药物应能溶于一定溶媒中，以喷雾等方法群体给药杀灭体外寄生虫；溶于一定溶媒后，以浇淋方法给药或涂擦于动物皮肤上，既能杀灭体外寄生虫，又能通过透皮吸收后驱杀体内寄生虫。④价格低廉。可在畜牧生产中大规模推广应用。⑤无残留。食品动物用药后，药物不残留于肉、蛋、乳及其制品中，或可通过遵守休药期等措施，控制药物在动物性食品中的残留。

13.1.3　抗寄生虫药、寄生虫和宿主之间的相互作用关系

在选择和使用抗寄生虫药时，必须考虑和正确处理抗寄生虫药、虫体和动物机体三者之间的关系，它们之间也存在着"化疗三角"关系。①在药物方面，除考虑药物的理化性质、剂量、剂型、溶剂、给药途径和体内过程等与药物的疗效直接有关的因素外，还应特别注意寄生虫的耐药性、药物在动物体内的残留和对动物机体的毒副作用等。②在寄生虫

方面，不同种类的寄生虫对药物的敏感性不同，虫体的不同发育阶段对抗寄生虫药的反应性也有较大差异，寄生虫在宿主体内的寄生部位也影响抗寄生虫药的驱虫效果。③在动物机体方面，不同种属的动物对同一药物的敏感性有差异，即使同种动物，由于个体、体质、年龄和寄生虫感染强度的不同，在使用抗寄生虫药后也会出现不同反应。因此，在选择和使用抗寄生虫药时，必须根据动物种类、寄生虫种类和动物机体状况及寄生虫病的程度，合理选用抗寄生虫药，并可配合应用其他药物以加强其驱虫效果，减轻其毒副作用，增强动物机体自身的抵抗力等。

13.1.4　抗虫作用机制

（1）抑制虫体内的某些酶

很多抗寄生虫药通过抑制虫体内的酶活性，使虫体的代谢过程发生障碍而发挥其抗虫作用。如左旋咪唑、硫双二氯酚、硝硫氰胺和硝氯酚等能抑制虫体内糖代谢过程中的琥珀酸脱氢酶，阻碍延胡索酸还原为琥珀酸，阻断 ATP 的产生，导致虫体缺乏能量而死亡；有机磷类能与胆碱酯酶结合，导致该酶丧失水解乙酰胆碱的能力，使虫体内乙酰胆碱大量蓄积，引起虫体过度兴奋、痉挛，最后麻痹死亡。

（2）干扰虫体的代谢

有些抗寄生虫药能直接干扰虫体物质代谢过程而发挥抗虫作用。如苯并咪唑类药物能抑制虫体微管蛋白的合成，影响酶的分泌，抑制虫体对葡萄糖的利用而导致虫体死亡；三氮脒能抑制虫体动基体 DNA 的合成而抑制原虫的生长繁殖；氯硝柳胺能干扰虫体内的氧化磷酸化过程，影响 ATP 的合成，使绦虫缺乏能量，头节脱离肠壁而排出体外；氨丙啉的化学结构与硫胺相似，在球虫的代谢过程中可取代硫胺而使虫体代谢不能正常进行。

（3）作用于虫体的神经肌肉系统

有些抗寄生虫药可直接作用于虫体的神经肌肉系统，影响其吸附功能或导致虫体麻痹死亡。如哌嗪有箭毒样作用，使虫体肌细胞膜超极化，引起弛缓性麻痹；阿维菌素类药物则能促进抑制性神经递质 γ-氨基丁酸的释放，使虫体神经肌肉传递受阻，导致虫体产生弛缓性麻痹而引起虫体死亡或排出体外；噻嘧啶能与虫体的胆碱受体结合，产生与乙酰胆碱相似的作用，引起虫体肌肉持久强烈收缩，导致痉挛性麻痹。

（4）干扰虫体内离子平衡或转运

聚醚类抗寄生虫药能与钠、钾、钙等金属阳离子形成亲脂性复合物，使其能自由穿过细胞膜，使子孢子和裂殖子中的阳离子大量蓄积，使水分过多地进入细胞，致细胞膜破裂而引起虫体死亡。

13.1.5　应用注意

在应用抗寄生虫药时应注意以下几方面：①正确认识和处理好药物、寄生虫和宿主三者之间的相互影响和相互制约的"化疗三角"关系，正确选择和合理使用抗寄生虫药物。②为避免发生大批动物的中毒事故，在使用抗寄生虫药进行大规模驱虫前务必选择少数动物作驱虫试验，以保证安全用药。③在防治动物寄生虫病时，应定期更换不同作用机制的抗寄生虫药，以避免或减少虫体耐药性的产生。④为避免动物性食品中的药物残留，应了解抗寄生虫药在食品动物体内的药动学特点，严格遵守有关药物在动物组织中的最高残留量和休药期的规定。

13.2　抗蠕虫药

抗蠕虫药(anthelmintics)又称驱虫药,是指能驱除或杀灭畜禽体内蠕虫的药物。根据其作用对象分为驱线虫药(antinematodal drugs)、驱吸虫药(antitrematodal drugs)和驱绦虫药(anticestodal drugs),但这种分类也是相对的。有些药物兼有多重作用,如吡喹酮具有驱绦虫和驱吸虫作用;苯并咪唑类具有驱线虫、驱吸虫和驱绦虫作用。

13.2.1　驱线虫药

各种动物、各种脏器和组织中均有线虫的寄生,且在宿主体内多种线虫常呈混合寄生。据统计,牛、羊、马、猪、犬和猫等的重要线虫寄生种类合计达 300 多种。因此,驱线虫药在抗蠕虫药物中占有重要地位。根据本类药物的化学结构,主要分为 6 类:①大环内酯类抗生素。如伊维菌素、阿维菌素、多拉菌素、埃普利诺菌素、美贝霉素肟和莫西菌素。②苯并咪唑类。如噻苯咪唑、阿苯达唑、氧阿苯达唑、芬苯达唑、奥芬达唑、氧苯达唑、甲苯达唑、氟苯达唑、三氯苯达唑和非班太尔等。③咪唑并噻唑类。如左咪唑和四咪唑。④四氢嘧啶类。如噻嘧啶、甲噻嘧啶和羟嘧啶。⑤有机磷类。如敌百虫、敌敌畏、哈罗松和蝇毒磷等。⑥其他。如哌嗪、乙胺嗪、硫肿胺钠等。

13.2.1.1　大环内酯类

大环内酯类(macrocyclic lactones)抗寄生虫药包括阿维菌素类(avermectins)和美贝霉素类(milbemycins),均为土壤微生物链霉菌属真菌的发酵产物或化学衍生物。兽医临床常用阿维菌素类主要有伊维菌素、阿维菌素、多拉菌素和埃普利诺菌素;美贝霉素类主要有美贝霉素肟和莫西菌素。本类药物具有广谱、高效、安全和用量小的特点。

【构效关系】阿维菌素类为二糖苷类化合物,其基本结构为 16 元环的大环内酯,C_{13} 位上有一个双糖。天然发酵产物中含有 8 种有效成分,分别是阿维菌素 A_{1a}、A_{1b}、A_{2a}、A_{2b}、B_{1a}、B_{1b}、B_{2a}、B_{2b},其中 A_{1a}、A_{2a}、B_{1a}、B_{2a} 含量较多,占总量的 85% 以上,阿维菌素 A_{1b}、A_{2b}、B_{1b}、B_{2b} 含量较少,占总量的 15%~20%。由于阿维菌素 B_{1a} 和 B_{1b} 的生物学活性相似,抗虫活性最强,在生产时难以将两者完全分离,故目前市场上销售的阿维菌素类制剂均为两者的混合物。

通过对阿维菌素类结构的改造,可减少药物的毒性或改变药物的极性,从而降低药物残留量或增强驱虫作用。如伊维菌素 B_1 的毒性略低于阿维菌素 B_1,它是阿维菌素 B_1 的 —C_{22}=C_{23}—加氢产物(22,23-dihydroavermectin B_1);在阿维菌素 B_1 的 C_4 位上的—OH 经 —$NHCOCH_3$ 取代后的产物为埃普利诺菌素,其极性比伊维菌素高,在乳和血浆中的分布比例仅为 17∶100,远低于伊维菌素的 3∶4,而且其在乳中的残留远低于伊维菌素,所以埃普利诺菌素可用于泌乳牛;又如在阿维菌素 B_1 的 C_{25} 位上的短碳链被环乙烷取代后的产物为多拉菌素,其极性低于伊维菌素,而生物半衰期长于伊维菌素,因而其抗寄生虫的作用时间较伊维菌素长。

美贝霉素类的基本结构同阿维菌素类,为 16 元环的大环内酯,但缺乏 C_{13} 位上的双糖结构。

【作用机制】阿维菌素类和美贝霉素类的抗虫作用机制相同,均可增加无脊椎动物神经突触后膜对 Cl⁻ 的通透性,从而妨碍突触后膜的去极化,阻断神经冲动的传递,最终使虫体神经肌肉麻痹而死亡。它们可通过以下两种途径增加神经细胞膜对 Cl⁻ 的通透性，其一是通过增加无脊椎动物外周神经抑制性神经递质 γ-氨基丁酸(GABA)的释放。当 GABA 与相应的受体结合后，Cl⁻ 通道开放，Cl⁻ 内流，使神经细胞膜超极化，产生抑制效应。其二是引起由谷氨酸控制的 Cl⁻ 通道开放。

阿维菌素类和美贝霉素类对吸虫和绦虫无效，因吸虫和绦虫不利用 GABA 作为其神经传导递质，且虫体内缺少受谷氨酸控制的 Cl⁻ 通道。另外，哺乳动物的外周神经递质为乙酰胆碱，GABA 虽分布于中枢神经系统(central nervous system，CNS)，但由于本类药物不易透过血脑屏障，而对其影响极小，因此哺乳动物在使用时比较安全。

【不良反应】由 GABA 介导的神经传递在哺乳动物体内仅发生在中枢神经系统，而且大环内酯类药物很难通过血脑屏障进入脑组织，因此该类药物对多数哺乳动物的安全范围大，很少产生毒性反应。水蚤和鱼类等淡水生物对阿维菌素类药物高度敏感，但本类药物与土壤的结合很紧密，且具有不溶于水和迅速光解特性，极大地降低了其在自然环境中对水生生物的毒性。

【耐药性】随着频繁用药和亚剂量用药，近几年来在许多国家相继出现耐阿维菌素类药物的虫株，且主要集中于绵羊和山羊。产生耐药性的机制可能包括虫体对药物摄入量的减少、代谢增强和 Cl⁻ 通道受体发生改变等。

伊维菌素(Ivermectin)

【理化性质】本品是由阿维链霉菌(*Steptomyces avermitilis*)发酵产生的半合成多组分抗生素。伊维菌素 B_1(B_{1a}+B_{1b})不低于 93%，其中 B_{1a} 不得少于 85%。本品为白色结晶性粉末。在甲醇、乙醇、丙酮、乙酸乙酯中易溶，在水中几乎不溶。

【作用与应用】本品具有广谱、高效、用量小和安全等优点，对体内外寄生虫特别是线虫和节肢动物均有良好的驱杀作用，但对绦虫、吸虫和原虫无效。能显著驱杀家畜体内线虫的成虫及其第四期幼虫，如马、牛、羊、猪的大多数胃肠道线虫、马的肺线虫；犬、猫的钩虫、蛔虫、犬心丝虫、鞭虫等。也能驱杀牛皮蝇、马胃蝇和羊鼻蝇的各期幼虫及畜禽的蜱、螨、虱等体外寄生虫。但多种线虫已对伊维菌素产生高度耐药性。临床用于防治家畜胃肠道线虫病、牛皮蝇蛆病、纹皮蝇蛆病、羊鼻蝇蛆病、羊痒螨病和猪疥螨病，以及其他寄生性昆虫病。

【药动学】本品具有高脂溶性，其药动学特征具有较大的表观分布容积和较缓慢的消除过程。不论内服还是注射给药均易吸收，且吸收速率较快，但皮下注射的生物利用度较高，体内维持有效药物浓度时间较长，对某些寄生虫尤其对节肢动物的杀灭作用优于内服给药。本品在肝内代谢，在牛、绵羊主要进行羟化，在猪主要为甲基化。胆汁排泄是本类药物血浆清除的一个重要途径。原形和代谢物主要经粪排出，经尿排出少于 5%。在泌乳母畜有高达 5% 的给药量经乳汁排出。剂型、给药方式、动物种属及饲养方式等因素均可对伊维菌素的药动学特征产生明显影响。生物利用度，绵羊 100%(皱胃注入)、绵羊 25%(瘤胃注入)、犬 95%；表观分布容积，牛 0.45~2.4 L/kg、绵羊 4.6 L/kg、猪 4 L/kg、犬 2.4 L/kg；消除半衰期，牛和绵羊分别为 2.8 d 和 2.7 d(静脉注射)，牛平均为 5 d、猪 35.2 h(皮下注射)和犬 1.8 d(内服)。

【药物相互作用】①本品制剂中含有的不同佐剂能明显影响药物的作用，如绵羊内服含吐温-80 作佐剂的制剂，伊维菌素用量达 4 000 μg/kg 时仍很安全，但若以丙二醇作佐剂时则使绵羊持续 3 d 出现共济失调和血红蛋白尿。美国含吐温-80 作佐剂的伊维菌素注射剂是马属动物专用商品制剂，但不能用于犬，否则也极不安全。②与乙胺嗪同时使用，可能发生严重的或致死性脑病。

【不良反应】①杀微丝蚴时，犬可发生休克样反应，可能与死亡的微丝蚴有关。②伊维菌素注射液用于治疗牛皮蝇蚴病时，如杀死的幼虫在关键部位，将会引起严重的不良反应；注射时，注射部位有不适或暂时性水肿。

【应用注意】①本品安全范围较大，在应用过程中很少出现不良反应，但肌内、静脉注射或超剂量应用均可中毒，每个皮下注射点不宜超过 10 mL。②含甘油缩甲醛和丙二醇的国产伊维菌素注射剂仅适用于牛、羊、猪和驯鹿。用于其他动物，特别是马和犬易引起严重的局部反应。③多数品种犬应用均较安全，但一种长毛牧羊犬（Coliles，柯利犬）对本品敏感，禁用。④本品驱虫作用较缓慢，对有些寄生虫需数日到数周才能彻底杀灭。⑤骆驼对本品较敏感，应慎用。⑥对虾、鱼及水生生物有剧毒，残留药物的包装及容器切勿污染水源。⑦阴雨、潮湿及严寒天气均影响 0.5% 伊维菌素浇泼剂的药效；动物皮肤损害时能使毒性增强。⑧母猪妊娠前期 45 d 慎用，奶牛泌乳期和食用马禁用。

【制剂与休药期】伊维菌素片剂和伊维菌素溶液：羊 35 d，猪 28 d。伊维菌素注射液：牛、羊 35 d，猪 28 d，驯鹿 56 d；弃奶期 20 d。伊维菌素氧阿苯达唑粉：羊 35 d。

阿维菌素（Avermectin，阿灭丁、爱比菌素）

本品是阿维链霉菌（*Streptomyces avermitilis*）的天然发酵产物。与伊维菌素的主要成分区别在于 C_{22} 和 C_{23} 处，阿维菌素为双键，伊维菌素为双氢单键。本品为白色或淡黄色粉末。在乙酸乙酯、丙酮、三氯甲烷中易溶，在甲醇、乙醇中略溶，在水中几乎不溶。驱虫作用、驱虫谱、药动学特征以及应用同伊维菌素。毒性较伊维菌素稍强。性质不太稳定，特别对光线敏感，迅速氧化灭活，应注意贮存和使用条件。常用制剂：阿维菌素片、阿维菌素注射液、阿维菌素粉、0.5% 阿维菌素透皮溶液、阿维菌素氯氰碘柳胺钠片：牛、羊休药期为 35 d，奶牛泌乳期禁用。乙酰氨基阿维菌素注射液：牛 1 d；弃奶期 1 d。

多拉菌素（Doramectin，多拉克丁）

【理化性质】本品是由基因重组的阿维链霉菌（*Steptomyces avermitilis*）新菌株发酵而得，与伊维菌素的主要差别为 C_{25} 位被环己基取代。本品为白色或类白色结晶性粉末，在三氯甲烷、甲醇中溶解，在水中极微溶解。其亲脂性比莫西菌素稍差，但比伊维菌素强。

【作用与应用】本品为新型、广谱抗寄生虫药，抗虫作用比伊维菌素略强，毒性相对较弱。能高效驱杀胃肠道线虫、肺线虫、牛眼丝虫和犬心丝虫及牛皮蝇蛆、虱、蜱、螨和伤口蛆等。与伊维菌素相比，本品的血药浓度不仅高，而且半衰期延长近 2 倍。牛皮下注射后的消除半衰期为 8.8 d。临床用于防治动物胃肠道线虫病和螨病等体外寄生虫病。

【应用注意】①本品性质不太稳定，在日光直射下迅速分解灭活。②本品残存药物对鱼类及水生生物有毒，应注意水源保护。③给牛应用浇泼剂后，6 h 内不能雨淋。④与乙胺嗪同时使用，可能发生严重的或致死性脑病。⑤大剂量使用使犬出现致死性毒性。

【制剂与休药期】多拉菌素注射液：猪 28 d。

埃普利诺菌素（Eprinomectin，依立诺克丁、伊利菌素）

【理化性质】本品是将阿维链霉菌（*Steptomyces avermitilis*）的发酵产物经化学改造而得，

为白色或微黄褐色粉末；溶于甲醇、乙醇、二甲基亚砜、乙酸乙酯等，但几乎不溶于水。

【作用与应用】本品有高效和低残留的特点，是目前唯一可以用于泌乳期奶牛和肉牛，且不需休药期的阿维菌素类药物。皮下注射对大多数常见线虫成虫和幼虫的驱杀率达到95%以上，且对古柏线虫、食道口线虫和部分毛圆线虫的杀灭作用强于伊维菌素；对牛皮蝇蛆有100%的杀灭作用，对牛蜱有较强的杀灭作用。常用制剂为埃普利诺菌素浇淋剂，对牛的多种线虫成虫和幼虫的驱杀率均在99%以上，临床用于防治食用动物和奶牛线虫病及牛皮蝇蛆病等体外寄生虫病。

【药动学】在体内不能被彻底代谢，85%以上以原形经粪排出，在奶中浓度很低。牛给药后，2.05 d达到最高血药浓度，消除半衰期为2.03 d。给药后1.92 h在牛奶中达到最高药物浓度，消除半衰期为1.91 d。局部浇淋给药吸收较快，在2~5 d内达到峰浓度22.5 ng/mL。

【不良反应】安全范围大，治疗剂量很少出现不良反应。

美贝霉素肟(Milbemycin Oxime，米尔贝肟)

【理化性质】本品是由吸湿链霉菌(*Steptomyces hydroscopicus* subsp. *aureolacrimosuss*)发酵而得。在有机溶剂中易溶，在水中不溶。

【作用与应用】本品是一种对某些节肢动物和线虫具有高度活性的、专用于犬的抗寄生虫抗生素。对犬恶丝虫发育中的犬丝虫、犬微丝虫均有强大的驱杀作用；对犬蠕形螨也极有效。临床用于防治犬线虫病(如犬弓首蛔虫、犬鞭虫、恶丝虫和钩口线虫)和蠕形螨病。内服后有90%~95%以原形经肠道排出，仅有5%~10%吸收后经胆汁排泄。

【不良反应与应用注意】①本品虽对犬毒性不大，安全范围较广，但长毛牧羊犬(Coliles，柯利犬)对本品敏感，应慎用。②不足4周龄或体重小于1 kg的幼犬禁用。③已感染心丝虫的犬内服可能出现精神倦怠、食欲不振及呕吐等现象。④犬服用前需进行血液测试，检查是否已感染心丝虫。已感染心丝虫的犬，内服前先驱除心丝虫及幼虫。

【制剂】米尔贝肟片。

莫西菌素(Moxidectin，莫西克汀)

【理化性质】本品是由蓝灰色无氰链霉菌(*Steptomyces cyanogriseus* subsp. *noncyanogenus*)发酵而制得的单一成分尼莫克汀(Nemadectin)的半合成衍生物。与伊维菌素、阿维菌素、美贝霉素肟不同，它只含单一成分。脂溶性更高，疏水性更强，约为伊维菌素的100倍。

【作用与应用】与其他多组分大环内酯类抗寄生虫药相比，本品具有更高的脂溶性和更强的疏水性，吸收后在机体组织细胞内停留更长的时间，因此抗虫活性维持时间更长。对犬、牛、羊、马的多数胃肠道线虫和肺线虫有高度驱除作用；对反刍动物的某些寄生性节肢动物和发育阶段的犬丝虫有杀灭作用。通过选择性地结合寄生虫的谷氨酸介导的Cl$^-$通道而发挥其抗虫作用。临床主要用于驱除反刍动物和马属动物的大多数胃肠道线虫和肺线虫，反刍动物的某些寄生性节肢动物以及发育阶段的犬丝虫。

【应用注意】①治疗剂量对多数动物非常安全，甚至对伊维菌素敏感的柯利犬也安全。但高剂量对个别犬可能会出现嗜睡、呕吐、共济失调、厌食、下痢等症状。②牛应用浇泼剂后，6 h内不能雨淋。③经粪排泄的药物残留对蜣螂幼虫基本无毒。

【制剂】莫西菌素片、莫西菌素溶液、莫西菌素浇泼剂、莫西菌素注射液。

13. 2. 1. 2 苯并咪唑类

苯并咪唑类(benzimidazoles)抗寄生虫药主要包括阿苯达唑、芬苯达唑、奥芬达唑、氧苯达唑和非班太尔等,具有驱虫谱广、驱虫效果好、毒性低等特点。本类药物的基本抗虫作用相似,主要对线虫有较强的驱杀作用,有的药物不仅对成虫,而且对幼虫和虫卵也有一定的作用,甚至还有些药物对绦虫和吸虫也有驱杀作用。

【作用机制】本类药物主要与线虫微管蛋白结合而发挥作用,特别是与虫体 β-微管蛋白结合后阻止其与 α-微管蛋白的聚合而形成二聚体,从而影响微管蛋白多聚体和微管的形成。微管是虫体许多细胞器必需的结构单位,并对细胞有丝分裂、蛋白质合成和能量代谢等很多细胞生活过程所必需。哺乳动物细胞代谢也有赖于微管蛋白,但在动物正常体温环境下,本类药物与线虫微管蛋白的亲和力更高,如猪蛔虫胚胎的微管蛋白对甲苯达唑的敏感性比牛脑组织高 384 倍。这可能是本类药物能够选择性地作用于虫体,而对宿主毒性很低的主要原因。

【不良反应】①本类药物对家畜和野生动物的毒性很低,在治疗剂量下,即使对幼龄、患病或体弱的家畜均不会产生副作用。对过大剂量的耐受性,不同种属动物和不同药物有很大差异,如绵羊内服比治疗剂量大 1 000 倍的硫苯咪唑后不出现明显的临床不良反应,而给牛服用 3 倍治疗剂量的康苯咪唑时就会出现食欲不振和精神沉郁等不良反应;猪能耐受 1 000 mg/kg 的丁苯咪唑;鸡能耐受 2 000 mg/kg 的甲苯达唑。②丁苯达唑、阿苯达唑和奥芬达唑等对妊娠早期绵羊的胎儿具有致畸作用,因此用于妊娠母畜时应特别慎重。

阿苯达唑(Albendazole,丙硫咪唑、丙硫苯咪唑、抗蠕敏、肠虫清)

【理化性质】本品为白色或类白色粉末。在水中不溶,在乙醇中几乎不溶,在丙酮或三氯甲烷中微溶,在冰醋酸中溶解。

【药理作用】主要对哺乳动物和禽类的线虫及其幼虫(如蛔虫、尖尾线虫、类圆线虫、圆线虫和毛尾线虫)有很好的驱杀作用,并且对吸虫(如牛和羊的肝片形吸虫、猪的华支睾吸虫)和绦虫(如牛羊莫尼茨绦虫、犬和猫的线中绦虫、鸡四角赖利绦虫和棘沟赖利绦虫)也有一定的驱除作用;对囊尾蚴作用强,副作用小,为治疗囊尾蚴的良好药物。对鱼类的线虫也敏感,对绦虫、吸虫也有较强的驱杀作用。

本品脂溶性高,溶解度低。与同类其他药物相比更易从消化道吸收,但由于存在着很强的首过效应,在血样中几乎检测不到原形药物,在血中的主要代谢物为阿苯达唑亚砜(氧阿苯达唑)和阿苯达唑砜,前者具有较强的抗蠕虫作用,亚砜会不可逆性地被氧化成阿苯达唑砜。代谢物在不同动物体内的半衰期具有明显的种属差异,内服后约有 47% 的代谢物经尿排出,而经羟化、水解和结合形成的部分其他代谢物主要经胆汁排出。

【应用】用于羊、牛、马、猪、犬、猫和家禽以及野生动物等的多种线虫病、绦虫病和吸虫病。还可用于治疗海水养殖鱼类由双鳞盘吸虫、贝尼登虫引起的寄生虫病,淡水养殖鱼类由指环虫、三代虫等引起的寄生虫病。

【不良反应】①本品是苯并咪唑类驱虫药中毒性较大的一种,应用治疗量虽不会引起动物中毒反应,但连续超剂量给药,有时会引起严重反应。加之我国应用的剂量比欧美推荐量(5~7.5 mg/kg)高,选用时更应慎重。②犬以 50 mg/kg 剂量每日用药 2 次,会逐渐产生厌食症。猫会出现轻微嗜睡、抑郁、厌食等症状,当用阿苯达唑片治疗并殖吸虫病时有抗服的现象，可引起犬、猫的再生障碍性贫血。③连续长期使用，能使蠕虫产生耐药性，并且有可能产生交叉耐药性。④动物试验证明它具有胚胎毒性及致畸作用，牛、羊妊娠45 d内、猪妊娠30 d内均禁用。⑤禁用于食用马。

【制剂与休药期】阿苯达唑片、阿苯达唑颗粒：牛14 d，羊4 d，猪7 d，禽4 d；弃奶期60 h。阿苯达唑粉：牛14 d，羊4 d，猪7 d，禽4 d；弃奶期2.5 d。阿苯达唑混悬液：牛14 d，羊4 d，猪7 d，禽4 d。阿苯达唑阿维菌素片和阿苯达唑伊维菌素片：牛、羊35 d。阿苯达唑伊维菌素粉和阿苯达唑伊维菌素预混剂：猪28 d。阿苯达唑硝氯酚片：猪28 d。

氧阿苯达唑(Albendazole Oxide)

本品为白色或类白色粉末，无臭。在乙醇中极微溶解，在丙酮中几乎不溶，在水中不溶，在冰醋酸或氢氯化钠溶液中易溶。在牛、绵羊、鸡等体内缓慢代谢成阿苯达唑砜，随即代谢为阿苯达唑-2-氨基砜，此即主要起抗线虫作用的活性物质。药理作用同阿苯达唑，主要用于驱除畜禽线虫和绦虫。本品是潜在的皮肤致敏剂，使用时应避免皮肤，避免儿童接触。另外，对妊娠早期动物有致畸和胚胎毒性的作用，应慎用。常用制剂为氧阿苯达唑片，休药期：羊4 d。

芬苯达唑(Fenbendazole，苯硫咪唑、硫苯咪唑)

【理化性质】本品为白色或类白色粉末。在水中不溶，在甲醇中微溶，在二甲基亚砜和冰醋酸中溶解。

【作用与应用】本品是一种高效、广谱、低毒的新型抗蠕虫药，不仅对动物胃肠道线虫成虫、幼虫有高度驱虫活性，而且对网尾线虫、矛形双腔吸虫、片形吸虫和绦虫也有较强的驱杀作用，还有极强的杀虫卵作用。临床用于羊、牛、马、猪、犬、猫和家禽以及野生动物等的多种线虫病和绦虫病。

本品溶解度较低，内服仅少量吸收，经粪排出的原形药物占44%～50%，而经尿排泄的药物不足1%。在动物体内经代谢形成活性代谢物芬苯达唑亚砜(即奥芬达唑)和砜。

【应用注意】①因死亡的寄生虫释放抗原，可继发产生过敏性反应，特别是在高剂量时更易发生。②犬或猫内服时偶见呕吐。③连续长期使用能使蠕虫产生耐药性，甚至与其他苯并咪唑类产生交叉耐药现象。④连续低剂量给药的驱虫效果优于一次给药。⑤单剂量对于犬、猫往往无效，必须治疗3 d。⑥供食用的马禁用。⑦可能伴有致畸胎和胚胎毒性的作用，妊娠前期禁用。⑧不能将药品抛弃于池塘或河流等水源处。⑨马属动物应用时不能合用敌百虫，否则毒性大为增强。

【制剂与休药期】芬苯达唑片、芬苯达唑颗粒：牛、羊21 d，猪3 d，禽28 d；弃奶期7 d，弃蛋期7 d。芬苯达唑粉：牛、羊14 d，猪14 d；弃奶期5 d，弃蛋期7 d。

奥芬达唑(Oxfendazole)

【理化性质】本品是芬苯达唑的衍生物，为白色或类白色粉末，有轻微的特殊气味。在水中不溶，在甲醇、丙酮、三氯甲烷和乙醚中微溶。

【作用与应用】本品是一种高效、广谱、低毒的新型抗蠕虫药，其驱虫谱与芬苯达唑相同，但驱虫活性更强。临床用于羊、牛、马、猪、骆驼和犬的多种线虫病和绦虫病。

【药动学】内服吸收较多，但反刍动物内服吸收量明显低于单胃动物，且舍饲反刍动物的内服吸收量比放牧反刍动物多。在单胃动物主要经尿排泄，而在反刍动物约 65% 给药量经粪排出。经乳汁排泄的药量仅占给药量的 0.6%，但用药后 1~2 周乳汁中仍有痕量药物。

【应用注意】①长期使用可产生耐药虫株，甚至产生交叉耐药现象。②治疗剂量虽无胚胎毒性作用，但大剂量对早期胎儿有致畸作用，故妊娠早期动物不宜应用。③犬大剂量应用时可能产生食欲不振，可引起犬的再生障碍性贫血。④牛、羊泌乳期禁用。⑤供食用的马禁用。⑥单剂量对于犬一般无效，必须连用 3 d。

【制剂与休药期】奥芬达唑片：牛 11 d，羊 21 d，泌乳期禁用。

氧苯达唑(Oxibendazole，奥苯达唑、丙氧苯咪唑)

本品为白色或类白色结晶性粉末。在水中不溶，在甲醇、乙醇和三氯甲烷中极微溶，在冰醋酸中溶解。它是高效低毒的驱虫药，其内服吸收极少，毒性极低，但驱虫谱较窄，仅对胃肠道线虫有高效作用，临床用于马、牛、羊、猪、犬、禽和野生动物胃肠道线虫病。因本品可能伴有致畸胎和胚胎毒性的作用，应注意泌乳期及妊娠前期 45 d 的奶牛和妊娠早期的绵羊禁用。常用制剂为氧苯达唑片，休药期：牛、羊 4 d，猪 14 d；弃奶期 72 h。

甲苯达唑(Mebendazole，甲苯咪唑)

【理化性质】本品为白色、类白色或微黄色结晶性粉末，无臭。在丙酮或三氯甲烷中极微溶解，在水中不溶；在甲酸中易溶，在冰醋酸中略溶。

【作用与应用】本品是早期用于医学和兽医临床的苯并咪唑类药。其抗线虫作用已为后来开发的其他药物所取代，但对某些绦虫和旋毛虫有效。此外，本品对某些水产养殖动物的寄生虫也有效。临床用于驱除畜禽胃肠道线虫、绦虫及旋毛虫。也可用于治疗绦虫、旋毛虫，鱼类指环虫、伪指环虫、三代虫等单殖吸虫病。

【药动学】本品因溶解度小而吸收极少，且很少代谢，动物内服后，在 24~48 h 内经粪排泄的原型药物约占 80%，经尿排泄的为 5%~10%。

【应用注意】①长期应用本品能引起蠕虫产生耐药性，而且存在交叉耐药现象。②本品毒性虽然很小，但治疗量即引起个别犬厌食、呕吐、精神委顿以及出血性腹泻等现象。③对实验动物具有致畸作用，禁用于妊娠母畜。④本品能影响产蛋率和受精率，蛋鸡以不用为宜。⑤鸽子、鹦鹉因对本品敏感而应禁用。⑥斑点叉尾鮰、大口鲇禁用，特殊养殖品种慎用。

氟苯达唑(Flubendazole)

【理化性质】本品为甲苯达唑的对位氟同系物。白色或类白色粉末，无臭。在甲醇和三氯甲烷中不溶，在稀盐酸中微溶。

【作用与应用】不仅对胃肠道线虫有效，而且对某些绦虫也有一定效果。临床用于猪、禽的胃肠道蠕虫病。本品从胃肠道吸收很少，大部分以原形药经粪排出。吸收部分很快被代谢，血和尿中的原形药浓度很低。

【不良反应与应用注意】①畜禽超剂量服用时，会出现短时间的腹泻。②对苯并咪唑驱虫药产生耐药性的虫株，对本品也可能存在耐药性；连续混饲给药，驱虫效果优于一次投药。③禁用于鸽子和鹦鹉。④在治疗的同时，猪场和养禽场如能保持良好的卫生环境，治疗效果更佳。⑤使用者应避免皮肤直接接触或吸入本品。

【制剂与休药期】氟苯达唑预混剂：14 d。

非班太尔(Febantel)

【理化性质】本品是芬苯达唑的前体药物，为无色粉末。在水中和乙醇中不溶，在丙酮、三氯甲烷、四氢呋喃和二氯甲烷中溶解。

【作用与应用】本身无驱虫活性，在动物胃肠道内可转变成芬苯达唑、奥芬达唑和芬苯达唑亚砜而发挥驱虫作用。对各种动物的多种线虫均有良好的驱杀作用。临床多以复方制剂应用，如与吡喹酮和噻嘧啶配合，以扩大其驱虫范围，用于马、牛、羊的胃肠道线虫病；与吡喹酮等配伍用于犬、猫的各种线虫病和绦虫病；也可用于各种野生动物线虫病。

【药动学】牛或羊内服治疗剂量(7.5 mg/kg)后，易经胃肠道吸收，并迅速代谢。血浆中原形药的浓度很低，其中的两种代谢物芬苯达唑和奥芬达唑的血中浓度在羊经 6~18 h，在牛则经 12~24 h 达到峰值。3 种主要代谢物的抗虫活性比其前体药物非班太尔强得多。

【药物相互作用】①与吡喹酮合用时，在增效的同时能使妊娠动物早期流产。②与哌嗪类化合物产生拮抗，禁止与哌嗪类化合物同时使用。

【应用注意】①高剂量(45 mg/kg)用于妊娠 17 d 母羊，超过 10%的羔羊肾和骨骼肌异常。②对其他苯并咪唑类药物产生耐药性的蠕虫，对本品可能存在交叉耐药性。③治疗剂量对妊娠各期母畜均安全。④禁止与吡喹酮合用于妊娠动物。

【制剂与休药期】非班太尔片、非班太尔颗粒：猪、羊 14 d；羊弃奶期 48 h。

13.2.1.3　咪唑并噻唑类

本类药物包括四咪唑(噻咪唑)和左咪唑(左旋咪唑)。前者为混旋体，抗虫活性较弱；后者为左旋体，为驱虫的主要活性成分，抗虫活性强。

左旋咪唑(Levamisole，左咪唑)

【理化性质】常用其盐酸盐或磷酸盐，两者均为白色或类白色针状结晶或结晶性粉末，在水中极易溶。两者在酸性水溶液中性质稳定，而在碱性水溶液中易水解失效。

【药理作用】本品为广谱、高效、低毒的驱线虫药，对畜禽的多种胃肠道线虫、肺线虫和幼虫均有较强的驱杀作用，尤其是对蛔虫和肺线虫有特效。对尚未发育成熟的虫体作用差，对类圆线虫和鞭虫作用差或不确切。其驱虫作用机制为：一方面通过阻断延胡索酸还原和琥珀酸氧化来干扰虫体碳水化合物代谢，切断能量来源；另一方面刺激敏感虫体的副交感和交感神经节，使虫体产生持续性收缩，继而麻痹，经粪排出体外。

本品还具有免疫调节作用，能使受抑制的巨噬细胞和 T 淋巴细胞功能恢复到正常水平，并能调节抗体产生。但应使用低剂量(1/4~1/3 驱虫量)，因剂量过大，反而能引起免疫抑制效应。

【药动学】内服、肌内注射吸收迅速和完全。生物利用度因给药途径不同而异，如犬内服、肌内注射的生物利用度为 49%~64%，达峰时间为 2~4.5 h；猪内服、肌内注射的生物利用度分别为 62%和 83%。此外，还可经皮吸收，但其生物利用度低于肠胃外和内服给药。在肝内被迅速而广泛地代谢成多种代谢物，主要代谢途径是氧化、水解和羟化作用。原形药(<6%)及其代谢物主要经尿(约60%)和粪(约30%)排出。

【应用】主要用于畜禽胃肠道线虫、肺线虫、犬恶丝虫和猪肾虫感染的治疗；也用于免疫功能低下动物的辅助治疗和提高疫苗的免疫效果。

【药物相互作用】①噻嘧啶、甲噻嘧啶、乙胺嗪和胆碱酯酶抑制剂(有机磷类、新斯的明)等具有烟碱样作用的药物可增强本品的毒性。②与四氯乙烯合用可增强毒性。③左旋咪唑可增强布鲁菌疫苗等的免疫反应和效果。

【不良反应】①牛、猪用药后可出现副交感神经兴奋症状、口鼻出现泡沫或流涎、兴奋或颤抖、舔唇和摇头等现象，一般在2 h内减退。注射部位发生肿胀，在7~14 d内减轻。②绵羊给药后某些动物可发生暂时性兴奋，山羊可产生抑郁、感觉过敏和流涎。③犬可见胃肠功能紊乱(如呕吐、腹泻)、神经反应(如气喘、摇头、焦虑、嗜睡或其他行为异常表现)、粒细胞缺乏症、肺水肿、免疫介导性皮疹(如水肿、多形红斑、表皮坏死脱落)。④猫可见流涎、兴奋、瞳孔散大和呕吐等。

【应用注意】①安全范围窄，特别是注射给药，中毒死亡事故时有发生。单胃动物除肺线虫宜选注射给药外，通常宜内服给药。为安全起见，妊娠后期及去势、接种疫苗等应激状态下的动物不宜采用注射给药。②马对本品较敏感，应慎用；骆驼更敏感，应禁用。中毒时可用阿托品解救。若发生严重呼吸抑制，可试用加氧的人工呼吸法解救。③犬、猫对本品较敏感，使用时务必精确计算用量，以防不测。国外大剂量使用前使动物阿托品化。④采用盐酸左旋咪唑皮下、肌内注射时，对局部组织刺激性较强，反应严重；而磷酸左旋咪唑刺激性稍弱，故国外多用磷酸盐专用制剂，但仍出现短暂时间的轻微局部反应。⑤蛋鸡在产蛋期及牛、羊泌乳期禁用。

【制剂与休药期】盐酸左旋咪唑片、盐酸左旋咪唑粉：牛2 d，羊、猪3 d，禽28 d。盐酸左旋咪唑注射液：牛14 d，羊、猪、禽28 d。

13.2.1.4　四氢嘧啶类

本类药物主要包括噻嘧啶和甲噻嘧啶，均属广谱驱虫药，经内服给药，使用安全。

噻嘧啶(Pyrantel，噻吩嘧啶)

【理化性质】常用双羟萘酸盐，即双羟萘酸噻嘧啶，为淡黄色粉末。在水中几乎不溶，在乙醇中极微溶，在碱性溶液中易溶。对光敏感，应遮光密闭保存。

【药理作用】本品为高效、广谱、低毒的胃肠道线虫驱除药，对畜禽多种胃肠道线虫均有驱杀作用。对线虫和宿主而言，它是一种去极化型神经肌肉传导阻断剂。药物先引起虫体肌肉痉挛性收缩，继而阻断其神经肌肉传导，导致虫体麻痹而死亡。由它引起的虫体肌肉收缩较慢而强烈(较乙酰胆碱强100倍)，且不可逆。内服用于畜禽的大多数胃肠道线虫病。

双羟萘酸噻嘧啶在水中溶解度极低，极少从肠道吸收，能到达肠道的后端，发挥抗虫作用。吸收的部分在肝内迅速代谢，大部分以代谢物经尿排出，未吸收部分经粪排出。

【药物相互作用】①由于毒作用机制相似，与甲噻嘧啶或左咪唑合用能使毒性增强。②与有机磷类或乙胺嗪同时使用，不良反应会加强。③与哌嗪的抗虫作用相互拮抗，不能配伍用。④因其对宿主具有较强的烟碱样作用，与安定药、肌松药以及其他拟胆碱药、抗胆碱酯酶药(如有机磷驱虫药)合用可增强本品的毒性。

【应用注意】①因对宿主具有较强的烟碱样作用，妊娠或虚弱动物禁用。②本品(包括各种盐)遇光易变质失效，双羟萘酸盐配制混悬药液后应及时用完；而酒石酸盐在国外不准许配制药液，多作预混剂，混于饲料中给药。③毒性很小，对所有宿主给予7倍的治疗剂量均无毒性反应。对马更安全，给予138倍的治疗剂量也无毒性反应。但小动物使用时可发生呕吐。④由于国外有各种动物的专用制剂已解决酒石酸噻嘧啶的适口性较差问题。因此，用国产品饲喂时必须注意动物摄食量，以免因减少摄入量而影响药效。

【制剂与休药期】双羟萘酸噻嘧啶片：猪1 d，肉牛14 d。双羟萘酸噻嘧啶吡喹酮片（宠物用）。

13.2.1.5　有机磷类

有机磷类原为农业和环境杀虫剂，后将一些对宿主毒性较低的化合物发展为兽药而用，并已在世界各国广泛用于兽医临床几十年。敌百虫、敌敌畏、哈罗松、蝇毒磷和萘肽磷5种药物至今广为应用，前两种用于马、犬和猪，后三种可驱除反刍动物寄生虫。高剂量有机磷化合物对宿主胆碱酯酶也有一定抑制作用，因此治疗安全范围较窄，在用药过程中常发生中毒反应。

有机磷类的驱虫范围在不同家畜有一定差异，对马、猪和犬的主要线虫均有效，而对反刍动物寄生虫的作用有限，只对皱胃线虫（特别是血矛线虫）和小肠线虫有效，而对食道口线虫和夏伯特线虫等肠道寄生虫效果不佳。驱虫作用机制是抑制线虫的胆碱酯酶，使乙酰胆碱大量蓄积，干扰神经肌肉的正常传导过程，最终使虫体肌肉麻痹而死亡。当然宿主与不同寄生虫的胆碱酯酶对有机磷化合物的敏感性并不相同，如捻转血矛线虫的胆碱酯酶能与哈罗松不可逆性结合，而蛔虫胆碱酯酶与哈罗松只能可逆性地疏松结合。因此，哈罗松对捻转血矛线虫的驱杀作用更强。

精制敌百虫(Purified Trichlorphon)

【理化性质】本品为白色结晶性粉末。易溶于水，水溶液呈酸性反应，性质不稳定，宜现配现用。在碱性水溶液中不稳定，可生成敌敌畏而使毒性加强。

【药理作用】不仅对消化道线虫有效，而且对某些吸虫也有一定效果。此外，治疗剂量对宿主胆碱酯酶产生一定的抑制作用，引起宿主胃肠道蠕动加强，加速虫体的排出。外用可杀灭体外寄生虫，如牛皮蝇蚴、羊鼻蝇蚴和螨、虱、蚤、蜱、蚊、蝇等其他体外寄生虫；还可杀灭或驱除淡水养殖鱼类中鲺、鲴、三代虫、指环虫、线虫、吸虫等寄生虫。

【应用】①内服用于治疗家畜的胃肠道线虫病、牛血吸虫病、猪姜片吸虫病、牛皮蝇蛆病、羊鼻蝇蛆病。②外用防治疥螨病、痒螨病、鸡膝螨病以及用于驱杀蜱、虱、蚤、蚊、蝇等昆虫。③用于杀灭或驱除淡水养殖鱼类中华鲺、锚头鲺、鱼鲴、三代虫、指环虫、线虫、吸虫等寄生虫。

【药物相互作用】①在用药前后二周内，动物不宜接触其他有机磷杀虫剂、胆碱酯酶抑制剂（新斯的明、毒扁豆碱）和肌松药，否则毒性大为加强。②碱性物质能使敌百虫迅速分解成毒性更大的敌敌畏，因此忌用碱性水质配制药液，并禁与碱性药物配伍用。

【不良反应】安全范围较窄，治疗量可使动物出现轻度副交感神经兴奋反应，过量使用可出现中毒症状，表现为腹痛、流涎、缩瞳、呼吸困难、大小便失禁、肌痉挛、昏迷直至死亡。其毒性有明显的种属差异，对马、猪、犬较安全，反刍动物较敏感，常出现中毒反应，应慎用；家禽，特别是鸡、鹅、鸭最敏感，不用为宜。轻度中毒的动物能在数小时内自行耐过。

【应用注意】①不同种属动物对敌百虫的反应不一，家禽最敏感，易中毒，不宜应用；犬、猪比较安全；黄牛、羊较敏感，水牛更敏感。②本品水溶液应临用前配制，且不宜与碱性药物配伍，不应使用碱性水配制敌百虫溶液，制备片剂时不宜用碱性的碳酸钙压片。③用量过大引起人畜中毒后，可用阿托品和解磷定解救。④妊娠及心脏病、胃肠炎的患畜禁用。⑤为防止药物在牛奶中残留，泌乳期奶牛禁用。⑥虾、蟹、螺、鳜、淡水白鲳、无鳞鱼、海水鱼禁用；特种水产动物慎用。

【制剂与休药期】精制敌百虫片、精制敌百虫片粉：28 d。

蝇毒磷（Coumaphos）

本品为常用的杀虫药和驱虫药，最突出的优点是可用于泌乳动物，且在用药期间乳汁仍可食用。奶牛内服易从肠道吸收，外用也可经皮吸收。吸收后较多分布于脂肪中，主要经尿和粪排泄。临床常用蝇毒磷乳粉剂，内服用于治疗牛、羊和野生反刍动物的线虫病；0.02%～0.05%溶液外用可杀灭体表的蜱、螨、虱、蝇、牛皮蝇蛆和创口蛆等，还可杀灭柞蚕体内寄生的蝇蛆。应避免与其他有机磷杀虫药和新斯的明等胆碱酯酶抑制剂合用。另外，本品安全范围窄，特别是用水剂灌服时，2 倍治疗剂量就能引起牛、羊中毒死亡。因此，宜选用低剂量连续混饲法给药；妊娠后期动物禁用。常用制剂为蝇毒磷溶液，休药期：28 d。

13.2.1.6　哌嗪类

哌嗪（Piperazine）

【理化性质】常用枸橼酸哌嗪，为白色结晶性粉末或半透明结晶性颗粒，在水中易溶。磷酸哌嗪为白色鳞片状结晶或结晶性粉末，在沸水中溶解，在水中略溶。

【作用与应用】本品对敏感线虫产生箭毒样作用，使虫体麻痹，经粪排出体外。临床用于治疗畜禽蛔虫病，也用于治疗马蛲虫病、毛线虫病及牛、羊、猪食道口线虫病。作用机制是诱导虫体抑制 GABA 受体，阻断神经肌肉接头处的乙酰胆碱作用，导致虫体麻痹，失去附着宿主肠壁的能力，经粪排出。

成熟的虫体对本品较敏感，幼虫可被部分驱除，但宿主组织中的幼虫则不敏感。对犬弓蛔虫、猫弓蛔虫和狮弓蛔虫具有 52%～100% 的作用。哌嗪及其盐易从胃肠道近端吸收，部分在组织中代谢，30%～40% 以原形经尿排泄，且在 24 h 内几乎排净。

【药物相互作用】①不宜合用泻药，否则因加快药物排出而致治疗失败。②与吩噻嗪类药物配伍用时毒性增强。③与噻嘧啶或甲噻嘧啶有拮抗作用。④与氯丙嗪合用可诱发癫痫发作。⑤磷酸哌嗪可影响血中尿酸水平。⑥动物在内服哌嗪和亚硝酸盐后，在胃中哌嗪可转变成亚硝基化合物，形成 N,N-硝基哌嗪或 N-单硝基哌嗪，二者均为动物致癌物质。

【不良反应】①推荐剂量使用时很少发生不良反应，但犬或猫可见腹泻、呕吐和共济失调。马和驹通常能耐受高剂量，但可见暂时性软便现象。②微丝蚴阳性犬使用本品，可能会出现类似低血容量休克样反应，在数小时内引起犬过敏死亡。

【应用注意】①未成熟虫体对本品不敏感，需重复用药，重复用药间隔时间犬、猫为 2 周，其他家畜为 4 周。②本品的各种盐适口性均差，混饲给药时，常因拒食而影响药效，此时以溶液剂灌服为宜。③通过饮水或混饲给药时，必须在 8～12 h 内用完，且应禁食一夜。④慢性肝、肾疾病及胃肠蠕动减弱的患犬慎用。⑤微丝蚴阳性的犬，禁用。⑥犬、猫宜喂食后服用，可减轻胃肠道不良反应。

【制剂与休药期】枸橼酸哌嗪片、磷酸哌嗪片：牛、羊 28 d，猪 21 d，禽 14 d。

乙胺嗪(Diethylcarbamazine，海群生)

【理化性质】本品为哌嗪的衍生物，常用枸橼酸乙胺嗪。白色结晶性粉末，在水中易溶。

【作用与应用】对网尾线虫、原圆线虫、后圆线虫、犬恶丝虫以及马、羊脑脊髓丝虫均有抗虫作用。作用机制是能抑制微丝蚴体内的花生四烯酸代谢，致使微丝蚴对宿主免疫变得更敏感。临床用于治疗马、羊脑脊髓丝状线虫病、犬恶丝虫病；也可用于家畜肺线虫病和蛔虫病。

【药动学】内服给药后易从消化道吸收，在体内组织中广泛分布，以原形或以 N-氧化代谢物形式经尿排出。

【应用注意】①个别微丝蚴阳性犬可发生过敏反应，甚至引起死亡，故禁用。②为保证药效，在犬恶丝虫流行地区，在整个蚊虫季节以及此后 2 个月内，实行每天连续不断喂药措施(6.6 mg/kg)，每隔 6 个月检查一次微丝蚴。若为阳性则停止预防，重新采取杀成虫、杀微丝蚴措施。③大剂量内服进行驱蛔虫时，常使空腹的犬、猫呕吐，故宜喂食后服用。因药物对蛔虫未成熟虫体无效，1~20 d 后再用药一次。④与其他具有烟碱样作用的药物(如噻嘧啶、甲噻嘧啶、左旋咪唑等)合用，可使彼此的毒性加强。

【制剂与休药期】枸橼酸乙胺嗪片：28 d；弃奶期 7 d。

13.2.2　驱吸虫药

侵害我国畜禽的主要吸虫有羊肝片形吸虫、矛形双腔吸虫、前后盘吸虫、猪姜片吸虫、犬和猫肺吸虫、鸡前殖吸虫及人畜共患的血吸虫。其中，在世界各国对畜牧业危害最严重的是肝片形吸虫。

13.2.2.1　驱肝片形吸虫药

肝片形吸虫属片形科，在潮湿地区流行，主要寄生于牛、羊、鹿、骆驼等反刍动物的肝和胆管中，引起肝炎和胆囊炎。在猪、马属动物及一些野生动物也可寄生，但较为少见，人也可感染。肝片形吸虫的成虫和未成熟虫体均可侵害宿主肝组织。牛、羊食入囊蚴后，幼虫穿透小肠壁，进入腹腔，在感染第 4 天透过肝包膜进入肝实质，在此后的数周内，未成熟虫体在肝组织内发育成长，引起肝损害。因此，感染 6~8 周的肝片形吸虫病，多具肝损害和出血症状，严重者致死。在感染第 8 周后，虫体进入动物肝胆管，并在此后 2~4 周内达性成熟，此期的肝片形吸虫通常对驱吸虫药最敏感。肝片形吸虫成虫通常成对寄生于胆管内，引起组织增生和胆管阻塞。严重感染部位逐渐有结缔组织增生，形成与正常组织明显隔离的"壁"，从而使药物不能透入导致治疗失败。

损害肝实质的急性肝片形吸虫病和寄生于胆管时期的慢性肝片形吸虫病，均可应用药物治疗和预防。对急性肝片形吸虫病，通常在治疗 5~6 周后，再用药一次。也可根据当地肝片形吸虫病的流行规律，预防性给药。常用的驱肝片形吸虫药包括硝氯酚、双酰胺氧醚、三氯苯达唑、氯氰碘柳胺钠、硝碘酚腈、碘醚柳胺。

硝氯酚(Niclofolan，拜耳-9015)

【理化性质】本品为黄色结晶性粉末。在水中不溶，在乙醚或冰醋酸中略溶，在乙醇中微溶，在丙酮和三氯甲烷中溶解，在氢氧化钠溶液或碳酸氢钠溶液中易溶。

【作用与应用】本品是一种高效、低毒、用量小的驱肝片形吸虫药，且对成虫效果更好，一次用药后驱虫率可达 100%。主要通过抑制肝片形吸虫的琥珀酸脱氢酶，影响虫体能量代谢而发挥作用。对各种前后盘吸虫的移行期幼虫也有较好效果。临床主要用于驱除牛、羊肝片形吸虫成虫，对未成熟虫体无实用意义；也可用于牛、羊前后盘吸虫病。

【药动学】内服后由肠道吸收，但在瘤胃内能逐渐降解失效。用药后 5~8 d，经乳汁排泄的药物仍达 0.1 μg/mL，乳汁不能供人食用。

【药物相互作用】①配成溶液给牛灌服前，若先灌服浓氯化钠溶液，能反射性使食道沟关闭，使药物直接进入皱胃而增加其毒副作用，因而不宜采用。②本品中毒时，禁止静脉注射钙剂。

【不良反应】①治疗量对动物比较安全，但由于用量小，因计算误差而给予过量时可引起发热、呼吸困难、窒息等中毒症状，可选用安钠咖、毒毛花苷 K、维生素 C 等治疗。②牛、羊注射给药时，虽然用药更方便，用量更少，但由于治疗指数仅为 2.5~3，用时必需精确计算剂量，以防中毒。

【制剂与休药期】硝氯酚片：牛、羊 28 d；弃奶期 9 d。硝氯酚伊维菌素片：牛、羊 35 d。

双酰胺氧醚（Diamfenithide）

【理化性质】本品为白色或浅黄色粉末。在水和乙醚中不溶，在甲醇、乙醇和三氯甲烷中微溶。

【作用与应用】本品为传统的杀肝片形吸虫童虫期药物，对最幼龄童虫作用最强，并随肝片形吸虫日龄的增长而作用下降，是治疗急性肝片形吸虫病很有效的药物。由于 7 周龄以前的未成熟虫体还寄生在肝实质内，而药物此时又在肝实质中形成高浓度胺代谢物，因此能迅速杀灭这些未成熟虫体。通常这些代谢物也在肝内迅速被破坏，进入胆管的胺代谢物浓度很低，故对寄生于胆管内的成虫效果很差。它还能引起吸虫外皮变化，进一步增强药物的杀虫作用。

【药动学】内服吸收后可分布于全身组织。用药 3 d 后在肝，特别是胆囊中浓度最高。用药 7 d 后，胆囊和肝中药物浓度比第 3 天时低 10 倍（0.1~0.5 mg/kg），肌肉中药物浓度更低（0.02 mg/kg）。

【应用注意】①用于急性肝片形吸虫病时，最好与其他杀肝片形吸虫成虫药并用。作为预防药应用时，最好间隔 8 周再重复应用一次。②安全范围较广，但过量可引起动物视觉障碍和羊毛脱落等现象，16 倍剂量时有少量动物死亡。

【制剂与休药期】双酰胺氧醚混悬液：羊 7 d。

三氯苯达唑（Triclabendazole，三氯苯咪唑、肝蛭净）

【理化性质】本品为白色或类白色粉末。在水中不溶，在甲醇中易溶。

【作用与应用】本品为苯并咪唑类中较理想的专用于驱肝片形吸虫的药物，对各日龄的肝片形吸虫均有明显驱杀作用。对牛、羊大片形吸虫、前后盘吸虫有良效，对鹿肝片形吸虫有高效。主要经虫体表皮吸收后，与其他苯并咪唑类药物一样可干扰虫体的微管结构和功能而发挥其驱虫作用。临床广泛用于防治牛、绵羊、山羊等反刍动物的肝片形吸虫病和大片形吸虫病。

【药动学】生物利用度较高，吸收后在羊和大鼠体内大部分氧化成砜和亚砜，且与血浆白蛋白结合，血浆中维持 7 d 以上。高血浆药物浓度和高血浆白蛋白结合率与其驱虫作用时间较长有关。

【应用注意】①对鱼类毒性较大，残留药物容器切勿污染水源。②治疗急性肝片形吸虫病，5 周后应重复用药一次。③泌乳期禁用。④对药物过敏者，使用时应避免皮肤直接接触和吸入，用药时应戴手套，禁止饮食和吸烟，用药后应洗手。

【制剂与休药期】三氯苯达唑片、三氯苯达唑颗粒、三氯苯达唑混悬液：牛、羊 56 d。

氯氰碘柳胺(Closantel，氯生太尔)

【理化性质】常用其钠盐，为浅黄色粉末。在水或三氯甲烷中不溶，在甲醇中溶解，在乙醇和丙酮中易溶。

【作用与应用】氯氰碘柳胺钠属水杨酰苯胺类化合物，是较新型的广谱抗寄生虫药，对牛、羊片形吸虫、胃肠道线虫以及节肢类动物的幼虫均有驱杀活性。主要通过增加寄生虫线粒体对 H^+ 渗透性，解除氧化磷酸化偶联作用而发挥驱虫作用。临床主要用于牛、羊肝片形吸虫病、多种胃肠道线虫病以及羊鼻蝇蛆病和牛皮蝇蛆病；也可有效驱除犬钩虫，但对体内的幼虫则无效。

【不良反应】①注射剂对局部组织有一定的刺激性。②对 6 周龄前移行期未成熟虫体效果差，对前后盘吸虫无效。

【制剂与休药期】氯氰碘柳胺钠片、氯氰碘柳胺钠注射液、氯氰碘柳胺钠混悬液：牛、羊 28 d；弃奶期 28 d。

硝碘酚腈(Nitroxinil，氰碘硝基苯酚)

【理化性质】本品为淡黄色粉末，无臭或几乎无臭。在乙醚中略溶，在乙醇中微溶，在水中不溶，在氢氧化钠溶液中易溶。

【作用与应用】本品为较新型杀肝片形吸虫药，对牛、羊肝片形吸虫、大片形吸虫成虫有 100% 驱杀效果，但对未成熟虫体效果较差。本品对阿维菌素类和苯并咪唑类药物有耐药性的羊捻转血矛线虫虫株的驱虫率超过 99%。主要通过阻断虫体的氧化磷酸化作用，降低 ATP 浓度，减少细胞分裂所需能量而导致虫体死亡。临床用于羊肝片形吸虫病、胃肠道线虫病。

【药动学】牛、羊内服后，在瘤胃内降解而失去部分活性，注射给药吸收良好，杀虫效果更佳，即注射给药较内服更有效。吸收后药物排泄缓慢，经尿、粪排泄长达 31 d。

【药物相互作用】本品注射液不能与其他药物混合，以免产生配伍禁忌。

【应用注意】①按推荐剂量未见不良反应，高剂量(>20 mg/kg)时，可见体温升高、呼吸深快，甚至死亡。②安全范围较窄，过量常引起呼吸增快，体温升高，此时应保持动物安静，并静脉注射葡萄糖生理盐水。③注射液对局部组织有刺激性。④排泄时能使乳汁及尿液染黄，应注意垫料的及时更换；此外，药液也能使羊毛、毛发染黄，故注射时应防止药液泄漏。

【制剂与休药期】硝碘酚腈注射液：羊 30 d；弃奶期 5 d。

碘醚柳胺(Rafoxanide)

【理化性质】本品为灰白色至棕色粉末。在水中不溶，在甲醇中微溶，在乙酸乙酯或三氯甲烷中略溶，在丙酮中溶解。

【作用与应用】本品属水杨酰苯胺类化合物，是在世界各国广泛应用的抗牛、羊片形吸虫药，其杀虫效果随虫体周龄的减小而减弱。通过解除虫体氧化磷酸化偶联过程，影响虫体 ATP 的产生而发挥作用。临床用于牛、羊肝片形吸虫病和大片形吸虫病；也可用于治疗牛、羊血矛线虫病和羊鼻蝇蛆病。

【药动学】内服后迅速由小肠吸收，在牛、羊体内不被代谢，几乎全部与血浆蛋白结合，半衰期长（16.6 d），因此能有效驱杀未成熟虫体和胆管内成虫。牛一次内服 15 mg/kg，经 28 d 后在可食组织中检测不到残留药物。

【不良反应】①超量（15~400 mg/kg）使用时，可见失明、瞳孔散大。②为彻底消除未成熟虫体，用药 3 周后，应重复用药一次。③泌乳期禁用。

【制剂与休药期】碘醚柳胺片、碘醚柳胺粉、碘醚柳胺混悬液：牛、羊 60 d。

13.2.2.2　驱血吸虫药

血吸虫病是由分体科分体属和东北属的多种吸虫寄生于人和牛、羊、猪、犬等哺乳动物的肝门脉系统和肠系膜系统的血管内，造成宿主不同程度损害的一种人畜共患寄生虫病，患畜主要是耕牛。防治血吸虫病应采取综合措施，如加强粪便管理、灭螺、安全放牧以及药物治疗等。临床常用的驱血吸虫药物包括吡喹酮、硝硫氰酯和呋喃丙胺等。

吡喹酮（Paraziquantel）

【理化性质】本品为白色或类白色结晶性粉末。在水或乙醚中不溶，在乙醇中溶解，在三氯甲烷中易溶。

【作用与应用】本品为较理想的新型广谱驱血吸虫药、驱绦虫药和驱吸虫药，目前广泛用于世界各国。①对畜禽、犬、猫各种绦虫具有极高的活性，如羊莫尼茨绦虫、球点斯泰绦虫和无卵黄腺绦虫有驱杀作用。②对血吸虫成虫有强而迅速的杀灭作用，如对胰阔盘吸虫和矛形歧腔吸虫、日本分体血吸虫有良效。③对猪、牛和羊的细颈囊尾蚴有明显的驱杀作用。

本品对绦虫的作用机制可能是与虫体包膜的磷脂相互作用，导致 Na^+、K^+、Ca^{2+} 大量流出；也引起绦虫包膜特殊部位形成灶性空泡，继而使虫体裂解。对吸虫的主要作用机制首先能使虫体细胞膜外的 Ca^{2+} 大量内流，引起虫体肌细胞产生痉挛性麻痹而离开特有寄生部位，进入血液循环后被宿主免疫系统消灭；也可干扰虫体对腺苷的摄取，使其不能合成嘌呤而发挥驱虫作用。

【药动学】黄牛、羊、猪、犬、兔等内服后，通过胃肠道易吸收，但有较强的首过消除作用，只有少部分药物进入循环血液，血浆中的原形药物浓度很低。主要在肝内迅速代谢灭活，大部分经肾排泄。

【不良反应】①本品毒性虽极低，但高剂量偶有使牛血清谷丙转氨酶轻度升高现象。个别牛会出现体温升高、肌震颤和瘤胃臌胀等现象。②大剂量皮下注射，有时会出现局部刺激反应。③约 10% 的犬、猫出现全身反应，如疼痛、呕吐、下痢、流涎、无力、昏睡等，但多能耐过。④不推荐用于 4 周龄以内幼犬和 6 周龄以内的幼猫，但有吡喹酮与非班太尔配伍的产品可用于各种年龄及妊娠的犬和猫。⑤鱼类用药前停食 1 d，团头鲂慎用。

【制剂与休药期】吡喹酮片、吡喹酮粉：牛、禽 28 d，羊 4 d，猪 5 d；弃奶期 7 d。吡喹酮硅胶棒（宠物用）、米尔贝肟吡喹酮片（宠物用）。

硝硫氰酯(Nitroscanate)

【理化性质】本品为无色或浅黄色结晶或结晶性粉末。在水中不溶，在乙醇中极微溶，在丙酮和二甲基亚砜中溶解。

【作用与应用】本品为广谱驱虫药，具有较强的杀血吸虫作用，使虫体收缩，丧失吸附于血管壁的能力，而被血流冲入肝内，使虫体萎缩，生殖系统退化，通常于给药2周后虫体开始死亡，4周后几乎全部死亡。抗血吸虫作用机制是能抑制虫体琥珀酸脱氢酶和三磷酸腺苷酶，影响虫体三羧酸循环而发挥其驱虫作用。国外广泛用于犬、猫驱虫，我国主要治疗耕牛血吸虫和肝片形吸虫病。

【药动学】单胃动物内服吸收较慢，吸收后药物能与细胞和血浆蛋白结合，延长其半衰期，可达7~14 d。在体内分布不均匀，胆汁中浓度高于血中浓度10倍，肝肠循环有利于杀灭血吸虫。主要经尿排泄。对反刍动物内服驱虫效果较差，可能是在瘤胃中被降解所致。

【不良反应】①因对胃肠道有刺激性，犬、猫反应较严重，国外有专用的糖衣丸剂；猪偶可呕吐；个别牛表现厌食、瘤胃臌气或反刍停止，但能耐过。②本品颗粒越细，作用越强。③给耕牛瓣胃注入时，应配成3%油性溶液。

【制剂】硝硫氰酯片。

呋喃丙胺(Furapromide)

【理化性质】本品为淡黄色鳞片状结晶。在水中不溶，在乙醇中微溶，在丙酮或三氯甲烷中略溶。

【作用与应用】本品属硝基呋喃类，是我国首创的一种非锑剂内服驱血吸虫药。驱吸虫谱广，不仅对日本血吸虫的成虫和童虫有杀灭作用，还对姜片吸虫和华支睾吸虫有驱杀作用。作用机制是能显著减少虫体糖原含量，使虫体萎缩，虫体肌肉和吸盘机能丧失，进而虫体随血流进入肝内，最后被肝吞噬细胞吞噬而死亡。临床用于治疗动物血吸虫病、华支睾吸虫病和姜片吸虫病。

【药动学】内服后主要由小肠迅速吸收，并快速被分解转化，在外周静脉血中几乎测不到原形药物。尿中原形药物排泄量低于内服总量的1%，代谢物主要经尿和胆汁排出。

【制剂】呋喃丙胺片。

13.2.3　驱绦虫药

绦虫病是由各种绦虫寄生于人和动物的肠道，通过体壁剥夺宿主营养物质而引起的一种寄生虫病。危害畜禽的主要绦虫包括寄生于牛、羊肠道的莫尼茨绦虫、曲子宫绦虫、无卵黄腺绦虫和寄生于马属动物肠道的马裸头绦虫，犬的细粒棘球绦虫，鸡赖利绦虫等。主要通过被污染的饲草料和水以及未完全煮熟的牛肉和猪肉传播。

绦虫发育过程中各有其中间宿主，要彻底消灭畜禽绦虫病，不仅需要使用抗绦虫药，而且还需控制绦虫的中间宿主，采取有效的综合防治措施，以阻断其传播。能使绦虫在寄生部位死亡的药物称为杀绦虫药，促进绦虫排出体外的药物称为驱绦虫药。理想的驱绦虫药应能完全驱杀虫体。若仅使绦虫节片脱落，而不能完全杀死头节，则完整的头节大概在2周内又会生出体节。

　　早期的驱绦虫药一类为天然植物，如南瓜子、贯众、卡马拉、仙鹤草芽、槟榔等，因为作用有限，已废止不用。另一类为无机化合物，如肿酸化合物（锡、铅、钙）、硫酸铜等，毒性极大，效果有限。目前，常用的驱绦虫药主要有吡喹酮（见本书 13.2.2.2 驱血吸虫药）、依西太尔、氢溴酸槟榔碱、氯硝柳胺、硫双二氯酚、丁萘脒、溴羟苯酰苯胺、阿苯达唑、芬苯达唑、奥芬达唑和甲苯咪唑等。

氯硝柳胺（Niclosamide，灭绦灵）

　　【理化性质】本品为浅黄色结晶性粉末。不溶于水，微溶于乙醇、三氯甲烷、乙醚。

　　【药理作用】本品具有驱绦虫范围广、驱虫效果好、毒性低、使用安全等优点。对牛、羊莫尼茨绦虫、无卵黄腺绦虫和条纹绦虫有效，且对绦虫头节和体节具有同等驱排效果；对马大裸头绦虫、叶状裸头绦虫和侏儒副裸头绦虫有良好驱除作用；对犬、猫豆状带绦虫、复孔绦虫、泡状带绦虫和带状绦虫有效，但对犬细粒棘球绦虫作用差；对鸡各种绦虫均有较强的杀灭作用。另外，对牛、羊前后盘吸虫和血吸虫中间宿主钉螺有良好的驱杀作用。抗绦虫的作用机制是能解除绦虫线粒体的氧化磷酸化偶联作用，阻断三羧酸循环，导致乳酸蓄积而杀灭绦虫，在粪便中无绦虫的头节和节片。

　　【药动学】内服极少由消化道吸收，这可能是毒性低的主要原因。吸收后的少量药物代谢成无效的氨基氯硝柳胺代谢物，主要经粪排出。

　　【药物相互作用】①与左旋咪唑合用，治疗犊牛和羔羊的绦虫和线虫混合感染。②与普鲁卡因合用，可提高氯硝柳胺对小鼠绦虫病的治疗效果。

　　【应用】用于牛、羊的莫尼茨绦虫和无卵黄腺绦虫感染以及反刍动物前后盘吸虫病；马大裸头绦虫、叶状裸头绦虫和侏儒副裸头绦虫病；犬、猫各种绦虫感染；杀灭钉螺、椎实螺及血吸虫尾蚴和毛蚴。

　　【不良反应】①本品安全范围较广，多数动物使用安全，但犬、猫较敏感，2 倍治疗剂量则出现暂时性下痢，但能耐过；4 倍治疗量可使犬的肝出现病灶性营养不良，肾小球出现渗出物。②对鱼类毒性较强。③动物在给药前应禁食 12 h。

　　【制剂与休药期】氯硝柳胺片：牛、羊、禽 28 d。氯硝柳胺粉（水产用）。

硫双二氯酚（Bithionol）

　　【理化性质】本品为白色或类白色粉末。在水中不溶，在三氯甲烷和稀碱溶液中溶解，在乙醇、丙酮或乙醚中易溶。

　　【作用与应用】本品为广谱驱虫药，对畜禽多种绦虫和吸虫及犬、猫绦虫均有驱除效果。通过抑制虫体的糖酵解和氧化代谢，特别是抑制琥珀酸脱氢酶的作用，导致虫体内糖原耗竭，能量匮乏而死亡。临床用于治疗牛、羊肝片形吸虫病、前后盘吸虫病、姜片吸虫病和绦虫病以及马、犬、猫和禽的多种绦虫病。

　　【药动学】内服仅少量迅速由消化道吸收，并经胆汁排泄，大部分未吸收的药物经粪排出，可驱除胆道吸虫和肠道绦虫。

　　【不良反应】①多数动物虽对其耐受良好，但治疗剂量也常使犬呕吐，牛、马出现暂时性腹泻。家禽较不敏感（鸭除外）。衰弱或下痢动物不用为宜。②为减轻不良反应，可减少一次用药剂量，连用 2~3 次。③禁与六氯乙烷、酒石酸锑钾、吐根碱、六氯对二甲苯联用，否则使其毒性增强。④禁与乙醇或其他增加本品溶解度的溶媒配制溶液内服，否则促使药物大量吸收，造成大批动物死亡。

【制剂】硫双二氯酚片。

依西太尔(Epsiprantel，伊喹酮)

本品为吡喹酮同系物，是犬、猫专用驱绦虫药，对犬、猫的复孔绦虫、犬豆状带绦虫等常见的绦虫均有近100%的疗效。作用机制与吡喹酮相似，即影响绦虫正常的Ca^{2+}和其他离子浓度而导致强直性收缩，也能损害绦虫外皮，使绦虫损伤后溶解，最终被宿主消化。内服极少通过消化道吸收，大部分经粪排出。犬尿中排泄的药量不到给药量的0.1%，且无代谢物。常用制剂为依西太尔片，内服给药。毒性虽较吡喹酮更低，但不足7周龄犬、猫不宜用。

丁萘脒(Bunamidine)

【作用与应用】本品常用其盐酸盐和羟萘酸盐。前者对犬、猫绦虫有杀灭作用，尤其对犬、猫细粒棘球绦虫和犬豆状带绦虫成虫的杀虫率达100%。后者主要对羊莫尼茨绦虫有杀灭作用。杀绦虫作用可能与抑制虫体对葡萄糖的摄取及使绦虫外皮破裂有关。由于丁萘脒具有杀绦虫作用，且死亡的虫体通常在宿主肠道内被消化，因而粪便中不出现虫体。常用制剂为盐酸丁萘脒片。

【应用注意】①盐酸丁萘脒适口性差，加之犬饱食后影响驱虫效果。故用药前应禁食3~4 h，用药3 h后进食。②盐酸丁萘脒片剂不可捣碎或溶于液体中，因为药物除对口腔有刺激性外，还因广泛接触口腔黏膜而吸收增加，甚至引起中毒。③盐酸丁萘脒对眼有刺激性，还可引起肝损伤和胃肠道反应。尤其对犬毒性较大，肝病患犬禁用。

13.3　抗原虫药

原虫是一类结构最简单和最原始的单细胞真核生物。但作为一个细胞，原虫又是非常复杂的，能完成摄食、代谢、呼吸、排泄、运动及生殖等全部生命活动。自然界中已被命名的超过64 000种，广泛分布于海洋、土壤、水体和腐败物等地球表面的各类生态环境中。大多数原虫营自生或腐生生活，少数营寄生生活，后者寄生于动植物宿主的体内或体表，其中一部分营共生生活，给宿主带来益处(如牛、羊瘤胃内的纤毛虫)，少数引起人和动物的原虫病，即指营寄生生活的单细胞原生动物寄生于动物的不同部位而引起的动物疾病，多呈季节性和区域性流行，也可散在发生。其中，对畜牧业危害较严重的有球虫、锥虫、梨形虫和滴虫。抗原虫药则分为抗球虫药、抗锥虫药、抗梨形虫药和抗滴虫药(见本书11.2.5硝基咪唑类)。

13.3.1　抗球虫药

畜禽球虫病是由球虫寄生于胆管或肠道上皮细胞内而引起的一种原虫病。马、牛、羊、骆驼和猪等家畜，犬、猫、兔等动物以及鸡、火鸡、鸭、鹅、鸽、鹌鹑等家禽都可发生球虫病。其中，以鸡、兔、火鸡、牛和猪的球虫病危害最大，尤其在幼龄动物中广泛流行，引起大批动物的严重发病和死亡。危害最大的是艾美耳属的9种球虫，其次是等孢子属球虫。

抗球虫药种类较多，大致分为两大类，即聚醚类离子载体抗生素和化学合成类（三嗪类、二硝基类、磺胺类等）。合理应用抗球虫药的原则如下：

①重视药物预防作用　目前，抗球虫药多数作用于球虫发育的早期阶段，必须在球虫感染后前 4 d 用药方能奏效。待出现血便等症状时，球虫发育已完成无性繁殖而进入有性繁殖阶段，药物很难起到明显效果，只能保护未出现明显症状或未感染的动物。

②合理选用不同作用峰期的药物　作用峰期是指球虫对药物最敏感的生活史阶段，可按球虫生活史即动物感染后的第几天来计算。抗球虫药多数作用于球虫发育的无性周期，但各类药物的作用峰期各不相同，作用于第一代无性繁殖的药物（如氯羟吡啶、离子载体抗生素等）预防性强，但不利于动物形成对球虫的免疫力，故多用于肉鸡，而蛋鸡和肉用种鸡一般不用或不宜长期使用。作用于第二代裂殖体的药物（如磺胺喹噁啉、磺胺氯吡嗪、尼卡巴嗪、托曲珠利、二硝托胺）既有治疗作用，又对动物抗球虫免疫力的形成影响不大，故可用于蛋鸡和肉用种鸡。

③采用轮换用药、穿梭用药或联合用药以减少球虫耐药性　轮换用药是季节性或定期地合理变换用药，即每隔 3 个月或 6 个月或在一个肉鸡饲养期结束后换用另一种作用机制和作用峰期不同的药物。穿梭用药是指在同一个饲养期内，换用两种或两种以上不同性质的抗球虫药。如初期使用盐霉素等聚醚类离子载体抗生素，至生长期时使用地克珠利等化学合成药物。轮换用药时一般先使用作用于第一代裂殖体的药物，再换作用于第二代裂殖体的药物，既可减少或避免耐药性产生，又可提高药物的疗效。联合用药是指在同一饲养期内合用两种或两种以上抗球虫药，通过药物间的协同作用延缓耐药虫株的产生，又可增强药效或减少用量。

④选择适当的给药方法　球虫病患鸡食欲减退，甚至废绝，但饮欲正常，故治疗时宜采用混饮方式进行给药，可使患鸡获得足够药量，且该法简便易行。另外，有条件者平时应注重耐药性的测定，选择适合当地球虫虫株敏感的抗球虫药，以防止或减少耐药性产生。

⑤剂量要合理、疗程应充足　有些抗球虫药的推荐剂量与中毒量接近，剂量稍大或重复用药会造成药物中毒。疗程过短会导致球虫再次感染。

⑥注意配伍禁忌　注意抗球虫药与其他药物的配伍禁忌，如盐霉素禁与其他抗球虫药合用，否则增加毒性甚至导致死亡；也禁与泰妙菌素合用，因后者能阻止本品代谢而导致毒性加强。

⑦严格遵守我国兽药残留和休药期规定，保障动物性食品消费者健康　按照我国《动物性食品中兽药最高残留限量》及《中华人民共和国兽药典》要求，严格遵守抗球虫药的休药期规定。

13.3.1.1　聚醚类离子载体抗生素

本类抗生素在化学结构上含有许多醚基和一个一元有机酸基。在溶液中由氢链连接形成特殊构型，其中心为带负电的并列氧原子，起一种能捕获阳离子的"磁阱"作用。外部主要由烃类组成，具有中性和疏水性。这种构型的分子能与体内重要的阳离子 Na^+、K^+ 等相互作用，形成不牢固的脂溶性络合物，透过虫体细胞生物膜，妨碍离子的正常转运，发挥抗虫作用。

本类药物对哺乳动物的毒性较大，而对鸡的毒性相对较小，仅用于鸡球虫病的预防。对鸡艾美耳球虫的子孢子和第一代裂殖生殖阶段的初期虫体具有杀灭作用，但对裂殖生殖后期和配子生殖阶段的虫体作用却极弱。常用药物有莫能菌素、盐霉素、拉沙菌素、马杜霉素、山杜霉素等。

莫能菌素(Monensin)

【理化性质】本品是由肉桂地链霉菌(*Streptomyces cinnamonensis*)培养液中提取而得。常用其钠盐,为白色或类白色结晶性粉末,稍有特殊臭味。在甲醇、乙醇、三氯甲烷中易溶,在苯、丙酮、四氯化碳中可溶,在水中不溶。

【作用与应用】本品属单价离子载体抗球虫药,具有广谱抗球虫作用,对柔嫩、毒害、堆型、巨型、布氏、变位艾美耳球虫6种常见鸡球虫均有高效杀灭作用,作用峰期为球虫生活周期的最初2 d,对子孢子及第一代裂殖体都有抑制作用,在感染后第2天用药效果最好。此外,本品对产气荚膜梭菌也有抑制作用,可防止坏死性肠炎的发生。临床主要用于防治鸡、羔羊球虫病和预防坏死性肠炎;辅助缓解奶牛酮血症症状,提高产奶量。

抗球虫机制是通过干扰球虫细胞内 K^+ 和 Na^+ 的正常渗透,使大量的 Na^+ 进入细胞内。随后为平衡渗透压,大量水分进入球虫细胞,引起肿胀。加之虫体为排除细胞内多余 Na^+ 消耗能量,最终球虫因能量耗尽和过度肿胀而死亡。

【药物相互作用】①不宜与其他抗球虫药合用,以免增强毒性。②泰妙菌素能明显影响其代谢,导致雏鸡体重减轻,甚至中毒死亡,故在应用泰妙菌素前后7 d内不能用本品。

【应用注意】①饲料中添加量超过 120 mg/kg 时可引起鸡增长率和饲料转化率下降。②毒性较大,且存在明显的种属差异,对马属动物毒性最大,应禁用。③对肉仔鸡应连续不间断应用,对蛋雏鸡以低浓度(90~100 mg/kg 饲料)或短期轮换给药为妥。④禁止与泰妙菌素、竹桃霉素及其他抗球虫药配伍使用。⑤饲喂前必须将莫能菌素与饲料混匀,禁止直接饲喂未经稀释的莫能菌素。⑥10 周龄以上火鸡、珍珠鸡及鸟类对本品较敏感,不宜应用;超过 16 周龄鸡禁用。

【制剂】莫能菌素钠预混剂:5 d,蛋鸡产蛋期禁用。

拉沙菌素(Lasalocid,拉沙洛西)

【理化性质】本品是由拉沙链霉菌(*Streptomyces lasaliensis*)发酵产物中分离而得。常用其钠盐,为白色或类白色粉末。在甲醇、乙醚中易溶,在水中不溶。

【作用与应用】本品属双价离子载体抗球虫药,用于预防禽球虫病。对6种常见的鸡球虫均有杀灭作用,其中对柔嫩艾美耳球虫的作用最强。抗球虫作用和机制与莫能菌素相似,但两者对离子的亲和力不同。本品可捕获和释放二价阳离子,对球虫子孢子以及第一、二代无性周期的子孢子、裂殖体均有明显抑杀作用。

【应用注意】①本品虽较莫能菌素、盐霉素安全,但马属动物仍极敏感,应避免接触。②应根据球虫感染的严重程度和疗效及时调整用药浓度。③饲料中药物浓度若超过每千克饲料 150 mg,会导致动物生长抑制和中毒。高浓度混料对饲养在潮湿鸡舍的雏鸡,能增加应激反应和死亡率。④拌料时应注意防护,避免眼和皮肤接触。⑤蛋鸡产蛋期禁用。

【制剂与休药期】拉沙洛西钠预混剂:鸡5 d。

盐霉素(Salinomycin,沙利霉素)

【理化性质】本品是由白色链霉菌(*Streptomyces albus*)发酵产物中而得。常用甲基盐霉素(那拉菌素)，为白色或淡黄色结晶性粉末。在甲醇、乙醇、丙酮、乙醚、三氯甲烷中易溶，在正己烷中微溶，在水中不溶。

【作用与应用】本品属单价离子载体抗球虫药，混饲用于预防禽球虫病。抗球虫作用和机制与莫能菌素相似。对尚未进入肠细胞内的球虫子孢子有高度杀灭作用，对无性生殖的裂殖体有较强的抑制作用。

【药物相互作用】①其他抗球虫药合用会增加毒性甚至导致死亡。②与泰妙菌素合用使本品毒性加强。

【应用注意】①安全范围较窄，应严格控制混饲浓度。②马属动物、成年火鸡及鸭对其敏感，不宜应用。③高剂量(80 mg/kg)对宿主的抗球虫免疫有一定抑制作用。④禁止与泰妙菌素、竹桃霉素合用。⑤拌料时应注意防护，避免眼和皮肤接触。⑥蛋鸡产蛋期禁用。

【制剂与休药期】甲基盐霉素预混剂：禽 5 d，猪 3 d。盐霉素钠预混剂：鸡 5 d。

马度米星(Maduramicin，马杜霉星、马杜霉素)

【理化性质】本品是由马杜拉放线菌(*Actinomadura yumaense*)培养液中提取而得，为白色或类白色结晶性粉末。在甲醇、乙醇或三氯甲烷中易溶，在丙酮中略溶，在水中不溶。常用其铵盐。

【作用与应用】本品是一种新型的单价单糖苷离子载体抗球虫药，临床用于预防肉鸡球虫病。抗球虫谱广，抗虫活性强，用药浓度最低。对肉鸡巨型、毒害、柔嫩、堆型和布氏艾美耳球虫均有良好抑杀效果，其抗球虫效果优于莫能菌素、盐霉素等抗球虫药。不仅能有效控制 6 种致病的艾美耳球虫，且对其他聚醚类离子载体抗生素产生耐药性的虫株仍有效。对子孢子和第一代裂殖体均有作用。抗球虫机制同于莫能菌素。

【应用注意】①对肉鸡的安全范围较窄，超过 6 mg/kg 饲料浓度即能明显抑制肉鸡生长率，2 倍治疗浓度(10 mg/kg)则引起雏鸡中毒死亡。故用药时必须精确计量，并使药料充分拌匀。②用药后的鸡粪不可再加工作其他动物饲料，否则会引起动物中毒死亡。③毒性较大，除肉鸡外，禁用于其他动物，且蛋鸡产蛋期禁用。

【制剂与休药期】马度米星铵预混剂：鸡 5 d。马度米星铵尼卡巴嗪预混剂：鸡 7 d。

13. 3. 1. 2　三嗪类

沙咪珠利(Ethanamizuril)

【理化性质】本品为 2020 年注册的一类新兽药，为类白色或淡黄色粉末。

【作用与应用】本品属于三嗪类抗球虫药，主要作用于球虫的裂殖生殖和配子生殖阶段，作用峰期为感染后 3~4 d。对鸡的柔嫩、堆型、毒害和巨型艾美耳球虫感染有良好的防治效果，临床用于预防鸡球虫病。

【药动学】鸡内服本品，吸收良好，绝对生物利用度为 79%，达峰时间为 3~6 h，半衰期约为 10 h。在鸡体内分布广泛，肝和肾的分布浓度较高。主要经肝代谢，肾排泄，给药后 360 h，95.7%的药物以原形或代谢产物经粪、尿排出。

【应用注意】①用水稀释后须在 8 h 内饮完。②长期使用可出现耐药性，与地克珠利和托曲珠利存在部分交叉耐药，临床使用时与非三嗪类抗球虫药轮换使用。③蛋鸡产蛋期禁用。④体外试验血浆蛋白结合率为 92%~98%，慎与血浆蛋白结合率高的药物联合使用。

【制剂与休药期】沙咪珠利溶液：鸡 7 d。

地克珠利(Diclazuril)

【理化性质】本品为类白色或淡黄色粉末，几乎无臭。在二甲基甲酰胺中略溶，在四氢呋喃中微溶，在水和乙醇中几乎不溶。

【作用与应用】本品属三嗪苯乙腈化合物，性质稳定，是新型、高效、低毒，且为目前混饲浓度最低的一种抗球虫药。抗虫效果优于莫能菌素、拉沙菌素、氨丙啉等。对球虫发育各阶段均有作用，作用峰期为子孢子和第一代裂殖体的早期阶段。对鸡的柔嫩、毒害、堆型、巨型、布氏、变位球虫及鸭和兔的球虫均有高效杀灭作用，对水生动物孢子虫等有抑制或杀灭作用。临床混饲用于家禽和家兔球虫病，混饮用于预防鸡球虫病；拌饵投喂还可用于防治鲤科鱼类黏孢子虫、碘泡虫、尾孢虫、四极虫、单极虫等孢子虫病。

【药动学】鸡混饲用药后少部分被消化道吸收，但因为用量小，吸收总量很少，所以组织中药物残留少。地克珠利毒性小，对畜禽都很安全。但作用时间短，停药 2 d 后作用基本消失。长期用药易诱导耐药性产生，故应穿梭用药或短期使用。

【应用注意】①球虫对本品较易产生耐药性，连续应用不得超过 6 个月。②作用时间短暂，肉鸡必须连续用药以防再度暴发。③用药浓度极低，药料必须充分拌匀。拌料时应避免接触皮肤和眼睛。④本品溶液的饮水液，我国规定的稳定期仅为 4 h，必须现配现用。

【制剂与休药期】地克珠利预混剂、地克珠利溶液(0.5%)、地克珠利颗粒：鸡 5 d，蛋鸡产蛋期禁用。地克珠利预混剂(水产用)。

托曲珠利(Toltrazuril)

【理化性质】本品为白色或类白色结晶性粉末。在醋酸乙酯或二氯甲烷中溶解，在甲醇中略溶，在水中不溶。

【作用与应用】本品属三嗪类新型广谱抗球虫药，抗球虫谱广，对宿主细胞内各发育阶段的鸡和火鸡的所有艾美耳球虫均有作用；对鹅、鸽的球虫也有效；对哺乳动物球虫、住肉孢子虫和弓形虫也有效。主要作用于球虫裂殖生殖和配子生殖阶段，对球虫两个无性生殖周期均有作用，如抑制裂殖体、小配子体的核分裂和小配子体的壁形成体。本品可干扰球虫细胞核分裂和线粒体，影响虫体的呼吸和代谢功能，并使球虫细胞内质网膨大，发生严重空泡化，从而使虫体死亡。

【药动学】家禽内服后约 50% 以上被吸收。吸收后药物主要汇集于肝和肾，并迅速被代谢成砜类化合物。在仔鸡可食用组织中残留时间很长，停药 24 d 后在胸肌中仍能检出残留药物。

【应用注意】①长期连续应用易使球虫产生耐药性，甚至产生交叉耐药性，连续应用不得超过 6 个月。②安全范围大，用药动物可耐受 10 倍以上的推荐剂量。③为防止稀释后药液减效，宜现配现用。

【制剂与休药期】托曲珠利溶液：鸡 8 d。

13.3.1.3 二硝基类

二硝托胺（Dinitolmide，球痢灵）

【理化性质】 本品为淡黄色或淡黄褐色粉末。在丙酮中溶解，在乙醇中微溶，在三氯甲烷或乙醚中极微溶，在水中不溶。

【作用与应用】 本品为硝基苯酰胺化合物，是一种既有预防作用又有治疗效果的抗球虫药。主要抑制鸡球虫第一和第二代裂殖体，作用峰期是在感染后第 3 天，且对卵囊的孢子形成也有些作用。除对堆型艾美耳球虫的效果稍差外，对其他多种球虫均有抑制作用，特别是对小肠致病性最强的毒害艾美耳球虫病疗效最佳。使用推荐剂量不影响鸡对球虫的免疫力，故适用于蛋鸡和肉用种鸡。

【应用注意】 ①本品粉末的颗粒大小是影响其抗球虫作用的主要因素，药用品应为极微细粉末。②停药 5~6 d 后常致球虫病复发，故对肉鸡必须连续应用。③蛋鸡产蛋期禁用。④饲料中添加量超过 250 mg/kg（以二硝托胺计）时，若连续饲喂 15 d 以上可抑制雏鸡增重。

【制剂与休药期】 二硝托胺预混剂：鸡 3 d。

尼卡巴嗪（Nicarbazin）

【理化性质】 本品为黄色或黄绿色粉末。在二甲基甲酰胺中微溶，在水、乙醇、乙酸乙酯、三氯甲烷、乙醚中不溶。

【作用与应用】 本品为 4,4′-二硝基苯脲和 2-羟基-4,6-二甲基嘧啶的复合物，其抗球虫作用增加 10 倍，用于预防鸡和火鸡球虫病。主要抑制球虫第二代裂殖体的生长繁殖，作用峰期为感染后第 4 天。推荐量不影响鸡对球虫的免疫力且安全性较高。内服可由消化道吸收，并广泛分布于组织和体液中，以推荐剂量给鸡混饲 11 d，停药 2 d 后，血液及可食用组织仍可检测到残留药物。

【药物相互作用】 与乙氧酰胺苯甲酯或甲基盐霉素有协同作用。

【应用注意】 ①对蛋的质量和孵化率有一定影响。②高温季节应慎用，否则会增加应激和鸡的死亡率。③能使产蛋率、受精率下降，使棕色蛋壳色泽变浅，故蛋鸡产蛋期和种鸡禁用。

【制剂与休药期】 尼卡巴嗪预混剂：鸡 4 d。尼卡巴嗪乙氧酰胺苯甲酯预混剂：鸡 9 d。

13.3.1.4 磺胺类

目前，我国批准专用于抗球虫的磺胺药为磺胺喹噁啉（SQ）和磺胺氯吡嗪（sulfachlor-pyrazine sodium），兼用于抗球虫的磺胺药有磺胺二甲嘧啶（SM_2）和磺胺间甲氧嘧啶（SMM）。磺胺药的抗球虫作用机制与其抗菌原理相似，即与对氨基苯甲酸争夺二氢叶酸合成酶，抑制球虫合成二氢叶酸，最终影响虫体核蛋白质合成，从而抑制球虫的生长繁殖。

磺胺喹噁啉（Sulfaquinoxaline，SQ）

【理化性质】 本品为淡黄色或黄色粉末。在乙醇中极微溶，在水或乙醚中几乎不溶，在氢氧化钠溶液中易溶。常用其钠盐，为类白色或淡黄色粉末。在水中易溶，在乙醇中微溶。

【作用与应用】 主要作用于球虫无性繁殖期第二代裂殖体，故在感染后第 3、4 天作用最强。对巨型、布氏、堆型艾美耳球虫具有较强的抑制作用，用药后不影响鸡的抗球虫免疫力。与氨丙啉或抗菌增效剂合用，可产生协同作用。临床用于治疗鸡、火鸡、兔以及犊牛和羔羊球虫病。

【应用注意】①对雏鸡有毒性，按0.1%混料连喂5 d以上，可引起与维生素K缺乏有关的出血和组织坏死现象。②使产蛋率下降，蛋壳变薄，蛋鸡产蛋期禁用。

【制剂与休药期】磺胺喹噁啉钠溶液、磺胺喹噁啉钠可溶性粉、复方磺胺喹噁啉钠可溶性粉、磺胺喹噁啉二甲氧苄啶预混剂：鸡10 d。

磺胺氯吡嗪钠(Sulfachlorpyrazine Sodium)

【理化性质】本品为白色或淡黄色粉末，在水或甲醇中溶解。

【作用与应用】抗球虫作用与磺胺喹噁啉相似，且抗菌作用更强，甚至可治疗禽霍乱及鸡伤寒，故最适合于球虫病暴发时治疗用。抗球虫作用峰期是球虫发育第二代裂殖体，对第一代裂殖体也有一定作用，但对有性周期无效。用药后不影响宿主对球虫的免疫力，临床混饮用于防治鸡、兔、赛鸽和羔羊球虫病。

【应用注意】①本品毒性虽较磺胺喹噁啉低，但长期应用仍会出现磺胺药中毒症状，因此肉鸡只能按推荐浓度给药，连用3 d，不得超过5 d。②产蛋鸡及16周龄以上鸡群禁用。

【制剂与休药期】磺胺氯吡嗪钠可溶性粉：肉鸡1 d，火鸡4 d，羊、兔28 d。磺胺氯吡嗪钠可溶性粉(赛鸽用)、磺胺氯吡嗪钠胶囊(赛鸽用)。

13.3.1.5 其他

癸氧喹酯(Decoquinate)

【理化性质】本品为白色或淡黄色粉末。在三氯甲烷中微溶，在乙醇、水或乙醚中不溶。

【作用与应用】本品主要作用是阻碍球虫子孢子的发育，作用峰期为球虫感染后的第1天。能明显抑制宿主机体对球虫产生免疫力，停药易导致球虫病暴发。球虫对本品易产生耐药性，应定期轮换用药。临床主要用于预防鸡球虫病。抗球虫作用与药物颗粒大小有关，颗粒越细，抗球虫作用越强，宜制成直径为1.8 μm左右的微粒供使用。

【应用注意】本品水溶液长期放置后会有轻微沉淀，故需将全天用药量集中到6 h内饮完。

【制剂与休药期】癸氧喹酯干混悬剂、癸氧喹酯预混剂：鸡5 d，蛋鸡产蛋期禁用。

氯羟吡啶(Clopidol)

【理化性质】本品为白色或类白色粉末。在甲醇或乙醇中极微溶，在水、丙酮、乙醚或苯中不溶，在氢氧化钠溶液中微溶。

【作用与应用】对鸡各种艾美耳球虫均有效，尤其对柔嫩艾美耳球虫的作用最强。主要抑制球虫发育阶段的子孢子，可使子孢子在上皮细胞内停止发育长达60 d，作用峰期为感染后第1天。因此，必须在雏鸡感染球虫前或感染时给药。临床混饲用于预防鸡和兔球虫病。

【应用注意】①对球虫病无治疗意义，仅作为预防用药。②因可抑制鸡对球虫产生免疫力，停药过早易导致球虫病的暴发。③球虫对本品易产生耐药性，产生耐药性的鸡场不能换用喹啉类抗球虫药。④蛋鸡产蛋期禁用。

【制剂与休药期】氯羟吡啶预混剂：鸡、火鸡、兔 5 d。复方氯羟吡啶预混剂（含氯羟吡啶 89%、苄氯喹甲酯 7.3%）：鸡 7 d。

氨丙啉（Amprolium）

【理化性质】常用其盐酸盐，为白色或类白色粉末。在水中易溶，在乙醇中微溶。

【作用与应用】对鸡各种球虫均有作用，其中对柔嫩和堆型艾美耳球虫的作用最强，对毒害、布氏和巨型艾美耳球虫的作用较弱。对羔羊和犊牛艾美耳球虫有较好的抑制作用。主要作用于球虫第一代裂殖体，对球虫有性繁殖阶段和子孢子也有一定的抑制作用，作用峰期在感染后第 3 天。此外，对有性繁殖阶段和子孢子也有抑制作用。临床用于防治禽、牛和羊的球虫病。

本品化学结构与维生素 B_1（硫胺）相似，为维生素 B_1 的拮抗剂。在球虫的代谢过程中可竞争性的抑制球虫对维生素 B_1 的摄取而取代硫胺，使虫体缺乏维生素 B_1 而发挥抗虫作用。因此，在用药期间饲料中添加维生素 B_1 可减弱氨丙啉抗虫作用。

【药物相互作用】①由于化学结构与维生素 B_1 相似，能产生竞争性拮抗作用，如果用药浓度过高，能引起雏鸡维生素 B_1 缺乏而出现多发性神经炎。增喂维生素 B_1 虽可使鸡群康复，但又明显影响本品的抗球虫活性。②与乙氧酰胺苯甲酯和磺胺喹噁啉合用有协同作用。

【应用注意】①本品性质虽稳定，可与多种维生素、矿物质、抗菌药混合，但在仔鸡饲料中仍缓慢分解，在室温下贮藏 60 d，平均失效 8%，以现配现用为宜。②多与乙氧酰胺苯甲酯和磺胺喹噁啉合用，以增强疗效。③犊牛、羔羊高剂量连喂 20 d 以上，可因硫胺缺乏而引起脑皮质坏死，出现神经症状。④蛋鸡产蛋期禁用。

【制剂与休药期】盐酸氨丙啉可溶性粉（20%）、复方盐酸氨丙啉可溶性粉、盐酸氨丙啉磺胺喹噁啉钠可溶性粉、盐酸氨丙啉乙氧酰胺苯甲酯磺胺喹噁啉预混剂：鸡 7 d。盐酸氨丙啉乙氧酰胺苯甲酯预混剂：鸡 3 d。

常山酮（Halofuginone）

【理化性质】本品是从植物常山中提取的一种生物碱，已人工合成。

【作用与应用】本品为新型广谱抗球虫药，用于防治鸡球虫病。作用于球虫的无性生殖阶段，对子孢子、第一代裂殖体和第二代裂殖体均有明显的抑杀作用，对鸡柔嫩、毒害、堆型、布氏和巨型艾美耳球虫均有良好的效果。鸡内服几乎不吸收，经粪排出体外。

【应用注意】①蛋鸡产蛋期禁用。②安全范围较窄，较高浓度（高于 2 倍推荐给药剂量）混饲可引起鸡不同程度的采食下降甚至拒食。药料必须充分拌匀，否则容易导致动物中毒。③对鱼类，水禽及其他水生动物毒性较大，禁用。④对皮肤和眼睛有刺激，应注意工作人员的个人防护。

【制剂与休药期】氢溴酸常山酮预混剂：鸡 5 d。

13.3.2　抗锥虫药

锥虫病是由寄生于家畜血液或生殖器官等组织细胞间的锥虫引起的一种原虫病。危害我国家畜的锥虫主要有：①伊氏锥虫，可引起马、牛、骆驼的伊氏锥虫病。②马媾疫锥虫，可引起马媾疫。在防治锥虫病时，除应用抗锥虫药外，消灭蟆及其他吸血蚊等中间宿主是一个重要环节。常用的抗锥虫药有苏拉明、喹嘧胺、三氮脒、沙莫林等。在应用药物防治锥虫病时应注意：①剂量要充足，用量不足不仅不能消灭全部锥虫，而且未被杀死的虫体会逐渐产生耐药性。②防止过早使役，以免引起锥虫病复发。③治疗伊氏锥虫病时，可配合两种以上药物，或者轮换使用药物，以避免产生耐药虫株。

喹嘧胺（Quinapyramine，安锥赛）

【理化性质】常用甲硫喹嘧胺和喹嘧氯胺，均为白色或微黄色结晶性粉末。前者难溶于水，后者易溶于水，两者在有机溶剂中几乎不溶。

【作用与应用】抗锥虫谱较广，对伊氏锥虫病和马媾疫锥虫、刚果锥虫和活跃锥虫最有效，但对布氏锥虫作用较差，用于防治马、牛、骆驼伊氏锥虫病和马媾疫。主要通过抑制虫体细胞质的代谢，阻断虫体蛋白质的合成而产生杀虫作用。

【药动学】甲硫喹嘧胺易溶于水，注射后迅速吸收；喹嘧氯胺难溶于水，注射后缓慢吸收。吸收后药物迅速由血液进入组织，尤以肝、肾分布较多。故喹嘧氯胺多作预防性给药，甲硫喹嘧胺多用于治疗。

【应用注意】①毒性较强，可引起副交感神经兴奋样作用。马属动物对本品最为敏感，通常注射后 15 min~2 h，出现兴奋不安、呼吸急促、肌震颤、心率增加、频排粪尿、腹痛、出汗等症状，一般可在 3~5 h 消失，必要时可注射阿托品解救。②对局部有较强的刺激性，皮下或肌内注射时，通常出现肿胀，甚至引起硬结，宜分点注射，严禁静脉注射。③现配现用。

【制剂与休药期】注射用喹嘧胺：牛 28 d；弃奶期 7 d。

三氮脒（Diminazene Aceturate，贝尼尔、血虫净）

【理化性质】本品为黄色或橙色结晶性粉末，在水中溶解。

【作用与应用】对家畜梨形虫病、伊氏锥虫病、马媾疫及犬、猫的梨形虫病均有治疗作用，但预防效果较差。能选择性地阻断虫体动基体的 DNA 合成或复制，并与细胞核产生不可逆性结合，从而使虫体的动基体消失，不能分裂繁殖。对驽巴贝斯虫、马巴贝斯虫、牛双芽巴贝斯虫、牛巴贝斯虫、柯契卡巴贝斯虫和羊巴贝斯虫等梨形虫效果显著，对牛环形泰勒虫、边虫、马媾疫锥虫和水牛伊氏锥虫也有一定的治疗作用，但对其他梨形虫的预防效果欠佳。对犬巴贝斯虫和吉氏巴贝斯虫引起的临床症状均有明显的消除作用，但不能完全使虫体消失。

【应用注意】①毒性大、安全范围较小。应用治疗剂量，有时马、牛会出现不安、起卧、频繁排尿、肌肉震颤等不良反应。②骆驼敏感，通常不用；马较敏感，忌用大剂量；水牛较黄牛敏感，连续应用时应慎重。大剂量应用可使乳牛产奶量减少。③局部肌内注射有刺激性，可引起肿胀，应分点深层肌内注射。

【制剂与休药期】注射用三氮脒：牛、羊 28 d；弃奶期 7 d。

13.3.3　抗梨形虫药（抗焦虫药）

家畜梨形虫病又称焦虫病，主要包括巴贝斯虫病和泰勒虫病，是由蜱或其他吸血昆虫通过吸血而传播的一种血液原虫病，以发热、贫血、黄疸、神经症状、血尿为特征。常发生于马和牛，在我国尤以牛的梨形虫病最为严重。感染牛、羊的最常见梨形虫有双芽巴贝斯虫、牛巴贝斯虫、分歧巴贝斯虫、牛泰勒虫和羊泰勒虫；马有驽巴贝斯虫、马巴贝斯虫；犬有犬巴贝斯虫、吉氏巴贝斯虫；猫有猫巴贝斯虫。巴贝斯虫主要寄生在脊椎动物红细胞内，而泰勒虫则在淋巴细胞和红细胞中进行无性生殖。因此，在治疗家畜梨形虫病时，还应消灭梨形虫的中间宿主蜱。由于梨形虫病不能直接感染，必须通过适宜的蜱作为传播者才能将病原传播，蜱的活动具有明显季节性，因而梨形虫病的流行也有明显的地区性和季节性。目前，常用的抗梨形虫药除三氮脒（见本书 13.3.2 抗锥虫药）外，还有双脒苯脲、间脒苯脲和硫酸喹啉脲。

喹啉脲 (Quinuronium Metilsulfate，阿卡普啉)

【理化性质】常用其硫酸盐，为淡绿黄色或黄色粉末，在水中易溶。

【作用与应用】本品为传统应用的抗梨形虫药，用于家畜各种巴贝斯虫病。一般用药后 6~12 h 出现药效，12~36 h 体温下降，病畜症状改善，外周血液内原虫消失。对牛早期感染的泰勒虫也有一定的抗虫作用。常用硫酸喹啉脲注射液，皮下注射给药。

【应用注意】①毒性较大，家畜用药后可出现胆碱能神经兴奋的症状，常持续 30~40 min 后消失。为减轻不良反应，可将总量分成 2 份或 3 份，间隔几小时应用；也可在用药前注射小剂量阿托品或肾上腺素。②禁止静脉注射。

青蒿琥酯 (Artesunate)

本品是菊科植物黄花蒿（*Artemisia annua*）的提取物，具有抗牛、羊泰勒虫及双芽巴贝斯虫的作用，并能杀灭红细胞配子体，减少细胞分裂及虫体代谢物的致热原作用。单胃动物内服后吸收迅速，体内分布广泛，并可透过血脑屏障及胎盘屏障。药物浓度以胆汁为最高，肝、肾、肠次之。在肝内代谢，其代谢物迅速经肾排出。牛静脉注射青蒿琥酯，消除半衰期为 0.5 h，表观分布容积为 0.9~1.1 L/kg，部分青蒿琥酯代谢为活性代谢物（双氢青蒿素），牛内服给药，血药浓度极低。本品对实验动物有明显胚胎毒性作用，妊娠动物慎用。常用制剂为青蒿琥酯片。

13.4 杀虫药

对动物体外寄生虫具有杀灭作用，用来防治由体外寄生虫所引起畜禽皮肤病的药物统称为杀虫药。体外寄生虫主要包括螨、蜱、虱、蚤、蝇、蚊、虻、蝇蛆、伤口蛆等，能直接危害动物机体，夺取营养，损坏皮毛，影响增重，传播疾病，不仅给畜牧业造成极大损失，而且传播许多人畜共患病，严重地危害人类健康。为此，选用高效、安全、经济、方便的杀虫药，对保护动物和保障人类健康具有极其重要的意义。一般来说，所有杀虫药对动物机体都有一定的毒性，甚至在规定剂量范围内也会出现不同程度的不良反应。因此，使用杀虫药时，在正确选择药物的基础上，不仅要严格遵守规定的剂量及用药方法，还要密切注意用药后的动物反应，特别是马对杀虫药尤为敏感，遇有中毒症状，应立即采取抢救措施。

兽医临床常用的杀虫药包括有机磷类、拟菊酯类、有机氯类、大环内酯类（如多杀霉素,其他见本书 13.2.1 驱线虫药)。杀灭体外寄生虫的作用因药物活性分子、药物剂型和给药方法的不同有很大差异。如杀虫药在浇淋给药时杀灭虱、蝇等作用更突出,而局部皮下注射给药时杀灭痒螨效果更好。该类杀虫药脂溶性高,给药后大部分贮存在脂肪组织中,并缓慢释放、代谢和排泄。消除半衰期长,对体内、外寄生虫的驱杀作用维持时间长,所以对食品动物用药规定的休药期较长。有机氯类因降解慢,残效期长,在人和动物脂肪组织中大量富集,污染农产品和环境等原因,目前已很少用。

本类药物可采用以下两种方式给药:①局部用药。多用于个体杀虫,通常应用粉剂、溶液、混悬剂、油剂、乳剂和软膏等进行局部涂擦、撒布或浇淋等。任何季节均可进行局部用药,按照规定浓度使用。但局部应用的油剂可经皮吸收,应注意使用剂量和时间。浇淋剂可经皮吸收,转至全身而发挥驱杀体内寄生虫的作用。②全身用药。多用于群体杀虫,通常采用药浴、喷洒、喷雾等方式用药,适用于温暖季节,应注意用药浓度和剂量。

13.4.1　有机磷类

有机磷类为传统杀虫药,仍广泛用于畜禽体外寄生虫病。具有杀虫谱广、杀虫效力强、残效期短的特性,大多兼有触毒、胃毒和熏蒸内吸作用。杀虫机制是抑制虫体胆碱酯酶活性,导致乙酰胆碱在虫体内大量蓄积,使神经兴奋失常,引起虫体肢体震颤、痉挛、麻痹而死亡。但对宿主动物的胆碱酯酶也有抑制作用,因此在使用过程中动物经常会出现胆碱能神经兴奋的中毒症状。所以,对过度衰弱及妊娠动物应禁用。鉴于该类药物毒性较大,用于杀灭畜禽体表寄生虫时应严格注意用药浓度、适用范围、用药方法,以免造成人畜中毒。若遇严重中毒,宜选用阿托品或胆碱酯酶复活剂进行解救。常用的有机磷类杀虫药有敌百虫(见本书 13.2.1 驱线虫药)、敌敌畏、倍硫磷、辛硫磷、马拉硫磷、二嗪农、蝇毒磷、皮蝇磷等。除蝇毒磷(见本书 13.2.1 驱线虫药)外,其他有机磷类杀虫剂一般不适用于泌乳奶牛。

敌敌畏(Dichlorvos,DDVP)

【作用与应用】本品是一种高效、速效和广谱的杀虫剂,对畜禽的多种体外寄生虫和马胃蝇蛆、羊鼻蝇蛆、牛皮蝇具有熏蒸、触杀和胃毒作用,还广泛用作环境杀虫剂。杀虫力比敌百虫强 8~10 倍,毒性也高于敌百虫。常用敌敌畏乳油,喷洒、涂擦或喷雾给药,用于环境杀虫,杀灭虱、蚤、蜱、蚊和蝇等吸血昆虫,也可用于驱杀马胃蝇蛆、羊鼻蝇蛆、牛皮蝇等;敌敌畏项圈系在猫、犬颈部进行驱虫。

【应用注意】①加水稀释后易分解,宜现配现用。②喷洒药液时应避免污染饮水、饲料、饲槽和用具等。③对人畜毒性较大,易从消化道、呼吸道及皮肤等途径吸收而中毒。④禽类对其敏感,应慎用。⑤妊娠和心脏病、胃肠炎患畜禁用。⑥中毒时用阿托品与碘解磷定等解救。⑦应用本品的同时或数日内不能用其他胆碱酯酶抑制剂。⑧牛、羊泌乳期禁用。

倍硫磷(Fenthion)

【作用与应用】本品为速效、高效、低毒、广谱、性质稳定的杀虫药。通过触杀和胃毒作用方式进入虫体,杀灭宿主体内、外寄生虫,杀虫作用比敌百虫强 5 倍。内服或肌内注射对牛皮蝇蚴虫有特效,且因性质稳定一次用药可持续药效 2 个月左右。肌内注射易吸收，外用也可经皮吸收，脂肪中吸收较多。主要经肝代谢，大部分经尿排泄，少部分经粪排出。临床用于杀灭牛皮蝇蛆及家畜体表虱、蜱、蚤、蚊、蝇等。

【应用注意】①外用喷洒或浇淋，重复应用时应间隔 14 d 以上。②蜜蜂对本品敏感。

【制剂与休药期】倍硫磷乳油：牛 35 d。

辛硫磷（Phoxim）

【作用与应用】本品是近年来合成的有机磷类杀虫药，具有高效、低毒、广谱、杀虫残效期长等特点，对害虫有强触杀及胃毒作用。对蚊、蝇、虱、螨的速杀作用仅次于敌敌畏和胺菊酯，强于马拉硫磷和倍硫磷等。对人畜的毒性较低。室内喷洒滞留残效时间较长，一般可达 3 个月左右。临床用于治疗羊痒螨和猪疥螨等引起的家畜体外寄生虫病以及杀灭周围环境的蚊、蝇、臭虫、蟑螂等，还可以杀灭或驱除寄生于鱼体上的中华鳋、锚头鳋、鲺、鱼虱、三代虫、指环虫、线虫等寄生虫。常用辛硫磷乳油，药浴、喷洒给药；复方辛硫磷胺菊酯乳油，喷雾给药。

【应用注意】①对光敏感，应遮光密封保存，室外使用残效期较短。②中毒时用阿托品解救。③禁与强氧化剂、碱性药物合用。④禁止与其他有机磷类和胆碱酯酶抑制剂合用。

马拉硫磷（Malathion）

【作用与应用】本品是一种广谱、低毒、使用安全的有机磷类杀虫药，主要以触杀、胃毒和熏蒸杀灭害虫，无内吸杀虫作用。临床用于治疗牛皮蝇蛆、牛虻、体虱、羊痒螨、猪疥螨等引起的畜禽体表寄生虫病，以及杀灭蚊、蝇、虱、臭虫、蟑螂等卫生害虫，药浴、喷淋、喷洒给药。主要在害虫体内被氧化为马拉氧磷（malaoxon），后者的抗胆碱酯酶活力增强 1 000 倍。但因其在哺乳动物体内在磷酸酯酶的作用下水解而失去活性，因此对人畜的毒性很低。而昆虫体内缺乏该酶，马拉硫磷及其氧化产物马拉氧磷不能被水解失活，故对昆虫的毒性较大。

【应用注意】①对蜜蜂有剧毒，鱼类也较敏感。畜禽中毒时可用阿托品解救。②一月龄以内动物禁用。③对人畜的眼、皮肤有刺激性。④用于家畜体表后应避开日光照射和风吹数小时。⑤本品溶液不可与碱性物质或氧化物质接触。

【制剂与休药期】精制马拉硫磷溶液：28 d。

二嗪农（Diazinon）

【作用与应用】本品为新型的有机磷类杀虫、杀螨剂，具有触杀、胃毒、熏蒸和较弱的内吸作用，对各种螨类、蝇、虱、蜱均有良好的杀灭效果。常用二嗪农溶液喷洒后在皮肤、被毛上，附着力很强，能维持长期的杀虫作用，一次用药的有效期可达 6~8 周。经体表较易吸收，但被吸收的药物在 3 d 内经尿和乳中排出体外。

【应用注意】①本品虽属中等毒性，但对禽、猫、蜜蜂毒性较大。②药浴时必须精确计量药液浓度，动物应全身浸泡 1 min 为宜。③禁止与其他有机磷类及胆碱酯酶抑制剂合用。

【制剂】二嗪农溶液：牛、羊、猪 14 d；弃奶期 72 h。二嗪农项圈（宠物用）。

13.4.2　拟菊酯类杀虫药

除虫菊酯为菊科植物除虫菊干燥花絮的有效成分,具有高效速杀各种昆虫的作用。人工培植除虫菊产量有限,加之性质不稳定,遇光、热易被氧化而失效。为此,在天然除虫菊酯的化学结构基础上,人工合成了一系列的拟菊酯类药物。它们具有广谱、高效、残留期短的特性,对各种害虫毒杀能力很强,特别是击倒力甚强,而对人畜的毒性较低。对卫生、农业、畜牧业各种昆虫及体外寄生虫均有杀灭作用。

拟菊酯类杀虫药接触昆虫后可迅速渗入虫体,作用于昆虫神经系统,通过特异性受体或溶解于细胞膜内,改变神经突触膜对离子的通透性,选择性地作用于细胞膜上 Na^+ 通道,延迟通道激活门的关闭,造成 Na^+ 持续内流,引起虫体过度兴奋、痉挛,最后麻痹而死。本类药物性质不稳定,进入机体后迅速降解灭活,故不宜内服或注射给药。

拟菊酯类杀虫药种类很多,其中兽医临床常用的有溴氰菊酯、氰戊菊酯、氯菊酯、胺菊酯等。

溴氰菊酯(Deltamethrin)

【作用与应用】本品是使用最广泛的一种拟菊酯类杀虫药,杀虫范围广,杀虫效力强,可杀灭多种有害昆虫,并具有速效、低毒、低残留等优点。与有机磷类杀虫药相比,其脂溶性更大,杀虫效力更强,对有机磷类和有机氯类杀虫剂产生耐药性的虫体,对本品仍很敏感。广泛用于防治家畜体外寄生虫病以及杀灭环境、仓库等卫生昆虫,药浴、喷淋用药。

【应用注意】①虽对人畜毒性小,但对皮肤、黏膜、眼睛、呼吸道有较强的刺激性,使用时应注意防护。②急性中毒无特效解毒药,主要以对症疗法为主,如使用镇静剂、用4%碳酸氢钠溶液洗胃等。③对鱼类及其他冷血动物毒性较大,使用时切勿将残余药液倒入鱼塘。虾、蟹和鱼苗禁用。④蜜蜂、家禽也较敏感。

【制剂与休药期】溴氰菊酯乳油:28 d。

氰戊菊酯(Fenvalerate)

【作用与应用】本品对昆虫以触杀为主,兼有胃毒和趋避作用,对畜禽的螨、虱、蚤、蜱、蚊、蝇、虻等多种体外寄生虫及吸血昆虫均有良好的杀灭作用,杀虫力强且效果确切。防治效果比敌百虫大50~200倍,加之又有一定的残效作用,可使虫卵孵化后再次被杀死。所以,一般情况下用药一次即可,无需重复用药;还可全池泼洒用于杀灭或驱除养殖青鱼、草鱼、鲢、鳙、鲫、鳊、黄鳝、鳜和鲇等鱼类水体及体表锚头鳋、中华鳋、鱼虱、鲺、三代虫、指环虫等寄生虫。

【应用注意】①配制溶液时,水温以12 ℃为宜,如水温超过25 ℃将会降低药效,超过50 ℃则失效。应避免使用碱性水,并忌与碱性物质合用。②治疗畜禽体外寄生虫病时,无论是喷淋、喷洒还是药浴,都应保证畜禽的被毛、羽毛被药液充分浸透。③对蜜蜂、鱼虾、家蚕毒性较强,使用时不要污染河流、池塘、桑园、养蜂场等。④虾、蟹和鱼苗禁用。

氯菊酯(Permethrin,二氯苯醚菊酯、除虫精、苄氯菊酯)

【作用与应用】本品为常用的卫生、农业、畜牧业杀虫药,具有广谱、高效、速效、残效期长等特点。主要用于防治由螨、蜱、虱、蝇等各类体外寄生虫引起的畜禽体表寄生虫病；也广泛用于杀灭周围环境中的卫生昆虫。

【应用注意】①对鱼虾、蜜蜂、家蚕有剧毒。②正确使用二氯苯醚菊酯吡虫啉滴剂，极少引发犬只副作用；可能会引起一过性皮肤过敏。③二氯苯醚菊酯吡虫啉滴剂仅用于宠物犬，7 周龄以下的幼犬请勿使用，勿用于猫。

【制剂与休药期】氯菊酯乳油：牛 3 d；弃奶期 6 h。二氯苯醚菊酯吡虫啉滴剂：皮肤外用。

胺菊酯(Tetramethrin，四甲司林)

本品为白色结晶固体，性质稳定，但在高温和碱性溶液中易分解。它是一种用于杀灭卫生昆虫的拟菊酯类杀虫药，对蚊、蝇、蚤、虱、螨等害虫均有杀灭作用，击倒昆虫的速度居拟菊酯类首位，用于杀灭周围环境中的卫生昆虫。常用制剂为胺菊酯、苄呋菊酯喷雾剂，按 0.1~0.2 g/m³ 喷雾，用于杀灭周围环境中的卫生昆虫，对人、畜安全，无刺激性。

13.4.3 有机氯化合物

目前，用作杀灭畜牧、卫生害虫的有机氯化合物只有氯芬新系列制剂，临床用于驱杀犬、猫等宠物体表跳蚤幼虫。

氯芬新(Lufenuron)

本品是合成的苯甲酰脲衍生物，为白色或类白色结晶性粉末，属昆虫生长调节剂。跳蚤通过血液摄取并转至虫卵，使幼虫壳质的形成受影响，从而使其生长繁殖受阻。临床用于抑制犬、猫体表跳蚤幼虫的繁殖。常用制剂为氯芬新片、氯芬新混悬液。注意：①仅限用于宠物。②有一定毒性，应严格掌握准确剂量。

13.4.4 大环内酯类

多杀霉素(Spinosad，多杀菌素)

【理化性质】本品是在刺糖多胞菌(*Saccharopolyspora spinosa*)发酵液中提取的一种大环内酯类无公害高效生物杀虫剂。浅灰白色固体结晶，带有一种轻微陈腐泥土气味。2015 年在我国注册使用。

【作用与应用】本品具有独特的化学结构兼有安全和速效的特性，曾因低毒性、低残留、安全性等特点，获美国总统绿色化学品挑战奖。具有杀灭跳蚤的作用，用于预防和治疗犬和猫的跳蚤(猫栉首蚤)感染。给药 30 min 后起效，4 h 可杀灭 98% 的产卵前跳蚤，1 d 后效应达 100%，第 30 天效应仍大于 90%。作用机制是通过激活烟碱型乙酰胆碱受体，兴奋运动神经元，导致肌肉不自主收缩和震颤，诱导昆虫持续过度兴奋而使虫体麻痹、死亡。与其他已知的烟碱型或 γ-氨基丁酸受体型杀虫药(如新烟碱类、美贝霉素类、阿维菌素类)的杀虫结合位点不同。对昆虫和哺乳动物乙酰胆碱受体选择性存在差异，按量给药对哺乳动物相对安全。

【药动学】具有药理活性的成分为多杀霉素 A 和 D，二者在犬和猫体内具有相似的吸收、分布、代谢和排泄速率。内服给药吸收迅速，吸收后分布广泛，主要分布于肝、肾、肾周脂肪和皮下脂肪组织，其中药物原形主要分布于肾周脂肪和皮下脂肪。多杀霉素 A 和多杀霉素 D 主要以去甲基化物、谷胱甘肽结合物的形式经胆汁和粪排泄，少量经尿排泄。

【不良反应】①联合使用伊维菌素时，一些犬可能出现震颤、流涎、抽搐、共济失调、瞳孔散大、失明和定向障碍等临床症状；猫可能出现精神沉郁的症状。②可能出现呕吐、精神沉郁、食欲不振、体重下降、腹泻不良反应。

【应用注意】①建议用于 14 周龄以上或体重分别超过 2.3 kg、1.9 kg 的犬和猫。②妊娠和泌乳犬以及有癫痫史的犬慎用。③种公猫、妊娠和泌乳猫及种公犬的用药安全尚未评估。

【制剂】多杀霉素咀嚼片(宠物用)、多杀霉素米尔贝肟咀嚼片(宠物用)。

13.4.5 其他

氟雷拉纳(Fluralaner)

【作用与应用】本品是一种异噁唑啉类的宠物用杀虫剂和杀螨剂，属全身性抗寄生虫药，驱杀犬体表的跳蚤和蜱的作用可持续 12 周。对猫栉首蚤和犬栉首蚤有驱杀作用，对成年跳蚤起效快，持续时间长，还可阻止跳蚤产卵，因此破坏了跳蚤的生命周期。对蓖子硬蜱(幼蜱、若蜱和成蜱)、六角硬蜱、肩突硬蜱、全环硬蜱、网纹革蜱、变异革蜱及血红扇头蜱也有杀灭作用。作用机制是通过拮抗 γ-氨基丁酸受体和谷氨酸受体门控 Cl^- 通道，使 Cl^- 无法渗透进入突触后膜，干扰神经系统的跨膜信号传递，导致昆虫神经系统紊乱，进而死亡。临床用于治疗犬体表的跳蚤和蜱感染，还可辅助治疗因跳蚤引起的过敏性皮炎。

【药动学】内服容易吸收，1 d 内可达最大血药浓度，食物可促进其吸收。呈全身性分布，脂肪中浓度最高，其次为肝、肾和肌肉。在犬体内几乎不被代谢，血浆消除半衰期约为 12 d，约 90% 以原形经粪排泄，少量经肾排泄。

【应用注意】①不得用于 8 周以下的幼犬和/或体重低于 2 kg 的犬。②对本品过敏的犬勿用。③给药间隔不得低于 8 周。④可用于种犬、妊娠期和泌乳期的母犬。⑤本品起效快，可降低虫媒病的传播风险，但跳蚤和蜱必须接触宿主并且开始进食才能接触活性药物成分，跳蚤(猫栉首蚤)在接触后 8 h 内起作用，蜱(蓖子硬蜱)接触后 12 h 内起作用，故在极其恶劣条件下不能完全排除以寄生虫为媒介进行疾病传播的风险。

【制剂】氟雷拉纳咀嚼片(犬用)。

双甲脒(Amitraz)

【理化性质】本品为白色或浅黄色结晶性粉末。在丙酮中易溶，在水中不溶，在乙醇中缓慢分解。

【作用与应用】本品是一种甲脒类广谱杀虫剂，兼有胃毒和内吸作用，对各种螨、蜱、蝇、虱均有效，临床用于防治牛、羊、猪、兔的疥螨、痒螨、蜂螨、蜱、虱等体表寄生虫病，可药浴、喷洒、涂擦用药。本品产生杀虫作用较慢，一般在用量后 24 h 才能使虱、蜱等解体，48 h 使患螨部皮肤自行松动脱落。本品残效期长，一次用药可维持药效 6~8 周，可保护畜体不再受体表寄生虫的侵袭。此外，对大蜂螨和小蜂螨也有良好的杀灭作用。对人畜安全，对蜜蜂相对无害。

【应用注意】①对皮肤有刺激性，防止皮肤和眼睛接触药液。②马属动物较敏感，应慎用；对鱼有剧毒，勿将药液污染鱼塘、河流。

【制剂与休药期】双甲脒溶液：牛、羊 21 d，猪 8 d；弃奶期 2 d。

环丙氨嗪（Cyromazine）

【作用与应用】本品为昆虫生长调节剂，抑制双翅目幼虫的蜕皮，特别是幼虫第 I 期蜕皮，使蝇蛆繁殖受阻，而致蝇死亡。一般在用药后 6~24 h 发挥药效，可持续 1~3 周。鸡内服能迅速吸收并很快排泄。由于其脂溶性低，很少在组织中残留。主要用于控制动物厩舍内蝇蛆的繁殖生长，杀灭粪池内蝇蛆，以保证环境卫生。

本品不污染环境，在土壤中可被降解。作肥料时对农作物生长无不良影响，还可降低粪便的液化，减少氨气产生，降低畜禽舍内的臭味与氨的含量，净化舍内空气，减少呼吸道疾病的发生。

【应用注意】治疗量对动物生长、产蛋、繁殖无影响，但过量使用可影响动物食欲；对水生动物毒性大。

【制剂与休药期】环丙氨嗪预混剂、环丙氨嗪可溶性粉、环丙氨嗪可溶性颗粒：鸡 3 d。

非泼罗尼（Fipronil）

本品是一种对多种害虫具有较强防治效果的广谱杀虫药，其活性是有机磷类、氨基甲酸酯的 100 倍。作用机制是与昆虫中枢神经细胞膜上的 γ-氨基丁酸受体结合，关闭神经细胞的 Cl^- 通道，从而干扰中枢神经系统的正常功能而导致昆虫死亡。主要通过胃毒和触杀起作用，也具有一定的内吸作用。对拟除虫菊酯、氨基甲酸酯有耐药性的昆虫也有极强的驱杀作用。临床用于驱杀犬、猫体表的成年跳蚤、蜱及其他体表寄生虫。常见制剂为复方非泼罗尼滴剂（主要成分为非泼罗尼、甲氧普烯），用于驱杀犬体表的成年跳蚤、跳蚤卵、幼虫和蜱。对人畜有中等毒性，对鱼类高毒，使用时应注意防止污染河流、湖泊、鱼塘。

甲氧普烯（S-Methoprene）

本品为昆虫的生长调节剂（IGR），是昆虫保幼激素的同类物，对未成熟阶段多种昆虫（如鳞翅目、双翅目、鞘翅目、同翅目）的发育有抑制作用。与保幼激素的作用机制相类似，可导致昆虫发育受阻和发育阶段的跳蚤死亡。对跳蚤卵的作用机制主要包括：通过直接渗透作用穿过卵壁进入新生跳蚤卵或者通过跳蚤成虫角质上皮的吸入而进入卵内，对跳蚤幼虫和蛹的发育也有很强的抑制作用。用于防治蚊、蝇等卫生害虫及宠物的灭虱除蚤等。常见制剂为复方非泼罗尼滴剂（宠物用）。

本章小结

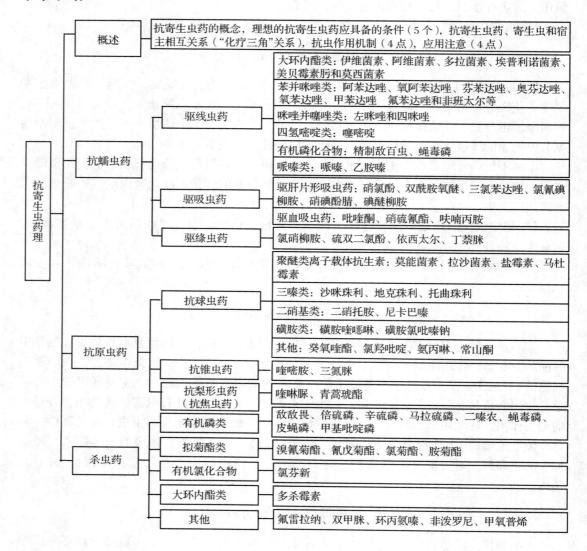

思考题

1. 抗寄生虫药可分为哪几类？各类药物有哪些常用品种？理想的抗寄生虫药应具备哪些条件？
2. 如何认识抗寄生虫药、寄生虫和宿主之间的相互关系？临床用药时应注意哪些问题？
3. 试述抗寄生虫药的抗虫作用机制。
4. 驱线虫药可分为哪几类？每一类列举 2~3 种药物。
5. 试述大环内酯类抗寄生虫药的作用机制、常用药物的药理学特点及应用注意。
6. 简述苯并咪唑类药物的作用机制、不良反应，常用药物的药理学特点及应用注意。
7. 试述左旋咪唑的药理学特点及应用注意。
8. 有机磷类的抗虫作用机制如何？常用药物的药理学特点及应用注意有哪些？
9. 简述代表性的驱肝片形吸虫药作用机制、药理学特点及应用注意。
10. 简述驱血吸虫药的作用机制、药理学特点及应用注意。

11. 简述代表性的驱绦虫药作用机制、药理学特点及应用注意。

12. 简述抗锥虫药和抗梨形虫药的作用机制、药理学特点及应用注意。

13. 简述各类抗球虫药的作用机制及药理学特点，如何合理应用抗球虫药？

14. 简述聚醚类离子载体抗生素的抗球虫机理，列举常用药物的作用特点。

15. 常用的杀虫药分为哪几类？各有何作用特点？应用时应注意哪些问题？

（哈斯苏荣、何秀玲）

第 14 章

局部用药药理

局部用药物是指给药后不需要吸收进入全身血液循环，只对用药局部产生消炎治疗或刺激作用的药物或复方制剂。一般可分为刺激药、保护药、乳房用药、子宫腔内用药、眼科用药 5 类。

14.1　刺激药

刺激药是指在皮肤、黏膜局部产生非特异性刺激作用而引起适宜程度炎性反应的药物。当刺激药与皮肤或黏膜接触后，首先刺激了感觉神经末梢，从此处发生的冲动，一方面向中枢传导，通过同一脊段的脑脊髓轴反射和轴突反射，使深层肌肉、肌腱、关节的炎症或相应内脏器官的疼痛得以消除或缓解，因此又称为抗刺激作用，它是药物的诱导作用。另一方面是沿着感觉神经纤维逆向传导至附近的血管，引起局部血管扩张，因而可加强局部的血液循环，改善局部营养，促进慢性炎性产物的吸收，从而加速局部病变的消散。故刺激药主要用于治疗四肢的各种慢性炎症，如慢性变形性骨关节炎、关节周围炎、腱炎等。在适宜剂量下，刺激药对局部皮肤和黏膜仅引起充血发红、发热等轻度刺激的结果。如果药物的浓度过高或局部接触时间过长，则可引起进一步的炎性反应，形成水疱、脓疱甚至溃疡，所以在用药时应注意药物的浓度和作用时间等。本类药物主要包括浓碘酊（见本书 12.2.4 卤素类消毒剂）、松节油、氨溶液、鱼石脂（见本书 5.5.1 制醇药）、红碘化汞、薄荷脑等。

（1）氨溶液（Liquor Ammonia）

氨易透入皮肤、黏膜，有强刺激作用，长时间作用可腐蚀组织；动物吸入小量氨后，可反射性兴奋呼吸，升高血压；由于氨水呈碱性，穿透力强，能除去脂肪污垢，并可渗入皮肤深层呈现杀菌作用。①作外用刺激药，治疗各种慢性关节炎、肌炎、腱炎、腱鞘炎和肌肉风湿等；也可在腹痛动物的腹部皮肤上涂擦，以缓解疼痛。②10%氨溶液可作为动物吸入性反射兴奋药，用于动物昏厥或突发性呼吸衰竭的急救。③0.5%氨溶液用于手术前的手部消毒，不损伤皮肤，且使皮脂腺、汗腺呈皱缩状态，可减少污染创口的机会；外用作酸中和药，治疗蜂、蝎蜇伤，可用稀氨溶液涂擦局部。

（2）薄荷脑（Menthol，薄荷醇）

本品有局部刺激作用，可选择性地刺激冷觉感受器，并有局部消炎、止痛、抗菌作用。将本品溶于液状石蜡，注入气管内，可治疗喉头炎、气管炎、支气管炎等。内服有健胃、止酵及解痉、驱风、镇痛的功效，也可用作矫味剂和芳香剂。

14.2　保护药

保护药是指覆盖在皮肤、黏膜上起机械性保护作用，可缓和外界刺激，减轻炎症和疼痛的一类药物。因保护药能缓和外界因素对皮肤和黏膜感觉神经末梢的刺激，故可减轻疼痛及炎症对机体产生的反射性反应，促其尽早痊愈。根据作用特点，保护药可分为收敛药、黏浆药、吸附药和润滑药。

14.2.1　收敛药

收敛药是能保护感觉神经末梢，消退局部炎症的一类药物，是一种蛋白质沉淀剂。用于黏膜或病变的皮肤上，可与局部表层组织或渗出物的蛋白质相互作用，形成一层较致密的蛋白薄膜，以保护下层组织和感觉神经末梢免受外界刺激；还可收缩血管，减少渗出，从而起到局部消炎、镇痛、止血等作用。收敛药对湿疹、急性皮炎、结膜炎、肠炎等都有疗效。收敛药包括植物性收敛药，如鞣酸、鞣酸蛋白（见本书 5.6.2 止泻药）和金属性收敛药，如明矾、醋酸铅、硫酸锌、氧化锌、硝酸银、蛋白银、硫酸铝等。

（1）明矾（Alumen）

本品能沉淀蛋白质，稀溶液以收敛、止血作用为主，防腐作用较弱；浓溶液或外用枯矾粉末则可产生刺激与腐蚀作用。外用于结膜炎、口炎、咽喉炎、子宫内膜炎等各种黏膜炎症，可用 0.5% ~ 4% 溶液冲洗黏膜炎症患部；内服用于胃肠出血、腹泻等。

（2）氧化锌（Zinc Oxide）

本品具有收敛和抗菌作用，氧化锌滑石粉、15% 氧化锌软膏、水杨酸锌糊剂（由氧化锌 25%、淀粉 25%、水杨酸 2%、凡士林 48% 制成）外用涂敷于创面可用于皮炎、湿疹、皮肤糜烂、溃疡和创伤等。

14.2.2　黏浆药

黏浆药是树脂、蛋白质等药理性质不活泼的一类高分子物质，溶于水形成糊胶状溶液，类似黏膜分泌的黏液，覆盖于黏膜或皮肤上，有缓和炎症刺激，减轻炎症和阻止毒物吸收的作用。常用药物有阿拉伯胶、淀粉、明胶（见本书 4.2.1 止血药）、火棉胶，可用于肠炎，口腔黏膜炎、喉炎等。

（1）阿拉伯胶（Gum Arabic）

本品为豆科植物阿拉伯胶树或同属的其他种植物树干中渗出的树胶经自然固结而得，不溶于乙醇，但在水中可以完全溶解。本品溶液覆盖在皮肤或黏膜表面起机械性保护作用，作黏浆药；常与刺激药合用，以减轻对黏膜的刺激性。10% ~ 20% 胶浆溶液内服用于消化道炎症；在生物碱、重金属中毒时，内服可阻止毒物的吸收；也可用作不溶性药物混悬液的乳化剂或黏浆基质。

（2）淀粉（Starch）

1% ~ 5% 淀粉黏浆液可与有刺激性的药物混合内服或作灌肠剂。内服可缓和胃肠炎症或延缓毒物的吸收；此外，也常用作撒布剂、丸剂、舔剂、片剂、预混剂等剂型的赋形药。

（3）甲基纤维素（Methylcellulose，MC）

内服可增加肠内容物容积，保持粪便水分，刺激肠壁蠕动，发挥轻泻作用，12 ~ 24 h 出现泻下作用，可用作犬、猫的缓泻药，也可用作黏合剂和助悬剂。

（4）羟甲基纤维素钠（Carboxymethyl Celluiose Sodium，CMC-Na）

本品在制剂上可作为乳化剂、助悬剂、片剂黏合剂、包衣材料、微囊囊材等，也可制成滴眼剂保护角膜与结膜。内服作用同甲基纤维素，可作为犬、猫的缓泻药。

14.2.3　吸附药

吸附药是一类不溶于水而性质稳定的细微粉末状药物，表面能吸附毒素和其他有害物质，并在局部呈现机械性保护作用。内服能吸附细菌毒素或气体，治疗腹泻、腹胀；外用可干燥和保护皮肤、创伤。常见药用炭、白陶土(见本书5.6.2止泻药)、滑石粉等。

滑石粉(Talc Perdft)

本品有润滑、机械性保护和使皮肤表面干燥的作用，常与其他收敛药、消毒防腐药混合制成撒布剂。外用治疗糜烂性湿疹、皮炎；也可作为手术用胶皮手套的涂粉和润滑剂。

14.2.4　润滑药

润滑药是指中性或近中性的油脂类或矿脂类物质，具有油样滑腻和黏着的性质，涂布于皮肤能润滑和软化皮肤、黏膜，缓和外来刺激，防止过度干燥，并有机械性保护作用。在药剂上可作为皮肤软膏剂的基质。常用药物有：①矿脂类。如凡士林、液状石蜡等。②动物脂类。如豚脂、羊毛脂。③植物油类。如豆油、花生油、棉籽油、橄榄油。④合成润滑药。如聚乙二醇、吐温-80等。

（1）凡士林(Vaselinum)

本品外用于皮肤不被吸收，并阻碍其他药物的吸收，能润滑和软化皮肤、黏膜，缓和外来刺激，起机械性保护作用。对皮肤有润滑和保护作用，用作调制软膏或眼膏的赋形药，涂于患部使药物充分发挥局部作用。

（2）甘油(Glycerin)

本品灌肠后能润滑并轻度刺激肠壁，使蠕动及分泌增强并软化粪块，用于治疗动物便秘；外用软膏具有润滑和软化局部皮肤组织的作用，治疗乳房及乳头皮肤病等；常用作溶媒或病理标本保存液。

14.3　乳房用药

乳房用药是指在泌乳期或干乳期进行乳头内直接注入抗菌药或其复方制剂来控制各种类型的乳腺炎。在泌乳期间，致病菌经过乳头管进入乳腺而导致乳腺炎。引起乳头管和乳房发炎的主要病原菌有无乳链球菌、停乳链球菌、乳房链球菌、葡萄球菌、大肠杆菌、产气肠杆菌等。乳房用药应选择对上述致病菌敏感的抗菌药物，如青霉素类、头孢菌素类及其复方制剂等。治疗时应将乳汁挤净，清洁乳房和乳头，并消毒乳头，将专用注射针头插入乳头管内，轻轻挤压，将药液推入乳房内。通常是每个感染乳区注射一剂抗菌药物。临床常用制剂有如下几种。

（1）注入用氯唑西林钠(Cloxacillin Sodium for Injection)

用于耐青霉素葡萄球菌的乳房内感染，如奶牛乳腺炎等，乳管注入。应用注意：①临用前加灭菌注射用水配制，现配现用。②注意配伍禁忌，不应与碱性药物合用；与四环素类、大环内酯类和酰胺醇类抗生素有拮抗作用。③对青霉素过敏的动物禁用。休药期10 d，弃奶期48 h。

（2）头孢氨苄乳剂（Cefalexin Emulsion）

具有广谱抗菌作用，对革兰阳性菌抗菌活性较强，但肠球菌除外。对部分大肠杆菌、奇异变形杆菌、克雷伯菌、沙门菌和志贺菌等有抗菌作用，铜绿假单胞菌耐药。用于革兰阳性菌（如链球菌、葡萄球菌等）和革兰阴性菌（如大肠杆菌等）引起的奶牛乳腺炎，乳管注入。弃奶期 48 h。

（3）苄星氯唑西林注射液（Benzathine Cloxacillin Injection）

用于干奶期奶牛，治疗由葡萄球菌、各种链球菌等引起的乳房内感染，用药后可减少干奶期奶牛乳房内的新感染，停乳前最后一次挤奶后乳管注入。应用注意：专供干奶期奶牛乳腺炎使用，泌乳期及产犊后 4 d 禁用。休药期 28 d。

（4）干奶期用苄星氯唑西林乳房注入剂（Cloxacillin Benzathine Intramammary Infusion for Dry Cow）

用于革兰阳性和阴性菌引起的奶牛干奶期乳腺内感染，乳管注入。应用注意：①与下列药物溶液呈物理性配伍禁忌（产生浑浊、絮状物或沉淀）：琥乙红霉素、盐酸土霉素、盐酸四环素、硫酸庆大霉素、维生素 C 和盐酸氯丙嗪。②与黏菌素甲磺酸钠、硫酸卡那霉素溶液混合即失效。③牛产犊前 42 d 使用，泌乳期禁用。休药期 28 d，弃奶期为产犊后 4 d。

（5）干奶期用氨苄西林苄星氯唑西林乳房注入剂（Ampicillin and Cloxacillin Benzathine Intramammary Infusion for Dry Cow）

用于革兰阳性和阴性菌引起的奶牛乳腺炎，专供干奶期乳腺炎使用。牛产犊前 49 d 使用，乳管注入。休药期 28 d，弃奶期为产犊后 4 d。

（6）泌乳期用氨苄西林苄星氯唑西林钠乳房注入剂（Ampicillin and Cloxacillin Benzathine Intramammary Infusion for Lactating Cow）

专供革兰阳性和阴性菌引起的奶牛泌乳期乳腺炎使用，乳管注入。休药期 7 d，弃奶期 60 h。

（7）干奶期氯唑西林钠氨苄西林钠乳剂（Cloxacillin Sodium and Ampicillin Sodium Emulsion for Dry Cow）

用于革兰阳性和阴性菌引起的奶牛停乳期乳腺内感染，专供干奶期乳腺炎乳管注入使用，泌乳期禁用。

（8）泌乳期氯唑西林钠氨苄西林钠乳剂（Cloxacillin Sodium and Ampicillin Sodium Emulsion for Lactating Cow）

专供革兰阳性和阴性菌引起的奶牛泌乳期乳腺炎乳管注入使用。弃奶期 48 h。

（9）泌乳期复方阿莫西林乳房注入剂（Compound Amoxicillin Intramammary Infusion for Lactating Cow）

专供革兰阳性和阴性菌引起的奶牛泌乳期乳腺炎乳管注入使用，对青霉素过敏者禁用。休药期 7 d，弃奶期 60 h。

（10）泌乳期盐酸林可霉素硫酸新霉素乳房注入剂（Lincomycin Hydrochloride and Neoycin Sulfate Intramammary Infusion for Lactating Cow）

专供葡萄球菌、链球菌和肠杆菌引起的奶牛泌乳期乳腺炎和隐性乳腺炎，尤其适用于耐青霉素酶的葡萄球菌感染引起的乳腺炎；同时还能促进泌乳细胞增殖，快速修复受伤、龟裂或坏死组织，使乳房"红、肿、热和痛"症状迅速减轻。乳管注入使用，不宜与大环内酯类抗生素同时使用。休药期 1 d，弃奶期 60 h。

（11）普鲁卡因青霉素 G-新生霉素钠混悬剂（干奶期）（Penicillin Procaine and Novobiocin Sodium Suspension for Dry Cow）

用于治疗由葡萄球菌、各种链球菌等引起的乳房内亚临床感染，用药后可减少干奶期奶牛乳房内的新感染。专供干奶期奶牛使用，禁止用于泌乳期奶牛，产犊前 30 d 内禁止使用。休药期 30 d，弃奶期 72 h。

（12）头孢赛曲乳房注入剂（Cefacetrile Intramammary Infusion）

用于泌乳期奶牛乳腺炎的治疗。乳管注入给药对牛可产生较小或者轻微的乳房刺激，对试验动物的眼睛及皮肤有较小或轻微的刺激性，对敏感动物如豚鼠皮肤，有中度的刺激性。欧盟规定，牛奶中头孢赛曲的最高残留限量为 125 μg/kg。

（13）泌乳期硫酸头孢喹肟乳房注入剂（Cefquinome Sulfate Intramammary Infusion for Lactating Cow）

用于泌乳期奶牛乳腺炎的治疗，弃奶期 96 h。

（14）干奶期硫酸头孢喹肟乳房注入剂（Cefquinome Sulfate Intramammary Infusion for Dry Cow）

供干奶期乳腺炎乳管注入使用，泌乳期禁用。干奶期超过 5 周，弃奶期为产犊后 1 d；干奶期不足 5 周，弃奶期为 36 d。

（15）利福昔明乳房注入剂（泌乳期）（Rifaximin Intramammary Infusion for Lactating Cow）

本品为橘红色混悬液，放置后分层，充分振摇后能均匀分散。用于治疗由葡萄球菌、链球菌、大肠杆菌等敏感菌引起的泌乳期奶牛的乳腺炎，乳管注入。应用注意：①仅供泌乳期奶牛乳腺炎使用。②使用前将药液摇匀。③给药前用适宜的消毒剂充分清洗乳头及其边缘，排空受感染乳室中的乳汁。将注射器插管插入乳管，轻轻地持续推动注射器活塞并按摩乳房使本品在乳室内分散均匀。④使用本品后，未对牛奶之外的可食性组织中兽药残留进行安全性考察，禁止食用。⑤置儿童无法触及处。弃奶期 96 h。

（16）利福昔明乳房注入剂（干乳期）（Rifaximin Intramammary Infusion for Dry Cow）

本品为橘红色至暗红色油性混悬液。主要用于预防由敏感菌（金黄色葡萄球菌、链球菌、大肠杆菌等）引起的干乳期奶牛乳腺炎，产犊前 60 d 给药，乳管注入。应用注意：①仅用于干乳期奶牛。②皮肤接触本品可能引起过敏反应，使用后洗手。③使用前将药液摇匀。弃奶期 0 d。

（17）盐酸吡利霉素乳房注入剂（泌乳期）（Pyriamycin Hydrochloride Intramammary Infusion for Lactating Cow）

用于治疗葡萄球菌、链球菌引起的奶牛泌乳期临床或亚临床乳腺炎，乳管注入。弃奶期 72 h。

14.4　子宫腔内用药

子宫腔内用药是指将药物直接注入阴道和子宫腔，治疗子宫及阴道感染性疾病以及多种原因引起的母畜不孕症的辅助治疗。本类药物包括抗菌药、消毒防腐药和激素类药物及其复方制剂。

（1）宫炎清溶液（Cresulfodehyde Polycondensate，露它净）

本品为磺酸间甲酚与甲醛缩合物的红棕色澄明溶液，除具有杀菌作用外，还能凝固病变组织、坏死组织和炎症分泌物，使健康组织与坏死组织分离；有促进肉芽增生和上皮组织形成的作用。对黏膜有收敛作用，并使血管收缩，呈现止血效果。还能刺激子宫平滑肌收缩，提高子宫平滑肌张力。通过子宫腔注入 1%～1.5%溶液用于牛、猪的慢性子宫内膜炎、子宫颈炎、阴道炎及上述病因引起的不孕症；也可直接涂搽用于育成猪直肠脱出和创伤、烧伤。应用注意：①与抗生素和磺胺类药物同时应用可加强疗效。②不得与纺织品和皮革品接触。

（2）复方黄体酮缓释圈（Compound Progesteron Sustained Release Ring）

本品是黄体酮和苯甲酸雌二醇的缓释圈，为淡灰色螺旋形弹性橡胶圈，宽 35 mm，厚 2 mm，一端黏有一粒胶囊。用于控制母牛同期发情，12 d 后取出残余橡胶圈，在 48～72 h 内配种。

（3）醋酸氯己定栓（Chlorhexidine Acetate Suppositiries）

用于预防牛、羊产后子宫、产道感染，以及由敏感菌引起的子宫内膜炎等。偶见过敏反应，如接触性皮炎等。应用注意：①肥皂等碱性物质、阴离子表面活性剂及硬水中阴离子可降低本品的杀菌效力，不宜配伍使用。②禁与汞、甲醛、高锰酸钾等消毒剂配伍使用。③用药后待发情黏液变成蛋清色方可配种。

（4）醋酸氯己定子宫注入剂（Chlorhexidine Acetate Intrauterine Infusion）

用于预防牛和猪的产后感染，以及由敏感菌引起的子宫内膜炎、子宫颈炎等。偶见过敏反应，如接触性皮炎等。使用前注意将药物充分振摇均匀。其他同醋酸氯己定栓。

（5）利福昔明子宫注入剂（Rifaximin Intrauterine Infusion）

用于治疗由葡萄球菌、链球菌、隐秘杆菌、大肠杆菌及厌氧菌感染引起的奶牛子宫内膜炎，子宫内灌注。本品用前摇匀，使用一次性无菌输精管将药物注入子宫。子宫灌注前应进行直肠按摩清除恶露，阴道口及会阴部位应进行清洗消毒。弃奶期 0 d。

（6）盐酸多西环素子宫注入剂（Doxycycline Hyclate Intrauterine infusion）

用于预防牛产后感染，治疗由敏感菌引起的急性、慢性和顽固性子宫内膜炎、子宫蓄脓、子宫炎。

（7）氟苯尼考子宫注入剂（Florfenicol Intrauterine Infusion）

用于敏感菌引起的子宫内膜炎，过量使用可引起奶牛短暂的厌食、饮水减少和腹泻，停药后几日可恢复，妊娠母牛禁用。休药期：牛 28 d，弃奶期 7 d。

（8）醋酸氟孕酮阴道海绵（Fluoprogesterone Acetate Vaginal Sponge）

用于绵羊、山羊的诱导发情或同期发情，阴道给药。休药期：羊 30 d，食品动物和泌乳期禁用。

14.5 眼科用药

眼科用药是指直接滴入眼结膜或眼部外用的药物，用于治疗结膜炎、虹膜炎、角膜炎、巩膜炎等。当应用滴眼液时，用手指轻压内眦部的泪囊区，可以明显减少药物经鼻泪道流入鼻腔的量，从而减少药物引起的全身效应。本类药物包括抗菌药和糖皮质激素类药物眼科制剂。

（1）醋酸泼尼松眼膏（Itraocular Ointment of Prednisone Acetate）

用于结膜炎、虹膜炎、角膜炎、巩膜炎等。眼部有感染时应与抗菌药物合用，角膜溃疡禁用。

(2)醋酸氢化可的松滴眼液(Eye Drops of Hydrocortisone Acetate)

用于结膜炎、虹膜炎、角膜炎、巩膜炎等。注意眼部有感染时应与抗菌药物合用,单纯疱疹性或溃疡性角膜炎禁用。

(3)硫酸新霉素滴眼剂(Neomycin Sulfate Eye Drops)

用于结膜炎、眼睑炎、角膜炎等。

14.6 耳科用药

治疗外耳道炎时应局部清洁外耳道,并使耳道干燥、通畅,然后用抗生素滴耳剂治疗;治疗化脓性中耳炎用3%双氧水彻底清洗外耳道及鼓室的脓液,棉签拭干后滴药;外耳道内耵聍栓塞的软化可用碳酸氢钠等滴耳剂治疗,待耵聍软化后吸出。本类药物包括抗菌药、抗真菌药和软化耵聍药物。

(1)复方制霉菌素软膏(Compound Nystatin Ointment)

用于治疗犬和猫因细菌、酵母菌和寄生虫引起的耳部感染(外耳炎)。应用注意:①不得长期大剂量使用。②妊娠和哺乳期的动物应在兽医指导下使用。③为防止动物舔食意外摄取,尤其是猫,不要将软膏粘到动物皮毛上。④使用本品后要清洗手,一旦接触到眼睛或皮肤,应立即用大量的水进行清洗。⑤一旦意外摄取本品,应立即求医并将产品的外包装说明书告知医生。⑥开盖后保存期为28 d。

(2)氟苯尼考滴耳液(Florfenicol Ear Drops)

用于犬、猫细菌性、寄生虫性中耳炎、外耳炎,对破伤的皮肤有轻度刺激作用。

(3)复方达克罗宁滴耳液(Compound Dyclonine Ear Drops)

本品为盐酸达克罗宁与盐酸小檗碱的复方制剂,其中达克罗宁能阻断各种神经冲动或刺激的传导,抑制触觉、压觉和痛觉,改善局部循环,止痒止痛。盐酸小檗碱对细菌、真菌有抑制杀灭作用,穿透力很强,可通过皮肤及黏膜吸收,具有很好的消炎作用。临床用于犬细菌、真菌等引起的各种耳道炎症。

(4)复方咪康唑滴耳液(Compound Miconazole Ear Drops)

本品含氢化可的松醋内酯、硝酸咪康唑和硫酸庆大霉素,用于治疗对庆大霉素敏感的细菌和对硝酸咪康唑敏感的真菌(如皮屑芽孢菌等)引起的犬外耳道炎和反复发作的犬外耳道炎,室温使用,首次使用时摇匀。使用前将外耳道清洗干净,并剪掉用药部位周围多余的毛发。准备好泵和导管,将导管插入外耳道,用泵给药,给药后轻柔耳根部片刻,以便让药物进入耳道深处。应用注意:耳膜穿孔禁用,患有蠕形螨病的犬禁用,皮肤溃疡处禁用。

(5)氟苯尼考甲硝唑滴耳剂(Florfenicol and Metronidazole Ear Drops)

用于犬、猫细菌性中耳炎、外耳炎,仅用于宠物,避免儿童接触。

本章小结

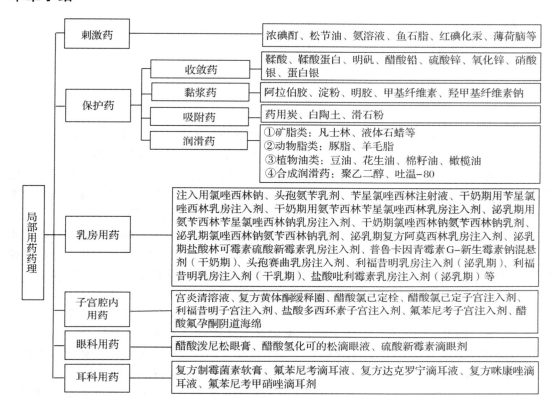

思考题

1. 常见的刺激药有哪些？简述其药理作用、应用方法及注意事项。
2. 什么是保护药？主要分为哪几类？每类保护药的作用机制如何？
3. 简述乳房用药、子宫腔内用药、眼科用药及耳科用药的品种及其药理作用、应用注意。

（丁良君）

第 15 章

解毒药理

临床上用于解救中毒的药物称为解毒药。在动物中毒病中，常见的毒物有内源性毒物和外源性毒物。内源性毒物是指在动物体内形成的毒物，主要是机体的代谢物。它们在正常的生理活动中，由于机体解毒机制或排泄作用而不会发生毒性作用，但形成过多或不能解毒和排毒时即发生中毒。外源性毒物是指从外界进入机体的毒物。一般中毒都是外源性毒物引起的，主要是有毒植物、药物、农药、毒鼠药、化肥、除草剂等。

动物中毒的特点是大多发病迅速，且目前多数毒物尚无特异性的解毒药。在不确定毒物种类和性质时，往往采取一般性治疗措施。若明确诊断了毒物的种类和性质，应尽早使用特异性解毒药。中毒急救的基本原则如下：①排除毒物。根据毒物吸收的途径进行排除。对外用毒物已黏附在体表而尚未被吸收者，清理皮肤和黏膜；排除消化道内毒物的方式有催吐（犬用阿扑吗啡、猫选用隆朋或1%硫酸铜溶液等）、洗胃（首先对中毒动物进行镇静或麻醉，用胃管插入胃内，用37~40 ℃温开水或生理盐水溶液洗涤）、吸附（灌服药用炭）、轻泻（如灌服盐类泻剂）和灌肠等。②支持疗法。在没有特异性解毒药时，支持疗法能增强机体的代谢调节功能，降低毒性作用。如过度兴奋的病例应用镇静药；惊厥与痉挛时可静脉注射硫酸镁注射液；出血病例则进行止血；抢救休克，则补充血容量，纠正酸中毒；呼吸困难者可先清除分泌物，使呼吸通畅，再肌内注射尼可刹米；为维持电解质平衡，防止脱水，则进行静脉补液，如静脉注射5%葡萄糖溶液；预防并发症可适量应用抗生素。③对因治疗。如果确诊毒物的种类和性质，应尽早使用特异性解毒药。

根据作用特点和疗效，解毒药分为特异性解毒药和非特异性解毒药。

15.1 特异性解毒药

特异性解毒药可特异性地对抗或阻断毒物的毒性作用机制或效应而发挥解毒作用，而其本身多不具有与毒物相反的效应。本类药物特异性强，在中毒的治疗中占有重要地位。

15.1.1 有机磷解毒剂

【毒理】有机磷类可经消化道、呼吸道和皮肤渗入动物机体，与胆碱酯酶（ChE）结合，形成磷酰化胆碱酯酶，因而失去水解乙酰胆碱的活性，导致乙酰胆碱在体内大量蓄积，引起胆碱能神经支配的组织和器官出现过度兴奋的中毒症状，如流涎、全身肌肉震颤、呕吐、腹泻、瞳孔缩小、呼吸道分泌物增多等。严重者倒地昏迷不醒，癫痫样发作，最后因呼吸肌麻痹导致呼吸停止而死亡。

【解毒原理】除采用常规措施处理外，主要通过生理机能对抗及恢复ChE活性进行解毒。目前，常用的特异性解毒剂主要有两类：①生理对抗解毒剂。用于解除因乙酰胆碱蓄积所产生的中毒症状。主要是阿托品类的抗胆碱药，其解毒机理主要在于阻断乙酰胆碱对

M 受体的作用，使之不出现胆碱能神经过度兴奋的临床症状，但肌肉震颤现象仍存在。在应用阿托品解救有机磷类中毒时，越早越好，剂量可适当加大或重复用药。②胆碱酯酶复活剂。能使被抑制的 ChE 迅速恢复正常的药物。目前，常用的药物有碘解磷定、氯解磷定、双解磷、双复磷等，其结构中的醛肟基或酮肟基具有强大的亲磷酸酯作用，能将结合在 ChE 上的磷酸基夺过来，使 ChE 与结合物分离，恢复活性。

胆碱酯酶复活剂对有机磷的烟碱样作用治疗效果明显，而阿托品对由有机磷引起的毒蕈碱样作用中毒症状解除效果较强，因此在解救有机磷类药物严重中毒时两药常同时应用。

碘解磷定（Pralidoxime Iodide，解磷定、派姆）

【理化性质】本品为黄色颗粒状结晶或结晶性粉末，在水或热乙醇中溶解。

【药理作用】本品以其季铵基团直接与 ChE 的磷酰化基团结合，然后脱离 ChE，使 ChE 重新恢复活性。ChE 被有机磷抑制超过 36 h 时其活性难以恢复，所以应用 ChE 复活剂治疗有机磷类药物中毒时，早期用药效果较好。此外，本品还可与进入血液的有机磷化合物结合，形成无毒物质经肾排出。

【药动学】静脉注射后血中很快达到有效浓度，在肝、肾、脾、心等器官含量较高，肺、骨骼肌和血中次之。脂溶性差，不易透过血脑屏障，对缓解中枢神经症状无效，须与阿托品配合使用。一次给药，作用仅能维持 1.5 h 左右，所以每隔 2~3 h 重复给药，药量减半。静脉注射本品在肝内迅速代谢，经肾排出，在体内无蓄积作用。

【应用】用于解救多种有机磷中毒，但其解毒作用有一定的选择性。如对内吸磷、对硫磷、马拉硫磷效果好，对敌百虫、敌敌畏、乐果等效果略差，对氨基甲酸酯类杀虫剂中毒则无效。对轻度有机磷中毒，可单独应用本品或阿托品控制中毒症状；中度或重度中毒时，因本品对体内已蓄积的乙酰胆碱无作用，则必须合用阿托品；严重中毒时与胆碱酯酶复活剂联用。

【药物相互作用】①与阿托品合用，对控制有机磷中毒呈协同作用。②与碱性药物配伍易发生分解，降低药效。

【应用注意】①在碱性溶液中易分解，禁止与碱性药物配伍使用。②有机磷中毒，禁止使用油类泻剂促进排出。③联合使用阿托品时，阿托品的用量相应减少。④注射速度过快会产生呕吐、心动过速、共济失调；大剂量或注射速度过快时还可引起血压波动、呼吸抑制；如果药液漏注到血管外，有强烈的刺激性，用时须注意。⑤有机磷内服中毒的动物应先以 2.5%碳酸氢钠溶液彻底洗胃；由于消化道后部也可吸收有机磷，应用本品至少维持 48~72 h，以防延迟吸收的有机磷加重中毒程度，甚至致死。⑥用药过程中定时测定血液胆碱酯酶水平，作为用药监护指标。血液胆碱酯酶应维持在 60%以上，必要时应及时重复应用本品。⑦有机磷中毒时越早应用本品越好。⑧应遮光保存。因较难溶解，可加温 40~50 ℃或振摇助溶。溶解后不稳定，久置能释放出碘，释放出碘后不宜继续使用。⑨对碘过敏的动物禁用。

【制剂】碘解磷定注射液（静脉注射）。

氯解磷定（Pralidoxime Chloride，氯化派姆、氯磷定）

作用与碘解磷定相似，但其胆碱酯酶复活作用较强。作用快、副作用小，不能透过血脑屏障。对乐果无效,对内吸磷、对硫磷、敌百虫、敌敌畏中毒超过48~72 h也无效。常用氯解磷定注射液,静脉、肌内注射用于解救有机磷类药物中毒。

双解磷(Trimedoxime,TMB$_4$)

对胆碱酯酶的恢复作用比碘解磷定强3.5~6倍,作用持久,对缓解腹痛、呕吐等效果显著,不易透过血脑屏障,有阿托品样作用。副作用较大,对肝有损伤,故其应用不及氯解磷定好。其水溶性较好,常用其粉针剂,可配成5%溶液肌内注射或用葡萄糖生理盐水溶解后静脉注射。

双复磷(Obidoxime Toxogonin,DMO$_4$)

作用比双解磷还强1倍,较易透过血脑屏障,具有兴奋中枢的作用,对缓解中枢神经性中毒症状有明显的改善作用,副作用小。具有阿托品样作用,对有机磷所致的烟碱样和毒蕈碱样症状均有效。本品水溶性大,其注射液可供静脉或肌内注射。

15.1.2 氟乙酰胺解毒剂

氟乙酰胺、氟乙酸钠等是农业生产中广泛使用的杀虫剂、杀鼠剂。犬对这些药物非常敏感,其口服中毒致死量为0.05~0.2 mg/kg。犬、猫常因误食毒饵或吃了被毒死的鼠类而引起中毒。

氟乙酰胺进入机体后脱胺形成氟乙酸,氟乙酸与乙酰辅酶A作用,在缩合酶的作用下与草酰乙酸缩合生成氟柠檬酸,氟柠檬酸与柠檬酸结构相似,二者竞争三羧酸循环中的顺乌头酸酶,从而阻碍柠檬酸转变为异柠檬酸,使三羧酸循环中断,ATP生成不足,破坏组织细胞的正常功能。这种毒性作用发生于全身各组织细胞,尤其是对心脏和脑损伤最严重,因为这些组织对能量的要求最迫切。中毒犬、猫表现为过度兴奋,疯狂奔跑,肌肉震颤,四肢抽搐,呕吐,流涎,瞳孔散大,体温高达40.5~42 ℃,最后因呼吸抑制和心力衰竭而死亡。

乙酰胺(Acetamide,解氟灵)

【理化性质】本品为白色透明结晶。在水中极易溶,在乙醇或吡啶中易溶。

【作用与应用】对有机氟杀虫剂、杀鼠药氟乙酰胺、氟乙酸钠等中毒具有解毒作用,在体内与氟乙酰胺竞争酰胺酶后,使氟乙酰胺不能生成氟乙酸而达到解毒的目的。解毒机理是由于其化学结构与氟乙酰胺相似,乙酰胺的乙酰基与氟乙酰胺竞争酰胺酶后,使氟乙酰胺不能生成氟乙酸;乙酰胺被酰胺酶分解成乙酸,阻止氟乙酸对三羧酸循环的干扰,恢复组织正常代谢功能,从而消除有机氟对机体的毒性。

【应用注意】酸性强,肌内注射时引起局部疼痛,可与普鲁卡因或利多卡因合用,以减轻疼痛。

【制剂】乙酰胺注射液(肌内、静脉注射给药)。

15.1.3 金属及类金属解毒剂

【毒理】金属汞、锑、铬、银、铅、铜、锰或类金属砷等大量进入动物机体内,与组织蛋白质和酶系统中的巯基结合,抑制酶的活性,从而影响组织细胞的生理功能,出现一系列的中毒症状。

【解毒原理】金属和类金属中毒的解毒药多为络合剂，常用的有：①巯基络合剂。其共同特点是在碳上的两个活性巯基与金属有强大的亲和力，能与机体组织中蛋白质或酶的巯基竞争性地与金属结合，并能夺取组织中已被酶系统结合的金属原子，使体内失活的巯基酶恢复活性，解除重金属或类金属引起的中毒症状。常用的药物为二巯丙醇、二巯丁二钠、青霉胺等。②金属络合解毒剂。依地酸钙钠等能与金属离子形成可溶性无毒络合物，经尿排出。

二巯丙醇（Dimercaprol）

【理化性质】本品为无色或几乎无色、易流动的澄明液体，有强烈的蒜臭味。在甲醇、乙醇或苯甲酸苄酯中极易溶解，在水中溶解，但水溶液不稳定。

【药理作用】本品为竞争性解毒剂，可与体内的金属和类金属结合，夺取已与巯基酶结合的金属，形成不易解离的化合物经尿排出，使巯基酶恢复活性。最好在动物接触金属后 1~2 h 内用药，超过 6 h 则作用减弱。本品对急性金属中毒有效。动物慢性中毒时，由于被金属抑制过久的含巯基细胞酶活力已不可能再恢复，故疗效不佳。排铅效果不及依地酸钙钠，排铜效果不如青霉胺，对锑和铋无效。肌内注射后，血药浓度在 30 min 内达峰值，并维持 2 h，4 h 后几乎全部代谢、降解，以中性硫形式经尿迅速排出体外。

【应用】用于砷、汞、金等中毒的解救，对铅、银中毒效果较差。与依地酸钙钠合用，可治疗幼小动物的急性铅脑病，还能减轻由发泡性砷化物（战争毒气）引起的损害。

【应用注意】①仅供肌内注射，局部用药可引起疼痛、肿胀，应深部注射。②具有收缩小动脉作用，对机体其他酶系统也有一定的抑制作用。过量时可引起动物大量流涎、呕吐、震颤、抽搐、昏迷等，可用阿托品解救。③本品为竞争性解毒剂，应及早足量使用。④对肝、肾有损害作用，故肝、肾功能不全的动物慎用。碱化尿液可减少复合物重新解离，从而使肾损害减轻。⑤本品可与硒、铁等金属形成有毒复合物，其毒性作用强于金属本身，故本品应避免与硒或铁盐同时应用。最后一次使用本品后，至少经过 24 h 后才能应用硒、铁制剂。

【制剂】二巯丙醇注射液（肌内注射）。

依地酸钙钠（Calcium Disodium Edetate）

【理化性质】本品为白色结晶性或颗粒性粉末。在空气中易潮解，易溶于水。

【作用与应用】本品为氨羧络合剂，能与多种金属离子络合形成无活性的可溶性的环状络合物，由组织释放到细胞外液，经肾小球滤过后经尿排出，起解毒作用。本品与各种金属的络合能力不同，其中与铅络合最好，对汞和砷无效。本品为无机铅中毒的特效药；也可用于铜、锰、铬、镉、钴、镍中毒的解救。

内服不易吸收。静脉注射后几乎全部分布于血液和细胞外液而不能进入细胞内，脑脊液中分布极微。在体内几乎不进行代谢，经肾小球过滤后，经尿很快排出。

【应用注意】①对贮存于骨内的铅有明显的络合作用，而对软组织和红细胞中的铅，则作用较小。②能动员骨铅并与之络合，而肾又不可能迅速排出大量的络合铅。所以超剂量应用本品，不仅对铅中毒的治疗效果不佳，且可引起肾小管上皮细胞损害、水肿，甚至急性肾功能衰竭。③对各种肾病患畜和肾毒性金属中毒动物应慎用，对少尿、无尿和肾功能不全的动物应禁用。不应长期连续使用本品。④动物试验证明，本品可增加小鼠胚胎畸变率，但增加饲料和饮水中的锌含量则可预防之。⑤对犬具有严重的肾毒性，但致死量较大(12 g/kg)。

【制剂】依地酸钙钠注射液(皮下注射)。

二巯丙磺钠(Sodium Dimercaptopropane Sulfonate)

本品与二巯丙醇相似，但对急性汞中毒效力较好，为汞中毒的特效药。除对砷、汞中毒有效外，对铋、铬、锑也有效。毒性较小，不良反应较二巯丙醇少，偶有过敏反应。常用二巯丙磺钠注射液，可肌内、静脉注射和内服给药。静脉注射速度过快时可引起呕吐、心动过速等，故一般多采用肌内注射，静脉注射时速度宜慢。

二巯丁二钠(Sodium Dimercaptosuccinate)

【理化性质】本品为白色至微黄色粉末，有类似蒜的特臭。水溶液为无色或微红色，不稳定。

【作用与应用】本品为我国创制的广谱金属解毒剂，毒性较小，无蓄积作用。排铅作用不亚于依地酸钙钠，能使中毒症状迅速缓解；对锑的解毒作用最强，为锑中毒的特效药；对汞、砷的解毒作用与二巯丙磺钠相同；对酒石酸锑钾的解毒效力较二巯丙醇强 10 倍以上。临床常用注射用二巯丁二钠，主要用于锑、汞、砷、铅中毒；也可用于铜、锌、镉、钴、镍、银等金属中毒。

【应用注意】①不能用于铁中毒，否则可增加毒性。②注射用粉针在溶解后应立即使用，久置后毒性增大；也不可加热。如溶液发生浑浊，或呈土黄色后，则不可使用。

青霉胺(Penicillamine，二甲基半胱氨酸)

本品为青霉素分解产物，属单巯基络合剂。N-乙酰-DL-青霉胺为青霉胺的衍生物，毒性较低。能络合铜、铁、汞、铅、砷等，形成稳定和可溶性复合物由尿迅速排出。内服吸收迅速，副作用较小，不易破坏。对铜中毒的解毒效果强于二巯丙醇，为铜中毒的特效药；对铅和汞中毒的解毒作用不如依地酸钙钠和二巯丙磺钠。毒性低于二巯丙醇，无蓄积作用。汞中毒解救时，用 N-乙酰-DL-青霉胺优于青霉胺。临床常用青霉胺片，用于铜中毒及轻度重金属中毒，还可在其他络合剂有禁忌时选用。汞中毒可用 N-乙酰-DL-青霉胺。不良反应较多，一般反应停药后可恢复，但长期用药可致肾功能障碍、皮肤损害及血液系统严重反应。

去铁胺(Deferoxamine，去铁敏)

本品是由多毛链霉菌(*Streptomyces pilosus*)的发酵液中提取的天然产物。

【作用与应用】本品属羟肟酸络合剂，羟肟酸基团与游离或结合于蛋白的三价铁(Fe^{3+})和铝(Al^{3+})形成稳定、无毒的水溶性铁胺和铝胺复合物(在酸性条件下结合作用加强)，经尿排出。能清除铁蛋白和含铁血黄素中的铁离子，但对转铁蛋白中的铁离子清除作用不强，更不能清除血红蛋白、肌球蛋白和细胞色素中的铁离子。主要作为急性铁中毒的解毒药。

【应用注意】①由于本品与其他金属的亲和力小，故不适于其他金属中毒的解毒。

②用药后可出现腹泻、心动过速、腿肌震颤等症状。③严重肾功能不全的动物禁用；老年动物慎用。

【制剂】注射用去铁胺(肌内、静脉注射)。

15.1.4　亚硝酸盐解毒剂

如果蔬菜贮存、加工处理过程不当，如腌制咸菜、酸菜后硝酸盐转化为亚硝酸盐，易使人或动物中毒。另外，误食硝酸铵(钾)等化肥可产生中毒。

【毒理】亚硝酸盐属于氧化剂毒物，亚硝酸根离子能将亚铁血红蛋白氧化成高铁血红蛋白。高铁血红蛋白含 Fe^{3+}，常与羟基牢固结合而不能接受氧分子，失去携氧能力，使血液不能向组织供氧而中毒。临床症状表现为呼吸困难、黏膜发绀，血液呈酱油色，最后窒息死亡。

【解毒机理】应用高铁血红蛋白还原剂(如亚甲蓝)，将高铁血红蛋白还原为亚铁血红蛋白，恢复其运氧功能。维生素 C 和葡萄糖也有弱的还原作用，在解救高铁血红蛋白症时可同时应用。

亚甲蓝(Methylthioninium Chloride，美蓝)

【理化性质】本品为深绿色、有铜光泽的柱状结晶或结晶性粉末。易溶于水和乙醇。

【药理作用】本品既有氧化性，又有还原性，其作用与剂量相关。小剂量(1～2 mg/kg)在体内脱氢辅酶作用下，转变为还原型白色亚甲蓝，后者可将高铁血红蛋白还原成亚铁血红蛋白，恢复其运氧的功能。大剂量(5～10 mg/kg)时在血中形成高浓度亚甲蓝，还原型辅酶Ⅱ(NAPDH)脱氢酶的生成量不能使亚甲蓝全部转变为还原型亚甲蓝，此时血中高浓度的氧化型亚甲蓝则可使血红蛋白氧化为高铁血红蛋白。高浓度亚甲蓝的氧化作用可用于解救氰化物中毒，其原理与亚硝酸钠相同，但作用不如亚硝酸钠强。

【药动学】内服不易自胃肠道吸收。在组织中可迅速被还原为还原型亚甲蓝，并部分被代谢。亚甲蓝、还原型亚甲蓝及代谢产物均经尿缓慢排出，肠道中未吸收部分经粪排出，尿和粪可被染成蓝色。

【应用】小剂量(1～2 mg/kg)注射用于亚硝酸盐中毒及其他原因引起的高铁血红蛋白症的治疗。大剂量(10 mg/kg)用于氰化物中毒，应与硫代硫酸钠交替使用。

【应用注意】①本品注射液刺激性强，可引起组织坏死，故禁止皮下或肌内注射。②本品溶液与多种药物、强碱溶液、氧化剂、还原剂和碘化物存在配伍禁忌，故不得与其他药物混合注射。③静脉注射速度过快可引起呕吐、呼吸困难、血压下降、心率加快和心律失常。④用药后尿液呈蓝色，有时可产生尿路刺激症状。

15.1.5　氰化物解毒剂

【毒理】在正常生理状态时，细胞色素氧化酶是生物氧化体系中的一种含 Fe^{2+} 色素酶，Fe^{2+} 色素在带氧时失去电子被氧化为 Fe^{3+} 色素，当 Fe^{3+} 色素中的氧被组织细胞利用后又得到电子还原为 Fe^{2+}。

动物食入含氰苷的植物或误食氰化物可引起中毒。中毒时氰离子(CN^-)能迅速与氧化型细胞色素氧化酶的 Fe^{3+} 结合，形成氰化细胞色素氧化酶，从而阻碍该酶的还原，抑制其活性，使组织细胞不能及时获得足够的氧，造成组织细胞缺氧而中毒。组织缺氧首先引起脑、心血管系统损害和电解质紊乱。对氰化物,牛最敏感,其次是羊、马和猪。动物中毒后表现流涎、呕吐、心跳加快、黏膜鲜红、瞳孔散大、呼吸困难。重者抽搐、惊厥,常于几分钟内死亡。死前放血或死后血液呈鲜红色。

【解毒机理】一般采用亚硝酸钠-硫代硫酸钠联合解毒。先用3%亚硝酸钠或亚硝酸异戊酯,使部分亚铁血红蛋白氧化为高铁血红蛋白,由于高铁血红蛋白的 Fe^{3+} 与氰化物有高度亲和力,结合成氰化高铁血红蛋白,可以阻止氰化物与组织的细胞色素氧化酶结合,又因所形成的高铁血红蛋白还能夺取已与细胞色素氧化酶结合的 CN^-,恢复酶的活性,从而产生解毒作用,但因氰化高铁血红蛋白仍可部分离解出 CN^- 产生毒性,所以还应进一步用硫代硫酸钠解毒。

亚硝酸钠(Sodium Nitrite)

【理化性质】本品为无色或白色至微黄色结晶。易溶于水,水溶液不稳定。

【作用与应用】本品为氧化剂,用于解救氰化物中毒。可使血红蛋白中的 Fe^{2+} 氧化成 Fe^{3+},形成高铁血红蛋白,后者中的 Fe^{3+} 与 CN^- 的亲和力比氧化型细胞色素氧化酶的 Fe^{3+} 强,可使已与氧化型细胞色素氧化酶结合的 CN^- 重新解离,恢复酶的活性。但高铁血红蛋白与 CN^- 结合后形成的氰化高铁血红蛋白,在数分钟后又逐渐解离,释出的 CN^- 又重现毒性,仅能暂时性地解除氰化物对机体的毒性,故应接着注射硫代硫酸钠。

【应用注意】①有扩张血管作用,注射速度过快可致血压降低、心动过速、出汗、休克和抽搐,故注射速度不宜过快。注射时出现严重不良反应应立即停药。②可引起血压下降,应密切注意血压变化。③用量不宜过大,否则因形成高铁血红蛋白血症而出现紫绀、呼吸困难等亚硝酸盐中毒的缺氧症状,可用亚甲蓝解救。④应用本品后,还应再静脉注射硫代硫酸钠。⑤马属动物慎用。⑥由于亚硝酸钠容易引起高铁血红蛋白症,故不宜重复给药。

硫代硫酸钠(Sodium Thiosulfate)

【理化性质】本品为无色、透明的结晶或结晶性细粒。极易溶于水,在乙醇中不溶。

【作用与应用】本品在肝内硫氰生成酶的催化下,与体内游离的或已与高铁血红蛋白结合的 CN^- 结合,变为无毒的硫氰酸盐排出体外,用于解救氰化物中毒。但不能直接先用它,因为它和 Fe^{3+} 亲和力不强,结合速度极慢,来不及急救。本品还具有还原剂特性,在体内与多种金属、类金属形成无毒硫化物由尿排出,所以也用于碘、砷、汞、铅、铋等中毒,但疗效不及二巯丙醇。常用硫代硫酸钠注射液,静脉、肌内注射给药。

【应用注意】①解毒作用缓慢,应先静脉注射亚硝酸钠(或亚甲蓝),再缓慢注射本品,但不能将两种药液混合静脉注射。②对内服中毒动物,还应使用本品的5%溶液洗胃,并保留适量溶液于胃中。

15.1.6　其他毒物中毒的解救

15.1.6.1　敌鼠钠中毒与解救

敌鼠钠又名灭鼠灵、华法林,是一种强力抗凝血药。维生素K是肝脏合成凝血酶原和凝血因子所需生物酶的组成部分,由于敌鼠钠所含羟基香豆素的结构与维生素K相似,可竞争生物酶,使凝血酶原和凝血因子减少,血凝时间延长。中毒动物表现为多处出血,口腔黏膜、鼻和齿龈出血,随着出血量的增加,可视黏膜苍白、抽搐、昏迷死亡。解救时静

脉注射维生素 K_1、维生素 K_3。

15.1.6.2　蛇毒中毒与解救

犬、猫等动物在野外活动时易被毒蛇咬伤，会引起急性中毒。蛇毒含有多种成分，如神经毒素、血液毒素、心脏毒素、细胞毒素和酶等。神经毒素释放乙酰胆碱，导致神经肌肉传导阻滞，肌肉麻痹、呼吸停止及死亡。血液毒素含有凝血毒素和抗凝血毒素，使血液失去抗凝血和促凝血功能。心脏毒素使心肌细胞去极化，引起心力衰竭。细胞毒素使细胞坏死溶解。解救毒蛇咬伤，除了进行必要的伤口处理外，还要静脉注射单价或多价抗蛇毒血清。

15.1.6.3　巴比妥盐中毒与解救

巴比妥类药物主要有苯巴比妥钠、戊巴比妥钠、硫喷妥钠，临床用于镇静、抗惊厥和麻醉，当使用不当或过量时引起动物中毒。本类药物为巴比妥酸的衍生物，后者能抑制丙酮酸氧化酶系统，从而抑制中枢神经系统。大剂量可直接抑制延脑呼吸中枢，引起死亡。中毒的犬、猫表现为呼吸浅表，所有刺激反射消失，瞳孔散大，四肢僵直，体温低于正常。除吸入含 5% 二氧化碳的氧气外，应用延脑兴奋药（如尼可刹米、贝美格等）进行解救。

15.1.6.4　士的宁中毒与解救

士的宁属于中枢神经兴奋药，由于安全量极小，在临床使用时可因用量过大或多次应用蓄积而引起中毒。动物表现为对外界刺激反应敏感、肌肉抽搐、呼吸困难、强直性痉挛、瞳孔散大，最后呼吸麻痹窒息死亡。出现明显中毒症状时，立即静脉注射苯巴比妥钠或戊巴比妥钠解救。

15.2　非特异性解毒药

非特异性解毒药又称为一般解毒药，是指能阻止毒物继续被吸收和促进排出的药物，对多种动物中毒均可应用。但由于其不具有特异性，所以仅作为解毒的辅助治疗。常用以下几类药物。

（1）中和剂

使用酸性药物中和碱性毒物，使用碱性药物中和酸性毒物。如动物食入磷化锌中毒后，立即用碳酸钠中和胃酸，减少磷化氢的生成。但应该注意，在使用中和剂时必须了解毒物的性质，否则反而加重毒性。常用的酸性解毒剂如 0.5%~1% 稀盐酸、醋酸等，碱性解毒剂如碳酸氢钠溶液、氧化镁和肥皂水等。

（2）氧化剂

使用氧化剂以破坏生物碱、糖苷和氰化物等，使毒物毒性减弱或消失，从而达到解毒的目的。常用的氧化剂为 1% 高锰酸钾溶液。但有机磷毒物禁止使用氧化剂，否则会使毒物毒性增强。

（3）拮抗剂

利用药物和毒物之间的拮抗作用来达到解毒的目的。常用的拮抗剂有阿托品、莨菪碱类、毛果芸香碱、新斯的明等。巴比妥类药物与士的宁、安钠咖、尼可刹米等药物有拮抗作用。

（4）吸附剂

使用吸附剂以吸附毒物，减少毒物在体内的吸收，达到解毒的目的。吸附剂一般不溶于水，机体不易吸收，除氰化物中毒外均可应用。但吸附剂不能改变毒物性质，时间过长，毒物会从吸附剂中脱离，所以应配合泻剂使毒物排出体外。常用的吸附剂为药用炭，配成2%~5%混悬液灌服(见本书5.6.2止泻药)。

（5）对症治疗药

针对治疗过程中出现的危急症状采取紧急措施，包括预防惊厥，维持呼吸机能，维持体温，治疗休克，减轻疼痛，调节电解质和体液，增强心脏机能等。常用兴奋药、镇静药、强心药、利尿药、镇痛药、止血药、降温药、补血药和补液药等。如腹泻、呕吐和食欲废绝后为了维持电解质平衡、防止脱水，常采用5%葡萄糖或生理盐水等静脉注射；防止心功能紊乱用葡萄糖加维生素C。

本章小结

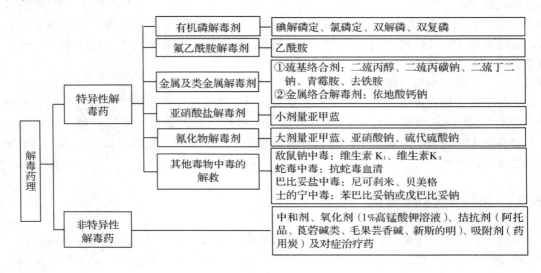

思考题

1. 当动物出现中毒症状，未确诊是何种毒物中毒时，采取哪些常规处理措施？
2. 试述有机磷类药物中毒的机理、临床表现、解毒机理及常用解毒药。
3. 简述氰化物和亚硝酸盐中毒的机理、临床表现、解毒机理及常用解毒药。
4. 常见金属及类金属中毒的特效解毒药有哪些？主要应用有何不同？
5. 敌鼠钠、蛇毒、巴比妥类药物、士的宁中毒时各采用什么措施进行解毒？
6. 某兽医同时遇到两头牛中毒，经诊断，一头牛是亚硝酸盐中毒，另一头牛是氢氰酸中毒。他马上对第一头牛按10 mg/kg体重静脉注射了亚甲蓝溶液，对另一头牛只注射了1 mg/kg体重的亚甲蓝溶液进行抢救，你认为对吗？为什么？你如何抢救？

（田二杰）

参考文献

陈杖榴，曾振灵，2018. 兽医药理学［M］. 4 版 . 北京：中国农业出版社.

李继昌，2008. 宠物药理［M］. 北京：中国农业科学技术出版社.

邱深本，李喜旺，2010. 动物药理［M］. 北京：化学工业出版社.

芮萍，2020. 兽医药理学［M］. 北京：科学出版社.

吴俊伟，2017. 兽医药理学［M］. 重庆：西南师范大学出版社.

杨宝峰，2016. 药理学［M］. 8 版 . 北京：人民卫生出版社.

杨雨辉，邵卫星，2011. 兽医药理学［M］. 北京：中国农业出版社.

曾振灵，2012. 兽药手册［M］. 北京：化学工业出版社.

张西臣，李建华，2010. 动物寄生虫病学［M］. 3 版 . 北京：科学出版社.

中国兽药典委员会，2016. 中华人民共和国兽药典(2015 年版 一部)［M］. 北京：中国农业出版社.

中国兽药典委员会，2017. 兽药质量标准(2017 年版 化学药品卷)［M］. 北京：中国农业出版社.

PLUMB D C，2015. Plumb's Veterinary Drug Hangbook［M］. 8th ed. Blackwell Publishing.

RIVIEREJ E，PAPICH M G，2012. 兽医药理学与治疗学［M］. 操继跃，刘雅红，译 . 北京：中国农业出
版社.

兽医药理学知识点速记歌诀

　　本歌诀克服了兽医药理学难懂难记的缺点，将各种药物的药理特点及应用编写成歌诀，朗朗上口，容易记忆。歌诀中的小部分内容是参考人医药理教师编写的歌诀，但大部分是作者根据兽医药理学的实际情况及特点编撰而成的。

　　药物不良反应速记：药物不良反应可以通过串联的一句话"服毒后继变特异"进行迅速记忆，这里"服"取谐音代表副作用；"毒"代表毒性反应；"后"代表后遗效应；"继"代表继发性反应；"变"代表变态反应；"特异"代表特异质反应。

　　离子陷阱机制的速记："酸酸少易，酸碱多难"解释为："酸酸少易"指弱酸性药物在酸性体液中解离少，容易透过细胞膜；"酸碱多难"指弱酸性药物在碱性体液中解离多，则很难透过细胞膜。例如，临床上弱酸性药物巴比妥类中毒时，治疗时可用碳酸氢钠碱化血液、尿液，促使药物从脑组织向血浆转移，并加速药物经尿排出，用于解救药物中毒。

　　胆碱能神经兴奋效应速记：抑制心血管，兴奋平滑肌，缩瞳睫痉挛，促进腺分泌，皆符合此规律，唯有括约肌。

　　去甲肾上腺素能神经兴奋效应速记：兴奋心血管，抑制平滑肌，散瞳睫松弛，腺体泌稠液，皆符合此规律，肝冠骨括异（肝脏、冠脉、骨骼肌的血管和括约肌表现不同）。

　　M 样作用速记歌诀：血管扩，心率慢，血压降，身出汗，肠胃痉，气管挛，瞳孔小，口流涎（注：痉挛指收缩）。

　　N 样作用速记歌诀：N_1 受体神经节，N_2 受体骨骼肌。N_2 兴奋肌收缩，N_1 兴奋促分泌。节后神经分两类，同是兴奋现象异，谁为主导谁显力。N_1 阻断血压降，N_2 阻断肌松弛。心率减慢气管缩，呼吸麻痹要警惕。

　　氨甲酰胆碱速记歌诀：氨甲酰胆碱 MN，平滑肌的作用强，用它治疗肠胃病，积食便秘胃弛缓，用它治疗产科病，分娩娩后宫弛缓，胎衣不下宫蓄脓，皮下注射它能管（注：氨甲酰胆碱 MN 指氨甲酰胆碱即可作用于 M 受体，又可作用于 N 受体）。

　　氨甲酰甲胆碱速记歌诀：乌拉胆碱 M 样，作用胃肠与膀胱；术后气胀尿潴留，皮下注射可管用。

　　毛果芸香碱与新斯的明速记歌诀：拟胆碱药分两类，兴奋受体抑制酶；匹罗卡品作用眼，外用治疗青光眼；食道梗塞前胃缓，皮下注射它能管；虹膜炎症用匹罗，阿托交替效果显；新斯的明抗酯酶，主治重症肌无力；术后气胀尿潴留，胎衣不下宫无力。

　　阿托品速记歌诀：阿托品能抗胆碱，松弛平滑抑制腺；眼压升高瞳孔扩，麻痹心脏可激活；量大改善微循环，中枢兴奋须防范；作用广泛有利弊，应用注意心血管。临床用途有四点，胃肠绞痛立即缓；抑制分泌麻醉前，散瞳可把眼底检；防止"虹晶黏"，能治心动缓；感染休克解痉挛，有机磷中毒它首选。

　　东莨菪碱速记歌诀：镇静显著东莨菪碱，马用该药兴奋显，应用量大犬不安，运动失调可显现，基本作用同阿托，只是不用它点眼。

　　琥珀胆碱速记歌诀：琥珀胆碱肌松弛，除极持久复不易；捕捉保定辅麻醉，年老妊娠是禁忌；眼耳头颈四肢肌，先后松弛有顺序；用药前用阿托品，抑制分泌保呼吸；躯干膈肌麻痹时，输氧抢救强心剂。

　　肾上腺素速记歌诀：α、β 受体兴奋药，肾上腺素是代表；血管收缩血压升，局麻用它延时间；局部止血效明显，过敏休克当首选；心脏兴奋气管扩，哮喘持续它能缓；心跳骤停用"三联"，应用注意心血管；α 受体被阻断，升压作用能翻转（注：三联指肾上腺素 1 mg、异丙肾上腺素 0.5~1 mg、去甲肾上腺素 1 mg 混合称为三联针，此为人医使用剂量，具体动物应换算使用）。

　　麻黄碱速记歌诀：麻黄主要可平喘，还可治疗鼻膜炎；两种受体都作用，反复使用耐受性。

　　去甲肾上腺素速记歌诀：正肾强烈缩血管，升压作用不翻转，只能静滴要缓慢，引起肾衰很常见，用药期间看尿量，休克早用间羟胺（注：正肾指去甲肾上腺素）。

　　异丙肾上腺素速记歌诀：异丙扩张支气管，哮喘急发它能缓；治疗休克扩血管，血容补足效才显；兴奋心脏复心跳，加速传导律不乱。

　　α 受体阻断药速记歌诀：α 受体阻断药，酚妥拉明酚苄明；扩张血管治栓塞，血压下降增胃酸；NA 释放增心力，治疗休克及心衰。

　　β 受体阻断药速记歌诀：β 受体阻断药，普萘洛尔是代表；临床治疗高血压，心律失常可用到；三条禁忌记心间，哮喘心衰心动缓。

　　作用传出神经药在休克治疗中的应用速记：

　　药物的种类：抗休克药分两类，舒缩血管有区分；正肾副肾间羟胺，收缩血管为一类；莨菪碱类异丙肾，加上 α 受体阻断剂；还有一类多巴胺，扩张血管促循环（注：副肾指肾上腺素）。

　　常见休克的药物选用：过敏休克选副肾，配合激素疗效增；感染用药分阶段，扩容纠酸抗感染；早期需要扩血管，异丙肾为首选；后期治疗缩血管，间羟胺替代正肾。心源休克须慎重，选用"二胺"方能行（注："二胺"指多巴胺和间羟胺）。

　　局部麻醉药速记歌诀：丁卡表麻毒性大，普卡安全不表麻；利多全能要慎选，室性律乱常用它。

　　吸入性麻醉药速记歌诀：氟烷乙醚恩氟烷，吸入麻醉常用药；记住各药优缺点，使用起来能奏效；氟烷强快刺激少，兴奋迷走减心跳；乙醚安全毒性小，刺激分泌呼吸道；强效吸入恩氟烷，使用肝肾损害小；诱导苏醒都迅速，呼吸循环有负效。

　　戊巴比妥速记歌诀：镇静、麻醉戊巴比妥，镇痛不能用该药；作用脑网上激活，循环呼吸起负效；凝血延长苏醒慢，血沉加快红白少；中小动物全身麻，牛马复合配伍药（注：脑网上激活指脑干网状结构上行激活系统，红白少指血液中红细胞和白细胞减少，牛马复合配伍药指牛马复合麻醉的配伍用药）。

　　硫喷妥钠速记歌诀：硫喷妥钠高亲脂，血脑屏障通过易；基础麻醉惊厥抗，治疗脑炎破伤风；呼吸作用被抑制，选用戊四氮可行。

　　氯胺酮速记歌诀：分离麻醉氯胺酮，作用快短亲脂强；全麻基础与保定，驴骡禽类不可用（注：作用快短指产生作用快，持续时间短）。

　　地西泮速记歌诀：抗惊镇静又催眠；苯二氮䓬类地西泮；术前给药肌松弛，用它治疗畜癫痫；镇静用它马敏感，增加食欲猫与犬；士的宁中毒它可救，破伤风治疗它可行。

溴化物速记歌诀：大脑皮层溴抑制，呈现镇静抗惊厥；溴化钙解救盐中毒，还可辅疗过敏病。

硫酸镁注射液速记歌诀：Ca^{2+} Mg^{2+}肌内注射性相似，临床应用互拮抗；Ca^{2+}增肌力Mg^{2+}松弛，影响神肌胆碱放（注：Ca^{2+} Mg^{2+}肌内注射性相似指肌内注射性质相似。神肌胆碱放指影响神经肌肉突触乙酰胆碱的释放）。

非麻醉性镇痛药速记歌诀：隆朋还有静松灵，非麻醉性能镇痛；中枢神经被抑制，镇痛镇静肌肉松；复合麻醉与保定，应用此药显神通。

咖啡因速记歌诀：皮层兴奋安钠咖，中枢抑制应用它，临床强心治日热，溴安合用疗马疝（注：治日热指治疗日射病和热射病。溴安合用疗马疝指安钠咖与溴化物合用治疗马的痉挛疝）。

兴奋呼吸中枢药速记歌诀：多沙普伦回苏灵，尼可刹米戊四氮；解救中毒与溺水，兴奋呼吸提敏感；吗啡中毒选刹米，比妥中毒选四氮；多沙普伦新型药，难产仔畜麻醉安（注：兴奋呼吸提敏感指兴奋呼吸中枢，提高呼吸中枢对CO_2敏感性；难产仔畜麻醉安指难产或剖腹产后新生仔畜呼吸刺激，解救麻醉药所致的呼吸中枢抑制）。

士的宁速记歌诀：脊髓兴奋士的宁，后躯麻痹治疗行；阴茎脱垂链中毒，用它治疗毒脱停，长期应用蓄积重，中毒巴比妥使用（注：用它治疗毒脱停指可用士的宁治疗链霉素中毒和阴茎脱垂）。

强心苷类药物速记歌诀：强心苷类慢中快，增强心力游离钙；慢速洋地黄毒苷，中速强心地高辛；急性心衰急发作，快速毒毛花苷K；正性肌力最根本，心力衰竭适应证；减慢心率和传导，房颤房扑阵发性；毒性反应三方面，心律失常要送命；维持疗法地高辛，禁钙补钾牢记心。

抗心律失常药物速记歌诀：抵抗心律失常药，兽医临床应用少；心苷中毒苯妥英，房颤房扑地高辛；缓慢失常阿托品，室律不齐"利卡因"；心动过速室上性，普卡因胺奎尼丁（注："利卡因"指利多卡因）。

止血药速记歌诀：产后出血鼻出血，缩毛血管安络血；凝血酶原缺乏症，选用维K来纠正；Ⅱ、Ⅶ、Ⅸ、Ⅹ合成多，肝功不良减效果；纤溶亢进出血症，氨甲苯酸可纠正；作用较强毒性低，血栓形成要注意。

抗凝血药速记歌诀：血栓疾病需抗凝，肝素作用强快灵；抗凝适用体内外，鱼精蛋白拮抗快；双香豆素仅体内，过量中毒加维K；枸橼酸钠用体外，大量输血防低钙。

健胃药速记歌诀：健胃药物有三类，芳香苦味和盐类；龙胆大黄马钱子，牛马饲前觉苦味；量大期长疗效减，多类交替疗效显；芳香健胃多调料，陈皮桂皮小茴香，豆蔻辣椒蒜和姜；盐类健胃人工盐，碳酸氢钠与食盐；内服食盐量效异，小健大泻猪禽敏；碳酸氢钠是弱碱，内服健胃中和酸；冲洗污物疗炎症，碱化尿液还祛痰。

健胃药及助消化药选用速记歌诀：马属动物若口干，色红苔黄粪小干，就选苦味健胃药；马属动物若口湿，色青舌白粪松软，就用芳香人工盐；消化不良有发酵，配合芳香制酵药；吮乳幼畜若不良，胰酶、乳酶使用妙；草食动物不吃料，胃蛋白酶伍盐酸；杂食猪若食欲减，大黄苏打人工盐。

抗酸药速记歌诀：氢氧化铝氧化镁，氢氧化镁碳酸钙，均为碱性无机物，中和胃酸治溃疡；抗胆碱药溴丙胺，甲吡戊疼抑胃酸（注：溴丙胺指溴丙胺太林，甲吡戊疼指甲吡戊疼平）。

　　催吐药速记歌诀：中枢催吐阿扑吗，刺激催吐硫酸铜；犬猫中毒需急救，排出毒物催吐用。

　　瘤胃兴奋药速记歌诀：拟胆碱药浓盐水，兴奋瘤胃防弛缓。

　　制酵药与消沫药速记歌诀：制酵甲醛鱼石脂，消沫硅油松节油；大蒜也可来制酵，植油也可把沫消。

　　容积性泻药速记歌诀：容积泻药均为盐，硫酸镁钠与食盐；下泻浓度合适选，防止过高发肠炎；小肠便秘不能用，防止肠臌胃扩张。

　　润滑性泻药速记歌诀：润滑泻药均为油，动植物油矿物油；作用缓和且持久，不能用它排毒物；影响钙磷吸收难，还有脂溶维生素。

　　刺激性泻药速记歌诀：刺激泻药多植物，肠内解出刺激物；大黄芦荟番泻叶，还有蓖麻和巴豆；人工合成一轻松，均能刺激肠下泻；内服大黄量效异，小健大泻中泻止（注：大黄小剂量内服，具有健胃作用；中等剂量内服，具有收敛止泻作用；大剂量内服，产生下泻作用）。

　　泻药的选择应用速记歌诀：小肠便秘早中期，选择泻药是油剂；大肠便秘早中期，盐油配合盐黄剂；肠音微弱选"神"剂，排毒驱虫用盐剂；油类泻药药性缓，便秘后期是首选；肠音废绝肠臌胀，外科手术可帮忙（注：肠音微弱选"神"剂指选择拟胆碱类的神经性泻药）。

　　止泻药选择速记歌诀：毒物腹泻先吸附，后用盐泻排毒物；细菌腹泻先抗菌，配合吸附止下泻；腹泻后期应收敛，严重肠炎需补液，腹泻不止伴腹痛，阿托品阿片和颠茄。

　　止吐药速记歌诀：中枢止吐舒必利，晕动止吐晕海宁；氯苯甲嗪抗晕动，犬猫过敏止吐行；药物呕吐胃不适，可用甲氧氯普胺；使用该药应注意，犬猫应用忌妊娠。

　　祛痰药速记歌诀：乙酰半胱碘化钾，桔梗远志氯化铵；祛痰药物动物用，反刍动物不明显，祛痰利尿氯化铵，兴奋迷走稀释痰；祛痰药物碘化钾，机制如同氯化铵，桔梗远志含皂苷，刺激分泌稀释痰；乙酰半胱含巯基，痰内硫键被切断。

　　镇咳药速记歌诀：喷托维林可待因，作用中枢镇咳行；喷托维林不上瘾，干咳湿咳都能清，甲基吗啡易上瘾，只用干咳已少用；苦杏产生氢氰酸，作用中枢平喘咳；复方甘草川贝母，作用外周能镇咳。

　　平喘药速记歌诀：异丙肾上安茶碱，异丙阿托麻黄碱；松弛气管平滑肌，哮喘症状立即缓。

　　利尿药速记歌诀：利尿药物强中弱，作用肾脏钠排出；严重水肿肾衰竭，宜选速尿来急救；中效双克常用到，心性水肿效果好；留钾利尿弱效差，各型水肿伍用它；强中谨防"四一症"，弱效注意钾过剩［注：强中弱指强效利尿药、中效利尿药和弱效利尿药。"四一症"指强效利尿药的四低一高症（低血容量、低血钾、低血钠、低氯性碱中毒、高尿酸血症）和中效利尿药的四高一低症（高血氨、高血糖、高尿素氮血症、高尿酸血症、低血钾）］。

　　脱水药速记歌诀：组织水肿甘露醇，脱水利尿都有效；相同作用山梨醇，肝脏代谢效果差。

　　雄性激素速记歌诀：雄性激素丙酸睾酮，还有甲基睾丸素；睾素维持雄性征，保证精子育正常；增加蛋白肌增长，对抗雌素抑母情；骨质致密体重增，刺激生成红细胞；妊娠母畜禁止用，损害胎儿在雌性；诺龙蛋白同化剂，促进蛋白骨增长；应用严重寄生虫，糖皮过量组损伤；营养不良动物弱，骨折创伤犬瘟热。

雌性激素速记歌诀： 雌性激素雌二醇，促进母畜性器育；蛋白合成能促进，剂量不同作用殊；剂量过大抑泌乳，小量增垂促黄素；牛不发情小催情，胎衣不下宫内脓；前列肥大尿失禁，诱导泌乳过度情。

孕酮速记歌诀： 孕酮抑制子宫缩，关闭颈口抑发情；同期发情防流产，孕卵着床激乳腺。

卵泡刺激素： 卵泡刺激素，促卵成熟与排卵，促精生成与成熟；母畜发情同期化，超数排卵使用它；公畜精子密度低，卵巢停育可使用。

黄体生成素速记歌诀： 黄体成素对母畜，协同卵泡刺激素；引起排卵生黄体，促进产生雌激素；黄体成素对公畜，增加性欲泌睾素；协同卵泡刺激素，精液量多形成促。

马促性素速记歌诀： 马促性素对母畜，作用如同卵泡刺激素；诱导发情和排卵，超数排卵多胎促；应用公畜提性欲，增加分泌雄激素。

子宫收缩药速记歌诀： 选择子宫兴奋药，用缩宫素很安全，少量使用可催产，大量止血宫复原，产前产后均可用，产后复原用角碱(注：角碱指麦角新碱)。

前列腺素速记歌诀： 地诺前列素作用，溶解黄体缩子宫；同期发情马牛羊，增加公畜精液量；断奶母猪发情早，排出死胎宫内脓；氯前列醇主用牛，它和地诺是等同，氟前列醇溶黄体；毒性最低作用强，母马假妊娠终止，并可促进同期情(注：毒性最低作用强指在前列腺素的制剂中，氟前列醇溶解黄体的作用最强，毒性最低)。

抗过敏药速记歌诀： H_1 受体阻断药，苯海拉明是代表；皮肤黏膜过敏症，选用此药可纠正；治疗兴奋和止吐，作用较强正对路；不良反应比较少，口干嗜睡常见到。

H_2 受体阻断药速记歌诀： 替丁类药抑胃酸，治疗胃炎胃溃疡。

糖皮质激素速记歌诀： 激素复杂但易记，密码54321；一进一退五诱发，临床应用要熟记；牛酮血症羊毒血，感染疾病毒血症；皮肤过敏与湿疹，脂溢皮炎关节炎；预防手术后遗症，休克引产眼耳炎[注：5代表五抗——抗炎，抗毒素，抗休克，抗免疫，抗血液五大疾病(急性淋巴细胞性白血病、再生障碍性贫血、粒细胞减少症、血小板减少症和过敏性紫癜等)；4代表四大代谢——蛋白(促进蛋白质分解，抑制蛋白质合成)、脂肪(促进脂肪分解，抑制脂肪合成)、糖(促进糖异生，减慢分解)、水盐(潴钠排钾，利尿，低血钙)；3代表三大系统——神经(提高中枢神经系统的兴奋性)、消化(胃酸和胃蛋白酶分泌增多，提高食欲，促进消化)、循环(应激性白细胞血象)；2代表两类组织——肌肉(肌肉萎缩)、骨(骨质疏松)；1代表一个负反馈——肾上腺皮质反馈轴。一进指医原性肾上腺皮质功能亢进，一退指肾上腺皮质功能减退，五诱发指诱发加重感染，诱发溃疡、糖尿病、癫痫、疫苗免疫失效]。

解热镇痛抗炎药分类速记： 解镇抗有六类，水杨苯胺丙酸类，吡唑吲哚芬那酸，大类名称记得牢，对乙酰氨基酚，属于苯胺忘不了，氨基比林安乃近，羟基保泰保泰松，属于吡唑记得牢，苯氧洛芬奈普生，丙酸类药不混淆，吲哚美辛苄达明，吲哚类药莫忘了。

水杨酸类药物速记歌诀： 乙酰水杨酸，解热镇痛效果好，消炎兼有抗血栓，风湿疼痛它能管，不良反应易出血，刺激黏膜食欲减，为防尿酸沉小管，治疗痛风加等碱，临床猫用毒性大，应用注意慎！慎！慎！

扑热息痛速记歌诀： 扑热息痛解热药，镇痛消炎作用小；不良反应高铁高，猫儿敏感要记牢；中毒给予蛋氨酸，半胱氨酸也挺好(注：高铁高指高铁血红蛋白血症)。

氨基比林速记歌诀：氨基比林解热痛，作用强于扑息痛，粒白减少为不良，临床主治各类痛，氨基比林解热强，消炎就选保泰松。

吲哚美辛速记歌诀：吲哚美辛消炎痛，作用强于可的松；临床主治炎性痛，不良反应胃溃疡。

布洛芬速记歌诀：必得镇痛相对弱，毒副作用却很少；临床主治炎性痛，肌肉骨骼痛炎消。

甲芬那酸速记歌诀：芬那酸类甲灭酸，解热镇痛能消炎；骨关节炎治疗犬，疗马风湿急慢炎；不良反应是嗜睡，恶心腹泻很常见。

脱水性疾病补液原则速记：脱水疾病须补液，常用药物盐葡糖；高渗脱水多干旱，应用一盐加二糖；低渗脱水出大汗，应用二盐加一糖；等渗脱水见肠炎，补液就用等盐糖（注：盐指 0.9% 氯化钠，糖指 5% 葡萄糖）。

酸碱平衡药速记歌诀：碳酸氢钠乳酸钠，酸性中毒纠正它；酸化尿液氯化铵，碱性中毒使用它。

钙作用速记歌诀：补钙注射氯化钙，也可内服碳酸钙；治疗佝偻与软骨，链霉毒解血凝固；抗炎抗镁抗过敏，维持神肌兴奋性（注：链霉毒解血凝固指钙可以解救链霉素中毒并可促进血液凝固）。

磷作用速记歌诀：磷可参与骨形成，钙磷协同起作用；体液平衡膜构成，离开了磷可不行；蛋白核酸腺苷酸，缺磷合成也不行（注：神肌指神经肌肉，膜构成指磷是生物膜构成的主要成分）。

镁作用速记歌诀：镁的作用多方面，维持酶活成骨牙；松弛肌肉拮抗钙，维持遗传稳定性。

与缺铜相关症状速记歌诀：缺铜也可致贫血，幼畜摆腰骨育差，胃肠紊乱心力衰，生长缓慢被毛乱，内服硫酸铜防治。

与缺锌相关症状速记歌诀：缺锌骨折不愈合，生长缓慢精不活，毛羽减少皮增厚，防治硫酸锌使用。

与缺锰相关症状速记歌诀：缺锰繁育受影响，重点影响骨形成，幼畜跛行关节大，公畜母畜性欲差。

与缺硒相关症状速记歌诀：幼畜缺硒白肌病，猪会出现坏死肝，雏鸡胰损肌萎缩，渗出素质脑变软，亚硒酸钠注射液；谨慎用量毒防范。

维生素作用分类速记歌诀：维生素药两大类，构成辅基和辅酶；ADEK 脂溶性，其他都可溶于水。

脂溶性维生素作用速记歌诀：维生素 A 防干眼，皮肤粗糙夜盲症；维生素 D 防骨软，促进钙磷吸收全；维生素 E 抗氧化，提高抗病内分泌。

维生素 B_1、B_2、泛酸、烟酸速记歌诀：B_1 缺乏神经炎，心肌炎症食欲减；B_2 缺乏生长慢，晶体浑浊角膜炎；泛酸组成辅酶 A，辅酶 I、II 需烟酸；烟酸缺乏犬黑舌，鸡肠坏死口发炎。

维生素 B_6 速记歌诀：VB_6 的作用广，脱羧脱硫转移胺；家畜少见缺乏症，止吐用它也能管。一旦缺乏影响大，磷酸化酶活性差，降低促性胰岛素，甲状腺素性激素。

生物素缺乏速记歌诀：动物缺乏生物素，脂肪肝肾综合征；火鸡障碍骨软骨，蛋鸡少蛋孵化碍，猪皮褐色分泌物，后肢痉挛蹄裂开。

　　叶酸速记歌诀：一碳基团转移酶，四氢叶酸为辅酶；造血组织及胚胎，消化黏膜需大量；缺乏叶酸致腹泻，巨幼红细胞贫血；生长受阻与皮损，外加肝功能障碍。

　　维生素 B$_{12}$ 速记歌诀：形成辅酶 B$_{12}$，一碳代谢传递氢；VB$_{12}$ 缺乏症，巨幼红细胞贫血，皮肤粗糙与皮炎，生长受阻抗病差。

　　维生素 C 速记歌诀：维生素 C 抗坏血，增强免疫抗氧化；解救铅砷苯中毒，感染应激显效果。

　　胆碱作用速记歌诀：神经传导需胆碱，缺乏导致脂肪肝，胆碱还可促代谢，保障生长和繁衍。

　　常用抗菌药物抗菌谱速记：氨苷多克阴，青红先治阳；广谱四磺氯，真菌制两黄(注：氨苷指氨基糖苷类药物，阴指革兰阴性细菌，青指青霉素，红指红霉素，四指四环素类药物，磺指磺胺类药物，氯指酰胺醇类药物，制指制霉菌素，两指两性霉素，黄指灰黄霉素)。

　　抗菌药物作用机制速记歌诀：抗菌药物细菌除，四种机制应清楚；有抑蛋白有抑核，有抑胞壁有抑膜；即使作用同一处，药物不同作用殊；阳性菌壁有黏肽，合成环节被阻碍；浆内抑肽磷霉素，膜上抑肽杆菌肽；酰胺结合转肽酶，抑制黏肽胞浆外；黏菌素带正电，结合胞膜通透变；很多药物抑蛋白，作用位置差异在；大环林可氯霉素，50S 结合处；四环结合 30S 亚，tRNA 结合被阻碍；糖苷结合 30S 亚，菌体蛋白合成碍；各个阶段均受阻，细菌杀灭被清除；喹诺结合 A 亚基，回旋酶活被抑制；细菌难造 DNA，病原随即被清除；利福平抑多聚酶，RNA 合成被阻碍；磺胺竞争合成酶，二氢叶酸合成碍(注：酰胺指 β-内酰胺类药物)。

　　青霉素速记歌诀：窄谱杀菌青霉素，竞争菌体转肽酶；黏肽合成受干扰，阳性细菌杀灭掉；过敏反应危险大，一问二试三观察。猪丹毒病它首选、"链葡螺放白肺炭(廉颇落荒白灰滩)"(注：一问指询问过敏史，二试指用药前做皮肤过敏试验，三观察指用药后观察30分钟)。"链葡螺放白肺炭(廉颇落荒白灰滩)"：战国时期赵国名将廉颇诈败诱敌"落荒"逃到"白灰滩"一举歼敌，可以联想记忆青霉素的抗菌谱包括溶血性链球菌、敏感的金黄色葡萄球菌、螺旋体、放线菌、白喉杆菌、肺炎球菌和炭疽杆菌等。

　　青霉素类药物速记歌诀：青霉素药分两类，天然青霉半合成；天然青霉青霉素 G，西林类属半合成；还有一个青霉素 V，萘呋与它不耐酶；合成青霉多耐酸，羧苄甲氧是例外；羧苄抵抗绿脓菌，广谱药物不耐酶；氨苄阿莫是广谱，都是耐酸不耐酶；苯唑氯唑和双氯，既耐酸来也耐酶；耐酸药物可内服，耐酶药物防耐药；不耐酸酶青霉素 G，临床应用忌内服。

　　头孢菌素类药物速记：头孢菌素分四代，一代噻吩羟氨苄，先锋霉素 V 氨苄；噻吩唑林需注射，内服氨苄羟氨苄；二代西丁和呋辛，头孢克洛内服行；三代头孢注射用，噻肟唑肟同哌酮，曲松噻呋与他啶；动物专用是噻呋，头孢菌素第一个；头孢吡肟第四代，内酰胺酶高稳定；头孢喹诺动物用，具有广谱抗菌性。

　　β-内酰胺酶抑制剂速记歌诀：克拉维酸舒巴坦，内酰胺酶抑制剂；单独使用弱抗菌，合用防菌耐药性(注：合用防菌耐药性指与不耐酶的 β-内酰胺类药物配伍使用可抑制细菌对药物产生耐药性)。

　　氨基糖苷类抗生素种类速记：氨基糖苷抗生素，代表药物链霉素；卡那庆大阿米卡，大观安普新霉素。

氨基糖苷类抗生素速记歌诀：氨基苷类杀菌剂，抑制菌体蛋白质；肌内注射防治全身染，内服治疗肠道病；主要对抗阴性菌，链卡还治结核病；控制剂量须慎重，作用耳肾有毒性。

四环素类药物种类与抗菌活性大小排序速记：抗菌活性大到小，米诺多西与美他，金霉四环和土霉。

四环素类药物应用速记歌诀：四环素类兽医用，广谱抗菌有作用；二菌四体和一虫，不良反应应慎重；除了土霉不肌注，肌内注射刺激强；长期内服二重染，反刍马兔忌内服；临床配伍应避免，钙镁铁铝络合性（注：二菌指细菌和放线菌，四体指立克次体、支原体、衣原体、螺旋体，一虫指阿米巴原虫，二重染是指二重感染）。

大环内酯类药物种类速记：吉他螺旋红霉素，替米考星泰乐素；竹桃霉素都属于，大环内酯抗生素。

红霉素速记歌诀：大环内酯抗生素，代表药物红霉素；作用菌体 50S 亚，抑肽合成与延长；抗菌谱似青霉素，临床主治支原病；动物青霉素过敏，治疗可选红霉素。

泰乐菌素速记歌诀：泰乐菌素动物用，临床主治支原病；胸膜肺炎犬结炎，摩拉氏菌弧菌病；用法内服混饲饮，肌内注射强刺激；如果用它泡种蛋，抑垂传播支原病。

替米考星速记歌诀：替米考星畜禽用，广谱抗菌忌静注；防治家畜放线菌，支原体病可干净；引起肺炎巴氏菌，用它也能除干净；临床用法有三种，混饲混饮注皮下（注：静注指静脉注射，下同）。

吉他霉素、螺旋霉素速记歌诀：吉他螺旋似红霉，但是效力较红弱；耐药金葡支原体，选用吉他能消灭；螺旋霉素用于禽，支原体病金葡菌（注：似红霉指抗菌谱与红霉素相似，较红弱指效力比红霉素弱，金葡指金黄色葡萄球菌）。

酰胺醇类药物速记歌诀：酰胺醇类抗生素，抑制肽酰转移酶；肽链合成被阻止，菌体蛋白难合成；抗菌作用是广谱，对阴作用强过阳；长期应用氯霉素，再生障碍贫血病；甲砜霉素毒性轻，只抑红白血小板；氟苯尼考动物用，胚胎毒性需慎重。

林可胺类速记歌诀：林可克林林可胺，抵抗阳性细菌强；支原体病也能治，兔用林可可不行；大观霉素伍林可，治疗支大感染强；吡利霉素治乳炎，弃乳期短疗效好（注：支大指支原体和大肠杆菌混合感染）。

多黏菌素速记歌诀：多黏菌素黏菌素，局部抵抗绿脓菌；内服应用抗阴性，肾脏神经有毒性（注：多黏菌素指多黏菌素 B，抗阴性指抗革兰阴性细菌）。

杆菌肽速记歌诀：抗阳性菌杆菌肽，内服难吸无残留；肌注肾脏毒性大，全身感染不用它；皮、伤、乳腺、眼感染，局部炎症可使用。

泰妙菌素速记歌诀：泰妙菌素抗菌谱，类似大环内酯药；不良反应要记住，合用莫盐致中毒（注：莫盐指莫能菌素和盐霉素）。

磺胺类药物速记歌诀：磺胺药物白晶粉，耐热难溶性稳定；钠盐容易溶于水，刺激性强应深注；磺胺药物有三类，吸收快慢消炎粉；慢者用于治肠道，快用感染在全身；球虫选用磺氯嗪、SM₂磺胺喹噁啉；抑菌作用有强弱，MM、MZ 排头兵；IZ、D、DM 为其次，MD、M₂、DM 后行；高度敏感是链球，肺脑沙脓葡球菌；次为痢肠巴布菌，球虫放线衣可清；耐药药停可消除，同类耐药交叉性。尿血腹泻且神经，此乃磺胺中毒症；解毒苏打或糖水，维 K 维 B 紧后跟（注：消炎粉指外用磺胺药物，磺氯嗪指磺胺氯吡嗪，MM、MZ 指 SMM、SMZ，IZ、D、DM 指 SIZ、SD、SDM，MD、M₂、DM 是指 SMD、SM₂、SDM。肺脑沙脓葡球菌；鼻疽大肠巴布菌，球虫放线衣可清指溶血性链球菌、肺炎球菌、脑膜炎双球菌、沙门菌、化脓棒状杆菌；葡萄球菌、鼻疽杆菌、大肠杆菌、炭疽杆菌、巴氏杆菌、布鲁菌；球虫、放线菌、衣原体)。

抗菌增效剂速记歌诀：甲氧苄啶TMP，动物专用DVD；抑制叶酸还原酶，抗菌药物增效剂(注：抑制叶酸还原酶指抑制二氢叶酸还原酶)。

氟喹诺酮类药物速记歌诀：氟喹诺酮广杀菌，抑制细菌回旋酶；临床主治阴性菌，支原体病它可用。

喹噁啉类药物速记歌诀：喹噁啉类抗菌药，乙酰甲喹、喹乙醇；乙酰甲喹广抗菌，抑制菌体DNA；主要针对阴性菌，猪的血痢作用强；家禽对它尤敏感，量高期长毒防范；促长抗菌喹乙醇，育成猪用忌用禽。

硝基咪唑类药物速记歌诀：地美硝唑甲硝唑，主治滴虫厌氧菌；甲硝唑药还能治，肠内肠外阿米巴。

两性霉素B速记歌诀：两性霉素抗真菌，深部感染需静注；麦角固醇结合它，损害真菌细胞膜；内服给药吸收难，消化道真菌它可选；本药静注毒较大，高热呕吐和寒战。

灰黄霉素速记歌诀：灰黄霉素易内服，抑制皮肤真菌病；新生细胞免感染，致癌、致畸有毒性。

制霉菌素速记歌诀：制霉内服不吸收，治疗胃肠真菌病；毒大不宜全身用，皮肤黏膜局部宁。

酮康唑速记歌诀：酮康内服易吸收，抑制真菌是广谱；麦角固醇难合成，应用全身和局部。

抗真菌药物总结速记歌诀：两性霉素酮康唑，全身作用抗真菌，制霉菌素克霉唑，浅表应用抗真菌。

抗菌药物联合使用速记歌诀：青霉头孢快杀菌，糖苷多黏杀菌慢；两类联合疗效增，青链合用是例证；大环四环氯霉素，抑制细菌迅速；快杀速抑不合用，合用出现拮抗性；磺胺药物慢抑菌，与快杀菌无作用；作用机制相同药，配伍效降增毒性。

消毒防腐药种类速记歌诀：药物防腐与消毒，酚醇醛酸与卤素；氧化染料重金属，抑制杀灭微生物；表面活性剂使用，阳性杀菌阴去污。

消毒防腐药选择速记歌诀：环境消毒强酸碱，过氧乙酸优氯净；苯酚甲酚复合酚，甲醛熏蒸消环境；创伤消毒双氧水，新洁尔灭与碘酊；皮肤创伤腔炎症，高锰酸钾可洗冲；乙醇常用消毒剂，浸泡器械消毒皮；雷佛奴尔与甲紫，消毒皮黏与创面；饮水消毒漂白粉，紧急情况可用碘；碘酊加入5、6滴，15分钟可饮用；生物制品原料药，环氧乙烷熏蒸消；医疗器械塑料品，放入戊二醛浸泡。

抗寄生虫药物作用机制速记歌诀：寄生虫药抗虫体，种类繁多机制异；虽有差异可归纳，四个方面见端倪；干扰离子抑神肌，干扰代谢酶受抑。

阿维菌素类药物速记歌诀：阿维菌类抗线虫，疥螨、痒螨与虱虫；预防犬心丝虫病，吸虫绦虫它不行；作用机制很特殊，增强神经Cl^-通透，水蚤鱼类高敏感，多数动物都安全，Collies品系牧羊犬，伊维美贝不能用，唯有莫西可放心，安全应用Collies犬。

左旋咪唑速记歌诀：左旋咪唑驱线虫，作用抑制延胡索；虫体挛缩速排出，作用好似拟胆碱，调节免疫激淋巴，中毒阿托品解救，单动注射毒性大，内服给药使用它，临床骆驼禁止用，马儿用它需慎重(注：作用抑制延胡索指作用延胡索酸还原酶，单动注射毒性大指单胃动物注射给药毒性大)。

苯并咪唑类药物种类速记：苯并咪唑驱虫药，包括药物有几种，甲康丁氯苯咪唑，奥芬阿芬苯达唑，非班太尔为前体，变成芬苯起作用。

苯并咪唑类药物速记歌诀：苯并咪唑抗线虫，主要作用在微管；不良反应一句话，致畸毒低安范大；阿苯达唑蠕虫抗，氯苯咪唑抗吸虫；奥芬芬苯临床用，莫尼茨绦与线虫；高效作用杀虫卵，杀片吸虫需大量；非班太尔前体药，变奥芬苯才起效；噻苯、氧苯抗线虫，甲苯抗绦和旋毛；鸽与鹦鹉不可用，蛋鸡产蛋可变少(注：微管指微管蛋白，安范大指安全范围大，蠕虫抗指对线虫、吸虫、绦虫都有效果)。

四氢嘧啶类驱虫速记歌诀：甲噻嘧啶噻嘧啶，广谱应用驱线虫；胆碱酯酶被抑制，虫体痉挛麻痹死；牛羊安全毒性小，驱除线虫消化道；毛首线虫羟嘧啶，噻嘧啶驱蛲效果好；药物难溶吸收少，呼吸道线虫药无效；甲噻嘧啶忌铜碘，配伍可致药失效。

有机磷类驱虫速记歌诀：有机磷类抗线虫，应用最广敌百虫；姜片吸虫它可用，鱼虱、鳃吸它也行；家禽禁忌高敏感，犬猪使用较安全；溶解应用忌碱水，防止变成敌敌畏；泌乳动物驱线虫，用蝇毒磷乳可用，该药安全范围窄，低量混饲连续用；驱线安全哈罗松，鹅类敏感可别用；小肠线虫被驱除，大肠线虫不管用；小肠皱胃有线虫，也可选用奈肽磷；该药使用不安全，鸡尤敏感不使用。

哌嗪和吩噻嗪速记歌诀：哌嗪驱蛔是窄谱，肠道线虫杀灭掉；驱线虫药酚噻嗪，消化道线虫效果好。

抗丝虫药物速记歌诀：抗犬丝虫乙胺嗪，马羊脑脊丝虫病；肺部线虫和蛔虫，用它也能驱干净；微丝蚴虫阳性犬，严禁使用乙胺嗪；硫胂胺钠灭成丝，胂与虫酶巯基合，静注防漏慢宜缓，治后一月保安静；如有中毒须停药，二巯丙醇来解毒；碘噻青胺广抗虫，杀灭犬心微丝蚴，钩虫蛔虫类圆虫，狼旋尾线也有效。

吡喹酮速记歌诀：灭绦首选吡喹酮，猪囊尾蚴它可用；抗虫葡糖入抑制，膜透增高Ca^{2+}内流；效高毒低疗效好，吸虫血吸它也行(注：抗虫葡糖入抑制指药物抑制了虫体对葡萄糖的摄入)。

依西太尔速记歌诀：依西太尔驱绦虫，机制如同吡喹酮，犬猫驱绦作用灵；幼龄犬猫不能用。

氯硝柳胺速记歌诀：氯硝柳胺灭绦灵，杀灭钉螺它可行；抑制氧化磷酸化，乳酸堆积杀绦虫；犬猫应用稍敏感，鱼类应用可不行。

硫双二氯酚速记歌诀：别丁驱绦安范小，也可驱除肝吸虫；内服使用应注意，禁用增溶溶媒溶(注：安范小指安全范围窄)。

丁萘脒速记歌诀：丁萘脒可驱绦虫，犬猫盐酸盐使用；羊的莫尼茨绦虫，羟萘酸盐才管用；虫体死后被消化，粪便不见死绦虫。

硝氯酚速记歌诀：抗肝吸虫硝氯酚，高效毒低较安全；抑琥珀酸脱氢酶，成虫有效童无效。

氯生太尔速记歌诀：氯生太尔抗肝吸，胃肠线虫与蝇蛆，提高线粒体通透，氧化磷酸解偶联。

硝碘酚腈、海托林速记歌诀：硝碘酚腈抗吸虫，皮下注射疗效行，氧磷酸化被阻断，用药羊毛被黄染；矛形双腔吸虫病，安全有效海托林(注：氧磷酸化指氧化磷酸化)。

双酰胺氧醚速记歌诀：双酰胺氧醚杀肝蛭，越幼童虫越敏感；急性肝炎发病时，伍用杀死成虫药。

硝硫氰醚速记歌诀：血吸虫病人畜患，治疗吡喹酮首选；硝硫氰醚驱虫广，线虫绦虫与吸虫；我国主用驱牛吸，肝片形吸虫血吸虫；三胃注射疗效好，药物刺激胃肠道。

硝硫氰胺速记歌诀：硝硫氰胺为新药，静脉注射毒性高，内服驱除血吸虫。

六氯对二甲苯速记歌诀：抗血吸虫，有机氯类广谱药；血吸肝片前后盘，腹腔吸虫均有效；童虫作用优成虫，蓄积脂肪含量高；毒性作用在肝脏，内服给药有疗效；用药之后应注意，大头菜甜菜是禁忌。

呋喃丙胺速记歌诀：呋喃丙胺抗血吸虫，同时需要敌百虫，敌百驱虫入肝静，呋喃丙胺杀成童(注：呋喃丙胺杀成童指对成虫和童虫都有抑制作用)。

药物作用峰期速记歌诀：离子载体聚醚类，氯羟吡啶喹啉类；作用峰期子孢子，滋养体期它显威；这些药物防球虫，减少耐药轮流用；尼卡巴嗪常山酮，氨丙磺胺氟嘌呤；作用峰期3、4天，杀灭球虫治疗用；有性阶段治疗选，氨丙磺胺氟嘌呤。

聚醚类抗生素速记歌诀：莫能菌素忌用马，敏感火鸡珍珠鸡；盐霉素与莫能似，火鸡与马莫用它；拉沙菌素毒性小，二价离子载体药；马杜霉素毒性大，同类药中疗效高；肉鸡用它防球虫，其他动物不可用；兔子用它有强毒，使用死亡莫马虎；山度比盐疗效好，那拉与盐是一般；尼卡巴嗪与那拉，配伍应用疗效大。

配伍禁忌速记歌诀：莫能、盐与泰妙竹；配伍应用可中毒(注：莫能、盐与泰妙竹指莫能菌素、盐霉素不能与泰妙菌素、竹桃霉素配伍使用)。

地克珠利速记歌诀：地克珠利疗效好，混饲最低球虫药；作用艾美各阶段，巨型有性才奏效；使用注意轮流换，长期应用虫耐药。

托曲珠利速记歌诀：托曲珠利很安全，作用球虫范围宽；鸡鸽火鸡鹅哺乳，各种球虫均敏感；肉孢子虫弓形虫，治疗哺乳动物染。

氨丙啉速记歌诀：氨丙啉作用在一代，柔嫩堆型疗效好；主用牛羊禽球虫，兔患球虫用无效；本品拮抗硫胺素，缺乏表现在鸡雏。

二硝托胺速记歌诀：二硝托胺球虫治，一代二代裂殖体；肉用种鸡和蛋鸡，预防治疗球虫用。

氯羟吡啶速记歌诀：氯羟吡啶抑球虫，过早停药导致虫；作用峰期子孢子，预防禽兔患球虫。

尼卡巴嗪速记歌诀：尼卡巴嗪预混剂，作用二代裂殖体；球虫感染鸡、火鸡，耐药产生速度低；高温季节应慎用，禁止应用产蛋期。

磺胺喹噁啉速记歌诀：磺胺喹噁DVD，作用二代裂殖体；主要作用是治疗，预防不用易耐药；鸡感染后便带血，应用磺胺最适宜；不宜使用来航鸡，禁用雏鸡产蛋期。

乙氧酰胺苯甲酯速记歌诀：乙氧酰胺苯甲酯，氨丙啉等增效剂；作用峰期第4天，柔嫩球虫不敏感。

苏拉明速记歌诀：伊氏锥虫苏拉明，马媾疫的疗效差；吸收入血排泄慢，锥虫用它可防范；预防皮下肌内注，治疗必须静脉注。

喹嘧胺速记歌诀：伊氏媾疫喹嘧胺(安锥塞)，甲硫酸盐与氯盐；皮下肌注易肿胀，大量注射应分点；用药剂量忌不足，抗锥药物轮换用。

三氮脒速记歌诀：锥梨边虫三氮脒，毒大安全范围低；骆驼敏感不可用，水牛连用需慎重。

抗梨形虫(焦虫)药速记歌诀：双脒苯脲三氮脒，巴贝斯虫与泰勒；双脒苯脲不静注，敏感动物在马属；间脒苯脲马驽巴，早期泰勒喹啉脲；也可用于巴贝虫，使用喹啉脲有效。

抗滴虫药物速记歌诀：地美硝唑甲硝唑，作用毛滴组织滴。

杀虫药分类速记歌诀：杀虫药物分四类，磷氯菊酯大环类；有机氯类残效长，污染环境应用少。

有机磷杀虫药速记歌诀：有机磷中敌百虫，杀虫作用它全行；敌敌畏的毒性大，皮肤吸收毒须防；禽鱼蜜蜂都敏感，如果应用要谨慎；兽医专用皮蝇磷，蝇蛆虱螨它真灵；高效低毒氧硫磷，杀蜱效果它突显；二嗪农杀虱蜱螨，鸡鸭鹅猫都敏感；蜜蜂巨毒不可用，家畜用它较安全；高效低毒倍硫磷，防牛皮蝇它首选。

胺菊酯速记歌诀：苄呋菊酯胺菊酯，互补增效杀虫虱；胺菊酯药击倒快，苄呋菊酯杀灭强。

氯菊酯速记歌诀：扑灭司林氯菊酯，碱性溶液水解易；畜牧农业杀虫药，击倒快速广高效；特殊作用杀虱卵，鱼用巨毒可不要。

溴氰菊酯速记歌诀：溴氰菊酯应用广，杀虫高效残效长；胃毒触毒虫体死，药浴喷淋可杀虫；鱼类冷血毒性大，蜜蜂家蚕高敏感。

甲脒类杀虫剂速记歌诀：双甲脒杀螨蜱虱，广谱、高效毒性低；鱼儿巨毒马敏感，牛羊猪兔较安全；蜜蜂无毒禁止用，浓度一高要禽命。杀虫脒防家畜螨，也可杀灭螨虫卵。

环丙胺嗪速记歌诀：昆虫生长调节剂，环丙胺嗪为代表；杀灭厩舍蝇幼虫，保护环境使用药。

皮肤黏膜保护药速记歌诀：保护皮肤与黏膜，根据特点四类药；沉淀蛋白可收敛，多用明矾与鞣酸；物理保护黏浆剂，明胶、淀粉、阿拉伯胶；滋润皮肤可润滑，动植物油矿物油；聚乙二醇与吐温，制作软膏可使用；药用炭与白陶土，多孔一类可吸附。

刺激药速记歌诀：皮肤黏膜刺激药，松节油与氨液；主治关节腱肌炎，促进循环炎痛消。

有机磷中毒解救速记歌诀：有机磷中毒症状三，中枢 M 样骨骼肌；解救用药要适当，N 样症状解磷定，外周中枢阿托品，早期足量反复用。

乙酰胺速记歌诀：乙酰胺解救氟中毒，肌内注射配合普鲁卡(注：普鲁卡指普鲁卡因)。

金属络合剂速记歌诀：铅用依地酸钙钠，砷用二巯基丙醇；广谱二巯丁二钠，临床主用锑中毒；铁铝使用去铁胺，铜就选用青霉胺。

亚甲蓝作用速记歌诀：亚甲蓝作用有两种，浓度高低各不同；高度氧化蛋白铁，解救氰化物中毒；低度还原蛋白铁，解救亚硝盐中毒。

氰化物中毒解决速记歌诀：细素酶 Fe^{3+} 氰结合，组织缺氧抑酶活；亚硝酸钠硫代钠，联合应用复酶活；亚硝酸钠氧血铁，与 CN^- 结合保酶铁；硫代钠与 CN^- 结合，硫氰酸盐尿排祸(注：细素酶指细胞色素氧化酶，硫代钠指硫代硫酸钠)。

(杨雨辉)